南方海洋科学与工程广东省实验室（广州）
“海洋环境与全球变化”人才团队引进重大专项成果

粤港澳大湾区海洋环境科学观测与应用

杜　岩　唐世林　冯　洋等　著

科学出版社

北　京

内 容 简 介

科学观测是认识海洋环境的基本途径。本书首先介绍粤港澳大湾区海洋环境概况，然后从实时现场监测系统、科学考察航次观测和卫星遥感观测三方面总结粤港澳大湾区海洋环境科学观测体系，最后从海洋数值模拟与预报、海洋信息平台两方面介绍海洋信息应用。本书结合粤港澳大湾区气候、资源、环境以及社会发展情况等，重点关注全球气候变化、海洋经济和社会可持续发展可能引发的资源和环境问题等，突出信息时代区域海洋学的交叉特色。

本书可供海洋科学及相关学科的研究人员、高等院校和研究所相关专业的研究生和高年级本科生使用，也可供从事海洋管理、海洋开发和海洋环境保护的政府工作人员参考。

审图号：GS 京（2023）1738 号

图书在版编目（CIP）数据

粤港澳大湾区海洋环境科学观测与应用 / 杜岩等著. —北京：科学出版社，2024.10

ISBN 978-7-03-072896-8

Ⅰ. ①粤… Ⅱ. ①杜… Ⅲ. ①海洋环境－研究－广东、香港、澳门 Ⅳ. ①X21

中国版本图书馆 CIP 数据核字（2022）第 151394 号

责任编辑：郭勇斌 彭婧煜 冷 玥 / 责任校对：杨聪敏
责任印制：徐晓晨 / 封面设计：无极书装

科学出版社 出版

北京东黄城根北街 16 号
邮政编码：100717
http://www.sciencep.com

北京汇瑞嘉合文化发展有限公司印刷
科学出版社发行 各地新华书店经销

*

2024 年 10 月第 一 版 开本：720 × 1000 1/16
2024 年 10 月第一次印刷 印张：20
字数：396 000

定价：198.00 元

（如有印装质量问题，我社负责调换）

《粤港澳大湾区海洋环境科学观测与应用》

指　导　组

组　长：张　偲

副组长：周成虎　蒋兴伟　李超伦　施　平

编写委员会

主　编：杜　岩

副主编：唐世林　冯　洋

编　委：（按姓氏拼音排序）

池建伟　经志友　李骏旻　李毅能

刘叶取　彭世球　施　震　徐　超

徐　杰　闫　桐　叶海彬　俎婷婷

序　一

粤港澳大湾区包括香港特别行政区、澳门特别行政区和广东省珠江三角洲九市，总面积约 5.6 万 km^2，2020 年人口约 8617 万，是我国开放程度最高、经济活力最强的区域之一。粤港澳大湾区建设，是习近平总书记亲自谋划、亲自部署、亲自推动的重大国家战略。2019 年 2 月，国务院发布《粤港澳大湾区发展规划纲要》，明确提出将粤港澳大湾区建成国际一流湾区和世界级城市群的目标。然而，随着粤港澳大湾区城市化进程加剧，人口急剧增加，大量的无机、有机污染物进入珠江口及其邻近海域，引发富营养化、缺氧、海洋酸化等诸多水域生态灾害。此外，在全球变暖的大背景下，粤港澳大湾区海域遭受台风、风暴潮等的侵袭也愈加频繁；海平面上升，海岸线亦受到严重侵蚀。

气候变化和人类活动双重影响下海域环境恶化给粤港澳大湾区经济可持续发展带来诸多挑战，海洋灾害频发已成为粤港澳大湾区建设宜居宜业宜游优质生活圈的重大阻碍。2019 年，为了探索粤港澳大湾区经济与环境协同发展之路，南方海洋科学与工程广东省实验室（广州）启动人才团队引进重大专项“海洋环境与全球变化”子项目“全球变化下粤港澳大湾区海洋动力-生地化过程及其可预报性研究”。项目开展以来，撰写《粤港澳大湾区海洋环境科学观测与应用》是项目组的一项重要工作内容。

该书系统总结了自项目开展以来，粤港澳大湾区海洋监测系统和预报系统建设的最新成果。结合个例，全面翔实地介绍了粤港澳大湾区科学考察航次、实时现场监测系统、卫星遥感观测、信息平台等新技术在海洋科学中的应用。另外，该书还总结了近年来中外学者在粤港澳大湾区的多项理论研究成果。该书结合粤港澳大湾区气候、资源、环境以及社会发展情况等，重点关注全球气候变化、海洋经济和社会可持续发展可能面临的资源和环境问题等，突出了信息时代区域海洋学的交叉特色。因此，该书不仅在学术研究方面有一定的参考价值，在我国海洋经济发展、海洋管理等方面也具有重要的应用价值。

全书语言通俗易懂，图片生动形象，学科专业背景宽泛，是全面了解粤港澳大湾区海洋环境的优秀入门之作。作为一名海洋工作者，我愿意向大家推荐该书，同时也对参与该项工作的全体科研工作者表示由衷的感谢。

中国工程院院士

2023 年 6 月

序　二

中国是一个海陆兼备的国家，具有悠久的大陆文明和海洋文明。在新一轮沿海开发热潮中，海洋的开放活动趋于复杂化和多元化。海陆之间的关联性、资源互补性以及经济互动性决定了“陆海统筹”在中国经济社会发展中的重要地位。《中华人民共和国国民经济和社会发展第十四个五年规划和 2035 年远景目标纲要》明确指出“坚持陆海统筹、人海和谐、合作共赢，协同推进海洋生态保护、海洋经济发展和海洋权益维护，加快建设海洋强国”。

粤港澳大湾区是世界的四大湾区之一，是我国陆海统筹的前沿阵地，拥有世界上最大的海港群和空港群，有华为、腾讯、中兴、万科、格力、大疆等领军企业，已成为具有世界级影响力的制造中心、投资中心、企业孵化中心和新经济策源地。同时，在日趋复杂的全球气候变化和高强度的人类活动背景下，粤港澳大湾区海洋环境呈现恶化之趋势，也给经济社会可持续发展带来较严峻挑战，如何建立人-海-陆和谐发展关系已成为建设粤港澳大湾区生态文明的关键。完善粤港澳大湾区海洋环境科学观测体系是认识海洋、实现陆海统筹与可持续发展的必要途径。

南方海洋科学与工程广东省实验室（广州）人才团队引进重大专项“海洋环境与全球变化”子项目“全球变化下粤港澳大湾区海洋动力-生地化过程及其可预报性研究”实施以来对周边海域进行了较为系统的科学观测。结合最新的研究成果，《粤港澳大湾区海洋环境科学观测与应用》翔实地介绍了粤港澳大湾区海洋环境监测系统、科学考察航次、卫星遥感技术、数值模拟与预报方法以及信息平台，总结了理论成果并提出一系列展望，相信能为粤港澳大湾区海洋经济发展和陆海统筹建设提供一定的参考价值。

值该书出版之际，谨向南方海洋科学与工程广东省实验室（广州）和支持专项的各有关单位，以及该书作者和科学出版社编辑等，表示真挚的感谢。

周成虎

中国科学院院士

2023 年 6 月

序　三

海洋科学本质上是一门以观测为基础的学科。科学观测是认识海洋最基本和最主要的途径。20 世纪 50 年代前人类认识海洋主要依赖于海洋科学考察船。随着卫星、航空、浮标、潜水器等多种海洋观测技术快速发展，海洋观测已经发展出从航空航天、海表、海洋剖面、海洋深部、海底钻探到组网实时长期连续观测等立体化观测手段。海洋观测调查从生物考察发展为水文-气象-地质-生物-生态环境等多学科综合考察。每一次科学观测技术的进步都推动了海洋科学迎来关键突破与发展。

2009 年起，国家自然科学基金委员会试点设立“国家自然科学基金项目海洋科学调查船时费专款”，即“国家自然科学基金共享航次计划”项目。这一计划的实施，第一次合理、有效地调配全国海洋科考优势力量与资源，开创了我国“海洋科学考察开放与共享”的新机制。2021 年 5 月 19 日，海洋二号 D 卫星的成功发射也预示着我国海洋遥感观测能力进入新的阶段。

粤港澳大湾区内拥珠江水系，面向中国南海，是国家发展战略的重要阵地。科学观测是认识大湾区海洋环境的重要途径。为了“粤港澳大湾区建设”国家重大发展战略的顺利推进，建立粤港澳大湾区科学观测体系势在必行。《粤港澳大湾区海洋环境科学观测与应用》从监测系统、走航观测和遥感观测等方面总结了近年来该区域科学观测的发展与不足，介绍了该区域数值模式、可视化平台和数据平台的发展与应用。该书一大特色是综合性强，涉及海洋科学多学科，包括物理海洋学、海洋生态学、海洋遥感、海洋大数据等。另外，该书形式丰富，通过个例，并运用大量图片，介绍海洋学科专业内容。

该书是南方海洋科学与工程广东省实验室（广州）人才团队引进重大专项“海洋环境与全球变化”的重要成果。项目组在粤港澳大湾区海洋动力-生地化过程及其可预报性方面做了系统性工作，并取得了丰硕成果，但完善科学观测体系任重道远，还需要更多海洋工作者投入其中，也期望项目团队再接再厉。

[签名]

中国工程院院士

2023 年 6 月

前　言

2010年，粤港澳三地政府联合制定《环珠江口宜居湾区建设重点行动计划》以具体落实跨界地区的合作；2015年，国家发展改革委、外交部、商务部联合发布《推动共建丝绸之路经济带和21世纪海上丝绸之路的愿景与行动》，提出要“深化与港澳台合作，打造粤港澳大湾区”，这是“粤港澳大湾区”首次由国家层面提出。2019年，国务院印发了《粤港澳大湾区发展规划纲要》，习近平总书记从全局高度为粤港澳大湾区发展擘画蓝图，提出把粤港澳大湾区建设成为扎实推进高质量发展的示范，打造国际一流湾区和世界级城市群的目标。珠江口及其邻近海域为粤港澳大湾区人民的生活和发展提供了良好的环境和丰富的资源，为粤港澳大湾区经济的发展创造了有利条件。随着粤港澳大湾区经济的飞速发展，人口快速聚集，该海域海洋环境受到来自陆地和海岸带经济社会活动巨大而快速变化的胁迫，该胁迫又与全球气候变化相互叠加，产生复合累积效应。海洋环境恶化、海洋灾害频发，已经成为推进粤港澳大湾区国家重大战略实现的阻碍。

粤港澳大湾区经济因湾而聚，靠海而兴。广东省政府历来高度重视海洋强国建设。为了实现经济社会发展与资源环境相协调，依托中国科学院南海海洋研究所，南方海洋科学与工程广东省实验室（广州）人才团队引进重大专项“海洋环境与全球变化”子项目“全球变化下粤港澳大湾区海洋动力-生地化过程及其可预报性研究”（GML2019ZD0303）于2019年9月经过论证批准。项目执行期间（2019年9月～2022年8月），项目组的工作在南方海洋科学与工程广东省实验室（广州）主任张偲院士（中国科学院南海海洋研究所）、专项首席科学家周成虎院士（中国科学院地理科学与资源研究所）与蒋兴伟院士（国家卫星海洋应用中心）的指导下顺利开展。面向陆-海-洋-气-生等多界面、跨圈层的耦合机理及其预报等系列基础性、全局性的科学难题，设计监测系统，施行科考航次，搭建耦合数值模式，开展系统性、全面性的科学研究和技术攻关。项目组紧紧围绕服务于粤港澳大湾区“生态优先，绿色发展”“宜居宜业宜游优质生活圈”的建设理念，力行科技支撑我国陆海统筹、发展海洋经济、建设海洋强国的目标。

基于项目组研究成果及前期工作基础，本书系统地介绍了粤港澳大湾区海洋环境科学观测、预报及应用现状。本书包括7章：第1章为粤港澳大湾区海洋环境概况，包括海域物理环境、海域生态环境和主要海洋灾害；第2章为粤港澳大湾区海洋环境实时现场监测系统，包括监测系统的设计、构成与部署、运行情况及结果分析；第 3 章为粤港澳大湾区科学考察航次观测，介绍项目组 2017～2012 年参与的 11 个涉及大湾区海域的调查航次，并给出代表性航次的观测数据分析；第 4 章为粤港澳大湾区海洋环境变化的卫星遥感观测，介绍了粤港澳大湾区近海水色遥感，并分析了遥感观测在红树林与赤潮事件中的应用；第 5 章为粤港澳大湾区海洋数值模拟与预报，分别介绍台风风暴潮、海浪、生态环境预报及缺氧过程的模拟；第 6 章为粤港澳大湾区海洋信息平台，介绍信息平台的构建、应用和数据共享；第 7 章总结全书，并展望未来如何进一步深化粤港澳大湾区海洋环境科学观测与应用研究。

本书除了介绍项目组组内研究成果外，还力图吸纳近年来国内外学者在大湾区海区的研究成果。书中尽可能用通俗的语言，通过翔实的数据和丰富的照片，结合实例介绍粤港澳大湾区海洋环境科学观测与应用的现状，提出了完善海洋调查工作的必要性与紧迫性。本书的出版，可供相关部门与公众参考，也为粤港澳大湾区可持续发展战略提供科学参考。

本书由杜岩主编，第 1 章至第 7 章分别由冯洋、李骏旻、施震、唐世林、李毅能、徐超、杜岩等撰写。各章节撰写人均在各章首页列出，在此不一一赘述。

《粤港澳大湾区海洋环境科学观测与应用》得到了南方海洋科学与工程广东省实验室（广州）人才团队引进重大专项“海洋环境与全球变化”子项目“全球变化下粤港澳大湾区海洋动力-生地化过程及其可预报性研究”（GML2019ZD0303）和广东省科学技术厅“广东特支计划”本土创新创业团队专项（2019BT02H594）支持。感谢国家自然科学基金共享航次计划（41749907，41849907，41949907，42049907），中国科学院海洋大科学研究中心 2019 年度“健康海洋”联合航次。感谢国家地球系统科学数据中心、广东省海洋科学数据共享平台、中国科学院南海海洋研究所科学数据中心提供数据与技术支撑。感谢中国科学院、科学技术部、自然资源部等单位和部门的高度重视和大力支持。本书多套监测平台的部署和维护得到了国家海洋局南海环境监测中心和汕尾海洋环境监测中心站的大力支持。感谢中国科学院南海海洋研究所修鹏、叶海军、梁博、张志旭、黄靖雯、邱爽、王祥鹏、郑有昌，香港科技大学李豆，中山大学胡嘉镗，华南理工大学宏波，中国科学院深海科学与工程研究所徐洪周在本书撰写过程中的贡献。值本书出版之际，谨向支持本工作的各有关专家和单位、项目组全体成员及科学出版社编辑等，表示诚挚的谢意。另外，鉴于作者水平有限，难免存在纰漏，不足之处敬请读者指正。

目　录

第1章　粤港澳大湾区海洋环境概况*

粤港澳大湾区位于珠江三角洲地区，包括香港特别行政区、澳门特别行政区和广东省广州市、深圳市、珠海市、佛山市、惠州市、东莞市、中山市、江门市、肇庆市（图1.1）。总面积约5.6万km^2，2020年人口约8617万（第七次全国人口普查），2020年地区生产总值高达11.5万亿元，是中国开放程度最高、经济活力最强的区域之一。

2019年2月18日，国务院发布《粤港澳大湾区发展规划纲要》（以下简称《纲要》），明确指出粤港澳大湾区要以香港、澳门、广州、深圳四大中心城市作为区域发展的核心引擎，不仅要建成充满活力的世界级城市群、具有全球影响力的国际科技创新中心、"一带一路"建设的重要支撑、内地与港澳深度合作示范区；还要建设宜居宜业宜游的优质生活圈，打造高质量发展的典范。目前，粤港澳大湾区已经成为继纽约湾区、旧金山湾区、东京湾区后的世界第四大湾区，在全球经济发展中具有举足轻重的地位。

粤港澳大湾区所处的珠江口及其邻近海域海岸线超过1600 km（杨晨晨等，2021），水域面积超2万km^2，是径流-浪-潮-海流综合交织、互相作用的复杂动力系统。该海域常年遭受台风、风暴潮等气象灾害侵袭（张延廷等，1998；Camargo et al.，2005）。工业革命以来，全球变暖趋势显著。变暖导致海平面上升，由此导致大湾区海岸线受到严重侵蚀。此外，台风等极端天气事件亦显著增加（Balaguru et al.，2016）。据统计，1949～2020年，共有277次台风在广东省登陆，占登陆中国台风30%以上。台风带来狂风、暴雨、巨浪和风暴潮，大风和强降雨会导致城市内涝、作物减产、建筑物损坏，异常的高潮位和风暴大浪会使海水决堤（Bever et al.，2011；Chan et al.，2004；Ho et al.，2004；Ralston et al.，2013）。1990～2014年登陆广东省的台风风险评估损失显示，台风平均每年造成60余人死亡或失踪、62万亩①农田减产、4万间房屋倒塌（马华铃，2016）。

此外，粤港澳大湾区人口快速增长导致土地利用/覆盖类型急剧变化（王琎，2018）。1985～2020年，广东省各级政府制定了系列生态环境保护政策，湿地公园和红树林公园等珠江口湿地面积大增，但所占比重仍然很低。建设用地（不透水表

---

* 作者：杜岩[1,2,3]，冯洋[1,2]，韦惺[1,2]，俎婷婷[1,2]，程皓[1,2]，罗琳[1,2]，王闵杨[1,2]，池建伟[1,2]，孙启伟[2]，刘叶取[1]，施燕萍[1,2]

[1. 中国科学院南海海洋研究所，2. 南方海洋科学与工程广东省实验室（广州），3. 中国科学院大学]

① 1亩≈666.7 m^2。

面）35 年间增长 461.70%，年均增长 13.19%，农用地年均减少 1.01%，林地年均减少 1.48%。图 1.2 展示了 1985 年、2020 年珠江口土地利用/覆盖类型对比。高度的城市化导致大量生活污水排放到珠江口，引发赤潮、缺氧、酸化等生态环境灾害，影响鱼类及贝类的生长、繁殖、代谢、生存，降低珠江口及其邻近海域渔业产量。

图 1.1 粤港澳大湾区区域位置图

受全球气候变化和人类活动的双重影响，粤港澳大湾区海洋环境恶化，海洋灾害频发，已经成为实现《纲要》打造大湾区宜居宜业宜游的优质生活圈目标的重大阻碍。南方海洋科学与工程广东省实验室（广州）人才团队引进重大专项“海洋环境与全球变化”子项目“全球变化下粤港澳大湾区海洋动力-生地化过程及其可预报性研究”针对粤港澳大湾区珠江口海洋环境状况，深入探讨陆-海-洋-气-生多圈层、多过程耦合的水域环境演变机制，深入揭示陆地人类活动和全球气候变化下大湾区海洋水文动力环境的变化规律及其生态环境效应，发展适合于大湾区珠江口及其邻近海域的新一代河口及近海环境监测网络和智能预报系统，为制定科学合理的管理措施提供支撑。本书结合前期研究基础，介绍专项支持下粤港澳大湾区珠江口及其邻近海域观测、数值模拟及信息系统建设方面取得的成果。

图 1.2　1985 年、2020 年珠江口土地利用/覆盖类型对比

1.1　粤港澳大湾区海域物理环境

粤港澳大湾区所在珠江三角洲地区是全球 27 个大型河口三角洲之一，是一个极其复杂的大尺度复合型河口三角洲。珠江流域面积约为 45.3 万 km^2，年径流量达 3492 亿 m^3，年径流量居全国第二。珠江三角洲河道纵横交错，水流相互贯通，形成“三江汇流，八口入海”的水系格局。“三江汇流”指西江、东江及北江的径流汇入珠江三角洲，而“八口入海”指从西向东的崖门、虎跳门、鸡啼门、磨刀门、横门、洪奇门、蕉门及虎门等珠江口的八大入海口门（图 1.3）。

大湾区所处海域指珠江口及南海北部陆架海，按照地形和动力环境特征，主要可以划分为：内区河口海湾（伶仃洋，最深 20 m），中区湾口外及两侧海岸带（50 m 以浅）和外区陆架陆坡海岸带（50 m 以深）（图 1.4）。三个区域动力环境各有特点，同时又相互影响，形成了复杂的动力系统，包括潮流、河口重力流、河口盐度锋面、海岸带冲淡水、沿岸上升/下降流、近海温度锋面、陆架、陆坡流和中尺度涡等。受东亚季风的影响，珠江口及其邻近陆架海区的环流、冲淡水、锋面等具有显著的季节特征（图 1.5；Liu et al.，2020）。

1.1.1　气候环境

气候变化对区域经济发展具有重要的影响。充分认识粤港澳大湾区的气候环境是应对区域气候变化的基础，是提高区域经济活力的基石。政府间气候变化专门委员会（IPCC）第六次评估报告（AR6）指出全球气候变暖仍在提速，预示着气候变化带来的极端气象灾害，如极端高温、干旱、暴雨、风暴潮等，将会变得更加频繁。

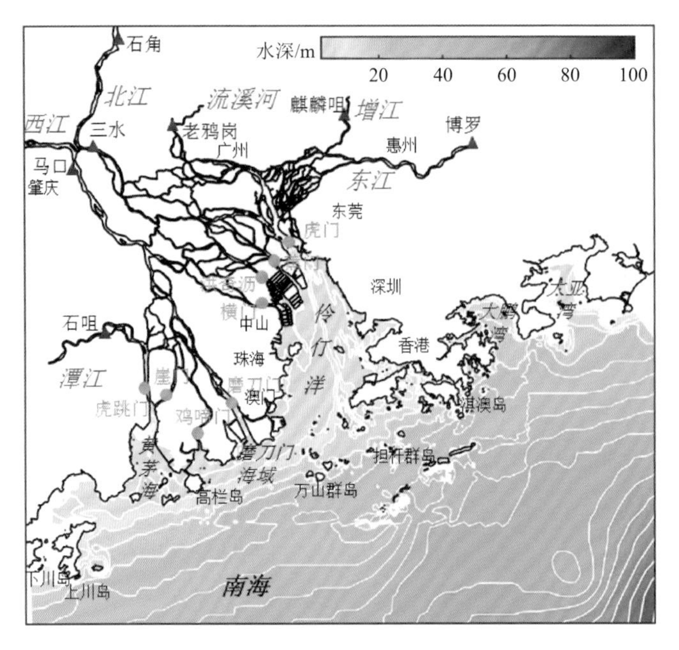

图 1.3　粤港澳大湾区珠江河网示意图

图中洪奇沥即洪奇门

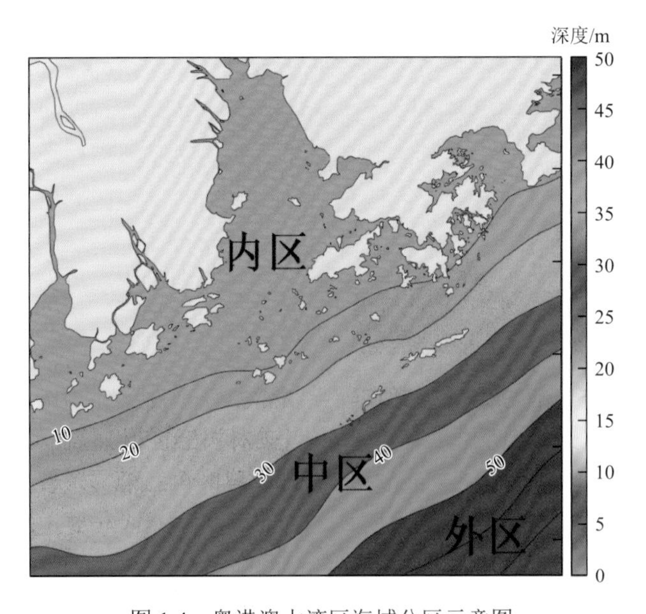

图 1.4　粤港澳大湾区海域分区示意图

粤港澳大湾区气象资料的多尺度分析表明，大湾区内不同地区的年平均气温均具有显著的增长趋势（李家叶等，2021）。1961～2018 年大湾区年平均气温以每十年增加 0.22 ℃的速率显著上升，高于同期广东省年平均气温升温速率。国家地球系统科学数据中心的数据资料也表明，澳门和香港的年平均气温显著增加（图 1.6）；与澳门相比[图 1.6(a)]，香港年平均气温更高且升温更快[图 1.6(b)]。

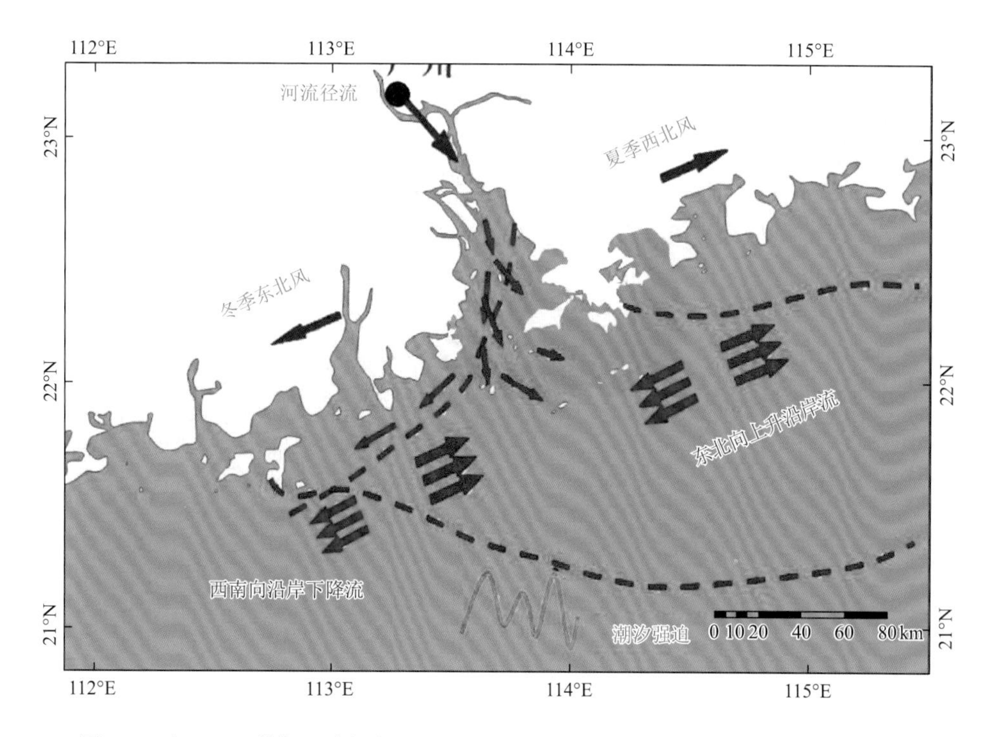

图 1.5　珠江口及其邻近陆架海区冬（蓝色）、夏（红色）季节环流与冲淡水示意图

绿色表示径流、潮汐、季风等物理驱动

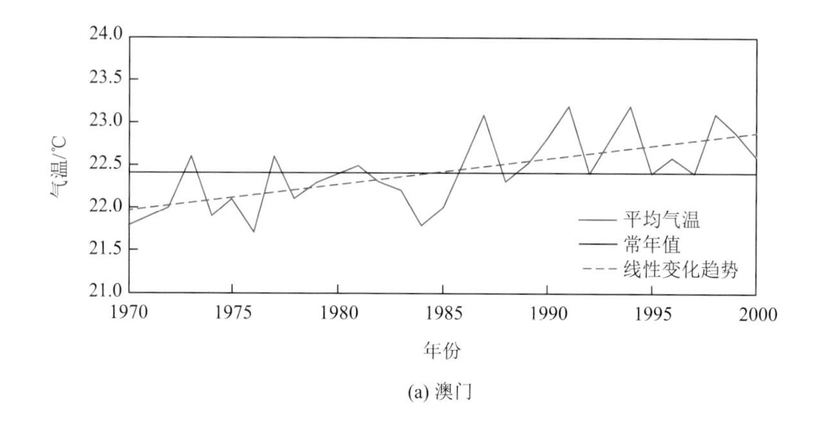

(a) 澳门

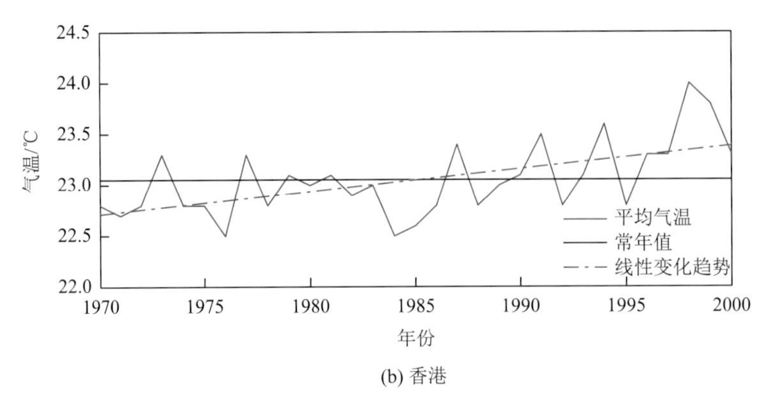

(b) 香港

图 1.6　1970～2000 年澳门平均气温年变化（a）和香港平均气温年变化（b）

数据来源于国家地球系统科学数据中心，http://www.geodata.cn

粤港澳大湾区属于亚热带海洋气候，终年温暖湿润，其大气环境具有明显的季节变化规律。年平均气温 21～23℃，最冷的 1 月平均气温 13～15℃，最热的 7 月平均气温 28℃以上（图 1.7）。6～10 月，常有台风影响，降雨集中，天气炎热，年

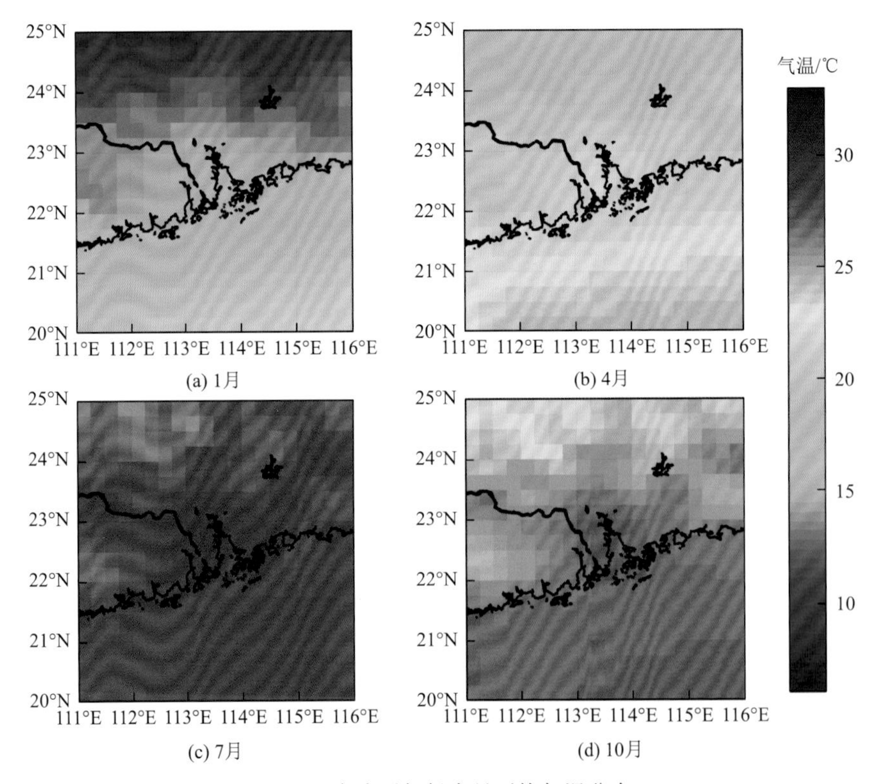

(a) 1月　(b) 4月　(c) 7月　(d) 10月

图 1.7　大湾区气候态月平均气温分布

数据来自欧洲中期天气预报中心第五代再分析产品 ERA5

均降水量 1500 mm 以上。多雨季节与高温季节同步，故春夏季节相对湿度较大，而冬季相对湿度较小，但仍超过 50%（图 1.8）。从风速和风向看，其受东亚季风的影响明显，夏季受西南季风影响，主要以南风为主，冬季则主要为东北风，且风速较大，春秋季节处于季风转换期，以东风为主（图 1.9）。

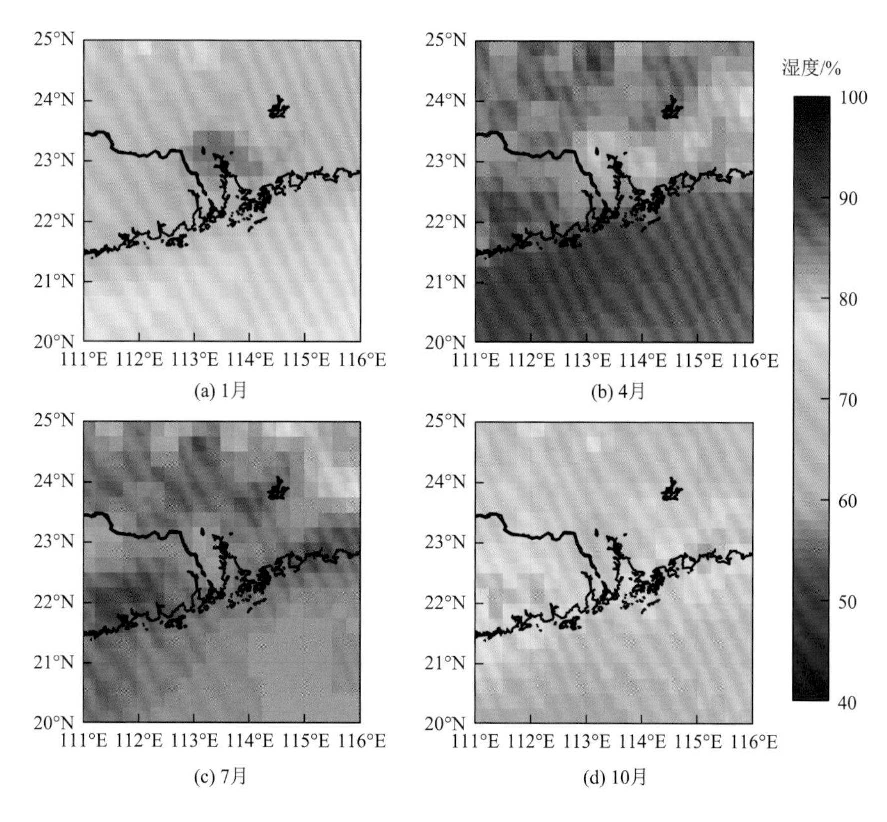

图 1.8　大湾区气候态月平均相对湿度分布

数据来自欧洲中期天气预报中心第五代再分析产品 ERA5

汛期伴有雷暴的降雨频繁也是大湾区气候的主要特点之一。大湾区降雨具有强度大、时间集中且发生频率高的特点，如广州市多年平均暴雨日数为 6.9 d，是国内暴雨日数最多的大城市（陈文龙等，2021）。在全球气候变暖的大背景下，20 世纪下半叶以来大湾区气候发生了显著变化。受气温加速上升的影响，大湾区呈现降雨量增加、降雨日数减少但暴雨日数增多等特征，即强对流和强降雨天气增多。但大湾区不同地区年降雨量变化不一致，甚至 20 世纪下半叶以来，粤港澳大湾区经历了多次严重的干旱。1961～2005 年的资料显示，广东省出现 21 次持续性干旱事件，且相比于 20 世纪 60 年代，2001～2005 年干旱事件发生的概率和强度更甚（林爱兰等，2010）。同时，降雨量季节变化也有所不同，夏季更湿而冬季更干，表明在气候变化下干湿季节两极分化（李家叶等，2021）。

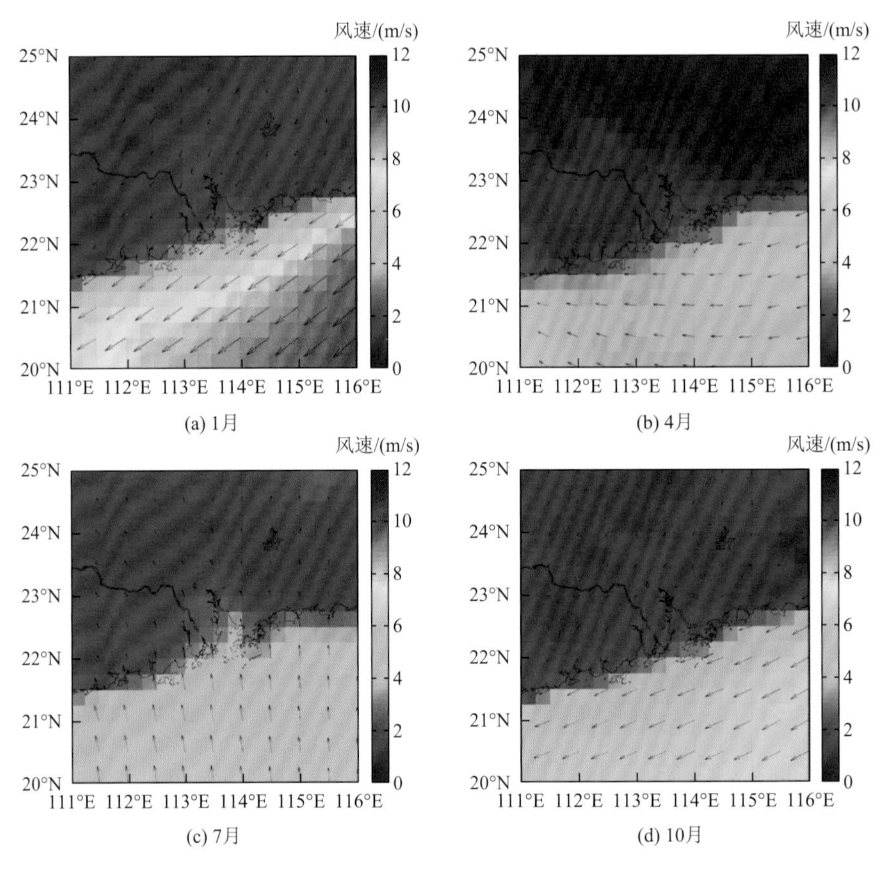

图 1.9　大湾区气候态月平均 10 m 风场分布

数据来自欧洲中期天气预报中心第五代再分析产品 ERA5

大湾区气温、降雨等在天气尺度上也呈现显著变化。基于大湾区内地 7 个站点的观测数据，前人进一步分析了大湾区气候变化对高温、干旱、暴雨等的影响，结果表明：日最高气温在缓慢上升，年高温天气日数从 1970 年开始至 2020 年显著增多，大湾区部分城市的高温天气日数已达 30 d 以上；降雨量与无雨天数相关关系为负相关且总体呈波动变化，在 2005 年附近非汛期降雨量出现明显的波谷，同时连续无雨天数出现一个波峰，到了 2015 年左右，非汛期降雨量出现波峰，而连续无雨天数出现波谷；而且无论是内地气象站还是香港天文台，暴雨及大暴雨的记录均表现出增加的趋势，1991～2020 年香港天文台记录的暴雨天数比 1890～1939 年多了 2.7 d（李家叶等，2021）。1961～2020 年香港天文台记录的年平均云量也呈现显著增加趋势［图 1.10(a)］。1991～2020 年的平均总雨量约为 2431 mm，比前 30 年（1961～1990 年）增加约 216 mm［图 1.10(b)］。

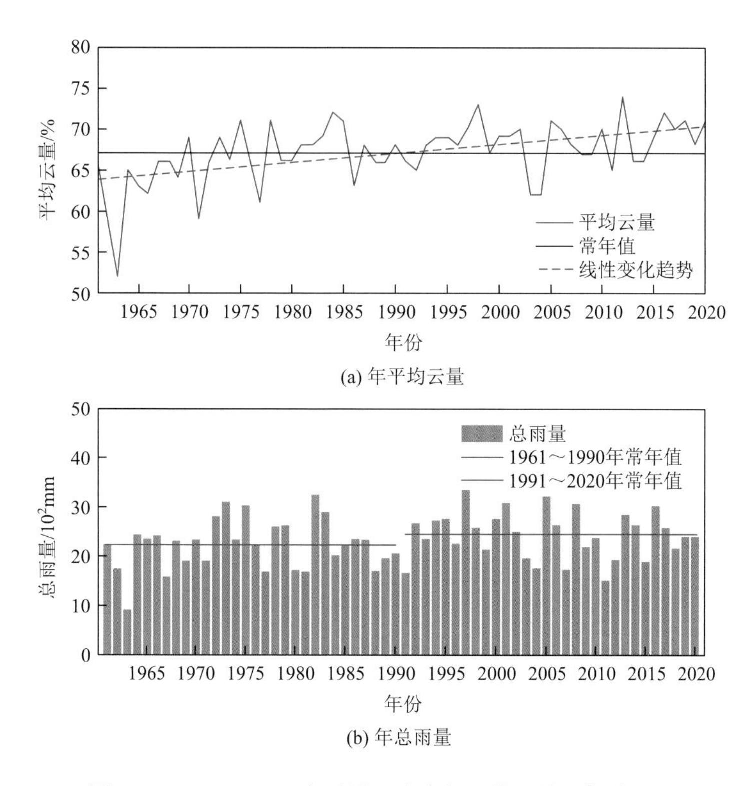

图 1.10　1961～2020 年香港天文台年平均云量和年总雨量

数据来源于国家地球系统科学数据中心，http://www.geodata.cn

综上所述，随着全球气候变化加速，粤港澳大湾区气候环境也发生变化，呈现气温逐渐上升，干湿季节两极分化以及高温、干旱、暴雨等增加的趋势，大湾区气候总体呈暖湿化格局。

1.1.2　流域水系

珠江三角洲水系由西、北江思贤滘以下，东江石龙以下的网河水系和注入三角洲的其他各河流组成。珠江三角洲河网区由西北江三角洲、东江三角洲组成，指西、北江思贤滘以下、东江石龙以下，直到三角洲各入海口之间的地区（罗宪林，2002）。珠江三角洲流域面积 2.68 万 km^2，其中珠江三角洲河网区面积 0.97 万 km^2，注入三角洲其他诸河流域面积 1.71 万 km^2，区内大小河道

324 条，河道总长度约 1600 km。注入珠江三角洲河流除西江、北江和东江外，流域面积超过 1000 km^2 的河流还有流溪河、高明河、潭江、增江和沙河等 5 条河流。珠江三角洲河网区早期是一个浅海湾，受潮汐、岛丘拦阻，泥沙在河水下泄海区及岛丘附近沉积，导致陆地不断扩大，最后连成一片。区内河涌交错，水网相连有重要水道 26 条，在各江河水流互相沟通兼受潮汐影响下，水情较为复杂。东、西、北江注入珠江三角洲后，由虎门、蕉门、洪奇门、横门、磨刀门、鸡啼门、虎跳门和崖门等八大口门分别注入伶仃洋、黄茅海及三灶岛和横琴岛之间的海域，而后注入南海。区域内主要水道情况如下。

西江下游水道：西江的主要支流从思贤滘西滘口起，向南偏东流至新会天河，长 57.5 km，称为西江干流水道；天河至新会百顷头，长 27.5 km，称为西海水道；百顷头至珠海洪湾企人石流入南海，长 54 km，称为磨刀门水道。主流在甘竹滩附近向北分汊经甘竹溪与顺德水道贯通；在天河附近向东南分出东海水道，东海水道在豸浦附近分出凫洲水道，该水道在鲤鱼沙又流回西海水道；东海水道的另一汊在海尾附近分出容桂水道和小榄水道，小榄水道经横门与洪奇门相会后汇入伶仃洋出海。主流西海水道在太平墟附近分出海洲水道，至古镇附近又流回西海水道；西海水道经外海、叠石，由磨刀门出海。此外，西海水道在江门北街处有一分支江门河，经银洲湖，由崖门水道出海；在百顷头分出石板沙水道，该水道又分出荷麻溪、劳劳溪与虎跳门水道、鸡啼门水道连通；至竹洲头又分出螺洲溪流向坭湾门水道，经鸡啼门水道出海。

北江下游水道：北江从芦苞起有芦苞涌、西南涌分流入珠江。在思贤滘上游马房附近有绥江汇入，流至思贤滘与西江相通。北江主流自思贤滘北滘口至佛山紫洞，长 25 km，称为北江干流水道；紫洞至南沙张松，长 48 km，称为顺德水道；从张松至南沙小虎山淹尾，长 32 km，称为沙湾水道，然后入狮子洋经虎门出海。北江主流分汊很多：在三水区西南分出西南涌，与流溪河汇合后流入珠江水道（至白鹅潭又分为南北两支，北支为前航道，南支为后航道，后航道与佛山水道、陈村水道等互相贯通，前后航道在剑草围附近汇合后向东注入狮子洋）；在紫洞向东分出潭洲水道，该水道又于南海沙口分出佛山水道，在顺德登洲分出平洲水道，并在顺德沙亭又汇入顺德水道；在顺德勒流分出顺德支流水道，与甘竹溪连通，在容桂与容桂水道相汇，然后入洪奇门出海；在张松分出李家沙水道，在顺德板沙尾与容桂水道汇合后进入洪奇门水道，由万顷沙西面出海。在南沙磨碟头分出榄核河、西樵分出西樵水道，基石分出骝岗水道，均汇入蕉门水道出海。

东江下游水道：东江自石龙以下分北干流和南支流两支水道，主流北干流经石龙以北，向西流经新家浦，纳增江后，经新塘以南，最后在增城禺东联围鱼肠沙（大盛）汇入狮子洋，全长 42 km；南支流从石龙以南向西南流经石碣、东莞，在大王洲接东莞水道，最后在东莞洲仔围流入狮子洋。东江北干流在东莞草墩分出潢涌河，在东莞斗朗又分出倒运海水道，在东莞湛沙围分出麻涌河；倒运海水道在大王洲横向分出中堂水道，此水道在芦村汇潢涌河、在四围汇东江南支流；中堂水道又分出纵向的大汾北水道和洪屋涡水道，这些纵向水道均流入狮子洋经虎门出海。

珠江水道广州片：珠江狭义上是指广州白鹅潭至虎门的一段河道，因“江中有海珠石”而得名，因基本位于广州，这里称为珠江水道广州片。珠江自白鹅潭开始后，分北支为前航道，南支为后航道，后航道与佛山水道、陈村水道互相贯通，到黄埔再合流经狮子洋由虎门出海。后航道于丫髻沙又分为沥滘水道和三枝香水道。

1.1.3　海洋动力环境

1. 河口内区

珠江河口海湾区指的是伶仃洋水域，范围为 22.1°～22.7°N、113.5°～114.1°E，呈喇叭口状，中轴线为西北偏北至东南偏南走向，纵向长度约 70 km，喇叭口横宽约 35 km，总面积约 2000 km^2，平均深度为 4.8 m，最深处为中部和东部两条纵向深水槽，最深约 20 m，西部为较大范围的浅滩。总体而言，中、东部的深槽区以外海的高盐潮流影响为主，西部的浅滩区以珠江径流下泄及低盐的沿岸水影响为主。

珠江河口区潮汐主要是太平洋潮波经巴士海峡传入，平均潮差为 1.1～1.7 m，但具有明显的空间差异，八个口门的平均潮差呈东（虎门，1.63 m）、西（崖门，1.24 m）两侧大，中间（磨刀门，0.86 m）小的马鞍形分布（宋定吕等，1986）。珠江河口的潮汐性质表现为不正规半日潮，即在一个太阴日中，出现两次高潮和两次低潮，且潮高均不相等，潮差大小和潮时也不相同。受径流、风暴潮、地貌形态等因素的影响，潮汐要素存在明显的周期变化（韦惺等，2011）。

潮汐调和分析显示 M_2、S_2、K_1、O_1 为珠江三角洲最主要的 4 个分潮，其中又以 M_2 所占的比重最大，其次为 K_1、O_1（倪培桐等，2012）。潮波在传播过程中所表现的特征主要为：受河道摩擦的非线性作用及上游下泄径流的阻尼作用，潮波发生变形、衰减，且越往上游，这种影响越明显；而不同频率的潮波衰减的程度不同，其中高频潮波衰减得较快，频率较低的潮波衰减得相对较慢，即半日分潮（如 M_2）波衰减得快，全日分潮（如 K_1）波衰减得相对较慢（图 1.11 和图 1.12）(Mao et al.，2004)。

珠江河口的潮能通量平面上表现出主槽大，滩地较小。在总能耗中，底摩擦耗散最大，占总能耗的 70%～80%；其次是垂向扩散耗散能耗，占总能耗的 20%～30%；水平扩散耗散能耗最少，在总能耗中的比重小于 1%（倪培桐等，2011）。受复杂地形的影响，在珠江河口地区存在“门”、分汊汇流区和弯曲河道区等典型的高能耗区，高能耗区的单位面积能耗比附近水域的高数倍甚至 1～2 个数量级。

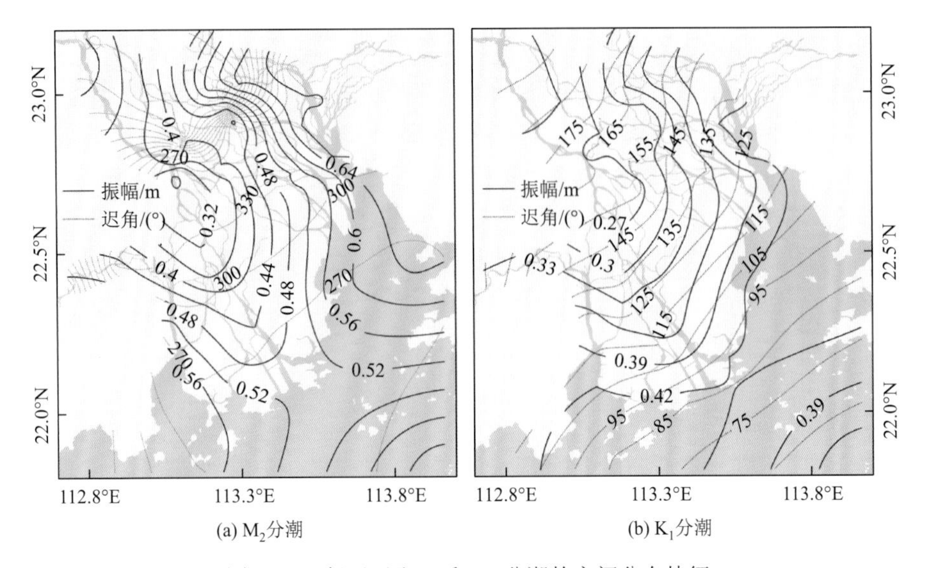

(a) M_2分潮　　(b) K_1分潮

图 1.11　珠江河网 M_2 和 K_1 分潮的空间分布特征

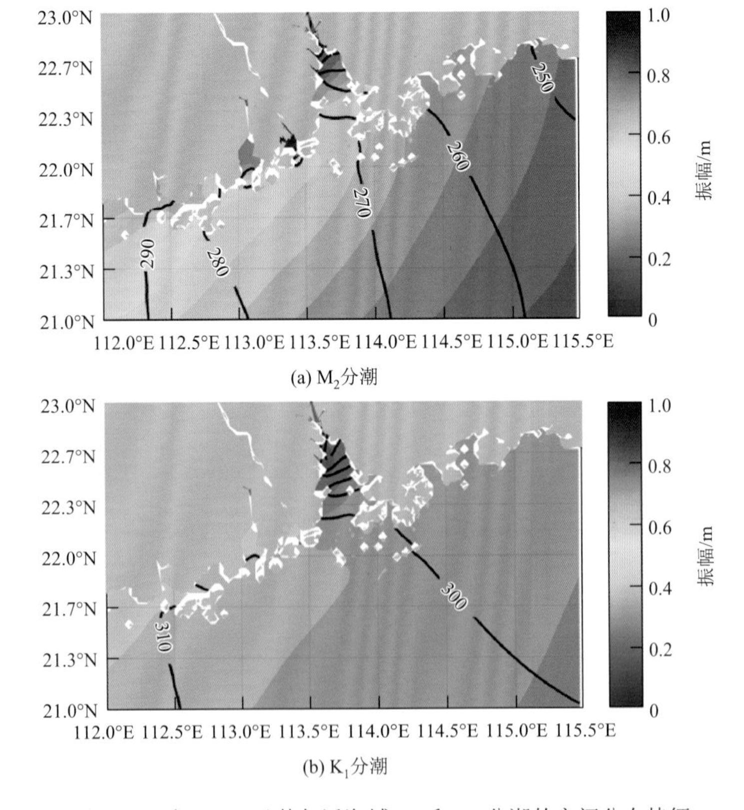

(a) M_2分潮

(b) K_1分潮

图 1.12　珠江河口及其邻近海域 M_2 和 K_1 分潮的空间分布特征

颜色显示为振幅；等值线显示为迟角，(°)

由于径流、地形和潮汐的共同作用，珠江河口内形成强的盐度锋面，并且沿锋面伴随有较强的垂向两层重力环流（Lai et al.，2018；Lai et al.，2016）。该盐度锋面位于河口西侧，呈东北偏北至西南偏南走向，从河口顶东侧一直延伸到河口外西侧，且在锋面处形成很强的盐跃层，在沿锋面和跨锋面方向均存在底层高盐水的楔形结构。该盐度锋面底层强于表层，冬季枯水期显著强于夏季（丰水期）。夏季由于大量的淡水径流，河口内表层盐度锋面近乎消失，而底层盐度锋面依然强盛（图1.13）。

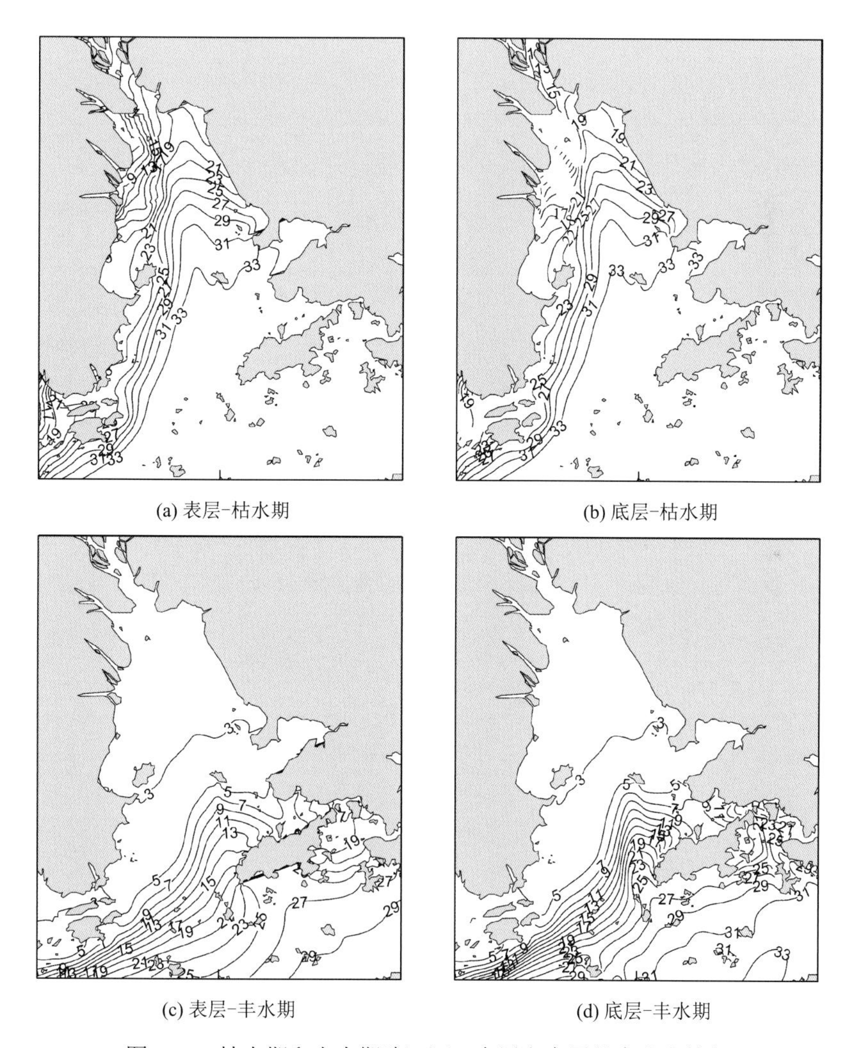

(a) 表层-枯水期　(b) 底层-枯水期

(c) 表层-丰水期　(d) 底层-丰水期

图1.13　枯水期和丰水期珠江河口表层和底层盐度分布特征

等值线表示盐度，PSU[①]

---

① PSU，实用盐度标准，与‰同义。

学者利用数值模式对锋面驱动机制进行了大量研究（(Lai et al., 2016; Luo et al., 2012；Zu et al.，2015；Ji et al.，2011a；Ji et al.，2011b；Xie et al.，2015；Yang et al., 2003），发现锋面浮力差驱动垂向两层重力环流，表层沿着锋面流向外海，底层流向陆地。锋面受潮汐和径流的双重影响。其中潮汐（主要是大潮）对锋面有双面效应：一方面通过混合减弱锋面强度；另一方面通过非线性余流效应增强中、东侧海水入侵和西侧珠江泄流，导致锋面增强以及表层偏离西岸。此外，局地风场通过混合和辐聚辐散效应，会引起地转调整，能显著影响河口内锋面和环流（图 1.14）（Wong et al.，2003）。

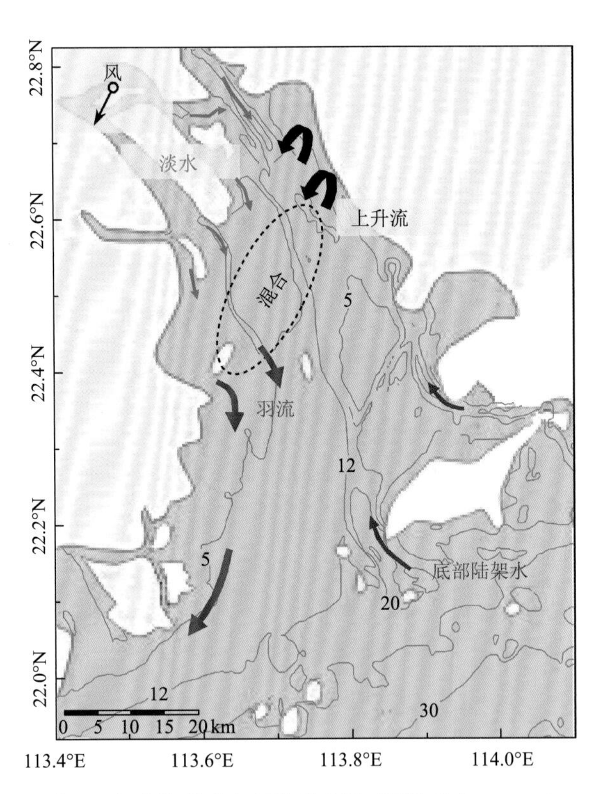

图 1.14　珠江口门内海洋动力环境示意图（图片改自 Lai et al.，2016）

等值线表示水深，m

河口中部强潮汐混合使得伶仃洋喇叭形河口从动力上可以分为上、中、下三部分（Zu et al.，2014）。上部主要表现为两层重力环流结构，下部同时受到重力环流与陆架地转流入侵的共同调制，有明显的季节差异（Dong et al.，2004）。夏季西南季风盛行时期（丰水期）水体平均滞留时间约 9 d，仅为冬季东北季风时期（枯水期）的 1/3（裴木凤等，2013），夏季跨陆架的上升流可以显著地增强珠江口与陆架的水交换效率，并且河口处净水体输运量与季风沿岸分量存在较强的相关性（Zu et al.，2015）。强潮汐混合使得伶仃洋中部以及黄茅海等小型河口口门处出现较强的能量输入与耗散（图 1.15），从而让河流冲淡水在这些区域完成了向近岸浮力驱动环流的转变，使得伶仃洋中部具有小型河口口门的动力特征（Zu et al.，2014）。

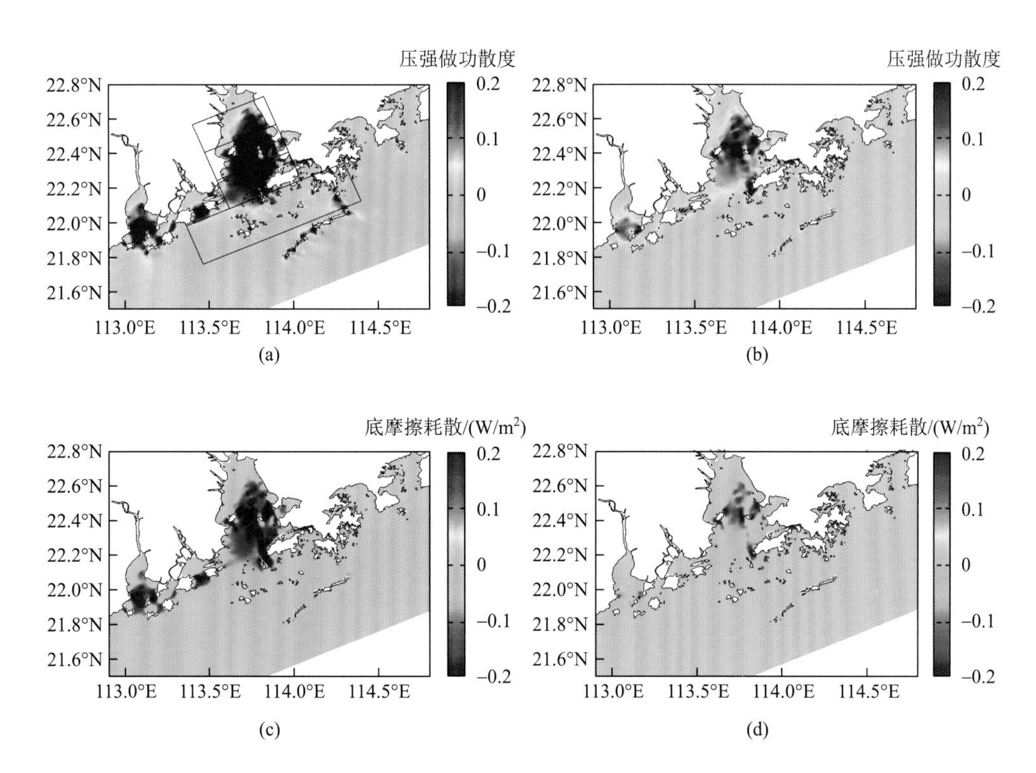

图 1.15　大潮[(a)(c)]与小潮[(b)(d)]时期压强做功散度与底摩擦耗散

黑色方框从上至下分别表示上、中、下河口以及河口外邻近陆架

2. 海岸带

珠江口海岸带指的是珠江冲淡水可以影响到的区域，东西范围大致为 111°～117°E，包括雷州半岛以东至台湾浅滩以西、50 m 以浅的海域（图 1.16）。这里的环流动力主要受风、潮汐、冲淡水和地形的调控。每年夏季西南季风盛行时期（5～8 月），华南地区降雨量较大，珠江径流为丰水期，大量淡水涌入海岸带，浮于高盐海水之上，形成大片冲淡水区。珠江冲淡水区面积由径流量决定，而其分布形态主要受风应力、广东沿岸流控制。冲淡水亦会通过浮力强迫改变水体层结强度影响广东沿岸流和上升流（Su，2004；夏华永等，2018）。

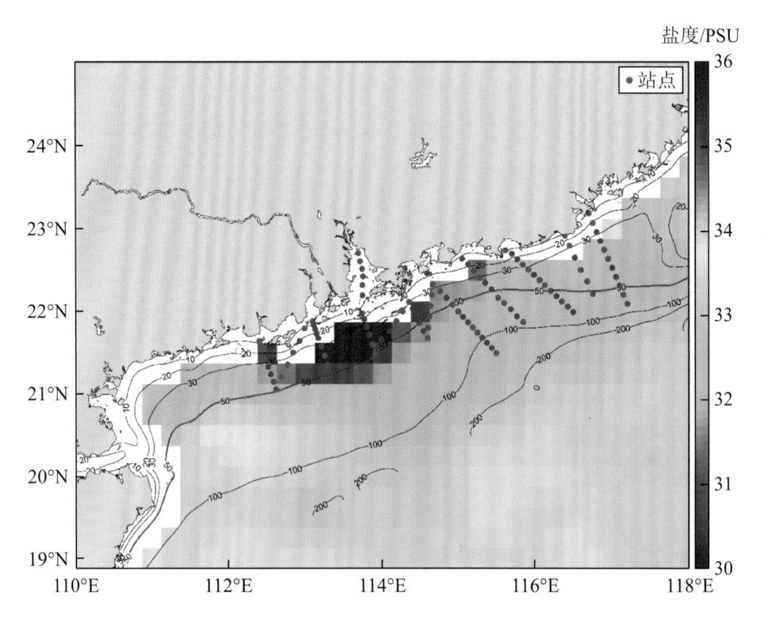

图 1.16 珠江口海岸带区域分布和土壤湿度主被动探测（soil moisture active passive，SMAP）卫星显示的冲淡水影响范围示意

等值线表示水深，m

珠江冲淡水形态具有非常明显的季节性特征。冬季东北季风盛行时期，在弱径流和强沿岸流的影响下，珠江冲淡水被限制在河口内盐度锋面西侧浅滩处，并紧贴岸线向陆架扩展，随冬季风驱动的沿岸急流向雷州半岛运动。夏季西南季风相对冬季风较弱并且风向较不稳定，强径流和复杂多变的沿岸流系统使得冲淡水影响区域扩大且形态多变，存在显著的天气尺度和年际尺度变化特征。观测表明，夏季珠江冲淡水主要呈四种形态分布：①局限于河口外的凸状形态；②西海岸延伸形态；③东海岸延伸形态；④两侧延伸形态（图 1.17）。四种形态的形成主要受风向控制。风应力对冲淡水的影响主要通过埃克曼离岸流和沿岸流的输运，偏东风影响下，易形成向西海岸的延伸；偏西南风影响下，易形成向东海岸的延伸。此外，径流量的脉冲式短期变化，会引起冲淡水发生不连续分布，以及近海表层低盐水团透镜结构的形成（Chao et al.，1995；Ou et al.，2009；Ou et al.，2007）。

珠江口海岸带沿岸流和上升流属于季风控制的季节性海流（图 1.18 和图 1.19）。冬季在东北风埃克曼输送的影响下，海水向岸堆积，风应力和地转效应共同驱动形成强而稳定的西南向沿岸流及其伴随的下降流。夏季受南海季风控制（主要为南风），珠江口以东形成向东北向沿岸流和上升流，珠江口以西形成微弱的西向沿岸流；此时，南海北部风场存在台风等极端天气事件和较多季节内尺度振荡，沿岸流较为不稳定。除了季风变化，地形对沿岸流和上升流的空间强度变化起着重要调制作用，珠江口、大鹏湾口向岸内凹的等深线地形加强了夏季陆架流向湾内的入侵（Zu et al.，2015；Liu et al.，2018；薛惠洁等，2001；曾庆存等，1989），117°E 附近汕头海域因宽海岸底地形与台湾浅滩汇合，等深线向东北急剧收窄，引起辐聚效应，使得粤东夏季沿岸上升流和冬季下降流的强度显著大于近海其他区域（Gan et al.，2009a；Gan et al.，2015）。此外，有利于上升流的风盛行时期，西南向的涨潮流会减弱沿陆架上升流急流的强度，东北向的落潮流会增强其强度，但是潮汐对于跨陆架方向流以及陆架河口的净水体输运的影响有限（Zu et al.，2015）。上述工作利用数值模式对珠江冲淡水对沿岸流的影响进行了大量实验。结果表明，冲淡水向南扩展能驱动垂向重力环流，引起沿岸上升流。而冲淡水浮力强迫则引起东海岸处向北的压强梯度力，通过地转平衡加强向东的沿岸流。此外，冲淡水层化效应会使混合层变薄，加强表层埃克曼输送。

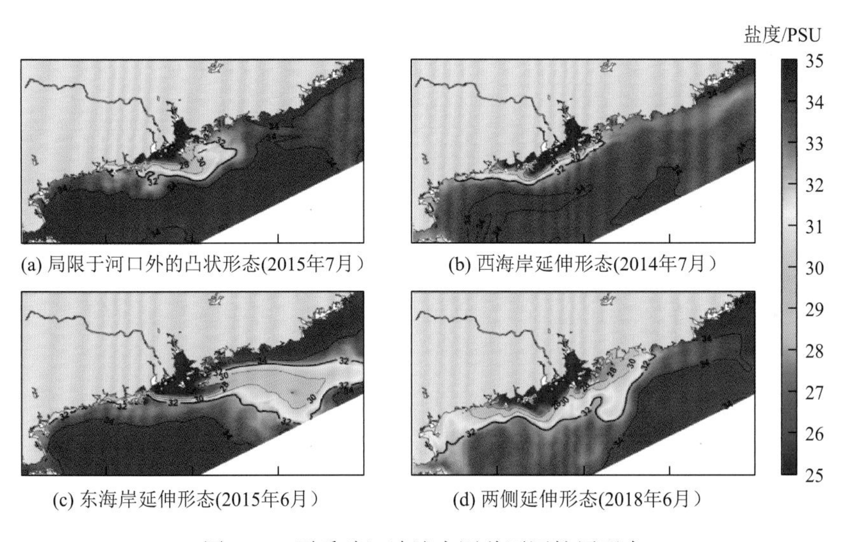

(a) 局限于河口外的凸状形态(2015年7月）　(b) 西海岸延伸形态(2014年7月）

(c) 东海岸延伸形态(2015年6月）　(d) 两侧延伸形态(2018年6月）

图 1.17　夏季珠江冲淡水四种不同扩展形态

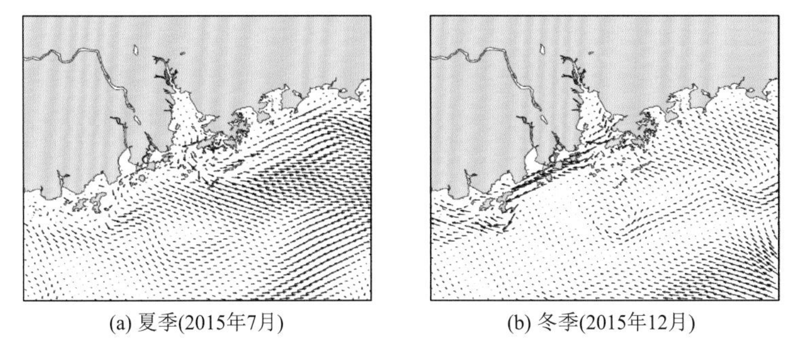
(a) 夏季(2015年7月)　(b) 冬季(2015年12月)

图 1.18　珠江口海岸带冬夏季沿岸流

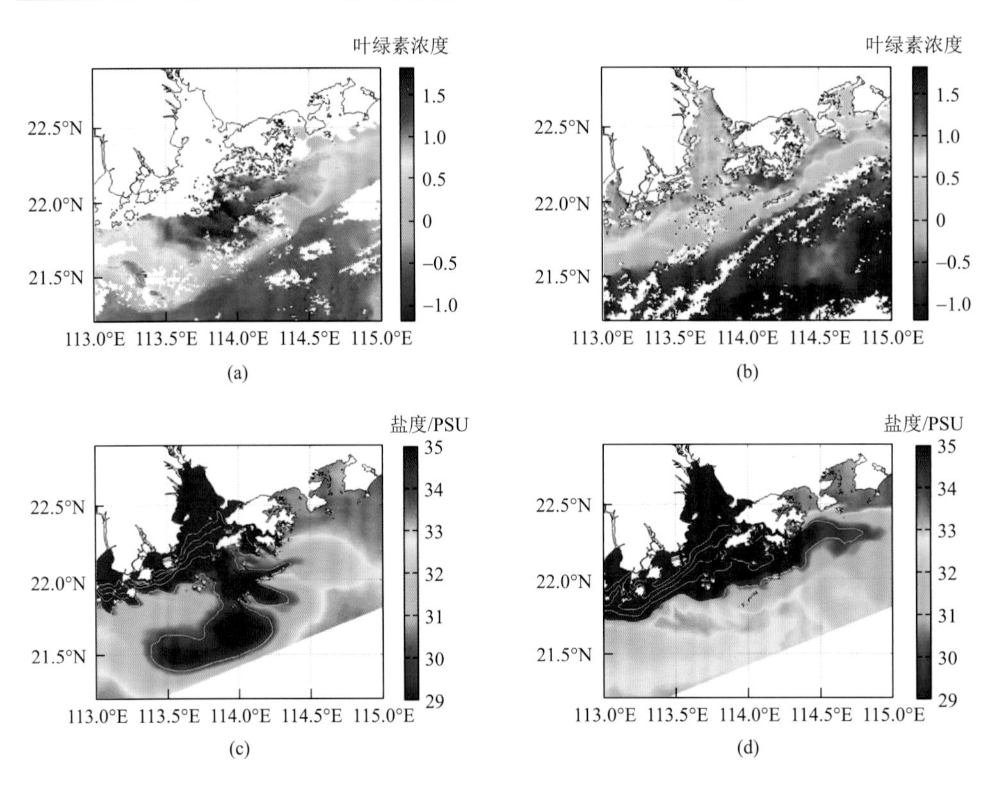

图 1.19 上升流时期(2000 年 8 月 10 日)[(a)(c)]及上升流撤退时期(2000 年 8 月 19 日)[(b)(d)]SeaWiFS 观测的叶绿素浓度（单位：mg/m^3）的以 10 为底的对数值与数值模拟的海表盐度分布图

图中叶绿素浓度及盐度的变化可表示出上升流的空间分布

3. 陆架海和陆坡海

南海北部陆架海和陆坡海在陆架 50 m 以深到 1000 m 以浅区域，等深线呈西南—东北走向，范围包括海南岛以东至台湾浅滩以西海域。该区域环流受地形、风场和外部海流影响，冬夏季均存在两支反向的沿等深线流：东北流向的南海暖流（又被称为南海冬季逆风流）和西南流向的陆坡流（又被称为东沙海流/南海西边界流北支/黑潮南海分支）(图 1.20)。南海东北部台湾岛西南海区同时受黑潮入侵和地形风应力旋度影响（Chiang et al.，2008；Nan et al.，2011；Qu et al.，2000；Wang et al.，2008；Wang et al.，2011；Wang et al.，2015；Zu et al.，2014），是南海中尺度涡的高发海区之一（Wang et al.，2003；Chern et al.，2010；Jia et al.，2011；Justic et al.，1996；Li et al.，1998；Metzger et al.，2001）。尤其是，该海区在冬季以反气旋涡为主，中尺度涡在台湾岛西南海区形成后，能沿着陆坡等深线运动至东沙群岛、海南岛附近甚至进入陆架海区，影响珠江口外海的动力环境（舒业强等，2018）。

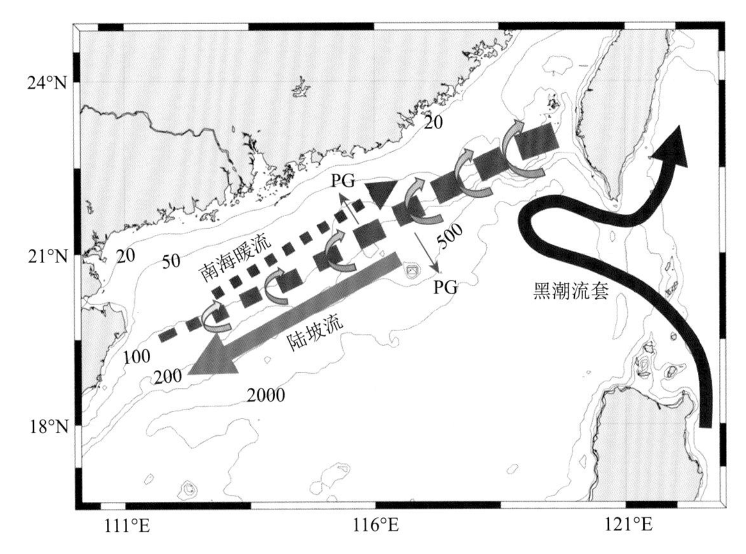

图 1.20　南海北部陆坡海和陆架海流系示意图

等值线表示水深，m；PG 为压强梯度力（pressure gradient）

南海暖流是冬季位于南海北部陆架的一支起源于海南岛东侧，并沿陆架逆风东进的逆风暖流（管秉贤，1978；袁耀初等，2007）。但是目前关于南海暖流的形成机制还存在争议，黑潮入侵南海、地形、风应力松弛等因素都有着重要作用。第一种观点认为黑潮入侵南海在陆坡上导致的压强梯度力驱动了南海暖流。第二种观点认为东北季风条件下海南岛地形导致的水体在西边堆积，形成沿陆坡的海表高度差，进而导致南海暖流出现。第三种观点认为冬季东北风松弛是导致南海暖流的主要原因。第四种观点认为南海暖流是台湾海峡北向输运所诱导的流，是一种“源-汇”所驱动的流。除此之外，斜压与地形联合效应（JEBAR）导致陆坡流的向岸爬坡偏转，风场埃克曼抽吸在海南岛以东陆坡区形成的高水位带都是南海暖流可能的形成机制（Nan et al.，2011；Yang et al.，2008；Yuan et al.，2006；Yuan et al.，2007；Zhang et al.，2017；Yuan et al.，2008；Zhang et al.，2013）。

陆坡流是南海北部海盆气旋式环流的北翼，位于水深在 200～1000 m 范围的陆坡上，冬夏季均为西南向流，其中夏季风期间为逆风流。风应力旋度、吕宋海峡入流和出流以及从黑潮左侧反馈的正涡度均对陆坡流形成和维持起重要作用。在季风和黑潮等的驱动下，南海北部陆坡流并非完全沿着等深线流动，跨陆坡的输运非常明显，且具有独特的流动结构及动力机制。夏季西沙海域以东的陆坡区域以爬坡运动为主，沿陆坡方向的正压压强梯度力是控制跨陆坡运动的主要动力因素；而温度引起的密度变化是形成压强梯度的主要因子。

珠江口外部海域的波浪主要受到东北季风（冬季）和西南季风（夏季）的影响。有效波高的等值线基本与岸线平行，呈现东南向西北递减的空间分布，珠江口内部的波高基本小于 0.5 m。波高的最大值出现在冬季，而最小值则出现在春季（图 1.21）。

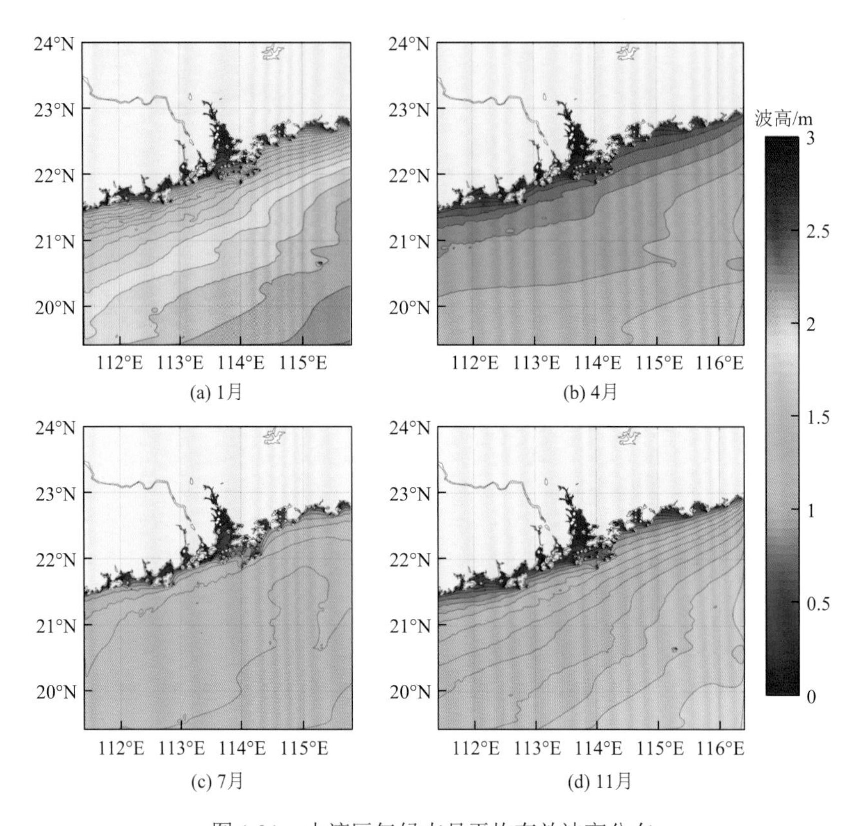

图 1.21 大湾区气候态月平均有效波高分布

有效波高数据为基于 WAVEWATCH III的南海–珠江口多重嵌套精细化预报模式多年积分结果，积分时间为 1990～2015 年

此外，中尺度涡也显著影响外区的水文性质。该区域涡旋主要发源于台湾岛西南部深海区，尺度大概为 50～300 km，生命周期大概为 10～100 d，这些涡旋一般被认为是冬季黑潮流套脱落生成，也有研究认为这些涡旋是局地风应力旋度形成的，或者是西太平洋海区西传涡旋通过吕宋海峡进入南海。

1.1.4 地质地貌

1. 珠江三角洲

作为粤港澳大湾区空间载体的珠江三角洲，其面积为 8033 km^2（韦惺等，2011），是继长江三角洲之后的我国第二大河口三角洲。形态上，珠江三角洲是一个三面环山、一面向海半封闭的盆地，且向海一面有众多岛屿。珠江是一条古老的河流，可以追溯到发育在古近纪和新近纪准平原的水系。当准平原面抬升时，珠江切入坚硬的古生代和中生代岩石，形成珠江从周边山地进入三角洲时的一系列峡谷，如西江的三榕峡、大鼎峡和羚羊峡，北江的飞来峡，这是地形学上典型的遗传河谷（赵焕庭，1990；吴超羽等，2006a；吴超羽等，2006b）。

现代的珠江三角洲平原上有许多丘陵、山地，平原面积占 80.6%，丘陵和山地占 13.3%，台地和残丘占 6.1%。丘陵和山地可以辨别出多级夷平面，它们的走向多与北东向构造线一致，又被北西向构造线所切割，为多旋回地形，山体破碎。三角洲还普遍存在 40～50 m、20～25 m 及 5～10 m 多级台地，指示第四纪以来海陆的变迁和珠江发育的阶段。

珠江三角洲地区的第四纪沉积地层形成年代较为年轻，迄今不过 4 万年（龙云作，1997）。第四纪的沉积自下而上包括两套沉积层序：更新世沉积层和全新世沉积层（赵焕庭，1990；龙云作，1997）。第四纪沉积层厚度平均为 25 m，一般不超过 30 m。在磨刀门口附近的沉积层厚度可达 64 m。在两期沉积旋回中存在一个曾经暴露的侵蚀和风化面，厚度一般为 0.5～5 m，形成于距今 22000～13000 年的末次冰期。全新世的沉积层叠覆于这一风化侵蚀面之上，垂向堆积序列绝大部分表现为下粗上细的正向序列（图 1.22），且不具有典型吉尔伯特（Gilbert）三角洲的前积层、顶积层等沉积层序（Wei et al.，2016）。沉积层序自下向上在古河谷为河流相、河漫滩-河口湾相、河口湾-三角洲相，在古河间地为滨海相、河口湾相和三角洲相（韦惺等，2011）。

受控于独特而复杂的地貌边界，全新世以来珠江三角洲的发育演变模式不同于世界其他大型三角洲。如美国密西西比河三角洲，其发育演变可以明显地分为堆积前展、改道废弃和侵蚀破坏等阶段。因而各沉积堆积体在形成时间上有明显的先后关系，在空间上可以重叠。我国的长江三角洲的发育则以河口沙坝为主体，每期沙坝的出现，迫使分汊，形成南、北汊道，在科里奥利力的作用下，

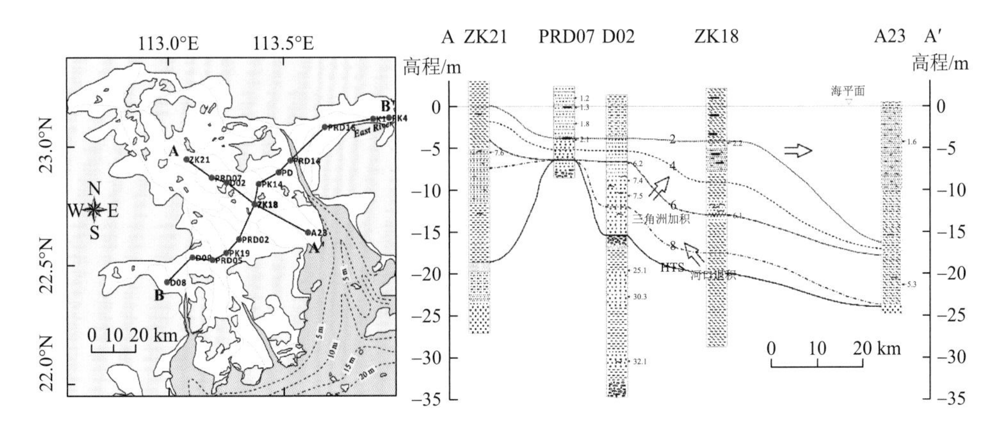

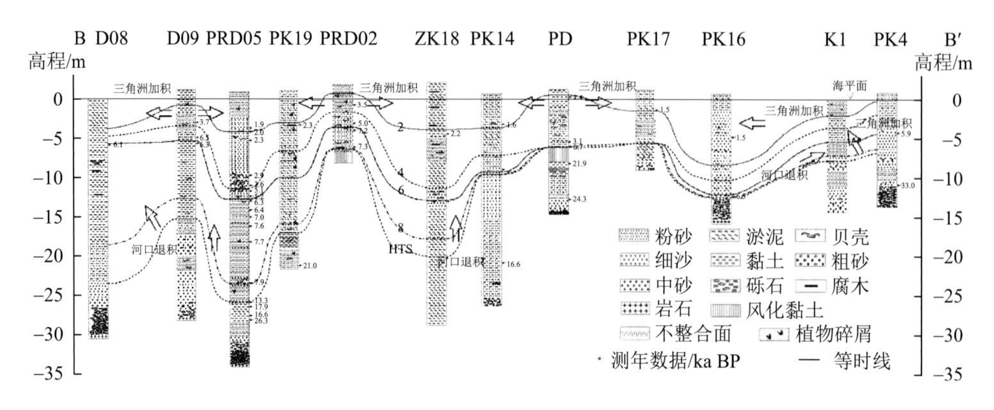

图 1.22 珠江三角洲代表性联孔剖面

HTS 为全新世海侵界面

形成涨潮主流偏北、落潮主流偏南的特性。因而其沉积体在时间上也有明显的先后关系，但空间上不重叠。对于珠江河口，复杂地貌边界对河流及潮汐能量的重塑使得河口沉积及其岸线的演进不再是简单自北向南或由河流出口向下游逐步发展，而是多源复合，南北不同尺度沉积体独立、并行发展，互不重叠（图 1.23），三角洲河网干流河道的形成和发育往往是若干相邻沉积体发育和延伸的结果（Wei et al.，2020）。现今三角洲河网共有 300 多个河段，总长度约为 1600 km，河网密度高达 0.81 km/km^2，河网总体上表现出复杂分级的二维特征。河网各次级河道的形成机制可能包括有冲决作用、岛屿的挑流作用、拦门沙作用、河道侧向迁移作用、江心洲作用等，但是这些大都发生于主干河道形成之后（韦惺等，2018）。

2. 海岸线

海岸线作为海洋与陆地的边界线，在泥沙运输、港口码头建设、城市规划等方面起到重要作用。粤港澳大湾区作为我国开放程度最高和经济活力最强的区域之一，在我国经济发展格局中具有举足轻重的地位。粤港澳大湾区除佛山和肇庆外，其他城市海岸线蜿蜒曲折。分析粤港澳大湾区海岸线的时空变迁特征，可为粤港澳大湾区海岸带的开发利用和生态保护提供科学依据，以期促进粤港澳大湾区可持续发展（Liu et al.，2021；Su et al.，2021）。

海岸线一般定义为多年大潮高潮位时的海陆分界线。因数据条件制约，已有研究多数采用瞬时水陆分界线提取海岸线位置和类型划分。从图 1.24 可大致看出 1979～2020 年粤港澳大湾区海岸线变化情况。从海岸线长度看，粤港澳大湾区海岸线长度由 1979 年的 2090.32 km 增至 2020 年的 2243.17 km，年均增长 3.73 km。从海岸线增长量看，2000～2010 年增长最多，增加 71.92 km，变化强度最大，达到 3.40%。

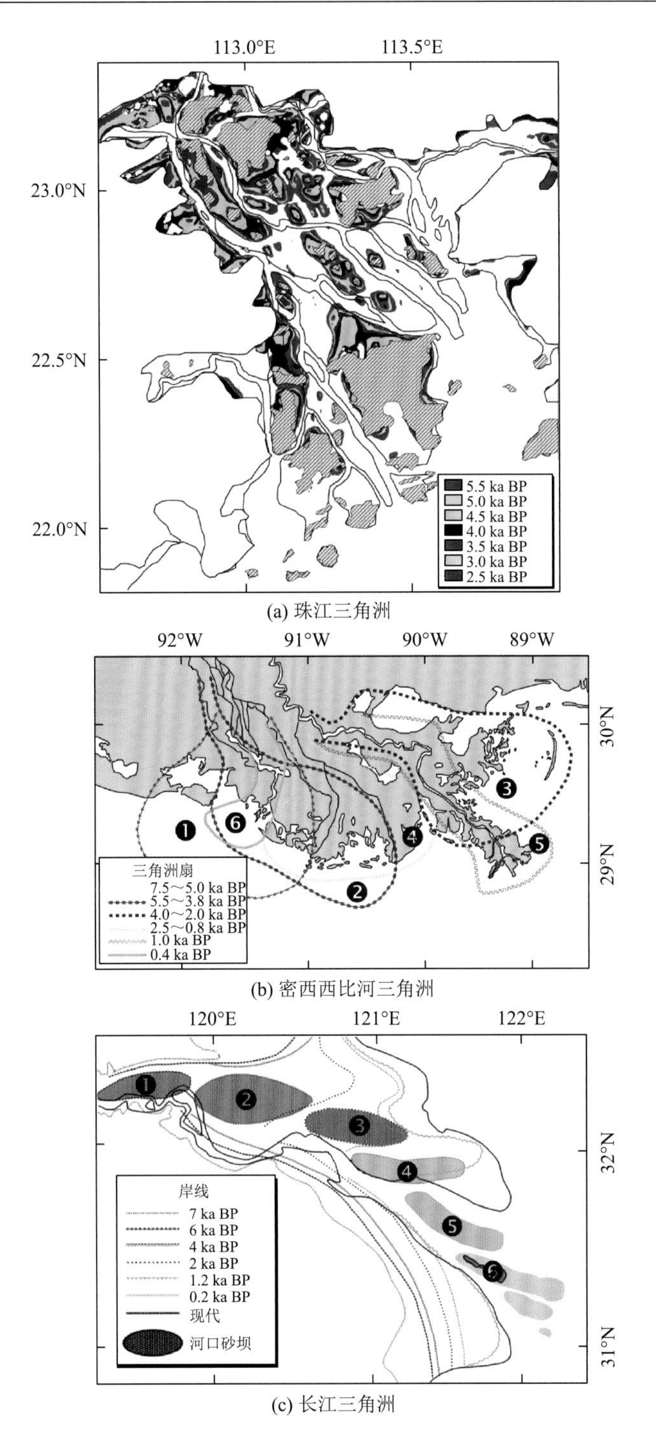

(a) 珠江三角洲

(b) 密西西比河三角洲

(c) 长江三角洲

图 1.23　珠江三角洲在全新世海侵盛期以来的演变过程(a)及其与密西西比河三角洲(b)和长江三角洲(c)的比较

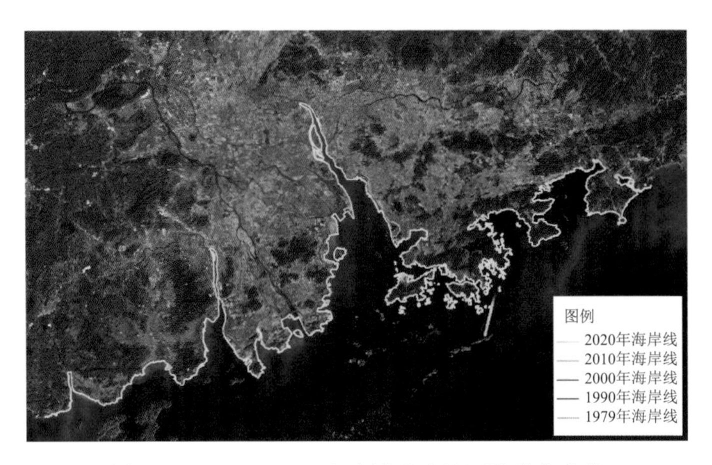

图 1.24　1979～2020 年粤港澳大湾区海岸线变化

粤港澳大湾区海岸线类型结构分布有砂砾质岸线、淤泥质岸线、基岩岸线、生物岸线、其他人工岸线、农田养殖岸线和港口码头岸线（广东省海岛资源综合调查大队等，1995）。1979～2020 年粤港澳大湾区海岸线类型结构及比重见图 1.25（占懿娟等，2021）。粤港澳大湾区珠江口地区大多为人工岸线，东岸和西岸则以自然岸线基岩岸线为主。海岸线类型结构中，农田养殖岸线比重不断下降，港口码头岸线比重连续上升，逐渐从 1979～2000 年的基岩岸线和农田养殖岸线二元结构，转变为 2010～2020 年的基岩岸线和港口码头岸线的二元结构（刘旭拢等，2017；苏倩欣等，2021；Zhang et al.，2019；Zhang et al.，2020；Zhang et al.，2021）。

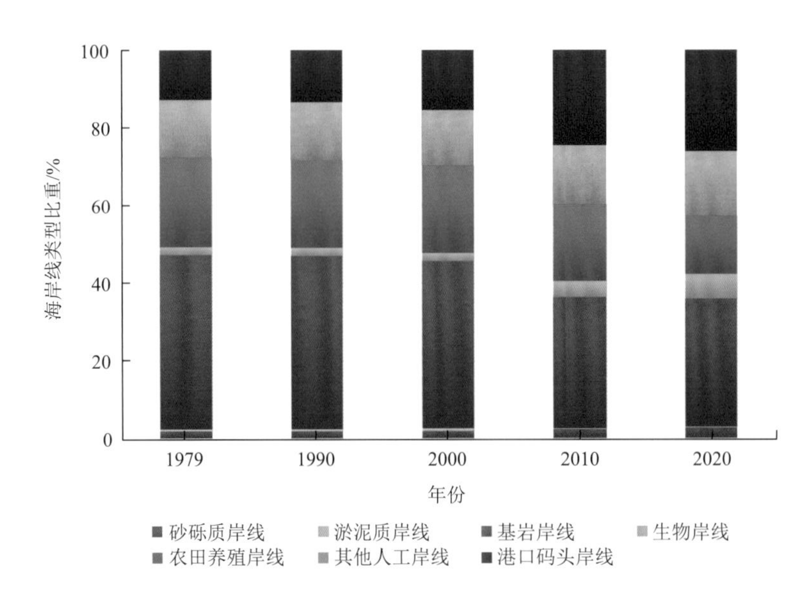

图 1.25　1979～2020 年粤港澳大湾区海岸线类型结构及比重

粤港澳大湾区海岸线变化驱动力因素可分为自然因素和经济社会因素。自然因素包括地形地貌、降水、潮汐、波浪等，经济社会因素包括填海造地、港口建设、政策等。潮汐、波浪等侵蚀沿海岸段，大量泥沙通过降水、径流淤积在入海口，形成砂质海岸和淤泥质海岸。随着经济社会发展，粤港澳大湾区用地需求强烈，围海造地、港口建设、海产品养殖等活动使得海岸线长度增加。近些年来，由于生态环境保护政策的实施，如红树林扩种、湿地公园建设、海岸线整治修复等工程措施，粤港澳大湾区的生物岸线长度明显上升（王树功等，1998）。

1.2　粤港澳大湾区海域生态环境

珠江口是一个深入内陆的三角港河口，因潮汐弱、波浪小、流域来沙扩散差、来沙大量填充海湾，导致水体表面常年呈较浑浊状态，是典型的水色遥感二类水体海域（图 1.26）（栾虹等，2017）。此外，珠江口是典型的磷限制环境，咸淡水交汇创造了浮游生物独特的生存环境，形成特殊的种群分布（Ye et al.，2020）。珠江口海岸带分布着红树林、海草床及造礁珊瑚石群落，这三大重要的生态系统为大湾区居民提供着丰富的经济产品，同时也保护着海岸系统稳定。

图 1.26　粤港澳大湾区高分卫星影像拼接图

1.2.1　营养盐

河口和近岸海区接受着大量由陆地输入的无机氮、磷营养盐（Huang et al.，2003）。氮或磷作为浮游植物体内重要的生命元素可以限制水体的初级生产力，当水体氮磷比值低于雷德菲尔德化学计量比（16∶1）时，浮游植物生长受氮限制；高于雷德菲尔德化学计量比（16∶1）时，受磷限制；等于或接近该比值时，由氮、磷共同限制。无机营养盐对初级生产力的限制可以分为近似限制和最终限制。所谓近似限制即在局地或短时间尺度内受特定营养盐限制；而最终限制即长时空尺度内受特定营养盐限制。水环境的限制性营养盐类型受时空影响：千年尺度上，磷被认为是海洋初级生产力的最终限制性营养盐；百年尺度上，氮是最终限制性营养盐。此外，磷是多数淡水湖泊系统的限制性营养盐；而氮是多数河口和近海系统限制性营养盐。珠江口氮磷比值大于 100，而南海北部小于 10。因而，珠江口及邻近海域表现为由河口磷限制向外海氮限制环境的过渡（Xue et al.，2001）。研究表明，磷降低了珠江口上、中游的初级生产力，也是导致珠江口缺氧区较其他海区的缺氧区面积相对较小、持续时间相对较短的重要原因之一。珠江口门内径流输入、盐淡水混合稀释作用和悬浮泥沙的吸附/解吸作用共同影响着氮磷营养盐的分布，海表盐度自口门向外递增，氮磷营养盐浓度均自口门向外递减（图 1.27）。无机氮以硝氮为主，亚硝氮次之，氨氮含量最低（Liu et al.，2010；Lu et al.，2009；Xu et al.，2008）。

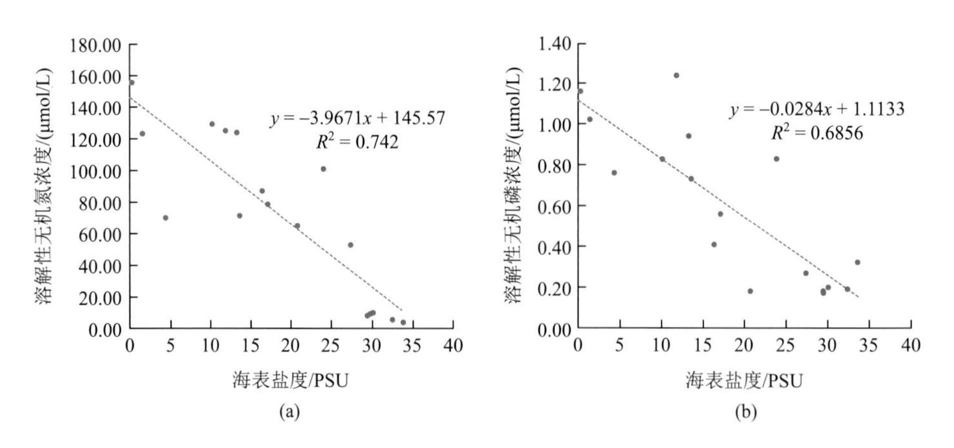

图 1.27　珠江口氮磷营养盐浓度随盐度的反向变化

1.2.2　悬浮泥沙

泥沙动力对河口三角洲地貌形态及动力环境均有重要影响。泥沙在河口内的分布受冲淡水、潮汐、风场、波浪和地形等多重因素影响。河流向河口输入的泥沙由于上游大坝建设和沙量收缩，在过去 50 年内大幅度下降，泥沙的减少改变了河口三角洲和近岸海区的地貌形态，导致了易受侵蚀的沉积物的消耗及海岸线的后退（堵盘军，2007）。传统研究认为，河流输入的泥沙是珠江口泥沙的主要来源。然而，近几十年来，由于水坝的建设，珠江流域入河泥沙急剧减少。20 世纪 90 年代初期，珠江口每年泥沙输入量为 34 Mt（百万吨），但是在近年沉积物急剧下降到 10 Mt。最近的数值模式研究表明，波浪过程对沉积物的输运有巨大影响。波浪的出现会增加沉积物向陆地流动和沉积物在底部河道的输运，以及水和沉积物在西部浅滩向海的输运。相对于没有波浪的情况，波动增加河口总体泥沙输运量的 45%到 9.14 Mt；干燥的冬季显示出最高的波高影响沉积物的平衡，沉积物的输运量增加 86%到 2.59 Mt。

1.2.3　浮游生物

浮游植物是河口生态系统中重要的初级生产者，是海洋食物链的基础环节，影响着整个食物链的物质循环和能量流动，浮游植物的多样性与海洋生态系统的稳定性有着密切的联系。珠江口浮游植物中硅藻门占优势，其次为甲藻门。主要优势种包括中肋骨条藻、尖刺拟菱形藻、优美拟菱形藻、旋链角毛藻等。珠江口浮游植物多样性水平一般，中间分布不均衡，物种丰富程度一般。珠江口海域盐度大幅度下降，无机磷和无机氮含量升高，富营养化严重，入海污染物大幅度增加，导致珠江口浮游植物种类组成的变化及多样性降低。自 20 世纪 80 年代以来，珠江口浮游植物种类下降明显、种类组成变化明显。硅藻种类数在总种类数中所占比例由 1980 年的 70%上升到 2006 年的 81%。甲藻所占比例由 1980 年的 21%下降到 2006 年的 8.5%（刘凯然，2008；王朝晖等，2004；周贤沛等，1998）。

浮游植物利用太阳光进行光合作用，将无机物转化为有机物，单位面积单位时间上产生的有机物总量为初级生产力。初级生产力为海洋生态系统运转提供重要的能量来源，对海洋碳循环有重要影响。营养盐和悬浮物浓度决定了海洋初级生产力的状态。从珠江口门到外部冲淡水区，初级生产力变化较为显著。口门内区径流带来大量的悬浮物质，使水体浊度增大，真光层变浅；尽管河流也输入大量的营养盐，但由于光照条件限制，珠江口门内初级生产力水平很低。口门外真光层深度大，光照充足，但磷酸盐浓度较低，致使浮游植物生长受到限制，初级生产力水平虽然比口门内高，但整体依然偏低。而在珠江冲淡水区，悬浮物质沉降致使真光层深度增大，加之足够的营养盐，使得浮游植物的光合作用旺盛，初级生产力显示出较高水平（蔡昱明等，2002）。

浮游植物以外，浮游动物也在河口生态系统结构中起重要作用。浮游动物动态变化影响许多鱼类和无脊椎动物的种群生物量。航次调查研究显示，珠江口终生浮游动物超 70 种，阶段性浮游幼虫超 7 个类群，丰水期和枯水期皆出现的优势种为刺尾纺锤水蚤。调查区的浮游动物可划分为河口类群、近岸类群、广布外海类群和广温广盐类群。浮游动物的丰度和生物量呈明显的斑块状分布，盐度是影响浮游动物种类、丰度和生物量分布的主要因素。丰水期浮游动物的平均丰度高于枯水期，枯水期浮游动物的平均生物量高于丰水期（李开枝等，2004）。

1.2.4　红树林湿地、海草床和造礁珊瑚石群落

红树林是指生长在热带与亚热带海岸潮间带滩涂上的木本植物群落，多生长于河口、海湾、三角洲和潟湖等潮间带区域（Sheridan et al.，2003）。我国红树林主要分布于广东、广西、海南和福建等地，其中广东红树林面积占全国红树林总面积的 40%。珠三角九市是广东红树林主要分布区域之一，监测结果显示，大湾区红树林主要分布区域有广州南沙、深圳湾、惠州大亚湾、珠海淇澳岛、惠州考洲洋等地。其中，深圳福田红树林自然保护区被列为国家级自然保护区，珠海淇澳岛红树林保护区被列为省级保护区。大湾区红树物种资源丰富，共有 10 种本地真红树植物、9 种半红树植物。主要的优势种群有海榄雌（白骨壤）、红海兰（红海榄）、桐花树、秋茄树等（图 1.28）。这些宝贵的红树林资源为粤港澳大湾区提供着高质量的生态系统服务，如保护大湾区海岸带、水质净化和蓝碳固定等，具有极其重要的生态和经济价值。图 1.29 展示了广东近海红树林航拍图。

(a) 海榄雌呼吸根　　(b) 红海兰支柱根　　(c) 秋茄树胚轴

图 1.28　红树植物海榄雌发达的呼吸根、红海兰支柱根、秋茄树胚轴

图 1.29　广东近海红树林航拍图

历史上，我国曾有较大面积的红树林分布，但城镇用地迅速扩张和养殖业进行的围垦工程造成大批的红树林迅速消失，尤其是珠江三角洲地区的红树林受破坏较为严重。据报道，1973 年我国红树林面积约为 4.88 万 hm^2，可是到 2000 年全国约有 62%的红树林消失（黎夏等，2006）。为了扭转红树林严重退化的严峻局势，2000 年前后，国家林业局先后制定和启动了一系列的红树林保护和修复工程，效果显著。2000～2020 年，我国红树林面积增加了约 0.94 万 hm^2，基本恢复到 20 世纪 80 年代的水平，是全球少数红树林面积净增加的国家之一（贾明明等，2021）。图 1.30 展示了 1973～2020 年我国红树林面积变化。近年来，我国仍在大力推进红树林的保护与恢复工作，2020 年自然资源部、国家林业和草原局联合发布了《红树林保护修复专项行动计划（2020—2025 年）》，计划截至 2025 年，营造和修复红树林面积 18 800 hm^2，届时我国红树林将基本恢复至 20 世纪 70 年代的水平。

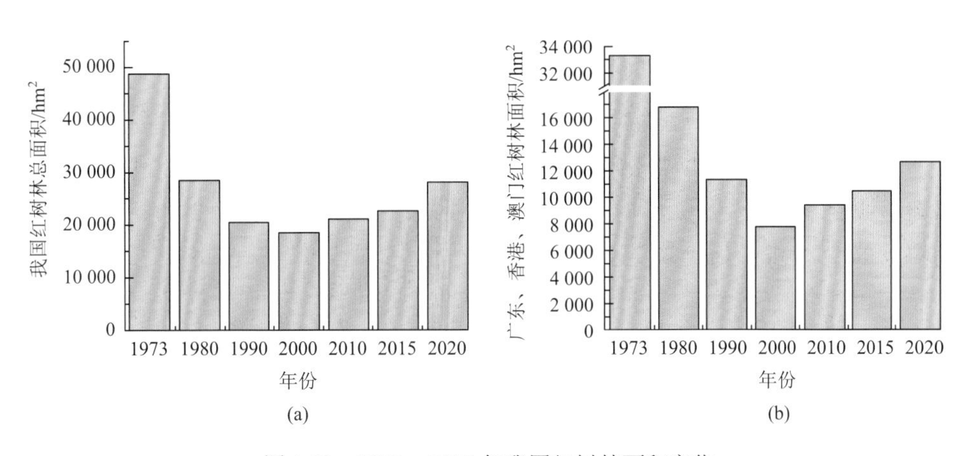

图 1.30　1973～2020 年我国红树林面积变化

海草是单子叶高等植物，主要分布在河口、海湾潮间带和潮下带浅水中。海草床是生物圈中最具生产力的水生生态系统之一。复杂的叶冠结构和与之相连的密集根茎网络，使得海草能够起到稳定海底沉积物的作用。海草床可以提供大量的有机物，并通过微生物分解，作为碎屑进入海洋食物网，再利用营养物的再循环来支持海洋生产力，海草床还可以为各种经济鱼类和甲壳类提供栖息场所（Martinez et al.，2014）。广东省海草床覆盖率为7%～53%，主要分布在潮州柘林湾、汕尾白沙湖、惠州考洲洋、惠州大亚湾、珠海唐家湾、江门上川岛、江门下川岛和湛江企水湾等。主要种类为卵叶喜盐草、贝克喜盐草和矮大叶草（图 1.31 和图 1.32）（黄小平等，2010）。近年来，围海养殖、渔民作业、台风和洪水等导致海草床生存环境面临一定威胁，迫切需要政府加大对海草床的保护力度，促进海草资源可持续利用。

(a)　　(b)

图 1.31　卵叶喜盐草(a)和贝克喜盐草(b)

图 1.32　矮大叶草

珊瑚礁生态系统具有非常重要的生态学功能，它为许多海洋生物提供了繁殖、栖息和躲避敌害的场所，对维持生态平衡、渔业资源再生、开发新药物、保护海岸线、吸引观光游客等具有重要作用。造礁石珊瑚中不能形成珊瑚礁的，称为造礁石珊瑚群落（黄小平等，2010）。珠江口海域列岛（如南澎列岛）分布着一系列的造礁石珊瑚群落（图 1.33）。早期研究发现，万山群岛中佳蓬列岛地区造礁石珊瑚大概有 8 科 13 属 16 种，以霜鹿角珊瑚、盾形陀螺珊瑚、粗糙刺叶珊瑚、十字牡丹珊瑚和扁缩滨珊瑚为优势种，造礁石珊瑚平均线形概率为 48.2%，以水坑湾和大凼湾最高，分别达 80%和 71%；其垂直分带明显，密集分布的水深为 5～15 m（黄梓荣等，2005）。近年来的调查显示，万山群岛造礁石珊瑚种类增长为 9 科 21 属 37 种，优势种群群落演替为以滨珊瑚和膨胀蔷薇珊瑚为优势种组成的造礁石珊瑚群落。珠江河流丰水期冲淡水作用可能造成造礁石珊瑚白化。未来全球变暖也可能导致珊瑚群落白化和死亡事件概率增加（郑兆勇等，2008）。为了使珠江口万山群岛附近的珊瑚得到有效保护，珠海市政府于 2006 年设立了庙湾珊瑚市级自然保护区（欧春坪等，2006）。

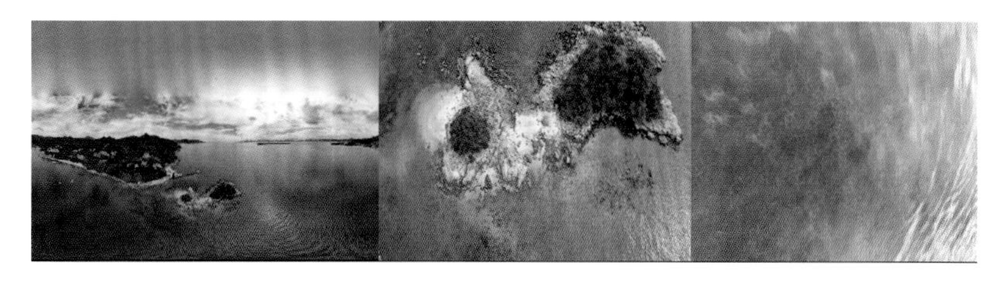

图 1.33　南澎列岛的造礁石珊瑚群落

1.3　粤港澳大湾区主要海洋灾害、人为活动及影响

我国是世界上受海洋灾害影响最严重的国家之一。随着海洋经济的快速发展，沿海地区海洋灾害风险日益突出，海洋防灾减灾形势十分严峻。各类海洋灾害给我国沿海经济发展带来了诸多不利影响，直接造成经济的损失，危害人类生命健康（图 1.34）。大湾区是我国沿岸遭受台风、风暴潮等海洋气象灾害最严重的地区。近十年来，随着大湾区人口的快速增长，珠江上游流域食品和能源产量升高、农业化肥使用增加、废水排放和养殖粪便不断增多，下游流域城市化高度发展、生活污水排放加剧，严重影响珠江冲淡水区水质环境。

1.3.1　台风

热带气旋（tropical cyclone，TC）是发生在热带或副热带洋面上的低压涡旋，

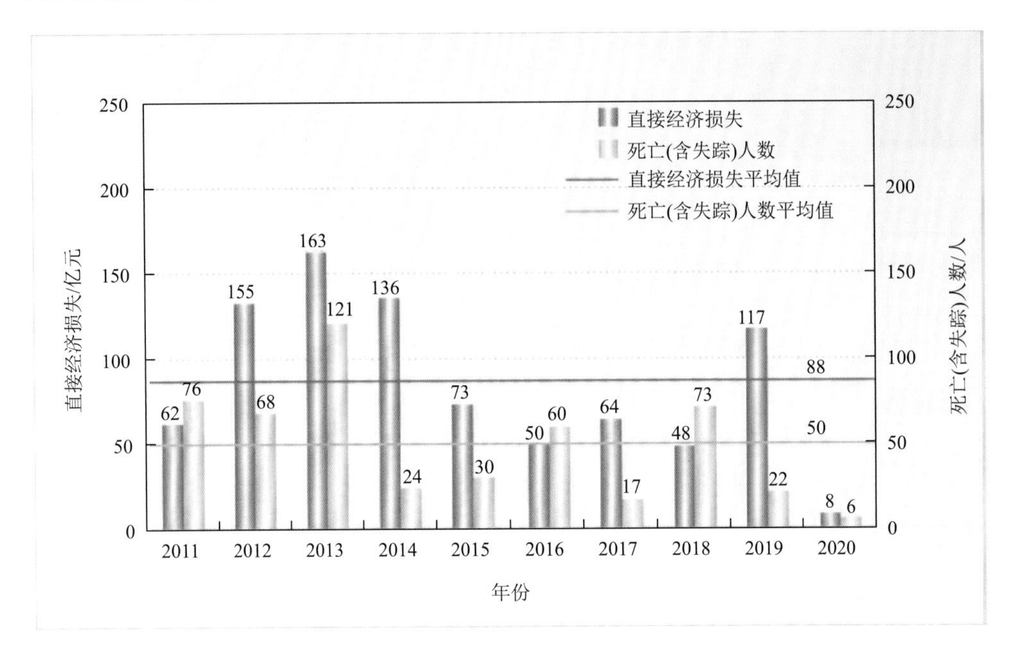

图 1.34　2011～2020 年海洋灾害直接经济损失和死亡（含失踪）人数

引自 2011～2020 年《中国海洋灾害公报》

是一种强大而深厚的热带天气系统。台风是热带气旋的一种。我国把西北太平洋和南海的热带气旋按其底层中心附近最大平均风力（风速）大小划分为 6 个等级。台风作为严重影响经济社会安全的灾害性天气，每年都会造成难以估量的损失。台风的发生通常伴随着狂风、巨浪、暴雨以及风暴潮等，一旦登陆会给当地带来强风和大量降雨，甚至引起一些次生灾害，如山体滑坡、泥石流、瘟疫等，危及人们的生命安全。

大湾区濒临南海，是我国沿海热带气旋活动最频繁、影响程度最严重、全年影响时间最长的区域之一（图 1.35）（Wu et al.，2005；Yang et al.，2018；Yang et al.，2015；Zhang et al.，2010；Zhang et al.，2009）。每年夏秋季节大湾区都会深受台风影响，5～12 月都可能有热带气旋登陆，其中以 7～9 月为高峰期。2011～2020 年影响广东省的主要台风统计如表 1.1。2014 年第 9 号台风“威马逊”是 1949 年以来登陆我国的最强台风，先后在海南省文昌市、广东省湛江市和广西壮族自治区防城港市登陆，仅此一次台风就给广东、广西和海南三地造成直接经济损失合计 80.80 亿元。其中，广东省受灾人口 25 601 万，倒塌房屋 11 102 间，水产养殖受灾面积 19 710 hm^2，水产养殖损失 28.90 万 t，毁坏渔船 74 艘，损坏渔船 461 艘，损毁码头 0.57 km，损毁海堤、护岸 2.03 km，直接经济损失 28.82 亿元。

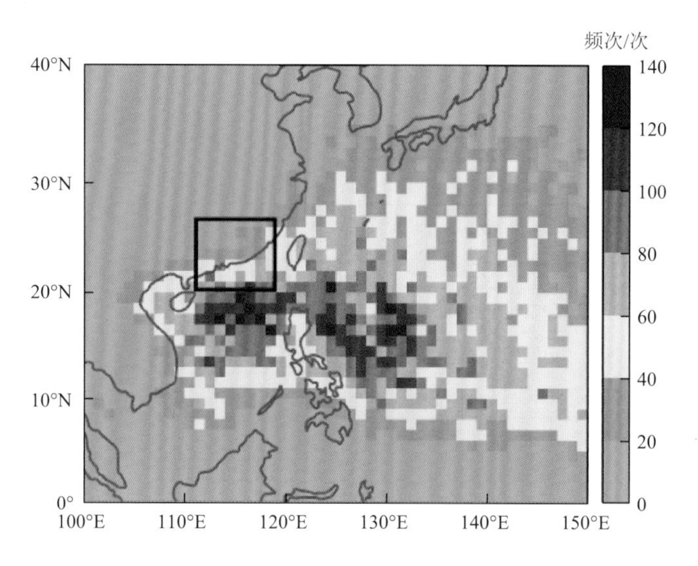

图 1.35　我国沿海地区台风发生频次

台风数据来源：全球台风最佳路径数据集（International Best Track Archive for Climate Stewardship，IBTrACS）https://www.ncdc.noaa.gov/ibtracs/

表 1.1　2011～2020 年影响广东的主要台风统计

台风名称	发生时间	死亡（含失踪）人数/人	直接经济损失合计/亿元
2007“海高斯”台风	2020 年 8 月 18～19 日	0	0.49
1822“山竹”台风	2018 年 9 月 16～17 日	0	23.70
1702“苗柏”台风	2017 年 6 月 12～13 日	0	0.17
1713“天鸽”台风	2017 年 8 月 22～23 日	6	51.54
1714“帕卡”台风	2017 年 8 月 26～27 日	0	0.13
1716“玛娃”台风	2017 年 9 月 2～4 日	0	0.26
1720“卡努”台风	2017 年 10 月 14～16 日	0	1.51
1604“妮妲”台风	2016 年 8 月 1～2 日	0	1.12
1604“电母”台风	2016 年 8 月 18～19 日	0	0.08
1621“莎莉嘉”台风	2016 年 10 月 17～19 日	0	0.47
1622“海马”台风	2016 年 10 月 20～22 日	0	7.59
1510“莲花”台风	2015 年 7 月 8～10 日	0	2.48
1522“彩虹”台风	2015 年 10 月 3～5 日	5	26.28
1407“海贝思”台风	2014 年 6 月 14～16 日	0	1.74
1409“威马逊”台风	2014 年 7 月 17～19 日	0	28.82
1415“海鸥”台风	2014 年 9 月 15～17 日	0	29.85

续表

台风名称	发生时间	死亡（含失踪）人数/人	直接经济损失合计/亿元
1306“温比亚”台风	2013 年 7 月 1～2 日	0	2.31
1311“尤特”台风	2013 年 8 月 13～15 日	0	13.32
1319“天兔”台风	2013 年 9 月 21～23 日	0	58.57
1205“泰利”台风	2012 年 6 月 17～21 日	0	0.03
1206“杜苏芮”台风	2012 年 6 月 29～30 日	0	0.01
1208“韦森特”台风	2012 年 7 月 23～24 日	9	3.85
1213“启德”台风	2012 年 8 月 16～18 日	0	13.58
1117“纳沙”台风	2011 年 9 月 28～30 日	0	31.06

注：数据来自 2011～2020 年《中国海洋灾害公报》。

影响大湾区的南海台风按来源来分主要有两类：一类是自西北太平洋海域西行进入南海的台风；一类是南海本地生成的台风。南海台风大部分形成于东亚季风期，其发生频率存在明显的季节性变化。季节内时间尺度上，南海台风路径及发生频率均受大气季节内振荡（intra-seasonal oscillation，ISO）的调制，其活跃期有利于南海台风向东移动。在年际时间尺度上，台风的生成位置、频率、强度、移动路径等均与厄尔尼诺-南方涛动（El Niño and southern oscillation，ENSO）有关。厄尔尼诺（El Niño）年西北太平洋东南部台风活动增多，次年夏季台风活动减少，秋季南海台风的生成与中部型厄尔尼诺指数存在较强的相关性。在年代际时间尺度上，太平洋十年际振荡（Pacific decadal oscillation，PDO）是影响西北太平洋台风的移动路径和生成频率的重要因素，进而影响传入南海的台风（Ashok et al.，2007；Wang et al.，2014；Yu et al.，2007）。

1.3.2　风暴潮

风暴潮是指由强烈大气扰动，如热带气旋、温带气旋等风暴过境，所伴随的强风和气压骤变而引起叠加在天文潮位之上的海面震荡或非周期性异常升高（降低）现象。它具有数小时至数天的周期，通常叠加在正常潮位之上，而风浪、涌浪（具有数秒的周期）叠加在前两者之上。由这三者的结合引起的海洋中及沿岸海水暴涨或异常减退常常酿成巨大潮灾，导致直接经济损失、威胁人类生命安全。例如，2018 年强台风“山竹”在广东省台山市海宴镇附近沿海登陆，登陆时中心附近最大风力 14 级，为 2018 年登陆我国最强台风。登陆期间，多站潮（水）位超警戒线，其中最大增水为广东省三灶站，高达 339 cm（图 1.36）。2011～2020 年，风暴潮灾害造成广东省巨大经济损失及人员伤亡（表 1.2）。

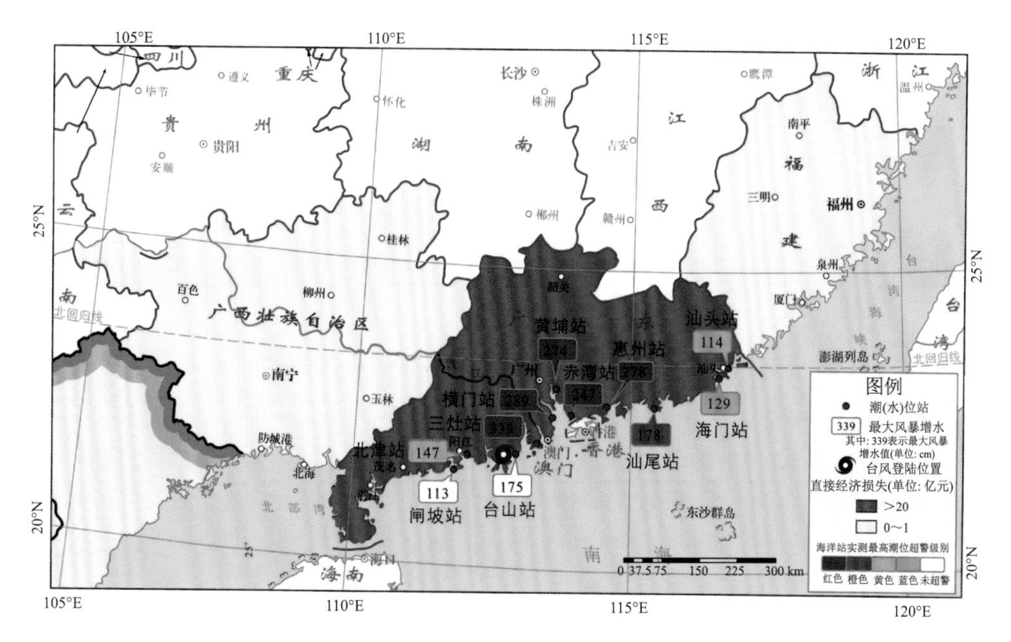

图 1.36　“山竹”台风风暴潮过程部分潮（水）位站最大风暴增水和超警戒潮位情况

引自《2018 中国海洋灾害公报》

表 1.2　广东省风暴潮和海浪灾害主要损失统计

年份	2011 年	2012 年	2013 年	2014 年	2015 年	2016 年	2017 年	2018 年	2019 年	2020 年
直接经济损失/亿元	12.68	17.47	74.41	60.41	28.77	9.63	54.10	23.78	0.03	0.49
死亡（含失踪）人数/人	13	21	65	3	6	4	6	4	8	0

注：数据来自 2011～2020 年《中国海洋灾害公报》。

1.3.3　赤潮

赤潮，又称红潮，是海洋中微藻、原生动物或细菌在一定环境条件下爆发性增殖或聚集达到某一水平，引起水体变色或对海洋中其他生物产生危害的一种生态异常现象。物理、化学、生物和气候等环境因子影响着赤潮的发生及时空分布。大湾区城市化程度较高，工农业废水及生活废水大量排入海洋，导致珠江口以及近海港湾的富营养化程度越来越高（颜天等，2001；韦桂秋等，2012；赵春宇等，2016）。南海海域赤潮时有发生，2015～2020 年发生的主要赤潮统计如表 1.3 所示。表 1.4 为 2015～2020 年广东沿海大面积［超过 100 km^2（含）］和有毒的赤潮事件统计。珠江口海域赤潮发生的频率存在很强的波动性。比如，2017 年单次面积最大的赤潮发生在广东省茂名市水东湾附近海域，其发生面积高达 495 km^2，持续时间长达 19 d。2020 年，仅深圳湾海域发生有毒赤潮 1 次，面积高达 6 km^2。赤潮频发会破坏海水养殖业并对人类健康构成威胁，给渔业资源、旅游业和生产生活带来严重危害。

表 1.3　2015～2020 年我国南海海域赤潮发现次数和累计面积

年份	2015 年	2016 年	2017 年	2018 年	2019 年	2020 年
次数/次	12	17	13	7	3	6
累计面积/km^2	141	968	1048	202	12	112

注：数据来自 2015～2020 年《中国海洋灾害公报》。

表 1.4　2015～2020 年我国广东沿海大面积［超过 100 km^2（含）］和有毒的赤潮事件统计

起止时间	发现海域	赤潮优势生物	面积/km^2
2020 年 5 月 3～5 日	深圳湾海域	赤潮异弯藻（毒）、中肋骨条藻	6
2017 年 2 月 27 日～3 月 17 日	茂名市水东湾附近海域	球形棕囊藻	495
2017 年 3 月 14～31 日	湛江市海湾大桥以南至金沙湾附近海域	球形棕囊藻	175
2017 年 3 月 23 日～4 月 6 日	湛江市雷州半岛水尾以南至角尾对出海域	球形棕囊藻	118
2017 年 3 月 23 日～4 月 6 日	湛江市东海岛通明出海口以东至东南码头附近海域	球形棕囊藻	100
2016 年 2 月 17～29 日	惠州市平海湾、东山海附近至汕尾小漠镇对出海域	红色赤潮藻	215
2016 年 3 月 28 日～4 月 8 日	湛江市鉴江河口以南至东海岛龙海天对出海域	红色赤潮藻	300
2016 年 4 月 22 日～5 月 4 日	湛江市雷州半岛西南沿岸海域	夜光藻	200

注：数据来自 2015～2020 年《中国海洋灾害公报》。

1.3.4　水体缺氧

溶解氧（DO）是维持水生生态系统正常发展的一个关键因子。当水体缺氧时（DO 浓度小于 2 mg/L），浮游动植物、珊瑚、海草床及鱼类生长、繁殖、新陈代谢等都会受到负面影响，水体缺氧甚至危害其生命。一般而言，季节性海水层化和有机耗氧物质的存在是导致缺氧发生的主要原因。珠江径流 80%集中在洪季，平均径流达 2 万 m^3/s，洪季大量淡水输入会形成强烈的水体分层，同时会形成锋面和重力流。粤港澳大湾区人口密度大，导致大量的氮磷营养盐及化学耗氧污染物被排放进珠江口，营养盐刺激浮游植物生长，而浮游植物一方面通过呼吸作用耗氧，另外一方面死后被微生物分解耗氧（Diaz，2001；Diaz et al.，2008；Li et al.，2002；彭去辉等，1992）。

珠江口缺氧最早在 20 世纪七八十年代发现于三灶岛、高栏岛以南及上川岛东北海区，其DO浓度低至1.23 mg/L。其后，多次的海洋调查发现，上部的狮子洋，中下部淇澳岛以东及河口与陆架过渡带是缺氧发生的高频区域（蔡树群等，2013；李绪录等，1992；林洪瑛等，2000；罗琳等，2008）。近年来，随着珠江口富营养化的加剧，缺氧区面积不断扩大，持续时间不断增加，特别是河口海岸过渡带，两侧反复出现明显的缺氧中心，最大面积已超数千平方公里，引起了粤港澳环境管理部门的高度重视（图1.37和图1.38）（Li et al.，2020）。

DO收支诊断分析表明，密度跃层以上，DO水平输运与从大气中氧的进入量相当，是控制收支的主导因素。耗氧最多的生化过程是溶解态有机物质的氧化反应，其次是硝化反应和浮游植物的呼吸作用。而密度跃层以下水体，DO水平输运和生化耗氧相当，底泥耗氧占绝对优势。珠江口不同区域，控制DO收支的因素不尽相同。在伶仃洋和陆架区，底泥耗氧分别占水体总耗氧量的85%及70%左右，其次为溶解态有机物质的氧化和硝化。在深槽区及伶仃洋与陆架的交界区，DO垂向对流通量比扩散通量大1～2个数量级；在伶仃洋内浅滩区溶解氧的垂向

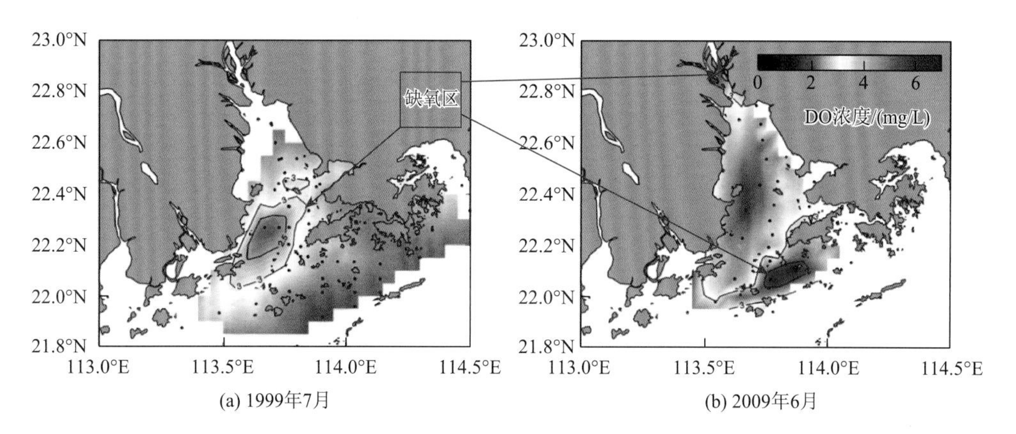

图1.37　1997年7月航次及2009年6月航次显示的珠江口缺氧区位置

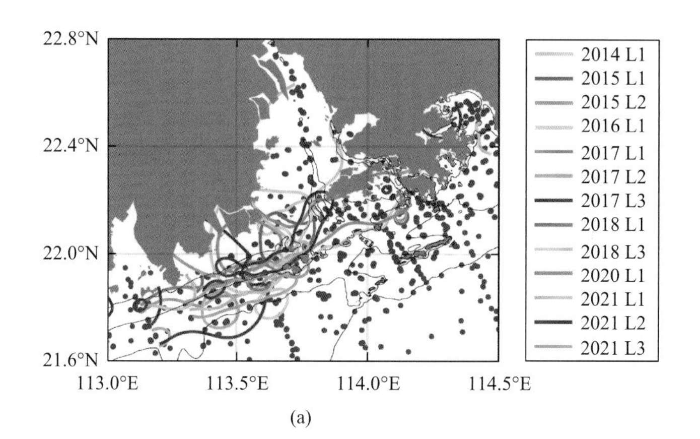

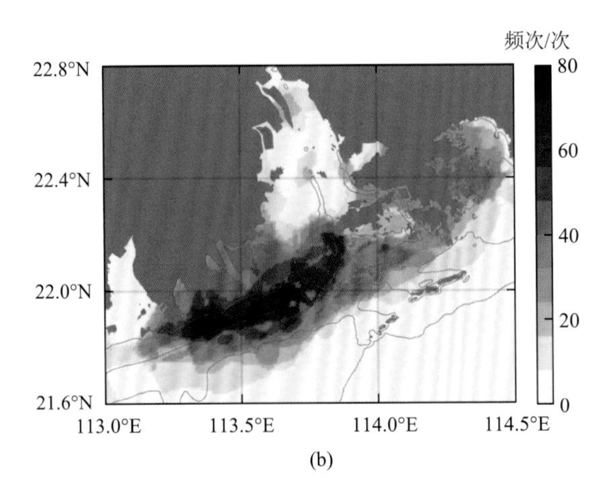

图 1.38　2014～2021 年珠江口缺氧区范围(a)及发生频次(b)

对流通量比扩散通量小 1～2 个数量级；此两区域垂向对流与扩散方向相反，前者净输运自下而上，后者自上而下。陆源颗粒态有机物质的输入对高底泥耗氧的产生及缺氧形成有重要作用，在没有陆源颗粒态有机物质输入的条件下，底泥耗氧下降幅度平均达 35%，缺氧面积大幅度减小；而在没有海源颗粒态有机物质输入的条件下，底泥耗氧下降幅度不到 8%，缺氧面积几乎没有变化。由此可见，控制陆源人类污染物的排放将极大程度改善珠江口缺氧现象（Cui et al.，2019；张恒，2009）。

1.3.5　水体酸化

工业革命以来，全球持续增温。根据 IPCC 第六次评估报告，自工业革命以来全球升温 1.09℃。在未来几十年内，全球升温将超过 1.5℃。大气中二氧化碳（CO_2）等温室气体浓度的持续上升是全球变暖的重要原因。19 世纪 80 年代以来大气中 CO_2 浓度一直在持续升高，从工业革命以前的 280 ppm[①]上升到现在（2022 年）的 420 ppm 左右。海洋在调节大气 CO_2 水平中起着重要的作用，是 CO_2 最重要的汇。河口是陆地和海洋的连接点，通过河流/河口入海的碳是近海乃至全球碳循环的重要环节。大气 CO_2 在河流流域盆地通过光合作用和岩石风化等过程进入河流，转化为溶解有机碳（DOC）、颗粒性有机碳（POC）及溶解无机碳（DIC）等不同形式通过河口进入海洋。然而长期以来，河口和近海因为物理和生物地球化学循环机制比较复杂及观测资料的匮乏，CO_2 的源汇格局和强度一直未有统一论断。一方面，河口营养盐的排入导致浮游植物生长，促进河口区的初级生产力增加，这个过程会吸收大气中的 CO_2；另一方面，有机物分解导致缺氧的同时，也导致了大量 CO_2 的释放。同时，

① ppm：parts per million，百万分之一。

海水中的硝化作用也经常与呼吸作用相伴发生，硝化作用产生氢离子，把水中的碳酸氢根（HCO_3^-）转化成 CO_2，增高河口的二氧化碳分压［$p(CO_2)$］和 CO_2 释放通量（Dlugokencky et al.，2020；Doney，2010；Frankignoulle et al.，1996；Gan et al.，2009a；Gan et al.，2009b；Guo et al.，2009；Sabine et al.，2004）。

2008～2014 年国家自然科学基金共享航次计划在南海进行了大量的 $p(CO_2)$走航观测，这些观测覆盖了南海北部（图 1.39）。观测调查表明，珠江口 $p(CO_2)$分布呈现显著的空间差异和季节变化。上游高达 7000 μatm[①]的 $p(CO_2)$，向下游方向逐渐降低。上游（黄埔水道）高 $p(CO_2)$的主要形成和维持机制是强烈的耗氧呼吸和硝化作用，中游（内伶仃洋）主要是混合控制，而下游（万山群岛附近水域）则主要是净群落生产力控制（郭香会，2009）。就季节性而言，上游和中游春夏季的 $p(CO_2)$比秋冬季节高。而伶仃洋以外的万山群岛附近水域冬夏季的 $p(CO_2)$比春秋季低。综合而言，珠江口是大气 $p(CO_2)$的源，每年向大气释放通量约为 6.9 mol C/m^2，这个释放通量约为长江口的三分之一，在全球河口中处于较低水平。可能是由于较大的淡水流量，相对弱的潮汐缩短了淡水在河口的滞留时间。此外，较强的淡水层结阻止了底层水和沉积物呼吸作用产生的 CO_2 进入上混合层（Dai et al.，2008）。

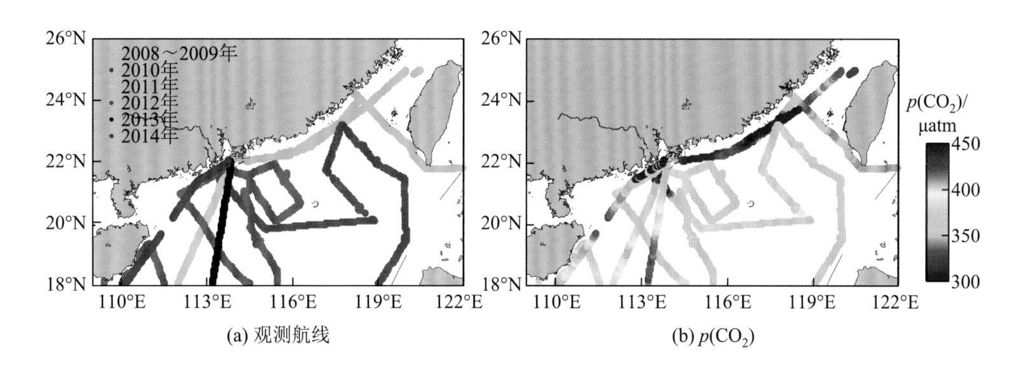

(a) 观测航线　(b) $p(CO_2)$

图 1.39　2008～2014 年观测的南海北部表层水体 $p(CO_2)$的分布

CO_2 溶解于水，会释放出氢离子，导致酸化现象的发生。模式研究表明，伴随珠江口水体缺氧区出现，珠江口海洋酸化呈现非常明显的空间差异和季节性变化（Harrison et al.，2008；Hu et al.，2009）。夏季，伶仃洋内部和缺氧区均有较强的酸化现象发生。伶仃洋内酸化主要受水体高浊度、硝化和呼吸作用控制；缺氧区内酸化主要受底部营养盐再生及水体高层化强度控制（图 1.40）。冬季，伶仃洋内垂直混合的提升导致海洋酸化依然强烈，而缺氧区酸化现象则不再出现（Hu et al.，2001；Liang et al.，2021）。

① 1 μatm = 0.101325 Pa。

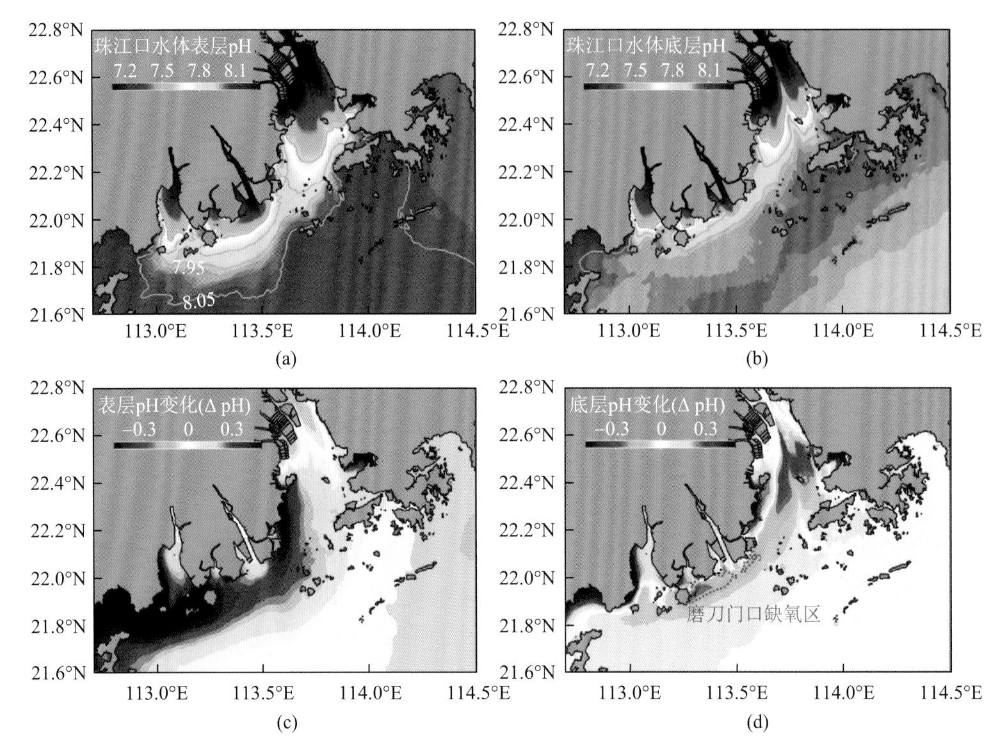

图 1.40　物理-生化耦合模式模拟的 2008 年 8 月表层和底层 pH 及 pH 变化

pH 标度：total scale

1.3.6　盐水入侵

盐水入侵是由于河口邻近海域的高盐水团随潮汐涨潮流沿着潮汐通道向上游推进，咸淡水混合使得河口上游区域水体变咸的现象。盐水入侵会直接影响河口居民区的生活，包括生活取水、企业生产用水和农业灌溉等淡水需求。世界上很多河口区都有盐水入侵现象，如美国的切萨皮克湾、旧金山湾和我国的长江口等。

珠江河口属弱潮区，潮汐类型属非正规半日潮，受海洋影响显著。每当枯季上游来水减少时，潮流活动加强，海水随着潮流进入河网区，形成盐水入侵。由于海水含氯度较高，不适合生产生活用水，如遇上游来水持续偏少，盐水入侵距离远，影响时间长，珠江三角洲河网区的工农业和生活用水受到影响，造成严重的灾害。在珠江三角洲盐水入侵的研究中，使用的指标主要有盐度[w(S)]和含氯度[w(Cl)]两种，单位为‰，其换算关系为 $w(\mathrm{S}) = 1.8605w(\mathrm{Cl})$。根据国际公共给水标准，饮用水的氯离子含量上限为 250 mg/L（即含氯度 0.25‰），因此把含氯度 0.25‰ 作为盐水入侵的分界标准，海水所能到达的地方称为盐水界，盐水界随着径流大小和潮流强弱而在河网区上下移动。

珠江三角洲河网区盐水入侵一般是从每年 10 月开始，第二年 3～4 月退出三角洲，具体影响时间的长短主要取决于上游汛期来临的迟早；每年的 12 月到次年的 2 月盐水入侵活动最为活跃，是产生危害的主要时间。受上游径流及海洋潮汐等因素的影响，河道水体含氯度因时因地不断发生变化，同一水道或同一断面，水体含氯度也会因季节、潮流、位置及风向、风力等因素而有不同程度的差异。它不但与潮汐动力过程密切联系，同时也有其自身所固有的特殊性。这就使得珠江三角洲的盐水入侵规律十分复杂。

珠江水系主要包括西江、北江、东江及珠江三角洲诸河水系四部分。根据长期监测资料分析，珠江三角洲盐水入侵影响经历了一个下移后复而上移的历史变化过程。

①20 世纪 50 年代，流域尚未大规模开发，处于天然状态，径流的补给主要来源于降雨。流域降雨年内分配不均匀，其中 4～9 月汛期雨量占年雨量 80%，枯季雨量仅占 20%。珠江三角洲上游径流的年内变化很大，枯季月平均流量一般在 1000～3000 m^3/s。一般年份，南海高盐水入侵至伶仃洋内伶仃岛附近，磨刀门及鸡啼门外海区，黄茅海海区，含氯度 3‰盐水入侵至虎门大虎、蕉门南汉、洪奇门、横门口、磨刀门大涌口、鸡啼门黄金；0.5‰咸潮线在虎门东江北干流出口，磨刀门灯笼山，横门小隐涌口。

大旱年时，含氯度 2‰的盐水入侵到虎门黄埔以上，沙湾水道下段，小榄水道、磨刀门大鳌岛，崖门水道；0.5‰咸潮线可达西航道、东江北干流的新塘，东江南支流的东莞、沙湾水道的三善滘、鸡鸦水道及小榄水道中上部、西江干流的西海水道、潭江石咀等地。其等含氯度线大致为东北—西南走向，形似西岸等深线的分布。

②20 世纪 60～80 年代，随着珠江三角洲的联围筑闸和河口的自然延伸，磨刀门、虎门、蕉门、洪奇门、横门的咸潮影响明显减弱，鸡啼门、虎跳门、崖门的咸潮影响略有减弱。根据对 1990 年以前虎门、磨刀门、鸡啼门、崖门月均涨憩含氯度和年均含氯度实测资料的分析，总体上珠江三角洲河口呈现变淡趋势。

③20 世纪 90 年代后，珠江三角洲河网区进行了大规模航道整治、清礁疏浚、人工挖沙，使得河底高程及河床纵比降发生了很大的变化。河床下切，使水深增大，低潮位水面落差减小，削弱了涨潮流上溯的阻力，潮汐进退顺畅，珠江三角洲河网区的潮汐运动增强。潮汐上溯的增强加强了水体纵向和横向混合，当传入同一浓度的海水进入珠江三角洲河网区后，向上游扩散的距离增加，使珠江三角洲的咸潮界上移。1993 年 3 月，咸水进入前、后航道，广州地区黄埔水厂、员村水厂、石溪水厂、河南水厂、鹤洞水厂和西洲水厂先后局部间歇性停产或全部停产。

④进入 21 世纪后，珠江三角洲地区盐水入侵活动出现如下特点：盐水入侵活动越来越频繁、持续时间增加、上溯影响范围越来越大、强度趋于增大。1999～2000 年、2000～2001 年、2003～2004 年、2004～2005 年、2005～2006 年、2006～2007 年间均发生较严重的咸潮上溯事件。

自 2000 年开始，珠江三角洲沿海城市几乎每年都会出现由于盐水入侵导致的淡水供应不足的问题。珠江河口地区盐水入侵在枯水期极为严重，在全球气候变暖背景下，海平面上升使得盐水入侵问题愈发凸显。而珠江河口各口门上游区域河口分汊众多，河网结构异常复杂，各口门盐水入侵长度对海平面上升响应差别比较大。研究显示，以自来水用水盐度 0.45 PSU 为标准，当海平面上升 30 cm、50 cm 时，仅虎门和蕉门有盐水入侵情况发生，洪奇门和横门未发生盐水入侵。当海平面上升 100 cm 和 150 cm 时，四大口门处均发生盐水入侵，其中虎门支流入侵长度最大，海平面上升 100 cm 时盐水入侵长度高达 21.371 km，蕉门达 9.644 km、洪奇门达 9.753 km、横门达 4.819 km（图 1.41 和表 1.5）。

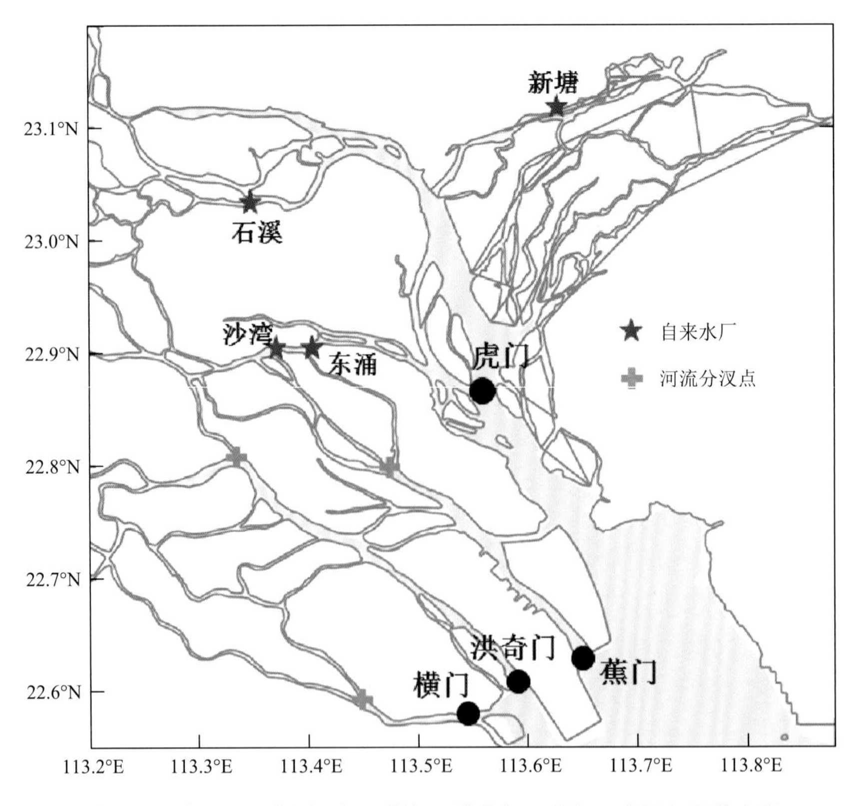

图 1.41　珠江河口东四口门（横门、洪奇门、蕉门、虎门）及其支流

表 1.5　海平面上升 100 cm、150 cm 情况下，东四口门及各支流盐水入侵长度

河口支流		0.45 PSU 等盐线推进距离/km	
		海平面上升 100 cm	海平面上升 150 cm
虎门	R1	15.164	16.655
	R2	21.371	27.000
	R3	17.599	25.870
	R4	17.724	26.225
	R5	6.377	9.0631
	R6	11.315	15.078
蕉门	R7，R8	9.644	14.531
洪奇门	R9，R10	9.753	15.155
横门	R11，R12	4.819	6.8645

近年来，全球变暖导致海平面上升，致使珠江河口地区盐水入侵问题愈发凸显。不仅仅给大湾区的沼泽、红树林等自然生态系统造成严重的损害，也给大湾区城市居民生产生活带来巨大影响。目前，珠江河口盐水入侵已经严重威胁着澳门、珠海等地的供水安全。调查及模拟研究表明，珠海、中山、广州等地由于受盐水入侵的影响，取水口水闸含氯度严重超标，最高达 7500 mg/L。海平面上升导致取水口处盐度上升，进而影响自来水厂的取水供应。就珠江上游四大自来水厂（新塘水厂、石溪水厂、东涌水厂、沙湾水厂）而言，在海平面上升 100 cm 的情况下，新塘水厂和东涌水厂全年最高盐度达 8.27 PSU，新塘水厂盐度超标时间达 152 d，东涌水厂约 114 d。东涌水厂盐度变化比基准情况增大 7.84 PSU（表 1.6）。

表 1.6　各自来水厂全年最高盐度和超标（0.45 PSU）天数的统计（刘忠辉，2019）

水厂	最高盐度/PSU			超标天数/d		
	基准情况	海平面上升 100 cm	差值	基准情况	海平面上升 100 cm	差值
新塘	2.25	8.27	6.02	40	152	112
石溪	0.04	4.79	4.75	0	76	76
东涌	0.43	8.27	7.84	0	114	114
沙湾	0.01	5.80	5.79	0	82	82

1.3.7　滩涂围垦

滩涂是一种潜在的土地资源，对沿海滩涂进行围垦是缓解土地供求矛盾的一

项重要途径。1970～2015 年珠江河口围垦面积、围垦速率与 GDP、人口增长率关系见表 1.7。

表 1.7　1970～2015 年珠江河口围垦面积、围垦速率与 GDP、人口增长率关系（赵荻能，2017）

时期	围垦面积/km^2	围垦速率/(km^2/a)	人口年均增长率/%	GDP 年均增长率/%
1970～1995 年	462	18.5	4.34	14.76
1995～2005 年	131	13.1	3.79	7.93
2005～2015 年	56	5.6	2.39	10.37

1970～1995 年，是珠江三角洲地区经济社会飞速发展的时期，年均人口和 GDP 增长率分别达到了 4.34%和 14.76%。与此相对应，该时期河口的围垦面积也高达了 462 km^2。主要围垦区包括黄茅海两岸、磨刀门、三灶岛北部、横琴岛北部、伶仃洋两岸、龙穴岛附近、万顷沙附近（图 1.42）。1999 年水利部颁布了《珠江河口管理办法》，对珠江河口治导线进行了划定并以此作为河口整治与开发的外缘控制线。自此口门的围垦开发受到规范和约束。1995～2005 年，围垦面积和围垦速率较前一期有所减缓，分别为 131 km^2 和 13.1 km^2/a。该时期的围垦区主要分布在伶仃洋两岸、磨刀门和横琴岛周边等地。2005～2015 年，虽然在河口沿岸都有围垦工程，但围垦面积相较于前两期少了很多，仅为 56 km^2。这一时期由于地区经济进入结构优化阶段，着重构建临海重化工业，因此围垦用途也从以农业、渔业为主转变为以工业、交通和城市建设为主（李团结，2017）。

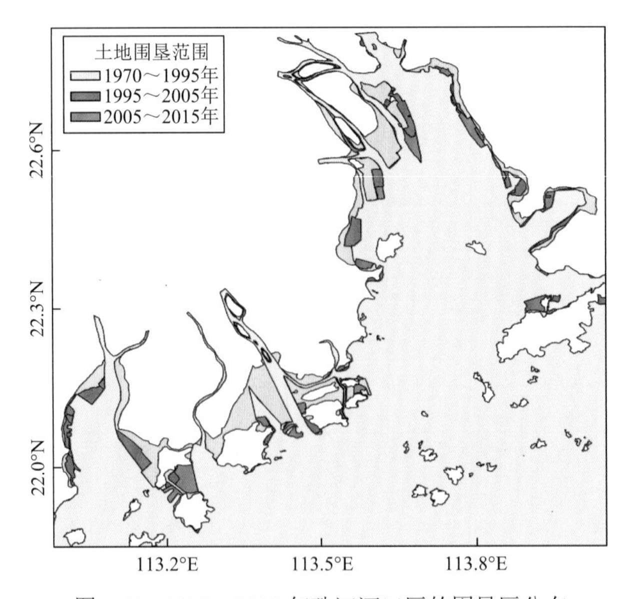

图 1.42　1970～2015 年珠江河口区的围垦区分布

滩涂围垦使得珠江河口的岸线演变速率大大超过其自然的演变过程，不仅改变了岸线的形态，而且也引起了沿岸生态系统和动力环境的剧烈变化。目前，珠江河口岸线变化带来的重要影响主要有：①河道扩展延伸以及河口区水域缩窄引起的排洪不畅，致使上游河流的洪涝灾害越发严重；②河口的水动力环境和物质输移路径受到改变，口外输沙增强，河口湾局部区域存在侵蚀风险；③围垦活动使得沿海滩涂湿地减少，生物多样性遭破坏。因此，全面深入地掌握珠江河口岸线的演变规律，评估自然作用和人类活动对河口岸线的影响，对于珠江河口地区的经济社会以及生态环境的可持续发展十分重要。

参 考 文 献

蔡树群，郑舒，韦惺，2013. 珠江口水动力特征与缺氧现象的研究进展[J]. 热带海洋学报，32（5）：1-8.

蔡昱明，宁修仁，刘子琳，2002. 珠江口初级生产力和新生产力研究[J]. 海洋学报，24（3）：101-111.

陈文龙，何颖清，2021. 粤港澳大湾区城市洪涝灾害成因及防御策略[J]. 中国防汛抗旱，31（3）：14-19.

堵盘军，2007. 长江口及杭州湾泥沙输运研究[D]. 上海：华东师范大学.

管秉贤，1978. 南海暖流：广东外海一支冬季逆风流动的海流[J]. 海洋与湖沼（2）：117-127.

广东省海岛资源综合调查大队，广东省海岸带和海涂资源综合调查领导小组办公室，等，1995. 广东省海岛资源综合调查报告[M]. 广州：广东科技出版社.

郭香会，2009. 珠江与密西西比河口碳酸盐系统的比较研究[D]. 厦门：厦门大学.

黄小平，江志坚，张景平，等，2010. 广东沿海新发现的海草床[J]. 热带海洋学报，29（1）：132-135.

黄梓荣，陈作志，2005. 佳蓬列岛造礁石珊瑚的群落结构研究[J]. 南方水产（2）：15-20.

贾明明，王宗明，毛德华，等，2021. 面向可持续发展目标的中国红树林近 50 年变化分析[J]. 科学通报，66（30）：3886-3901.

黎夏，刘凯，王树功，2006. 珠江口红树林湿地演变的遥感分析[J]. 地理学报（1）：26-34.

李家叶，陈骥，汤新政，等，2021. 粤港澳大湾区气候变化及极端天气分析[J]. 中国防汛抗旱，31（11）：1-6，13.

李开枝，尹健强，黄良民，2004. 珠江河口浮游动物的群落动态及数量变化[C]//中国动物学会甲壳动物学分会，中国海洋与湖沼学会甲壳动物学分会. 2004 年甲壳动物学分会会员代表大会暨学术年会论文摘要集. [出版者不详]：44.

李团结，2017. 伶仃洋地形地貌阶段性演变过程及趋势分析[D]. 武汉：中国地质大学.

李绪录，吴英霞，1992. 夏季珠江口海区贫氧现象的初步分析[G]//广东省海岛资源综合调查大队，等. 广东海岛调查研究文集. 广州：广东科技出版社：10-16.

林爱兰，李春晖，谷德军，等，2010. 广东省持续性干旱事件的变化及其成因[J]. 热带气象学报，26（6）：641-650.

林洪瑛，刘胜，韩舞鹰，2000. 珠江口底层海水季节性缺氧现象及其引发 CTB 的潜在威胁[C]//广东海洋学会会员代表大会暨学术研讨会.

刘凯然，2008. 珠江口浮游植物生物多样性变化趋势[D]. 大连：大连海事大学.

刘旭拢，邓孺孺，许剑辉，等，2017. 近 40 年来珠江河口区海岸线时空变化特征及驱动力分析[J]. 地球信息科学学报，19（10）：1336-1345.

刘忠辉，2019. 海平面上升对珠江河口盐水入侵和物质输运影响的数值研究[D]. 广州：华南理工大学.

龙云作，1997. 珠江三角洲沉积地质学[M]. 北京：地质出版社.

栾虹，付东洋，李明杰，等，2017. 基于 Landsat 8 珠江口悬浮泥沙四季遥感反演与分析[J]. 海洋环境科学，36（6）：

892-897.
罗琳，李适宇，王东晓，2008. 珠江河口夏季缺氧现象的模拟[J]. 水科学进展，19：729-735.
罗宪林，2002. 珠江三角洲网河河床演变[M]. 广州：中山大学出版社.
马华铃，2016. 沿海地区台风灾害经济损失评估[D]. 广州：广东外语外贸大学.
南方大数据研究院，2021. 台风查帕卡登陆阳江！细数 72 年来登陆广东的 277 次台风[N/OL]. 南方都市报，2021-07-20. https://new.qq.com/rain/a/20210720AoF1lx00.
倪培桐，韦惺，刘欢，2012. 珠江河口潮能及其耗散的空间分布[J]. 中山大学学报（自然科学版），51：128-132.
倪培桐，韦惺，吴超羽，等，2011. 珠江河口潮能通量与耗散[J]. 海洋工程，29：37-75.
欧春坪，赵庆平，2006. 珠海建立首个珊瑚自然保护区[N]. 珠海特区报，2006-06-15（3）.
裴木凤，李适宇，胡嘉镗，等，2013. 丰、枯水期珠江河口水体交换的数值模拟[J]. 热带海洋学报，32（6）：28-35.
彭去辉，朱俊怀，1992. 珠江河口水体中 DO 和 COD 的调查[J]. 南海研究与开发（3）：14-19.
舒业强，王强，俎婷婷，2018. 南海北部陆架陆坡流系研究进展[J]. 中国科学：地球科学，48（3）：276-287.
宋定吕，阮孤松，1986. 珠江八大口门潮汐潮量的初步分析[G]//广东省海岸带和海涂资源综合调查领导小组. 珠江口海岸带和海涂资源综合调查研究文集：四. 广州：广东科技出版社：62-71.
苏倩欣，李婧，李志强，等，2022. 1980—2020 年大湾区海岸线变迁及影响因素分析[J]. 热带海洋学报，41（4）：116-125.
王朝晖，齐雨藻，徐宁，等，2004. 大亚湾日本星杆藻种群动态及其与环境因子的关系[J]. 中国环境科学，24（1）：32-36.
王琎，2018. 珠江口近岸土地利用/覆盖变化及其环境生态效应研究[D]. 广州：中国科学院大学（中国科学院广州地球化学研究所）.
王树功，陈新庚，1998. 广东省滨海湿地的现状与保护[J]. 重庆环境科学，20（1）：4-11.
韦桂秋，王华，蔡伟叙，等，2012. 近 10 年珠江口海域赤潮发生特征及原因初探[J]. 海洋通报，31（4）：466-474.
韦惺，吴超羽，2011. 全新世以来珠江三角洲的地层层序和演变过程[J]. 中国科学：地球科学，41（8）：1134-1149.
韦惺，吴超羽，2018. 珠江三角洲沉积体与河网干流河道的形成发育[J]. 海洋学报，40（7）：66-78.
吴超羽，包芸，任杰，等，2006a. 珠江三角洲及河网形成演变的数值模拟和地貌动力学分析：距今 6000～2500a[J]. 海洋学报，28：64-80.
吴超羽，任杰，包芸，等，2006b. 珠江河口“门”的地貌动力学初探[J]. 地理学报，61（5）：537-548.
伍红雨，翟志宏，张羽，2019. 1961—2018 年粤港澳大湾区气候变化分析[J]. 暴雨灾害，38（4）：303-310.
夏华永，刘长建，王东晓，2018. 2006 年夏季珠江冲淡水驱动的上升流[J]. 海洋学报（7）：43-54.
薛惠洁，柴扉，徐丹亚，等，2001. 南海沿岸流特征及其季节变化[G]//薛惠洁，等. 中国海洋学文集：南海海流数值计算及中尺度特征研究. 北京：海洋出版社：64-75.
颜天，周名江，邹景忠，等，2001. 香港及珠江口海域有害赤潮发生机制初步探讨[J]. 生态学报，21（10）：1634-1641.
杨晨晨，甘华阳，万荣胜，等，2021. 粤港澳大湾区 1975—2018 年海岸线时空演变与影响因素分析[J]. 中国地质，48（3）：697-707.
袁耀初，管秉贤，2007. 中国近海及其附近海域若干涡旋研究综述II：东海和琉球群岛以东海域[J]. 海洋学报（中文版），29：1-17.
曾庆存，李荣凤，季仲贞，等，1989. 南海月平均流的计算[J]. 大气科学（2）：127-138.
占懿娟，吴雨凝，李畅，等，2021. 1991—2018 年粤港澳大湾区海岸线的时空变迁[J]. 海洋开发与管理，38（10）：39-44.
张恒，2009. 珠江河口夏季溶解氧收支模拟研究[D]. 广州：中山大学.
张延廷，吴秀杰，1998. 风暴潮、潮汐、流、波浪联合作用及其对浅海开发的影响[C]//第四届全国海事技术研讨会文集. 北京：海洋出版社.
赵春宇，谭烨辉，柯志新，等，2016. 珠江口赤潮爆发过程中水体及表层沉积物间隙水中营养盐与叶绿素的变化特征[J]. 海洋通报，35（4）：457-466.

赵荻能，2017. 珠江河口三角洲近 165 年演变及对人类活动响应研究[D]. 杭州：浙江大学.

赵焕庭，1990. 珠江河口演变[M]. 北京：海洋出版社.

郑兆勇，任品德，2008. 全球气候变暖对珠江口珊瑚礁群落生长的潜在威胁[C]//广东省科学技术协会，等. 第四届粤港澳可持续发展研讨会论文集. 广州：广东科技出版社.

周贤沛，林永水，王肇鼎，1998. 大亚湾水域浮游植物群落特征的统计分析[J]. 热带海洋学报，17（3）：57-64.

ASHOK K，BEHERA S K，RAO S A，et al.，2007. El Niño Modoki and its possible teleconnection[J]. Journal of Geophysical Research：Oceans，112：C11007.

BALAGURU K，FOLTZ G R，LEUNG L R，et al.，2016. Global warming-induced upper-ocean freshening and the intensification of super typhoons[J]. Nature Communications，7：1-8.

BEVER A J，MCNINCH J E，HARRIS C K，2011. Hydrodynamics and sediment-transport in the nearshore of Poverty Bay，New Zealand：observations of nearshore sediment segregation and oceanic storms[J]. Continental Shelf Research，31：507-526.

CAMARGO S J，SOBEL A H，2005. Western North Pacific tropical cyclone intensity and ENSO[J]. Journal of Climate，18（15）：2996-3006.

CHAN J C L，LIU K S，CHING S E，et al.，2004. Asymmetric distribution of convection associated with tropical cyclones making landfall along the South China Coast[J]. Monthly Weather Review，132：2410-2420.

CHAO S Y，SHAW P T，WANG J，1995. Wind relaxation as possible cause of the South China Sea Warm Current[J]. Journal of Oceanography，51：111-132.

CHERN C S，JAN S，WANG J，2010. Numerical study of mean flow patterns in the South China Sea and the Luzon Strait[J]. Ocean Dynamics，60：1047-1059.

CHIANG T L，WU C R，CHAO S Y，2008. Physical and geographical origins of the South China Sea Warm Current[J]. Journal of Geophysical Research：Oceans，113（C8）：28.

CUI Y S，WU J X，REN J，et al.，2019. Physical dynamics structures and oxygen budget of summer hypoxia in the Pearl River Estuary[J]. Limnology and Oceanography，64：131-148.

DAI M H，WANG L F，GUO X H，et al.，2008. Nitrification and inorganic nitrogen distribution in a large perturbed river/estuarine system：the Pearl River Estuary，China[J]. Biogeosciences，5：1227-1244.

DIAZ R J，ROSENBERG R，2008. Spreading dead zones and consequences for marine ecosystems[J]. Science，321：926-929.

DIAZ R J，2001. Overview of hypoxia around the world[J]. Journal of Environmental Quality，30：275-281.

DONEY S C，2010. The growing human footprint on coastal and open-ocean biogeochemistry[J]. Science，328：1512-1516.

DONG L X，SU J L，WONG L A，et al.，2004. Seasonal variation and dynamics of the Pearl River plume[J]. Continental Shelf Research，24：1761-1777.

Fabiyi T，2020. Trends in atmospheric carbon dioxide[G]//National Oceanic & Atmospheric Administration，Earth System Research Laboratory（NOAA/ESRL）.

FRANKIGNOULLE M，BOURGE I，WOLLAST R，1996. Atmospheric CO_2 fluxes in a highly polluted estuary（the Scheldt）[J]. Limnology and Oceanography，41：365-369.

GAN J P，CHEUNG A，GUO X G，et al.，2009a. Intensified upwelling over a widened shelf in the northeastern South China Sea[J]. Journal of Geophysical Research：Oceans，114（C9）：19.

GAN J P，LI L，WANG D X，et al.，2009b. Interaction of a river plume with coastal upwelling in the northeastern South

China Sea[J]. Continental Shelf Research，29：728-740.

GAN J P，WANG J J，LIANG L L，et al.，2015. A modeling study of the formation，maintenance，and relaxation of upwelling circulation on the northeastern South China Sea shelf[J]. Deep-Sea Research Part Ⅱ：Topical Studies in Oceanography，117：41-52.

GUO X H，DAI M H，ZHAI W J，et al.，2009. CO_2 flux and seasonal variability in a large subtropical estuarine system，the Pearl River Estuary，China[J]. Journal of Geophysical Research：Biogeosciences，114（G3）：G03013.

HARRISON P J，YIN K，LEE J H W，et al.，2008. Physical-biological coupling in the Pearl River Estuary[J]. Continental Shelf Research，28：1405-1415.

HO C H，BAIK J J，KIM J H，et al.，2004. Interdecadal changes in summertime typhoon tracks[J]. Journal of Climate，17：1767-1776.

HU J T，LI S Y，2009. Modeling the mass fluxes and transformations of nutrients in the Pearl River Delta，China[J]. Journal of Marine Systems，78：146-167.

HU W F，LO W，CHUA H，et al.，2001. Nutrient release and sediment oxygen demand in a eutrophic land-locked embayment in Hong Kong[J]. Environment International，26：369-375.

HUANG X P，HUANG L M，YUE W Z，2003. The characteristics of nutrients and eutrophication in the Pearl River estuary，South China[J]. Marine Pollution Bulletin，47：30-36.

IPCC，2013. Climate Change 2013：The Physical Science Basis. Contribution of Working Group I to the Fifth Assessment Report of the Intergovern-mental Panel on Climate Change[M]. Cambridge：Cambridge University Press.

IPCC，2018. Global Warming of 1.5℃. [R/OL]. http://www.ipcc.ch/sr15/.

JI X M，SHENG J Y，TANG L Q，et al.，2011a. Process study of circulation in the Pearl River Estuary and adjacent coastal waters in the wet season using a triply-nested circulation model[J]. Ocean Modelling，38：138-160.

JI X M，SHENG J Y，TANG L Q，et al.，2011b. Process study of dry-season circulation in the Pearl River Estuary and adjacent coastal waters using a triple-nested coastal circulation model[J]. Atmosphere-Ocean，49：138-162.

JIA Y，CHASSIGNET E P，2011. Seasonal variation of eddy shedding from the Kuroshio intrusion in the Luzon Strait[J]. Journal of Oceanography，67：601-611.

JUSTIC D，RABALAIS N N，TURNER R E，1996. Effects of climate change on hypoxia in coastal waters：a doubled CO_2 scenario for the northern Gulf of Mexico[J]. Limnology and Oceanography，41：992-1003.

LAI W，PAN J，DEVLIN A T，2018. Impact of tides and winds on estuarine circulation in the Pearl River Estuary[J]. Continental Shelf Research，168：68-82.

LAI Z，MA R，HUANG M F，et al.，2016. Downwelling wind，tides，and estuarine plume dynamics[J]. Journal of Geophysical Research：Oceans，121：4245-4263.

LI D J，ZHANG J，HUANG D J，et al.，2002. Oxygen depletion off the Changjiang（Yangtze River）Estuary[J]. Science in China Series D：Earth Sciences，45（12）：1137-1146.

LI D，GAN J P，HUI R，et al.，2020. Vortex and biogeochemical dynamics for the hypoxia formation within the coastal transition zone off the Pearl River Estuary [J]. Journal of Geophysical Research：Oceans，125（8）：16.

LI L，NOWLIN W D，JILAN S，1998. Anticyclonic rings from the Kuroshio in the South China Sea[J]. Deep-Sea Research Part I：Oceanographic Research Papers，45：1469-1482.

LIANG B，XIU P，HU J T，et al.，2021. Seasonal and spatial controls on the eutrophication-induced acidification in the Pearl River Estuary[J]. Journal of Geophysical Research：Oceans，126：C017107.

LIU L Y，ZHANG X，GAO Y，et al.，2021. Finer-resolution mapping of global land cover：recent developments，consistency analysis，and prospects[J]. Journal of Remote Sensing：1-38.

LIU S M，GUO X，CHEN Q，et al.，2010. Nutrient dynamics in the winter thermohaline frontal zone of the northern shelf region of the South China Sea[J]. Journal of Geophysical Research：Oceans，115（C11）：C11020. .

LIU Z Q，GAN J，WU X Y，2018. Coupled summer circulation and dynamics between a bay and the adjacent shelf around Hong Kong：Observational and modeling studies[J]. Journal of Geophysical Research：Oceans，123：6463-6480.

LIU Z Q，ZU T T，GAN J P，2020. Dynamics of cross-shelf water exchanges off Pearl River Estuary in summer[J]. Progress in Oceanography，189：102465.

LU F H，NI H G，LIU F，et al.，2009. Occurrence of nutrients in riverine runoff of the Pearl River Delta，South China[J]. Journal of Hydrology，376：107-115.

LUO L，ZHOU W，WANG D，2012. Responses of the river plume to the external forcing in Pearl River Estuary[J]. Aquatic Ecosystem Health & Management，15：62-69.

MAO Q W，SHI P，YIN K D，et al.，2004. Tides and tidal currents in the pearl river estuary[J]. Continental Shelf Research，24：1797-1808.

MARTINEZ R M，RUSCH E，2014. Understanding the connections between coastal waters and ocean ecosystem services and human health：Workshop summary[M]. Washington，D. C.：National Academies Press.

METZGER E J，HURLBURT H E，2001. The nondeterministic nature of Kuroshio penetration and eddy shedding in the South China Sea[J]. Journal of Physical Oceanography，31：1712-1732.

NAN F，XUE H J，CHAI F，et al.，2011. Identification of different types of Kuroshio intrusion into the South China Sea[J]. Ocean Dynamics，61：1291-1304.

OU S Y，ZHANG H，WANG D X，2009. Dynamics of the buoyant plume off the Pearl River Estuary in summer[J]. Environmental Fluid Mechanics，9：471-492.

OU S Y，ZHANG H，WANG D X，et al.，2007. Horizontal characteristics of buoyant plume off the Pearl River Estuary during summer[J]. Journal of Coastal Research：652-657.

QU T D，MITSUDERA H，YAMAGATA T，2000. Intrusion of the North Pacific waters into the South China Sea[J]. Journal of Geophysical Research：Oceans，105：6415-6424.

RALSTON D K，WARNER J C，GEYER W R，et al.，2013. Sediment transport due to extreme events：the Hudson River estuary after tropical storms Irene and Lee[J]. Geophysical Research Letters，40：5451-5455.

SABINE C L，FEELY R A，GRUBER N，et al.，2004. The oceanic sink for anthropogenic CO_2[J]. Science，305：367-371.

SHERIDAN P，HAYS C，2003. Are mangroves nursery habitat for transient fishes and decapods？[J]. Wetlands，23：449-458.

SU J L，2004. Overview of the South China Sea circulation and its influence on the coastal physical oceanography outside the Pearl River Estuary[J]. Continental Shelf Research，24：1745-1760.

SU Q X，LI Z Q，2021. Coastline types and their spatiotemporal variations in Guangdong，Hong Kong and Macao Bay Area（1979—2020）[J/OL]. Digital Journal of Global Change Data Repository. http://doi. org/10.3974/ geodb.2021.04.07.V1.

WANG G H，SU J L，CHU P C，2003. Mesoscale eddies in the South China Sea observed with altimeter data[J]. Geophysical Research Letters，30（21）：2121-2126.

WANG G H，CHEN D K，SU J L，2008. Winter eddy genesis in the eastern South China Sea due to orographic wind jets[J]. Journal of Physical Oceanography，38：726-732.

WANG Q，WANG Y X，BO H，et al.，2011. Different roles of Ekman pumping in the west and east segments of the South China Sea warm current[J]. Acta Oceanologica Sinica，30：1-13.

WANG Q，WANG Y X，ZHOU W D，et al.，2015. Dynamic of the upper cross-isobath's flow on the northern South China

Sea in summer[J]. Aquatic Ecosystem Health & Management，18：357-366.

WANG X，ZHOU W，LI C Y，et al.，2014. Comparison of the impact of two types of El Nino ontropical cyclone genesis over the South China Sea[J]. International Journal of Climatology，34：2651-2660.

WEI X，WU C Y，CAI S Q，et al.，2020. Long-term morphodynamic evolution of the Pearl River Delta from the perspective of energy flux and dissipation changes[J]. Quaternary International，553：118-131.

WEI X，WU C Y，NI P T，et al.，2016. Holocene delta evolution and sediment flux of the Pearl River，southern China[J]. Journal of Quaternary Science，31：484-494.

WONG L A，CHEN J C，XUE H，et al.，2003. A model study of the circulation in the Pearl River Estuary（PRE）and its adjacent coastal waters：2. sensitivity experiments[J]. Journal of Geophysical Research：Oceans，108（C5）:3157.

WU L G，WANG B，GENG S Q，2005. Growing typhoon influence on east Asia[J]. Geophysical Research Letters，32.

XIE J S，HE Y H，CHEN Z W，et al.，2015. Simulations of internal solitary wave interactions with mesoscale eddies in the northeastern South China Sea[J]. Journal of Physical Oceanography，45：2959-2978.

XU J，YIN K D，HE L，et al.，2008. Phosphorus limitation in the northern South China Sea during late summer：influence of the Pearl River[J]. Deep-Sea Research Part I：Oceanographic Research Papers，55：1330-1342.

XUE H J，CHAI F，2001. Coupled physical-biological model for the Pearl River Estuary：a phosphate limited subtropical ecosystem[J/OL].Estuarine and Coastal Modeling. https://doi.org/10. 1061/40628 (268) 58.

YANG H J，LIU Q Y，2003. Forced Rossby wave in the northern South China Sea[J]. Deep-Sea Research Part I：Oceanographic Research Papers，50：917-926.

YANG J Y，WU D X，LIN X P，2008. On the dynamics of the South China Sea Warm Current[J]. Journal of Geophysical Research：Oceans，113（C8）：C004427.

YANG L，CHEN S，WANG C Z，et al.，2018. Potential impact of the Pacific Decadal Oscillation and sea surface temperature in the tropical Indian Ocean-Western Pacific on the variability of typhoon landfall on the China coast[J]. Climate Dynamics，51：2695-2705.

YANG L，DU Y，WANG D X，et al.，2015. Impact of intraseasonal oscillation on the tropical cyclone track in the South China Sea[J]. Climate Dynamics，44：1505-1519.

YE H B，YANG C Y，TANG S L，et al.，2020. The phytoplankton variability in the Pearl River estuary based on VIIRS imagery [J]. Continental Shelf Research，207：104228.

YU J Y，KAO H Y，2007. Decadal changes of ENSO persistence barrier in SST and ocean heat content indices：1958—2001[J]. Journal of Geophysical Research：Atmospheres，112（D13）：D007654.

YUAN D L，HAN W Q，HU D X，2006. Surface Kuroshio path in the Luzon Strait area derived from satellite remote sensing data[J]. Journal of Geophysical Research：Oceans，111（C11）：C003412.

YUAN D L，HAN W Q，HU D X，2007. Anti-cyclonic eddies northwest of Luzon in summer-fall observed by satellite altimeters[J]. Geophysical Research Letters，34（13）：256-260.

YUAN Y C，LIAO G H，YANG C H，2008. The Kuroshio near the Luzon Strait and circulation in the northern South China Sea during August and September 1994[J]. Journal of Oceanography，64：777-788.

ZHANG Q H，WEI Q，CHEN L S，2010. Impact of landfalling tropical cyclones in mainland China[①][J]. Science China Earth Sciences，53：1559-1564.

ZHANG Q，WU L G，LIU Q F，2009. Tropical cyclone damages in China 1983—2006. [J]. Bulletin of the American Meteorological Society，90：489-496.

---

① 应为 Chinese mainland。

ZHANG X，LIU L Y，CHEN X D，et al.，2019. Fine land-cover mapping in China using landsat datacube and an operational SPECLib-based approach[J]. Remote Sensing，11（9）：1056.

ZHANG X，LIU L Y，CHEN X D，et al.，2021. GLC_FCS30：Global land-cover product with fine classification system at 30 m using time-series Landsat imagery[J]. Earth System Science Data，13（6）：2753-2776.

ZHANG X，LIU L Y，WU C S，et al.，2020. Development of a global 30 m impervious surface map using multisource and multitemporal remote sensing datasets with the Google Earth Engine platform[J]. Earth System Science Data，12：1625-1648.

ZHANG Z W，ZHAO W，QIU B，et al.，2017. Anticyclonic eddy sheddings from kuroshio loop and the accompanying cyclonic eddy in the Northeastern South China Sea[J]. Journal of Physical Oceanography，47：1243-1259.

ZHANG Z W，ZHAO W，TIAN J W，et al.，2013. A mesoscale eddy pair southwest of Taiwan and its influence on deep circulation[J]. Journal of Geophysical Research：Oceans，118：6479-6494.

ZU T T，GAN J P，2015. A numerical study of coupled estuary-shelf circulation around the Pearl River Estuary during summer：Responses to variable winds，tides and river discharge[J]. Deep-Sea Research Part Ⅱ：Topical Studies in Oceanography，117：53-64.

ZU T T，WANG D X，GAN J P，et al.，2014. On the role of wind and tide in generating variability of Pearl River plume during summer in a coupled wide estuary and shelf system[J]. Journal of Marine Systems，136：65-79.

第 2 章　粤港澳大湾区海洋环境实时现场监测系统*

海洋经济是粤港澳大湾区建设和发展的“蓝色引擎”，而海洋经济的高质量发展则离不开海洋环境现场监测实时信息的保障。海上运输与贸易的高效运行、海洋工程的设计与维护、海域资源的开发、海洋生态环境的建设，以及海岛的保护与利用等均需要依赖准确的海洋环境信息的支撑。然而，在大湾区等海陆交汇特征显著的海域，单纯依赖数值模式和卫星遥感等手段获取海洋动力和环境要素信息已经远远不能满足实际需求。其中最主要的问题是，近海复杂地形和岸线容易引起海洋数值模式计算结果或卫星遥感反演信息的偏差（刘花等，2013；Xue et al.，2020）。例如，受复杂岸线和地形的影响，海浪在近岸传播过程中会出现折射和绕射等形态变化，与开阔外海相比，海浪属性发生显著改变；此外，在近海，海流受潮汐的影响流速显著增强，流向也会受岸线和潮汐等因素的影响（Liu et al.，2011）。因此，数值模式或卫星遥感在近海的模拟、反演或预报计算，较难同时满足高时效和高精度等要求，而有必要通过现场监测手段提供准确的实时现场信息。

动力和环境等要素的观测信息在特定的应用情景中，具有明显的时效性要求，故需要通过实时的方式接收，而不能采用定期回收的方式获取。对于大湾区这类经济社会活动发达而海洋灾害频发的海域，常规的自容式监测设备已无法满足人们对海洋环境监测信息的时效性要求，而有必要部署具备数据实时回传功能的海洋监测平台。例如，台风、海啸等气象灾害对海洋平台、桥墩等工程建筑具有重要影响或风险（Zhao et al.，2020），一旦发生平台坍塌、船舶碰撞等事故，则需要依据实时的海流、海浪以及海面气象条件，制定适当的搜救方案（Zhu et al.，2021）。由于大湾区海域濒临南海，海啸、台风、风暴潮等引起的灾害性巨浪对沿岸居民的生活和生产带来显著的潜在风险（王盛安等，2009；潘文亮等，2014）。要实现近海海啸或风暴潮模型的建立，以及岸界、底质侵蚀的预报，同样离不开现场实时监测数据的支撑（Zhao et al.，2019a；Zhao et al.，2019b）。

此外，人类活动也会对大湾区海洋生态环境造成显著影响。阐明人类活动对海洋生态环境作用的机理，并掌握海洋生态环境对人类社会的反馈机制，有必要

* 作者：李骏旻[1,2]，刘军亮[1,2]，周峰华[1,2]，邢焕林[1,2]
[1. 中国科学院南海海洋研究所，2. 南方海洋科学与工程广东省实验室（广州）]

开展长期、连续、实时的环境要素监测。例如，通过建立长期定点监测和大面站位观测，可有效建立覆盖大湾区海域的海洋动力-生态耦合模型，从而帮助人们认识气候变化背景下营养盐输入等人为因素对海洋生产力和氧循环过程造成的影响（Li et al.，2020c；Jiang et al.，2021；Wu et al.，2021；Yu et al.，2022）。突发性的环境污染事件，可能会对人们健康和安全，以及渔业生产作业造成直接影响，有必要掌握污染指标的实时变化。如对于赤潮、溢油等生态环境灾害的监控，均需要掌握海洋环境要素的实时变化情况（Mu et al.，2020）。

中国科学院南海海洋研究所（以下简称南海所）在海洋环境实时监测传感器和集成技术上起步较早，21 世纪初已在广东省沿岸部署了大量的实时水文动力和环境要素实时监测平台（王盛安，2005；王盛安等，2009；龙小敏等，2010；Liu et al.，2010），并为台风、风暴潮和海啸等动力灾害事件的监测提供了坚实的信息保障服务（潘文亮等，2014；孙璐等，2014）。在南海所已有监测技术的基础上，项目组在南方海洋科学与工程广东省实验室（广州）人才团队引进重大专项的支持下，集成研发并部署了大湾区海洋环境实时现场监测系统。该系统通过布放在特征海域的环境实时监测平台，将现场观测获取的气象、水文动力和环境等数据实时回传至实验室内的监控平台上，从而可为大湾区的经济社会发展提供准确而及时的基础信息支撑。

2.1　监测系统的设计

2.1.1　站位部署规划

大湾区海洋环境处于南海的动力环境之中，与整个南海北部的动力结构具有高度的时空关联性（Gan et al. ，2016；Lai et al.，2020；Li et al.，2021）。一方面，粤港澳大湾区水域环境受南海北部海洋气象过程影响明显。例如：台风从东部传入南海而向西行进，历经南海北部大部分海域，台风过境南海引起的近惯性能量通常能影响整个南海北部海域，最终传播并登陆粤东、粤西，以及海南岛等沿岸区域（孙璐等，2014；Sun et al.，2015），对相关沿岸海域的渔船、货轮、海洋牧场、海洋能源平台，以及相应的经济社会活动造成显著的风险。另一方面，大湾区近岸海浪等海洋动力要素，除小部分受局地风驱动外，大部分受整个南海北部开阔海域往西偏北传播的涌浪，以及大陆岸线和陆架区浅水地形的联合作用。针对大湾区海洋环境监测系统的布局与规划，有必要连同周边甚至整个南海北部的情况一并综合考虑。因此，在站位部署规划上，本书构筑起突出核心、兼顾周边的海洋环境监测体系，在基本覆盖南海东北（1 号站位）和西北（5 号站位）部近海等的基础上，对中北部的大湾区邻近海域（2～4 号站位）开展重点监测（图 2.1）。

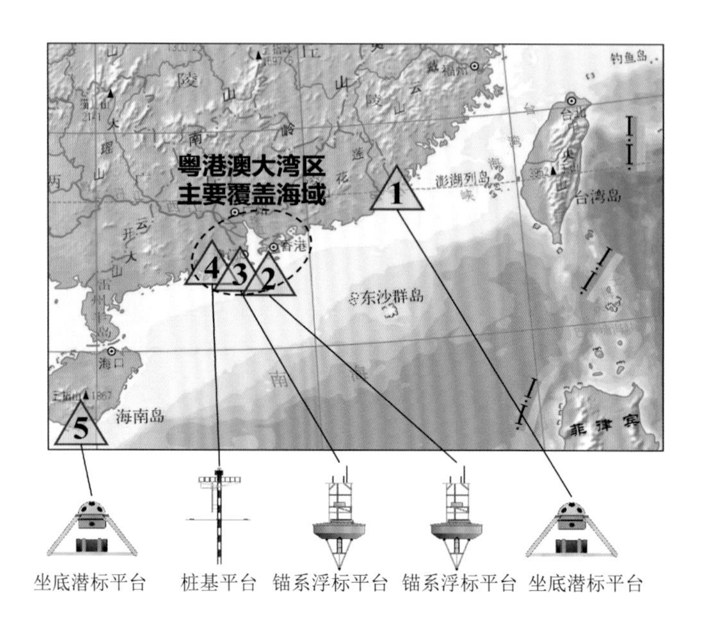

图 2.1　粤港澳大湾区海洋环境实时现场监测系统站位分布图

2.1.2　监测平台类型

一般来说，由于海洋环境极其复杂及恶劣，海洋平台经常受到风、海浪、海流的作用而发生破坏（赵飞达等，2019），因而在海洋监测平台的结构设计中需要对平台自身的稳固性加以充分考虑。大湾区海洋环境实时现场监测系统在平台的选择上，除了考虑平台结构的安全性和稳定性外，还有必要根据服务需求因地制宜。在充分考虑大湾区海域自然环境和社会环境特点的基础上，形成了以锚系浮标平台、坐底潜标平台与桩基平台相互结合的监测方式，即：在近岸区域部署坐底潜标平台和桩基平台，在开阔外海部署锚系浮标平台（图 2.1）。

粤港澳大湾区是我国经济发展的重点区域，受流域人类活动影响强烈。对大湾区的海洋环境开展监测，既要考虑开阔海域水文动力要素对海岸的输入情况，也要考虑受人类活动影响最密切的河口及近海动力与环境要素特征。因此，在离岸较远、水深较深、相对开阔的外海区，和离岸较近、水深较浅、相对近岸而经济活动密集的近岸区，均有必要部署相应的监测设备。

对于外海区域，宜采用锚系浮标平台作为实时监测平台，这是因为与海底基实时监测平台相比，锚系浮标平台虽然集成和布放的成本较高，但它不受水深、离岸距离等因素限制。然而，对于近海，由于船舶活动频繁，若部署锚系浮标平台，则容易与通航或作业船舶构成碰撞风险，采用与岸基连接的坐底潜标平台是更为合适的监测平台。因此，采用离岸锚系浮标平台和近岸坐底潜标平台相结合的形式，是针对近岸或岛屿海域海洋环境参数获取的常见方式。两类监测平台的部署如图 2.2 所示。

图 2.2　离岸锚系浮标平台和近岸坐底潜标平台的部署

近年来，对于类似的监测平台组合方式，项目组已在南海多个岛礁和近海展开了大量的实践（李博等，2020；Li et al.，2020a；李骏旻，2021；Li et al.，2020b；Li et al.，2022a；Li et al.，2022b）。然而，对于广东省近海，在监测站位的选定，以及监测平台的设计方面仍有必要根据经济社会活动和实际水况等特点作进一步考虑。例如，部署于近岸的坐底实时潜标容易受船舶抛锚和渔船拖网等作业影响，在站位的选择上，有必要尽量避开渔船的主要作业区。此外，通过岸基平台实时发挥潜标平台在水下的工作状态，一旦发现水下平台受到干扰，则应尽快派遣人员前往现场进行干预和维护。

由于珠江河网大量泥沙排入珠江口及邻近海域，广东省海域近岸呈现水体浑浊、能见度低、底质沉积淤泥深厚等特点。相比之下，我国南海群岛珊瑚礁海域，水下能见度达到数十米，非常适合潜水员在水下开展各种作业。海南省三亚市近海的水下能见度明显低于南沙海域，但仍有数米能见度，潜水员在水下虽然不易开展搜索作业，但仍能完成设备收放、固定等作业。而在大湾区及邻近海域，海水能见度几乎为零，潜水员在水下难以开展类似作业，坐底潜标的布放和回收亦有可能无法实施。如采用自容式设备，在长期运行过程中容易被淤泥覆盖，更可能面临较大的丢失风险（图 2.3）。结合该海域的上述特点，本监测系统在大湾区个别站位采用桩基平台进行海洋环境要素监测。一方面，搭载的设备在维护时只需要通过牵引板拉起至平台上即可进行作业，无须潜水员在水下作业，亦不受水下能见度的影响；另一方面，由于海底淤泥厚实，矗立桩基平台的施工也较容易实现。

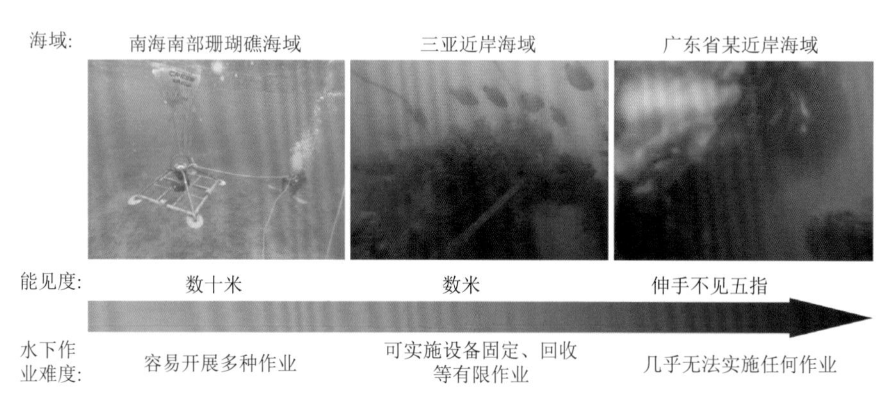

图 2.3　部署设备需要考虑的水况条件

2.1.3　技术集成方案

本监测系统部署的各类监测平台上均集成有中央控制系统、供电系统与通信系统。其中，中央控制系统负责向各类传感器发送命令，控制传感器的采样并收集传感器测得的数据，然后将收集的数据传送至通信系统，实时发回实验室。供电系统通过太阳能板和充电控制器等部件将太阳能转化为电能并存储在蓄电池上，为中央控制系统、通信系统和各类传感器供电。通信系统利用北斗卫星通信、通用分组无线服务（general packet radio service，GPRS）或码分多址（code division multiple access，CDMA）等方式发回数据，具体方式由数据的敏感性和当地信号强弱等因素确定。

各类监测平台的中央控制系统、供电系统与通信系统均集成在一个控制箱内，其中，锚系浮标平台的控制箱安装在浮标体的上支架上；桩基平台的上支架结构与浮标类似，控制箱同样安装在相应的上支架上；坐底潜标平台则将控制箱安装在岸基平台上，采用专用电缆连接水下设备和岸基平台，其水下观测节点、岸基控制节点和实验室终端的连接结构如图 2.4 所示。

锚系浮标平台、坐底潜标平台和桩基平台等获取的监测数据均实时发回至主服务器上。由服务器对数据进行清洗、反演、订正处理，然后传送至显控系统或再分发给用户终端，监测数据的通信与处理流程如图 2.5 所示。

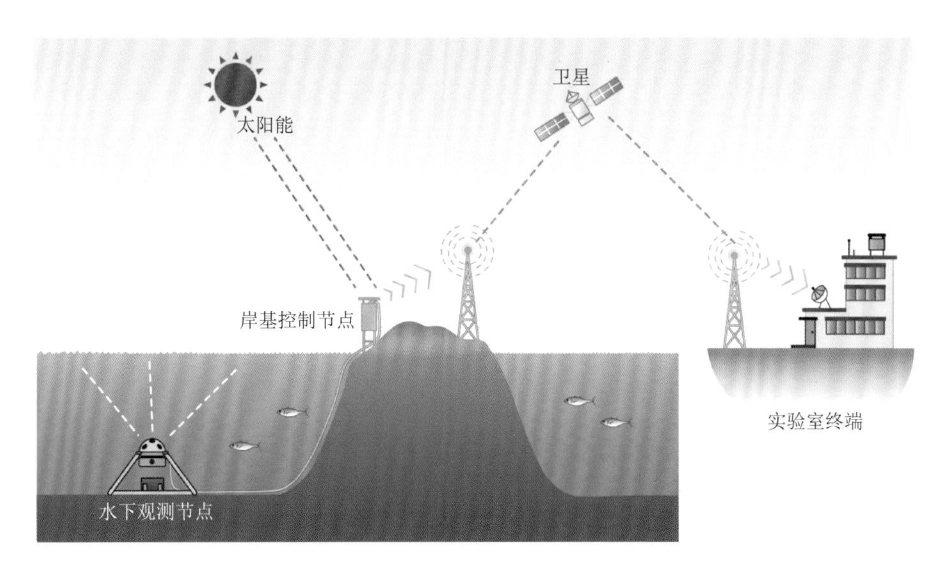

图 2.4　坐底潜标平台的节点构成示意图（修改自 Li et al.，2020a）

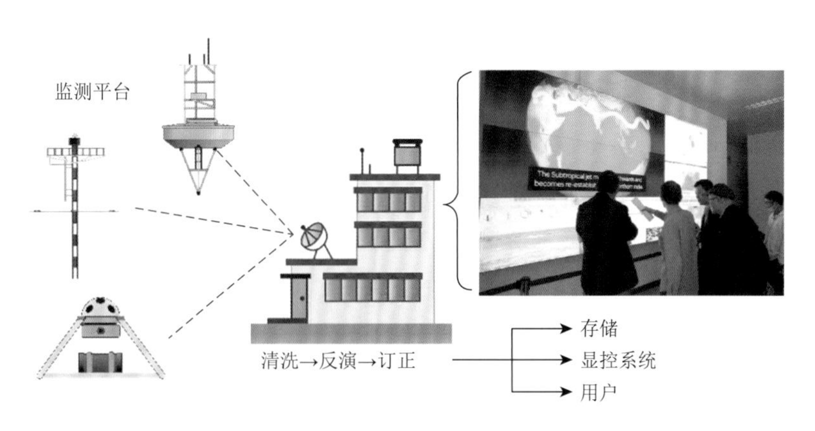

图 2.5　监测系统的信息流程图

2.2　监测系统的构成与部署

2.2.1　锚系浮标平台

1. 监测要素

锚系浮标平台用于监测上层海洋水文、气象和环境要素，具体包括：风速、风向、气温、相对湿度、气压、波高、波周期、波向、50 m 以浅海流剖面、表层水温、盐度、叶绿素浓度、浊度、DO 浓度、三氮一磷（即氨氮、亚硝酸盐氮、硝酸盐氮、磷酸钙）浓度、总氮、总磷等。

2. 系统构成

锚系浮标平台的结构如图 2.6 所示。在浮标下支架安装海流剖面仪和多参数水质仪，用于测量海流剖面、水温、盐度、叶绿素浓度、浊度、DO 浓度、三氮一磷浓度、总氮、总磷等参数；在上支架安装气象传感器测量风速、风向、气温、相对湿度、气压等参数；在标体上安装波浪传感器测量波浪谱，并实时计算波高、波周期和波向等波参数。

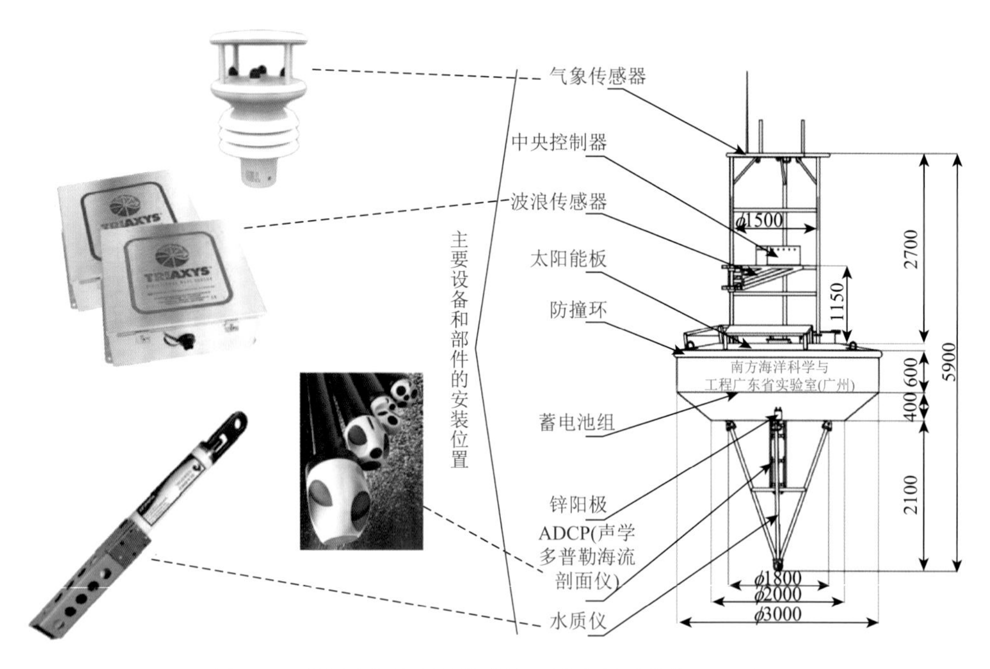

图 2.6　锚系浮标平台的集成结构示意图（单位：mm）

平台的电源由蓄电池组提供，由太阳能板转化来的电能对蓄电池组进行充电。自主研发的中央控制器安装在浮标内，负责数据采集、处理、存储、传输和过程控制，按照模块化、低功耗的要求进行设计，并保证系统的可靠性。中央控制器根据设定的时序控制主机及各类传感器的加断电，采集及处理各类传感器的信号，自动处理数据，每小时形成一组结果。每种要素处理所形成的参数符合海洋观测规范的要求。所形成的观测数据送到上支架的通信系统，通信系统将信号通过北斗卫星、GPRS 或 CDMA 等通信方式实时回传。

数据服务器通过接收模块获取观测数据，通过可视化集成软件对实时接收到的观测数据进行分析计算，在屏幕上显示所有观测参数的变化过程曲线；并将需要分发的数据转发给授权用户。远方用户安装配套的数据处理软件后，可通过网络实时同步接收观测数据，并对观测数据进行分析处理。

锚系浮标平台采集间隔为 1 小时，并具有数据自容功能，现场数据存储器可存储十年以上的观测数据。此外，浮标还具有移位报警、锚灯故障报警、舱内进水报警、舱门开启报警和电源低压报警等辅助功能。

3. 平台设计

锚系浮标平台的标体按如下极限环境条件设计：

最大风速，75 m/s。

最大波高，25 m。

最大潮差，10 m。

最大表层流速，6 kn。

温度范围，0～45℃。

相对湿度，0～100%。

（1）形状及尺寸

采用国际通用铁饼（discus）型，其特点是稳性、随波性好，抗台风能力强，排水量大，舱室面积大，适合作综合参数测量浮标，直径 3 m，方便投放及回收。本监测系统部署的浮标平台外观见图 2.7。

(a) 布放前

(b) 布放于万山群岛以南海域

图 2.7　锚系浮标平台的外观图

（2）主要参数

直径，3000 mm。

型高，1120 mm。

体重，1300 kg。

排水量，2366 kg。

仪器电源舱直径，1320 mm。

浮力舱体积，4.47 m^3。

重心，0.80 m。

浮心，0.32 m。

稳心半径，1.723 m。

稳性衡准数，＞3。

自摇周期，1.85 s。

静稳性曲线的消失角，89°。

（3）性能

稳性：浮标的最大静稳性力臂大于 1.0 m（我国《海船稳性规范》无限航区要求大于 0.2 m）；浮标的最大静态性力臂所对应的横倾大于 32°（《海船稳性规范》要求大于 25°）；浮标的稳性消失角大于 80°（《海船稳性规范》要求大于 55°）；浮标最小倾覆力矩与风压倾侧力矩之比 $K>3$（《海船稳性规范》要求大于 1）。以上各指标均超过我国《海船稳性规范》无限航区的要求，故此浮标稳性好。

随波性：浮标因吃水线面面积大，随波性良好，浮标的升沉幅（Z）与波浪高（H）之比 $Z/H\approx1$（＞0.9），适合于波浪参数。

避共振性：本浮标因其自摇周期小（约等于 1.85 s），远离了投放海区常遇波周期（3.8～6.5 s），避免了与常遇波浪发生共振，故浮标较安全。

抗沉性：本浮标重量（含锚链）小于 3.5 t，而浮力舱体积为 4.47 m^3，在浮力舱填充（充满）不吸水的泡沫塑料，使浮标具有约 4.5 t 的永久浮力，浮标即使遭人为破坏进满水，也不会下沉，故本浮标的抗沉性良好。

锚泊系统：为方便投放回收，采用单点系留锚定系统，以水深 50 m 计，选用 $\Phi25$ 锚链 5 节，500 kg 霍尔锚两个，浮标锚定系统如图 2.8 所示。

有关设计已得到多项专利授权（王盛安等，2011；李骏旻等，2021；罗耀等，2022），同类型锚系浮标平台已部署于南海近海多处（Li et al.，2022b）。

4. 设备布放

（1）定位测深

通过科考船将浮标运载出海，到拟定浮标投放点位置附近选取多个站位进行定位和测深，通过分析测深结果选定海底较平坦的位置，确定测点的位置和水深后，保持船位不变。

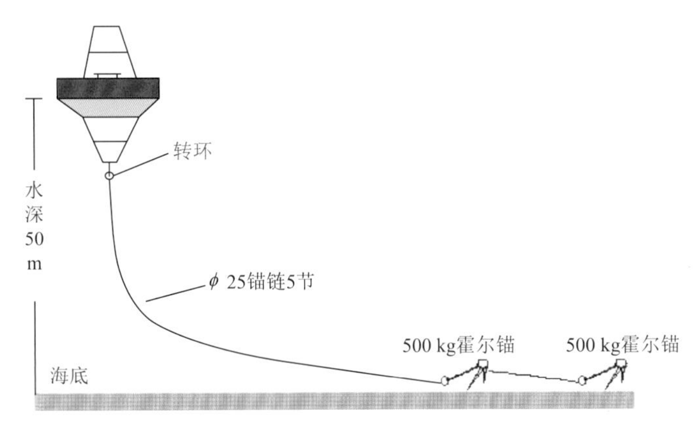

图 2.8　浮标锚定系统示意图

（2）投放浮标

在浮标两侧各绑一根临时绳索，目的是投放时防止浮标左右大幅度摇摆，然后用吊机将浮标吊起并慢慢放入水面，利用脱钩装置使吊机与浮标分离。浮标离开吊机后，再用绳子拉住浮标，使浮标处于受控状态，使浮标离开作业船大约 20～30 m 即可。

（3）投放锚系

把沉块分别放置在船尾舷的两侧，在甲板排列好锚系；分别用麻绳（或钢丝绳）将沉块吊放至海面，然后逐段下放锚链；每段约 5 m，用一根麻绳绑住锚链，当 5 m 锚链已下完水并拉紧麻绳时，割断麻绳；此时另一段被麻绳绑住的锚链再往下放，如此反复直至锚链全部下水。在沉块着地时，再次确认经纬度。

锚系浮标平台布放场景及浮标在海洋现场的工作实况见图 2.9。

(a)　(b)

图 2.9　锚系浮标平台布放场景(a)及浮标在海洋现场的工作实况(b)（修改自 Li et al.，2022a）

2.2.2　坐底潜标平台

1. 监测要素

坐底潜标平台用于监测 30 m 以浅海域的有效波高、最大波高、平均波周期、平均波向、流速、流向、水位等海洋水文动力参数。

2. 系统构成

坐底潜标平台主要由水下观测单元、岸基控制单元和远程接收单元组成。

水下观测单元主要通过安装架固定浪龙声波和海流剖面仪（acoustic wave and current profiler，AWAC），将浪龙 AWAC 置于海底，以上视的方式测波。该设备内部集成了 Prolog 模块，能实时将采集到的波浪样本在线处理成波浪谱，计算出波参数，并将处理后的结果通过专用电缆传送至岸基控制单元。

岸基控制单元上集成了能源系统和通信系统。整体监测系统的电源由蓄电池组提供，太阳能板产生的电能对蓄电池组进行充电，电池通过电缆为水下观测单元的设备供电。自主研发的中央控制器负责数据采集、处理、存储、传输和过程控制，通过电缆发送命令至水下单元，并将获取的数据再转发至控制模块。通信模块将信号通过北斗卫星、GPRS 或 CDMA 通信方式实时回传。

远程接收单元部署在南海所实验室内，服务器通过接收模块获取观测数据，通过编译算法对实时接收到的数据进行清洗、反演、订正等分析计算；一方面，将数据加以存储，并在监控屏幕上显示所有观测参数的变化过程曲线；另一方面，通过用户端口将数据分发给授权用户。

3. 平台设计

本系统主要需要构建水下观测单元和岸基控制单元两类监测平台。

水下观测单元包括专用安装架、浪龙 AWAC、大容量锂电池和锚系重块（图 2.10）。专用安装架采用框架式结构，整体呈锥形，包括底部的矩形框架、上部的圆形框架、连接矩形框架与圆形框架的支脚，以及安装在矩形框架上的固定座。浪龙 AWAC 安装在圆形框架上，重量大的大容量锂电池安装在固定座上，锚系重块可拆离地安装在矩形框架的四个角上，支脚与矩形框架平面的角度比较小（小于 38°），使得专用安装架的高度相对较低，进而降低标体重心结合锚系重块，保证整个系统的稳定性，从而能很好地适应复杂水文动力条件，不易被倾覆。

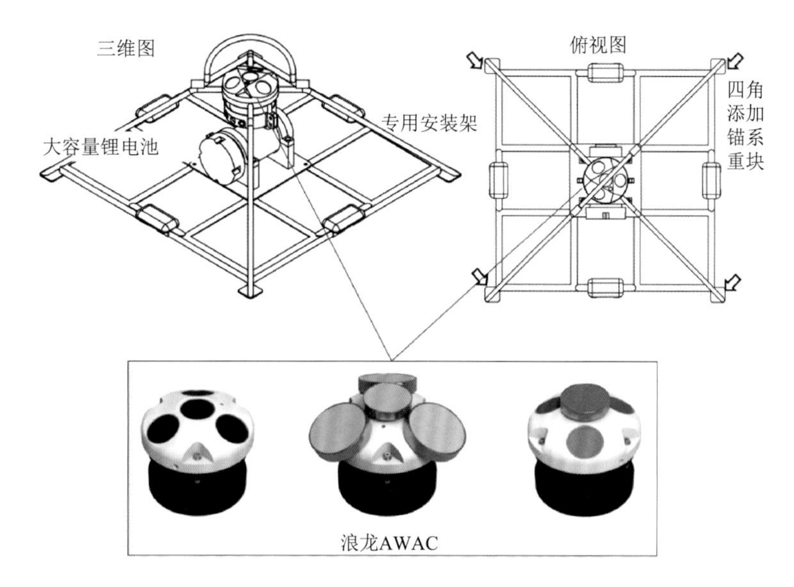

图 2.10　水下观测单元的集成结构示意图

岸基控制单元的系统构成与浮标体上的控制单元类似，但安装的形式有所不同。控制系统集成于控制箱中，主要由模块连接基板、数据转换模块、数据发射模块、电源模块、太阳能供电模块、供电控制与现实模块和蓄电池组成。岸基控制单元台的太阳能板安装在控制箱上部，控制箱下部通过框架结构竖立四根支脚，通过土建方式固定在岸基上。

有关设计已得到多项专利授权（李骏旻等，2019；李骏旻等，2021；邢焕林等，2021），同类型坐底潜标平台已部署于南海近海多处（李博等，2020；Li et al.，2022a；Li et al.，2020b；李骏旻，2021）。

4. 设备布放

将浪龙 AWAC 放置于小艇上，再将电缆从岸基控制单元（即岸基平台）引出，在小艇上与浪龙 AWAC 连接完成后，将浪龙 AWAC 布放下水，再由潜水员在水下安装固定。水下观测单元的布放作业和岸基平台的修筑作业场景分别见图 2.11 和图 2.12。设备部署完成后，水下观测单元和岸基平台的现场运行状况如图 2.13 所示。具体步骤如下。

①搭载航次出海，将人员和设备运送至目标海域；

②乘坐小船考察现场，确定具体布设点，投放标志浮标（浮球或泡沫）；

③考察沿途地形，确定布设路线；

④将电缆插头插到潜标上，用扎带和麻绳将电缆固定在潜标安装架上；

⑤投放潜标安装架，潜水员下水检查确认安装架平稳、设备处于垂直状态；

图 2.11　水下观测单元的布放作业场景

图 2.12　岸基平台的修筑作业场景

⑥在安装架 4 个脚分别打下钢钎，并用麻绳将钢钎绑在安装架上，以防安装架移动；

⑦将线缆引至岸边，将电缆岸端在控制箱上绕两圈并固定；

⑧布设电缆，从安装架端开始，潜水员沿电缆大约每 5 m 打下 1 根钢钎，并用麻绳将电缆绑在钢钎上（贴底），以减少电缆的摩擦；

⑨在岸基线缆接入处和沿途进行简单土建，对线缆加以固定；

⑩在控制箱上安装控制端和太阳能板；

⑪设备运作与调试，确认服务器接收到观测数据。

图 2.13　坐底潜标平台的现场运行状况

2.2.3　桩基平台

1. 监测要素

通过桩基平台监测上层海洋水文、气象要素，具体包括：风速、风向、气温、相对湿度、气压、波高、波周期、波向、海流剖面和水位等。

2. 系统构成

桩基平台的结构如图 2.14 所示。在平台上部安装太阳能板、蓄电池、锚灯，并通过气象仪测量风速、风向、气温、相对湿度、气压等参数；在平台下部安装浪龙 AWAC，上视测量海流剖面、波浪谱，并实时计算出波参数；该设备通过轨道牵引可升至水面以上进行维护或更换。

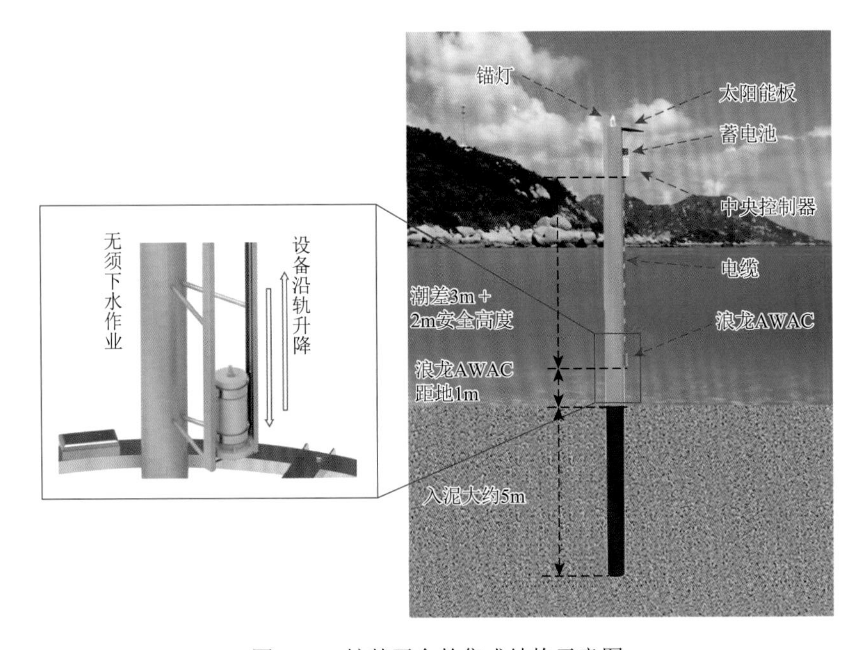

图 2.14　桩基平台的集成结构示意图

在平台上安装太阳能板，通过太阳能板对蓄电池进行充电，由蓄电池为整套系统提供电力。平台中部的控制箱中，集成了自主研发的中央控制器，负责数据采集、处理、存储、传输和过程控制。所形成的观测数据传送到通信系统，通过北斗卫星、GPRS 或 CDMA 实时回传。南海所内服务器接收到数据后，将对数据进行反演、订正等处理，进而将数据传送到存储、可视化及用户等服务器。

3. 平台设计

桩基平台的主体包括桩柱、观测设备和控制装置。在桩柱顶部安装有控制箱，桩柱露出水面处安装有维护平台，桩柱接近海底处安装有稳固盘，桩柱底部安装有淤泥桩。桩柱上安装有通向维护平台的维护梯，便于工作人员登上维护平台。控制箱内部设置有中央控制器和蓄电池，控制箱外部设置有太阳能板，蓄电池分别与太阳能板和中央控制器连接。

自动气象站安装于设备控制箱顶部，与中央控制器连接。浪龙 AWAC 安装于桩柱底部，通过电缆与中央控制器连接。桩柱上安装有浪龙 AWAC 安装架，通过两个竖直间隔设置的安装杆，形成全形成滑槽；浪龙 AWAC 可上下滑动地安装在全形成滑槽之间。如需要维护该设备时，可将设备提升至维护平台。

本平台有关技术已形成一些初步的专利成果（邢焕林等，2020）。

4. 设备布放

通过施工船舶将桩基平台和两台挖掘机搭载出海。到达布放站位后，将桩基平台牵引着缓慢下水。同时，通过挖掘机撑扶使平台保持平稳直立姿态。待桩柱开始插入海底淤泥后，采用其中一台挖掘机将平台扶稳，另一台挖掘机将平台逐渐下压，使桩柱压至淤泥底部。最后，在桩基四周各牵引出一根钢缆；在每根钢缆上固定重块，将钢缆完全伸直后，投放重块下海，通过钢缆牵引协助桩基平台维持稳定（图 2.15）。

图 2.15　桩基平台的布放作业场景

2.2.4　惯导式方向波浪传感器的自主研发

近年来，受贸易争端、疫情等影响，国外波浪传感器及其核心惯导器件价格大幅增长、供货周期大幅延长，甚至出现被列入对华禁运名单等情况。海洋观测底层核心传感器长期被国外垄断，从传感材料、基础测量原理、测量算法等多个关键领域实施技术封锁。项目组一贯致力于海洋观测传感器的自主研发，通过加强与国内高校、企事业单位同行技术合作，对标国际先进测量指标，提高国产传感器性能，促进海洋观测传感器的国产化。在国家自然科学基金、中国科学院科研仪器设备研制项目、中国科学院关键技术人才项目，以及中国科学院青年创新促进会等资助下，南海所海洋监测传感器研究团队研制了 DWS19-1/2 型惯导式方向波浪传感器（图 2.16），为本项目监测平台的集成提供了关键技术支持。

图 2.16　DWS19-1/2 型惯导式方向波浪传感器

1. 设备特点与关键技术

DWS19-1/2 型惯导式方向波浪传感器是基于 MEMS 惯性传感元件的超小型、高精度惯性波浪测量系统，其硬件系统及核心算法已获国内外多项发明专利授权（周峰华等，2021a；周峰华等，2019；Zhou et al.，2021）。可在观测波浪谱的基础上同步反演有效波高（H_{m0}）、1/3 大波波高（$H_{1/3}$）、平均波高（H_{avr}）、谱峰周期（T_p）、1/3 大波周期（$T_{1/3}$）、平均周期（T_{avr}）、平均波向（D_{mean}）和主波向（D_p）等波浪参数。

在国际上，首次采用数学姿态解算方法替代传统波浪浮标中的水平保持机械电结构（周峰华等，2021b），在较大程度上降低波浪浮标标体的体积和重量，以方便设备快速、机动地布放。可广泛应用在港口工程、海洋调查、石油平台、波浪发电、海洋牧场、远洋航行保障等领域，具有广泛的军民应用前景。

传感器主要集成了以下3项关键技术。

①在国际上首次采用数学姿态解算方法替代传统波浪浮标中的水平保持机械/电结构，可很大程度上降低波浪浮标的体积、重量，方便携带和快速机动布放。基于卡尔曼滤波姿态解算方法，融合了三轴加速度计、三轴陀螺仪、三轴磁力计，可实现高达200Hz/s的实时姿态解算、坐标映射矩阵计算、载体系至水平系加速度映射，实现在动态波浪环境中，加速度计保持绝对垂直，提高波浪测量准度。

②采用频域数值积分算法代替传统的硬件积分/时域积分，使系统测量精度、可靠性、自适应性更高，板载积分算法可实现风浪、涌浪、混合浪成分的分离计算。

③波浪能量谱（频率分辨率为4/4096）、方向谱（频率分辨率为4/4096、角度分辨率为5°）现场计算，基于能量谱积分方法的波浪参数反演。

2. 实验室检定与海试验证

DWS19-1/2型惯导式方向波浪传感器已通过国家海洋标准计量中心全周期（1.5～25 s）性能检定，其标高精度小于±2%，波周期精度小于±0.05 s。并于2021年9月完成台风“圆规”的观测。2021年9月22日在南海北部（115.08°E，17.34°N）水深3700 m处投放1台搭载DWS19-2型惯导式方向波浪传感器表层漂流浮标，浮标直径0.6 m，波浪采样间隔为1 h，数据通过北斗链路实时回传至南海所数据中心。截至2021年11月9日，漂流浮标已漂至越南南部近岸海区，共获取925条波浪数据，其中10月16～19日因卫星通信链路故障，数据缺失了近3 d。2021年10月13日上午11点，漂流浮标位于台风“圆规”影响风圈内，测到最大有效波高为6.94 m。

3. 应用示范

DWS19-2型惯导式方向波浪传感器尺寸为4 cm×4 cm×3 cm，在4 Hz采样频率下功耗小于0.25 W，可方便安装在漂流浮标、Wave-Glider、波浪工程浮标等低功耗无人平台上，实现现场波浪的快速机动测量。截至2020年底，DWS19-1/2型惯导式方向波浪传感器已有超过50套在同济大学、浙江大学、复旦大学、中山大学、中国科学院、中国船舶重工集团有限公司（中船重工）等单位推广应用，为国家财政节约进口波浪传感器购置费1000余万元。

目前，DWS19-1/2型惯导式方向波浪传感器主要通过集成浮标的形式，布放在珠江口和北部湾等多个海域，通过4G链路将观测数据实时发回至岸基数据中心。主要应用领域包括航行保障、海洋风电、动力观测和雷达定标等。例如，针对自主研发海洋装备的研发和海试，DWS19-1/2型惯导式方向波浪传感器通过开展现场波浪环境快速测量，获取作业区海表实时波浪动力数据，为航次和海试的实施保驾护航。

2.2.5 服务器的部署与软件的研发

1. 服务器功能

接收终端服务器的主要功能是完成浮标/潜标等原始数据的清洗及解析、过程曲线绘制、历史曲线查询、前期数据后处理、数据库分层共享、海上节点遥控管理等任务。重点解决与北斗卫星通信软件接口技术、基于北斗卫星的遥控技术等。为授权用户提供服务，使客户端根据授权完成指定数据显示、查询和指定浮标状态信息查询；重点解决合理的客户授权方法和数据分层共享机制等问题。服务器系统的功能结构如图 2.17 所示。

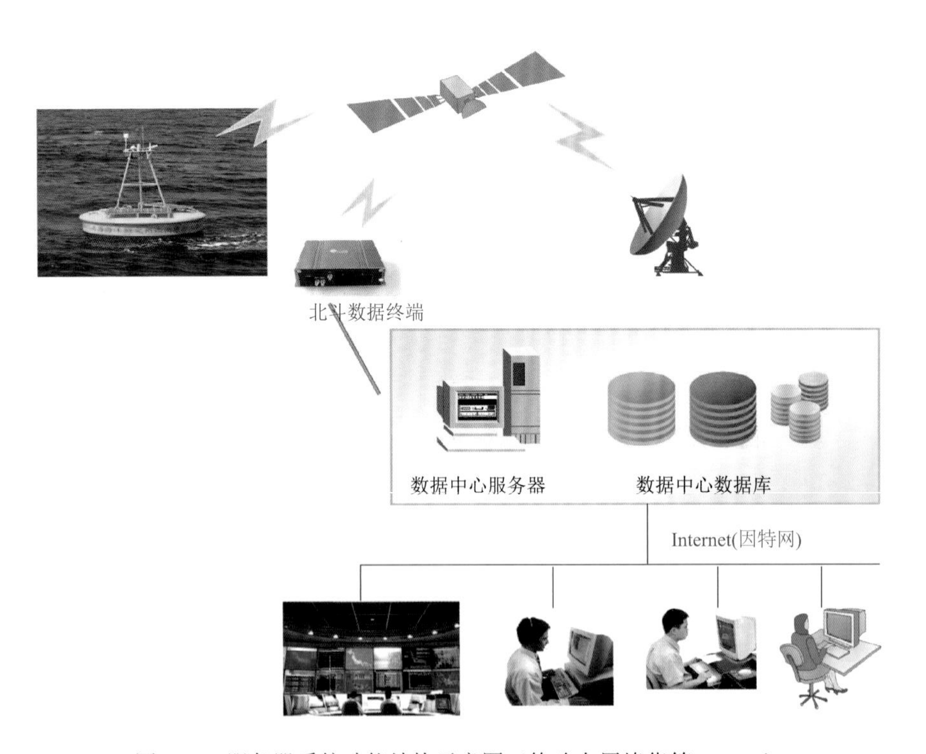

图 2.17　服务器系统功能结构示意图（修改自周峰华等，2013）

2. 服务器硬件部署

本监测系统的室内终端，主要部署了 3 台服务器和 1 个监控平台，包括：

①数据接收服务器，通过接驳数据接收模块，持续监控各监测平台，并接收各平台发回的数据；

②数据处理服务器，对接收的数据进行清洗、反演和订正；

③应用端服务器，将数据进行可视化处理，并将数据推送到授权用户；

④监测数据显控平台，将处理好的数据实时投放到实时共享大屏幕中。

3. 服务器软件研发

对海洋动力环境数据进行质量控制分析是提升观测数据有效性和可用性的重要步骤（王智超等，2019）。由于数据本身在通信过程中会出现丢包等问题，因此对于收获的数据需要进行清洗、反演和订正等处理程序，以最大限度地修复有效信息。其数据处理流程如图 2.18 所示。

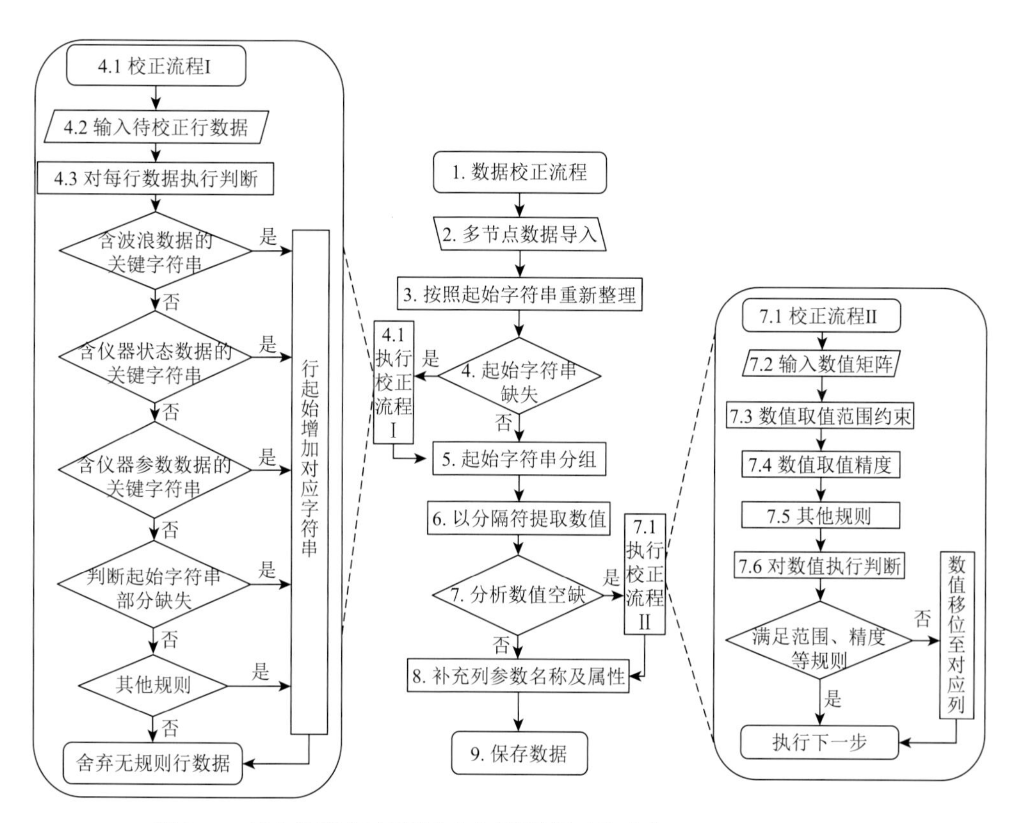

图 2.18　接收数据实时反演与订正流程图（修改自 Chen et al.，2021）

系统配套软件由数据服务软件和可视化数据分析处理软件组成。数据服务软件接收现场的观测数据，将经过清洗、反演和订正的数据向因特网中的授权用户进行分发，授权用户的计算机可通过无线或有线等上网方式，在任意地方实时接收观测数据；可视化数据分析处理软件则可实现对观测数据的自动分析处理，将数据保存到数据库中，并在屏幕上显示所有参数的观测值及其变化过程曲线。软件具有友好的可视化界面，能够对数据库中的历史数据进行查询、统计、分析计算，可生成各种图表，方便用户的使用，从而最大限度地发挥观测数据的作用。远程 C/S 模式实时监测软件设计流程见图 2.19。

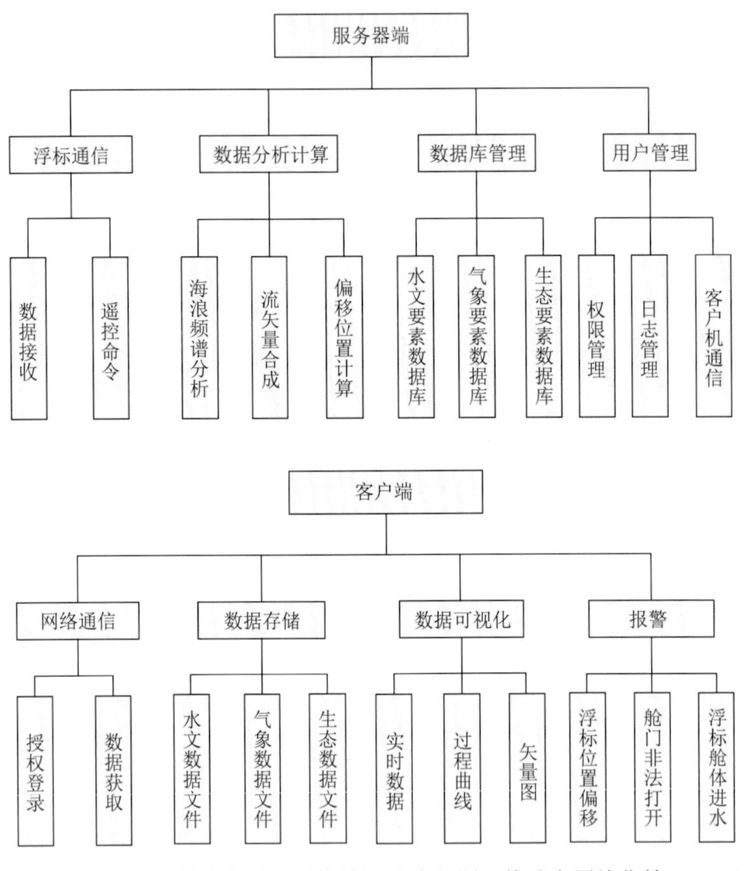

图 2.19　远程 C/S 模式实时监测软件设计流程图（修改自周峰华等，2013）

4. 应用场景

客户端用户通过公共无线通信网进入因特网，计算机通过任意上网方式（无线或有线）就可在任意地方实时接收观测数据，监测系统配套的可视化集成分析处理软件自动对观测数据进行分析处理，在屏幕上实时显示风速、风向、气压、气温、相对湿度、流速、流向、水温、电导率、波高、波周期、浮标经纬度等参数的观测值及其变化过程曲线，实现可视化的远程海洋环境实时监测。接收到的观测数据实时进入数据库。监测系统的电视墙与显控界面见图 2.20。

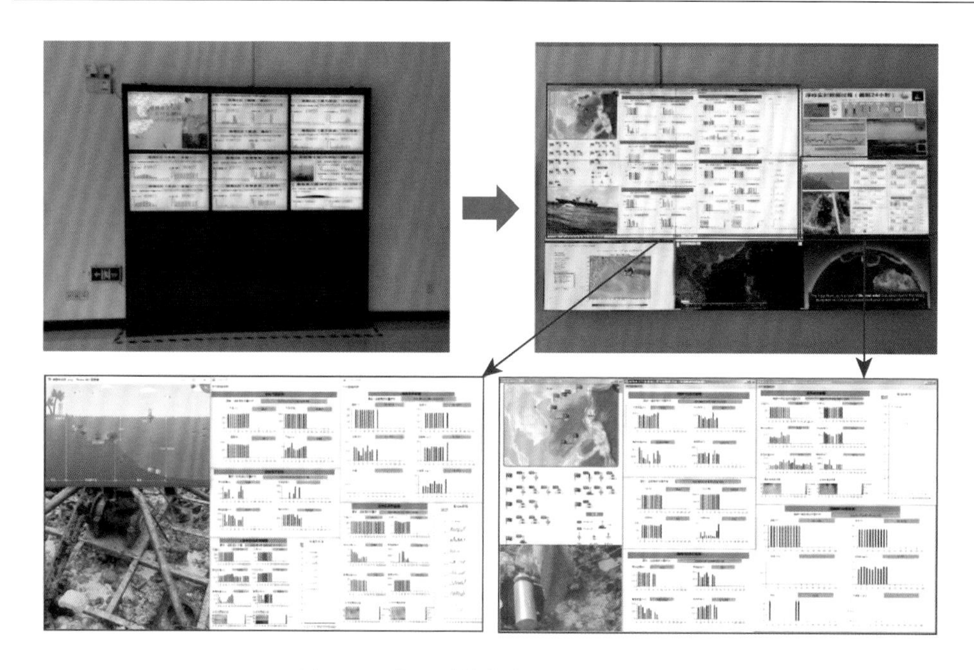

图 2.20　监测系统的电视墙与显控界面

2.3　监测系统的运行情况及结果分析

2.3.1　监测系统的运行情况

自 2020 年 1 月起，项目组陆续开展了大湾区海洋环境实时现场监测系统各站位（图 2.1）的部署工作，并对各站位进行了多次维护。截至 2021 年 9 月底，已获取 4 个站位超过 1 年的监测数据。本节将选取大湾区内站位连续近一年（2020 年 10 月～2021 年 9 月）的监测数据显示系统的运行情况进行介绍及对结果进行分析。

2.3.2　气象参数

在监测数据基础上，统计出大湾区海洋上层风速、气压、相对湿度、气温和露点温度的概率密度分布，结果如图 2.21～图 2.25 所示；海面风玫瑰图如图 2.26 所示。由图可知，大湾区近海风场受季风影响，风向以 NE 和 SSE 向为主。风速多分布在 1～6 m/s（82%），即 1～4 级风最为常见，平均风速为 3.55 m/s。

其他气象参数方面，体现出高温、高湿、气压偏低等特征。例如，海面平均气温为 25.1℃，近七成时间的气温处于 24～32℃，约 58%时间气温高于 26℃，42%时间低于 26℃。平均露点温度为 21.8℃，过半数时间的露点温度处于 24～28℃。

平均相对湿度为 82.4%，近九成时间的相对湿度高于 70%。平均气压为 1011.6 hPa，约 2/3 时间的气压低于 1013 hPa，1/3 时间的气压高于 1013 hPa。

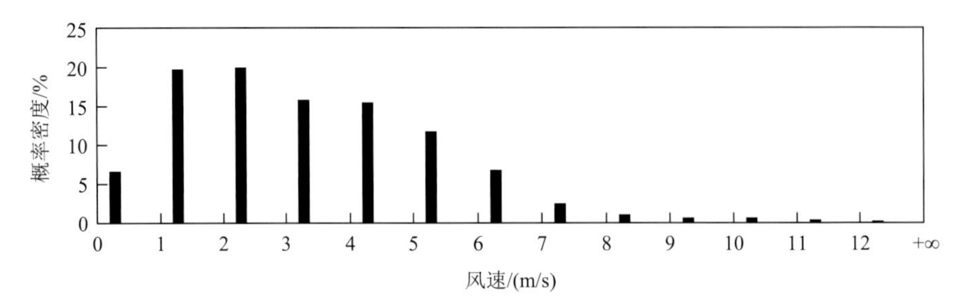

图 2.21　大湾区海洋上层风速概率密度（监测周期 2020 年 10 月～2021 年 9 月）

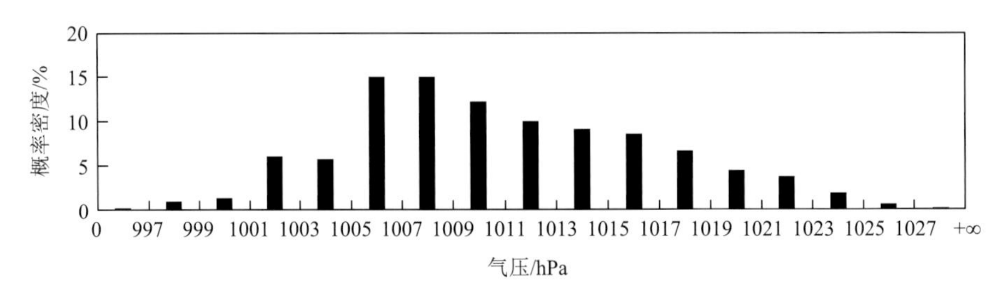

图 2.22　大湾区海洋上层气压概率密度（监测周期 2020 年 10 月～2021 年 9 月）

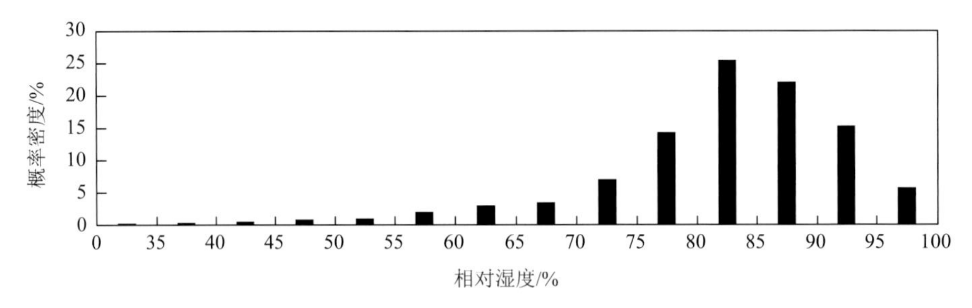

图 2.23　大湾区海洋上层相对湿度概率密度（监测周期 2020 年 10 月～2021 年 9 月）

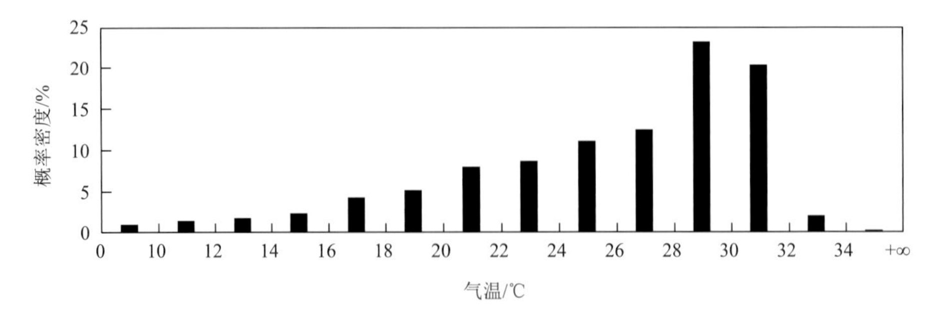

图 2.24　大湾区海洋上层气温概率密度（监测周期 2020 年 10 月～2021 年 9 月）

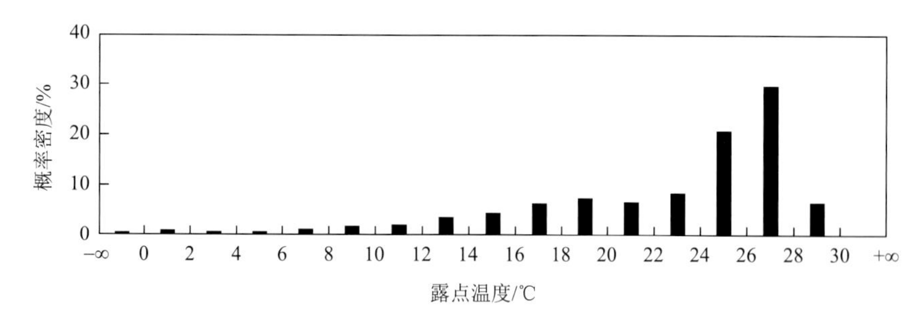

图 2.25　大湾区海洋上层露点温度概率密度（监测周期 2020 年 10 月～2021 年 9 月）

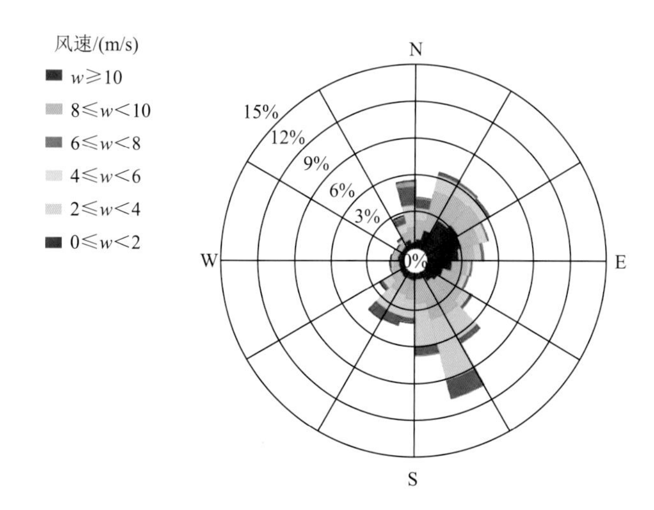

图 2.26　大湾区海面风玫瑰图（监测周期 2020 年 10 月～2021 年 9 月）

2.3.3　水文动力参数

利用监测数据，我们可以统计出大湾区有效波高、平均波周期和海表流速的概率密度分布（图 2.27～图 2.29）；结合波高和波向、流速和流向的分布，可进一步统计出海浪玫瑰图（图 2.30）和海流玫瑰图（图 2.31）。由图分析可知，该海域的海浪受到浅水地形的影响显著，呈现明显的近岸浪特征。一方面，在海浪传播方向上，受风速等因素的影响较小，而主要在岸线和水下地形的影响下，呈现从南往北的向岸传播；另一方面，由于海浪能量受到浅水地形的削减，波高相对较低，超过九成时间的有效波高低于 0.5m，处于小浪或微浪等级；浪级高于轻浪以上的时间不足一成。

对监测得到的潮位数据进行调和分析，可得到各分潮的振幅和迟角（表 2.1）。经计算，潮汐特征系数（全日分潮 K_1、O_1 振幅之和与半日分潮 M_2 振幅之比）为 1.32，处于 0.5 与 2 之间，故当地潮汐类型属于不正规半日潮。从各分潮的振幅看，四个最常见的全日分潮（K_1和O_1）和半日分潮（M_2和S_2）对于潮汐振幅贡献超过了70%。此外，在近岸浅水海域，浅水分潮的贡献也较开阔深海大，如M_4分潮的贡献仅排在上述四个最主要分潮之后，相对振幅达到了25.1。

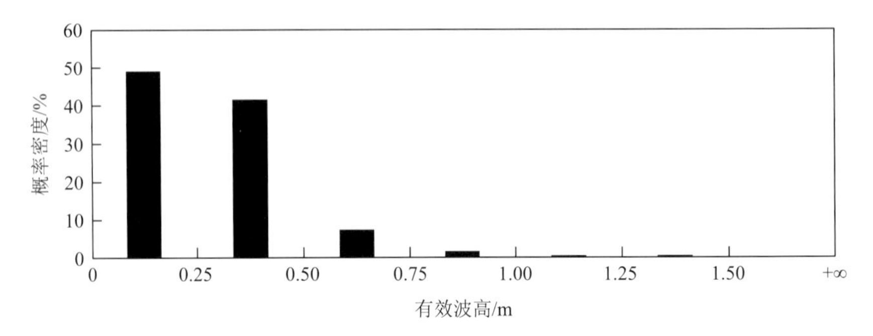

图 2.27　大湾区有效波高概率密度（监测周期 2020 年 10 月～2021 年 9 月）

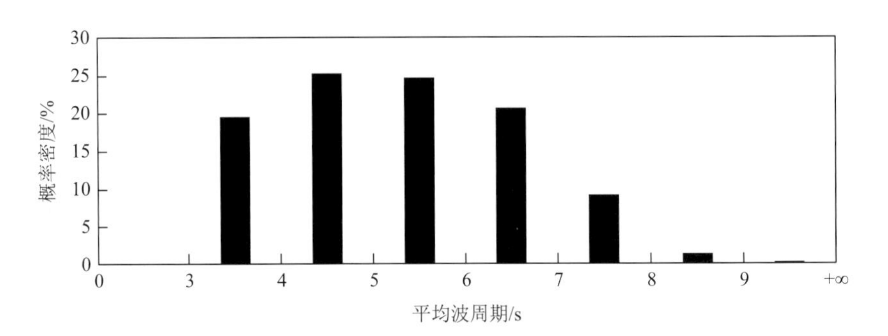

图 2.28　大湾区平均波周期概率密度（监测周期 2020 年 10 月～2021 年 9 月）

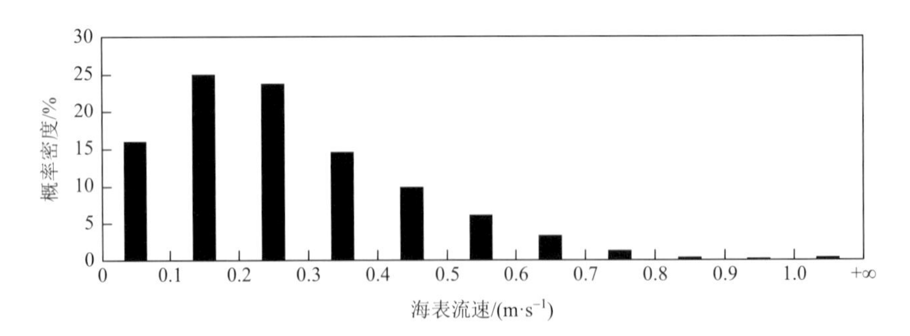

图 2.29　大湾区海表流速概率密度（监测周期 2020 年 10 月～2021 年 9 月）

在海流方面，大湾区近岸的海流主要受潮汐驱动，海水随涨落潮往复流动，流向较为集中：在涨潮时往西北流动，落潮时往东南流动。最大流速可超过1m/s，但流速一般（88%）低于0.5m/s。

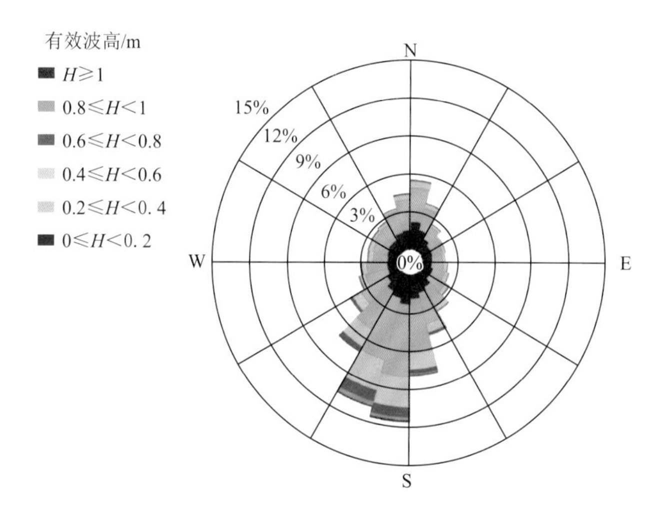

图 2.30　大湾区海浪玫瑰图（监测周期 2020 年 10 月～2021 年 9 月）

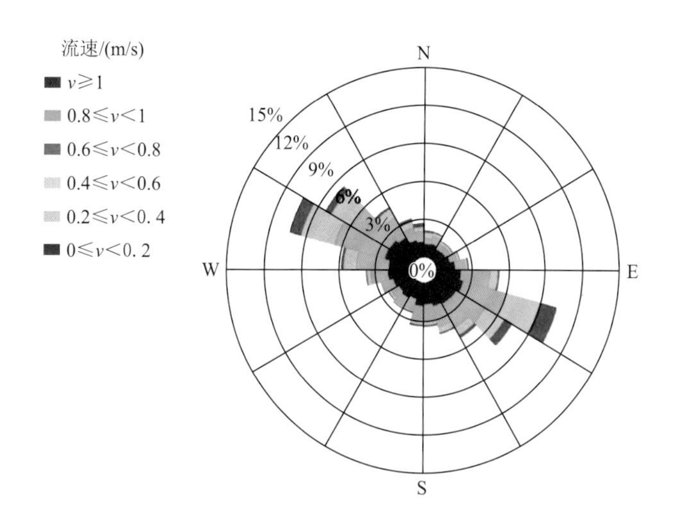

图 2.31　大湾区海流玫瑰图（监测周期 2020 年 10 月～2021 年 9 月）

表 2.1　大湾区近岸潮汐调和分析结果（以分潮振幅排序）

分潮	名称	周期/h	振幅/m	迟角/(°)
M_2	太阴主要半日分潮	12.4206	0.5320	276.76
K_1	太阴-太阳赤纬全日分潮	23.9345	0.3756	305.39
O_1	太阴赤纬全日分潮	25.8193	0.3265	255.38
S_2	太阳主要半日分潮	12.0000	0.2076	309.72
M_4	太阴浅水 1/4 日分潮	6.2100	0.1334	91.57
N_2	太阴主要椭率半日分潮	12.6583	0.1004	269.29

续表

分潮	名称	周期/h	振幅/m	迟角/(°)
P_1	太阳赤纬全日分潮	24.0659	0.0985	295.06
K_2	太阴-太阳赤纬半日分潮	11.9672	0.0737	294.13
MS_4	太阴、太阳浅水 1/4 日分潮	6.1030	0.0653	163.57
Q_1	太阴主要椭率全日分潮	26.8684	0.0491	243.58

2.3.4　生态环境参数

在监测数据基础上，统计出大湾区海水温度、盐度、DO 浓度、叶绿素浓度和浊度的概率密度分布（图 2.32～图 2.36）。由图分析可知：海水温度平均为 30.1℃，近八成时间集中在 29～32℃；海水盐度平均为 23.1 PSU，近八成时间集中在 22～30 PSU；DO 浓度平均为 5.22 mg/L，近七成时间集中在 4～7 mg/L；叶绿素浓度平均为 2.37 μg/L，近九成时间低于 4 μg/L；浊度平均值为 12.2 NTU，近九成时间低于 20 NTU。

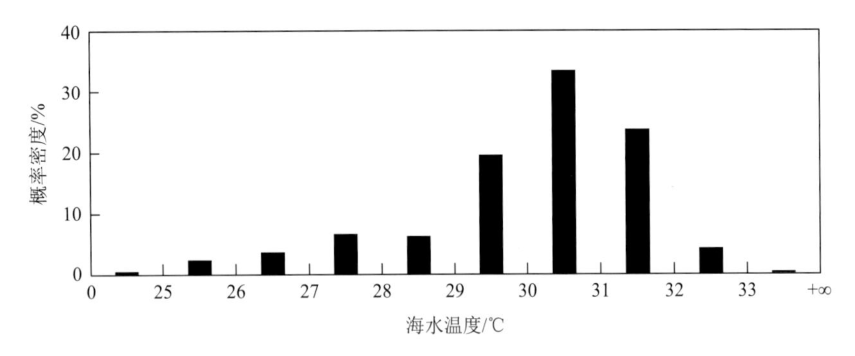

图 2.32　大湾区海水温度概率密度（监测周期 2020 年 10 月～2021 年 9 月）

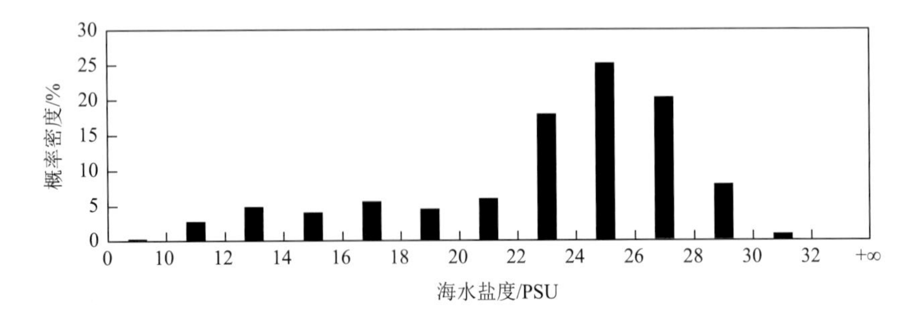

图 2.33　大湾区海水盐度概率密度（监测周期 2020 年 10 月～2021 年 9 月）

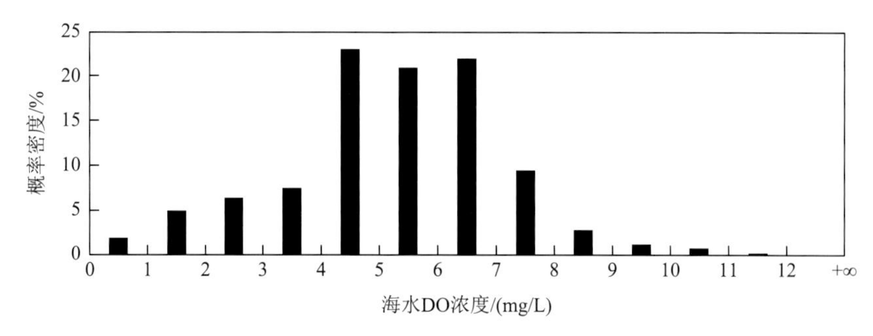

图 2.34　大湾区海水 DO 浓度概率密度（监测周期 2020 年 10 月～2021 年 9 月）

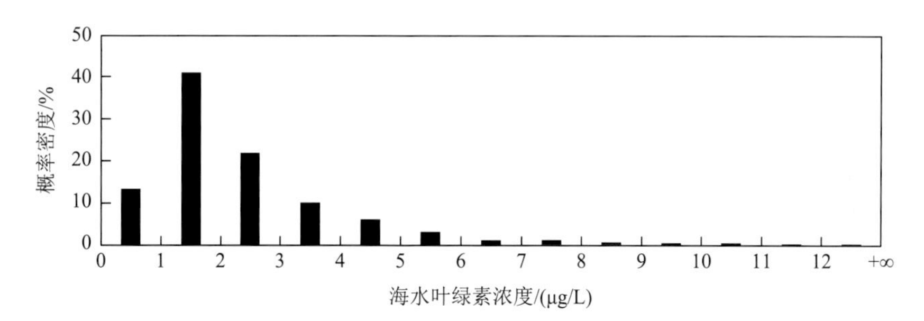

图 2.35　大湾区海水叶绿素浓度概率密度（监测周期 2020 年 10 月～2021 年 9 月）

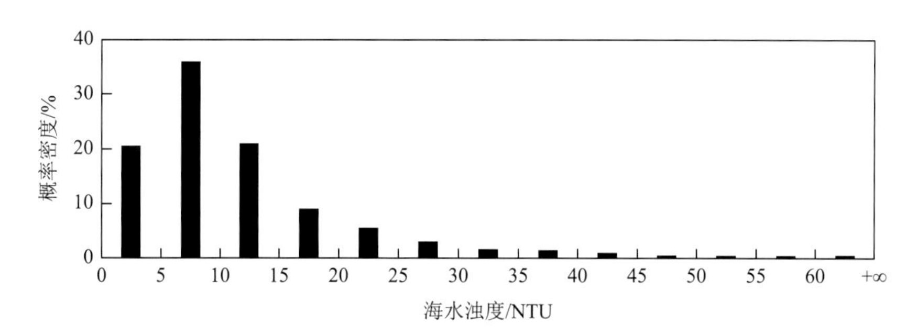

图 2.36　大湾区海水浊度概率密度（监测周期 2020 年 10 月～2021 年 9 月）

2.3.5　台风等灾害天气条件下的监测结果

大湾区所在南海北部海域属于台风频繁过境区域，广东省和海南省沿岸均是台风登陆的主要区域。本节将重点分析在两个典型的台风过境时段内，部署的海洋环境实时现场监测系统获取的动力环境参数变化情况。

1. 2020 年 10 月三台风过境南海

在 2020 年 10 月，陆续有三个台风经过南海北部海域。它们分别是“浪卡”

（Nangka，202016）、“沙德尔”（Saudel，202017）和“莫拉菲”（Molave，202018）。本系统有效监测了三个台风引起的有效波高、谱峰周期、谱峰波向的变化（图 2.37）。

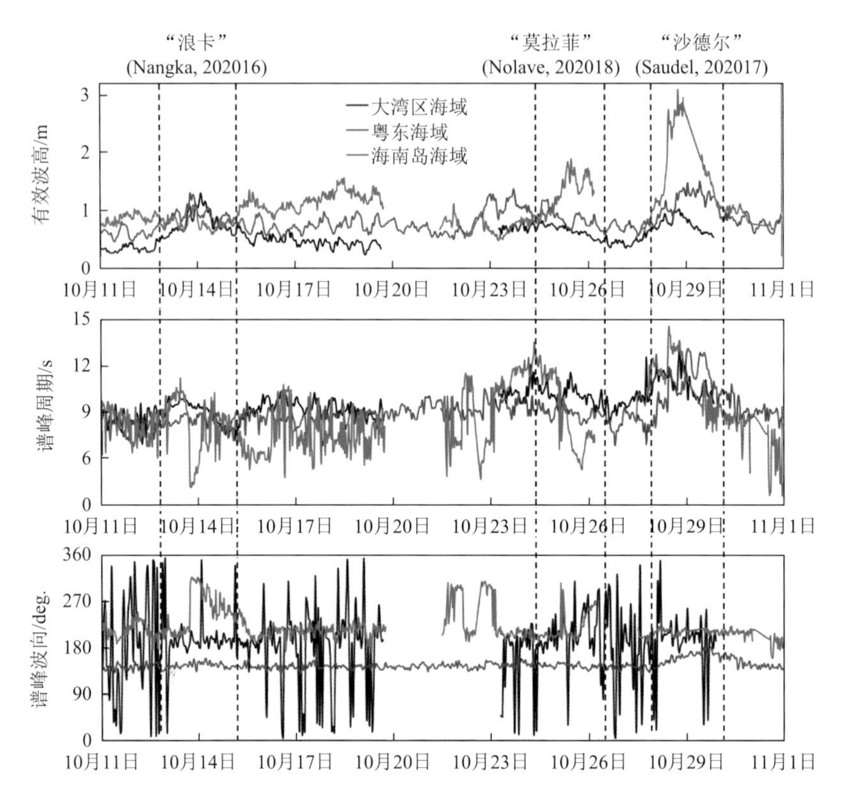

图 2.37　2020 年 10 月南海北部三个台风（“浪卡”“沙德尔”“莫拉菲”）过境引起大湾区海域、粤东海域和海南岛海域等有效波高、谱峰周期、谱峰波向变化的监测结果（修改自 Chen et al.，2022）

台风过境引起的海浪变化主要呈现自东往西传播、影响程度与距离相关等特征。例如，在台风“浪卡”过境时，有效波高的峰值在粤东海域、大湾区海域和海南岛海域依次出现。在台风“莫拉菲”过境时，距离台风较近的海南岛海域波高上升明显，有效波高超过了 3 m；相比之下，粤东海域和大湾区海域距离台风路径较远，虽然波高有所上升，但增高的程度明显小于海南岛海域。

2. 2021 年 8 月台风过境广东省沿岸

2021 年 8 月初，台风“卢碧”（Lupit，202109）在湛江东部海面生成，沿着广东沿岸海域向东北方向行进，并于 8 月 5 日在汕头登陆，8 月 6 日再次进入台湾海峡，向东行进。

根据部署在海南岛近海和粤东近海两个站位的监测结果，该台风的过境，会导致相关海域的有效波高等波参数（图2.38），以及波浪能量密度的大幅提升。这种提升主要体现在波高、周期和能量上，如有效波高最大增高至2.5 m，能量密度提升至30 kW/m；在波浪传播方向上的变化并不明显，即使在台风强烈干扰下，也基本维持着向岸传播的近岸浪特征。

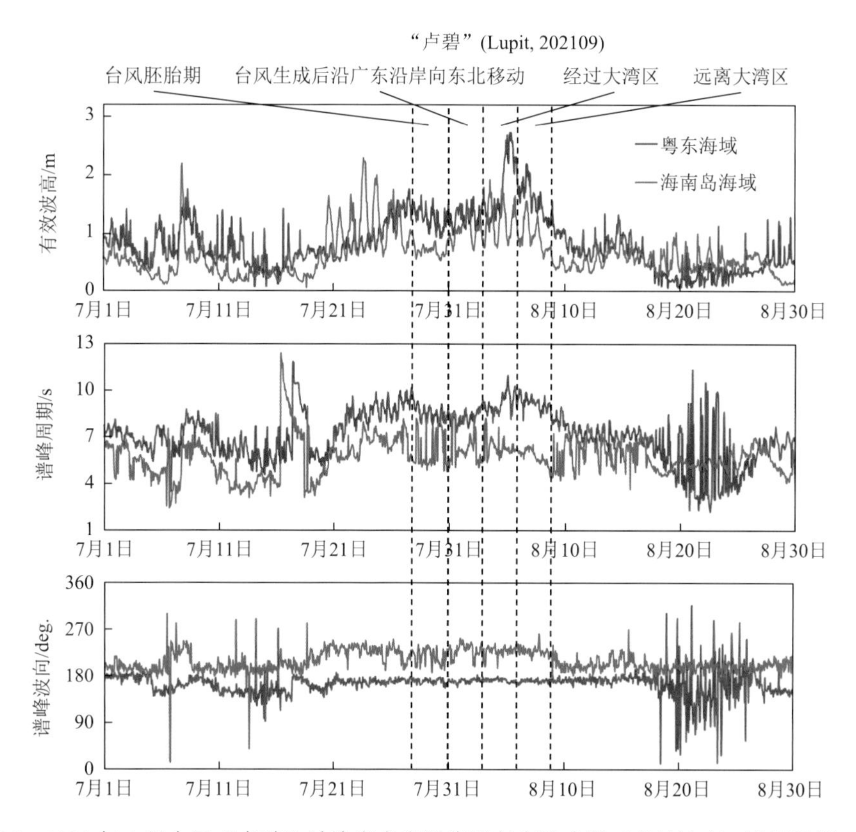

图2.38　2021年8月台风“卢碧”过境广东省沿岸引起海浪参数（有效波高、谱峰周期、谱峰波向）变化的监测结果（修改自Liu et al.，2022）

可见，部署的大湾区海洋环境监测系统的长期连续运行，不仅为有关科学技术研究提供现场监测数据，更可为有关用户提供有效的实时动力环境信息保障，对于有关近岸区域的经济活动、航运、旅游等方面均具有重要应用价值。

2.4　监测系统规划与展望

为满足粤港澳大湾区的经济建设和社会发展需求，项目组在南海所多年海洋环境监测技术积累的基础上，集成研发并部署了适用于大湾区近海的海洋环境实时监测示范系统。监测系统在站位布局上充分考虑了以大湾区为核心，以南海东北部和西北部两翼为辅的分布特点。通过实施多次现场布放和维护作业，保障了该监测系统持续超过一年的示范运行，取得了以下阶段性成果或初步结论。

①大湾区海洋环境实时现场监测系统能实现对有关海域气象、水文动力和环境要素的实时监测。超过一年的示范运行结果显示，监测系统即使经历台风过程，仍能保持持续正常运行，并提供有效监测数据。可见，该系统不仅可为有关科学技术研究提供第一手数据，更可为大湾区海洋经济发展、海洋工程建设，以及海洋生态环境保护等应用提供实时信息支撑。

②大湾区近海呈现常年高温、高湿，大部分时间气压偏低等特征。该海域的长期连续监测结果显示，全年平均气温为 25.1℃、平均露点温度为 21.8℃，平均相对湿度为 82.4%；风场则主要受东亚季风影响，风向以 NE 和 SSE 向为主，风速以 1～4 级风最为常见。

③大湾区近海的水文动力要素受近海动力过程主导。海浪呈现明显的近岸浪特征，由于受到浅水地形的显著影响，波高相对较低，波向相对稳定，由外海向岸界传播；潮汐类型属于不正规半日潮，全日分潮（K_1 和 O_1）和半日分潮（M_2 和 S_2）对于潮汐振幅贡献超过了 70%；海流主要受潮汐驱动，流向随潮汐周期性变化。

④大湾区近岸的主要海洋生态环境参数相对稳定，变化区间相对有限。在监测时段内，海洋生态环境参数较少受突发事件影响引起大幅波动。海水温度、盐度、DO 浓度、叶绿素浓度和浊度在绝大部分情况下分别处于 29～32℃、22～30 PSU、4～7 mg/L、0～4 μg/L 和 0～20 NTU。

应该指出，项目组已部署的海洋环境实时监测系统仅是一个试验性的示范系统，在站位数量、布局和监测功能等方面仍存在较大改进和提高空间；在下一步工作中，有必要配合大湾区的未来发展需求，逐步建成多平台融合的智能化海洋环境监测系统。针对大湾区海洋环境实时现场监测系统的后续建设，项目组提出以下构想和展望。

①加强广东省、香港特别行政区、澳门特别行政区三地科研院所、业务部门和高校的优势监测力量的深度融合，实现大湾区海洋环境监测资源的一体化规划（图 2.39）。目前，大湾区周边众多高校具有先进的海洋环境监测资源和研发能力，而海洋、环境等领域的相关业务部门更是在海洋动力与环境监测方面具有较强的业务能力和经验。近年来，随着大湾区的建设，广东省与港澳地区之间在海洋科学与技术领域的交流日益兴盛。因此，应该紧密结合此机遇，加快不同部门、不同地区之间的海洋环境监测能力与资源的整合与优化，从而更好地为大湾区未来的经济建设与社会发展服务。

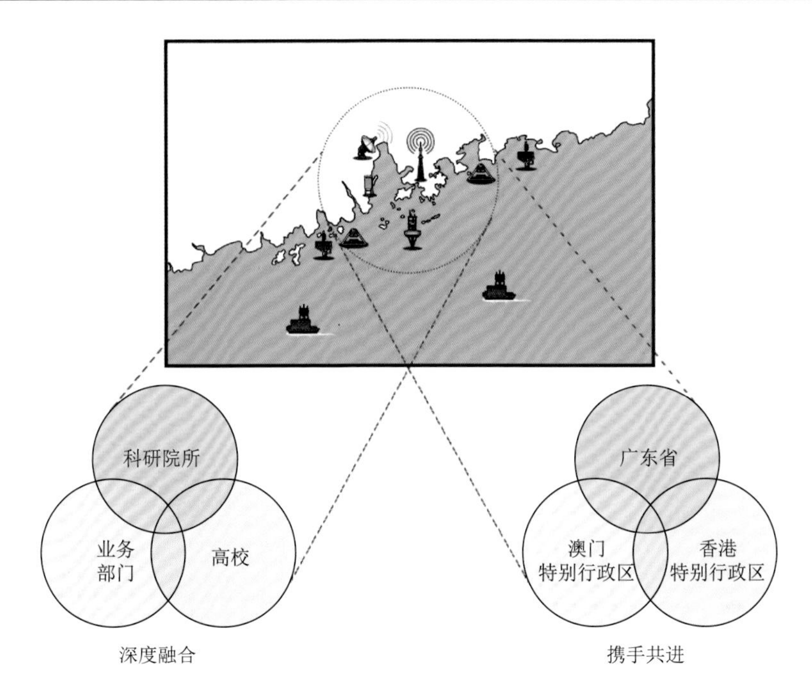

图 2.39　粤港澳大湾区一体化监测体系建设构想

②构建多平台、多要素、一体化、谱系化物联网监测体系（图 2.40）。目前已部署的监测平台仍然以定点监测设备为主，针对此不足，后续应进一步加强大面积监测和机动化监测等多种监测平台的研发和部署，以更好地满足对不同区域、不同目标和不同实际任务的监测需求。此外，尽管目前具备海洋环境监测能力的平台和传感器已有不少，并呈百花齐放的发展趋势，但是对于不同平台和传感器的使用区域（场景）和性能设置仍缺少统一的规范和标准。为此，可以大湾区海洋环境监测需求为契机，构建一套海洋环境监测设备（装备）的谱系化标准系统，对服务于大湾区海洋环境监测的设备制定统一的质量管控标准和流程，对不同海域或不同任务（场景）使用相应的监测平台，制定明确的规范和标准。

③在与数值模式和卫星遥感等手段深度融合的基础上，形成以用户为主体的智能监测平台。现场观测的优势在于其数据质量的可靠性，不足之处是观测的范围有限，成本较高，所以海洋现场观测的数据量通常非常有限。相比之下，数值模式和卫星遥感等手段则明显具有丰富数据量、时空信息连续等优势，但是其数据的质量通常需要结合现场观测数据加以校准、验证或同化。在未来的海洋监测业务发展中，有必要结合用户的具体需求制定个性化的监测方案，形成个性化的监测产品。根据用户的需求和目标，监测系统应自动调用或部署监测平台和设备（图 2.40），通过与数值模式计算结果和卫星遥感反演数据的智能融合，在数据挖

掘的基础上生成用户要求的信息产品，从而更好地为大湾区政策制定、经贸和工程等不同领域用户提供数据信息支撑服务。

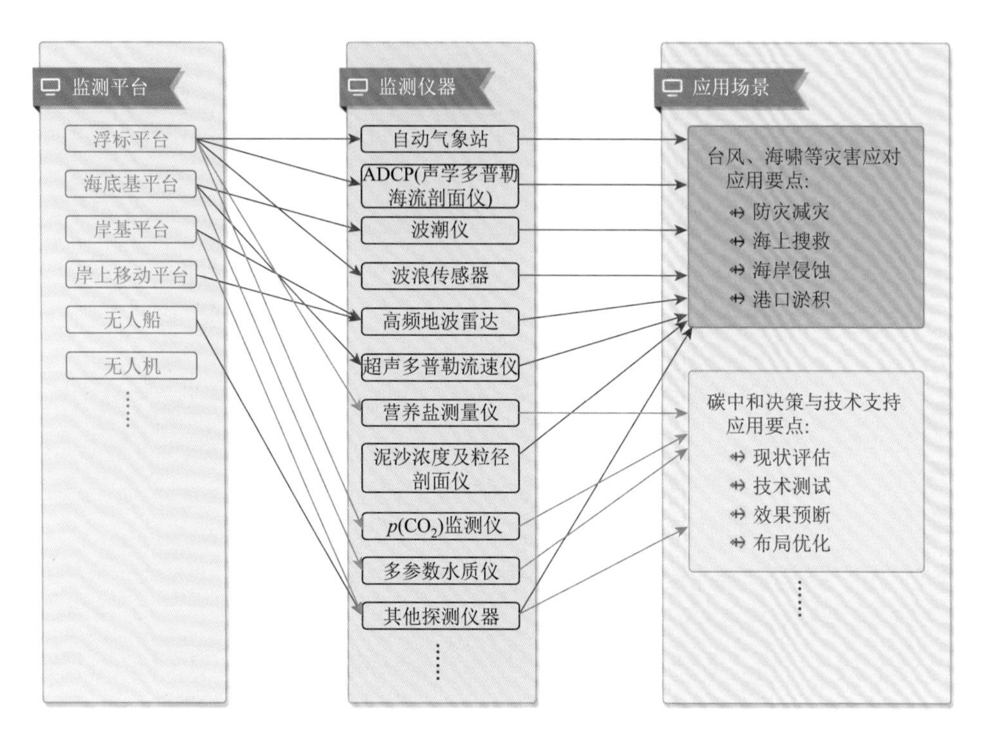

图 2.40　以用户为主体、应用场景为导向的多平台、多要素、一体化、谱系化物联网监测体系示意图

参 考 文 献

李博，李骏旻，李毅能，等，2020. 人工神经网络在岛屿近岸海浪模拟中的应用[J]. 厦门大学学报（自然科学版），59（3）：420-427.

李骏旻，刘军亮，王盛安，等，2019. 一种适用于珊瑚礁边缘的水文观测系统：201821189303.2[P]. 2019-03-01.

李骏旻，许占堂，2020. 一种珊瑚礁陡坡区浮标锚泊的自生长固定方法：201910987724.2 [P]. 2020-01-24.

李骏旻，许占堂，2021. 一种珊瑚礁观测设备的安装架自生长固定方法：201910988036.8 [[P]. 2021-03-23.

李骏旻，2021. 海岛近岸水文监测系统[J]. 中国科学院院刊，36（Z1）：198.

刘花，王静，齐义泉，等，2013. 南海北部近岸海域 Jason-1 卫星高度计与浮标观测结果的对比分析[J]. 热带海洋学报，32（5）：15-22.

龙小敏，王盛安，尚晓东，等，2010. 台风过程影响下西沙岛缘灾害性水文气象环境监测[J]. 热带海洋学报，29（6）：29-33.

罗耀，刘军亮，王东晓，等，2022. 一种基于机器学习的船行波快速自动识别方法及装置：202110664994.7 [P]. 2022-02-22.

潘文亮，王盛安，孙璐，等，2014. 2010年智利和2011年日本海啸在华南沿岸的实测海啸波形和特征[J]. 热带海洋学报，33（6）：17-23.

孙璐，黄楚光，蔡伟叙，等，2014. 广海湾海浪要素的基本特征及典型台风过程的波浪分析[J]. 热带海洋学报，33（3）：17-23.

王盛安，2005. 《压力式波潮仪》海洋行业标准通过评审[J]. 热带海洋学报（6）：78.

王盛安，龙小敏，蔡树群，等，2011. 一种可用于综合浮标的测波系统：201020219939.4 [P]. 2011-03-09.

王盛安，龙小敏，黎满球，等，2009. 近岸海浪、风暴潮及海啸灾害远程实时监测系统的现场试验及应用[J]. 热带海洋学报，28（1）：29-33.

王智超，赵飞达，宋积文，等，2019. 海洋环境动力数据质量控制及评价分析[J]. 中国水运（下半月），19（1）：165-166.

邢焕林，蔡伟叙，黄晓翰，等，2020. 一种压力式波潮仪观测系统：202010392332.4 [P]. 2020-09-11.

邢焕林，李骏旻，王盛安，2021. 一种应用于珊瑚礁边缘陡坡的海洋监测设备安装架：202010831967.X[P]. 2021-07-20.

赵飞达，宋积文，王智超，等，2019. 海洋平台不同分布形式四桩腿绕流特性分析[J]. 中国水运（下半月），19（5）：164-165.

周峰华，龙小敏，王盛安，等，2013. 南海北部水文气象实时观测网[J]. 海洋技术，32（4）：67-71.

周峰华，谢强，杜岩等，2021a. 一种数字式姿态补偿和波浪测量系统及控制方法：202010179565.6 [P]. 2021-06-11.

周峰华，谢强，王东晓，等，2019. 一种捷联惯导式测波方法及系统：201710196081.0 [P]. 2019-06-21.

周峰华，张荣望，谢强，2021b. DWS19微型捷联惯性波浪传感器[J]. 海洋技术学报，40（3）：30-38.

CHEN W Y，LI J M，LIU J L，et al.，2021. An Integrated Correction Algorithm for Multi-Node Data from the Hydro-Meteorological Monitoring System in the South China Sea[C]//Lecture Notes in Computer Science.

CHEN W Y，LIU J L，LI J M，et al.，2022. Wave energy assessment for the nearshore region of the northern South China Sea based on in situ observations[J]. Energy Reports，8：149-158.

GAN J P，LIU Z Q，LIANG L L，2016. Numerical modeling of intrinsically and extrinsically forced seasonal circulation in the China Seas：A kinematic study [J]. Journal of Geophysical Research：Oceans，121：4697-4715.

JIANG G Q，JIN Q J，WEI J，et al.，2021. A reduction in the sea surface warming rate in the South China Sea during 1999—2010[J]. Climate Dynamics，57：2093-2108.

LAI W F，GAN J P，LIU Y，et al.，2020. Assimilating in situ and remote sensing observations in a highly variable estuary-shelf model[J]. Journal of Atmospheric and Oceanic Technology，38：459-479.

LI B，CHEN W Y，LI J M，et al.，2022a. Integrated monitoring and assessments of marine energy for a small uninhabited island [J]. Energy Reports，8：63-72.

LI B，CHEN W Y，LIU J L，et al.，2020a. Construction and application of nearshore hydrodynamic monitoring system for uninhabited islands [J]. Journal of Coastal Research，99：131-136.

LI B，LI J M，LIU J L，et al.，2022b. Calibration experiments of CFOSAT wavelength in the Southern South China Sea by artificial neural networks[J]. Remote Sensing，14：23.

LI B，LI J M，LIU J L，et al.，2020b. Wave energy resources in nearshore area of Dongluo Island，Sanya[C]//4th International Conference on Energy Engineering and Environmental Protection（EEEP）. Bristol：Iop Publishing.

LI D，GAN J P，HUI C W，et al.，2021. Spatiotemporal development and dissipation of hypoxia induced by variable wind-driven shelf circulation off the Pearl River Estuary：Observational and modeling studies[J]. Journal of Geophysical Research：Oceans，126：19.

LI D，GAN J P，HUI R，et al.，2020c. Vortex and biogeochemical dynamics for the hypoxia formation within the coastal transition zone off the Pearl River Estuary [J]. Journal of Geophysical Research：Oceans，125：16.

LIU J L，CAI S Q，WANG S A，2010. Currents and mixing in the northern South China Sea[J]. Chinese Journal of Oceanology and Limnology，28：974-980.

LIU J L，CAI S Q，WANG S G，2011. Observations of strong near-bottom current after the passage of Typhoon Pabuk in the South China Sea[J]. Journal of Marine Systems，87：102-108.

LIU J L，CHEN W Y，LI J M，et al.，2022. Observed wave energy variations in coastal regions of the northern South China Sea during Typhoon Lupit [J]. Energy Reports，8：240-248.

MU L，ZHAO E J，WANG Y W，et al.，2020. Buoy sensor cyberattack detection in offshore petroleum cyber-physical systems[J]. Ieee Transactions on Services Computing，13：653-662.

SUN Z Y，HU J Y，ZHENG Q A，et al.，2015. Comparison of typhoon-induced near-inertial oscillations in shear flow in the northern South China Sea[J]. Acta Oceanologica Sinica，34：38-45.

WU W X，XU Z M，DAI M H，et al.，2021. Homogeneous selection shapes free-living and particle-associated bacterial communities in subtropical coastal waters[J]. Diversity and Distributions，27：1904-1917.

XIE Q，CHEN J，DU Y，et al.，2021. Digital system and control method for attitude compensation and wave measurement：US17/297，978 [P]. 2021-03-24.

XUE P F，MALANOTTE-RIZZOLI P，WEI J，et al.，2020. Coupled ocean-atmosphere modeling over the maritime continent：A review [J]. Journal of Geophysical Research：Oceans，125：18.

YU L Q，GAN J P，2022. Reversing impact of phytoplankton phosphorus limitation on coastal hypoxia due to interacting changes in surface production and shoreward bottom oxygen influx [J]. Water Research，212：11.

ZHAO E J，QU K，MU L，2019a. Numerical study of morphological response of the sandy bed after tsunami-like wave overtopping an impermeable seawall [J]. Ocean Engineering，186：23.

ZHAO E J，SUN J K，JIANG H Y，et al.，2019b. Numerical study on the hydrodynamic characteristics and responses of moored floating marine cylinders under real-world tsunami-like waves[J]. Ieee Access，7：122435-122458.

ZHAO E J，SUN J K，TANG Y Z，et al.，2020. Numerical investigation of tsunami wave impacts on different coastal bridge decks using immersed boundary method[J]. Ocean Engineering，201：19.

ZHU K，MU L，XIA X Y，2021. An ensemble trajectory prediction model for maritime search and rescue and oil spill based on sub-grid velocity model[J]. Ocean Engineering，236：109513.

第3章　粤港澳大湾区科学考察航次观测*

粤港澳大湾区及其邻近南海北部陆架海域面积宽广，南北向可从珠江口向外延伸至200多公里远的陆架坡折处，东西向从阳江至汕尾超过400 km。区域内地形、岸线变化复杂，海洋、河口环境演变特征差异显著，仅依靠关键区域的单点原位监测难以科学有效地揭示粤港澳大湾区海洋环境变化。结合多学科海上现场的大面调查，是厘清大湾区海洋动力、生态和地质环境演变的科学合理方法。

以科学考察船为基础平台的海洋现场定点或走航观测是观测海洋的首选方案。据此，可以灵活机动地搭载不同学科的人员与设备、选择特定时间和海域展开物理海洋学、海洋生物地球化学、海洋地质学和海洋光学等多学科综合现场调查，为海洋科学的重大前沿研究和交叉研究提供第一手的、全方位的数据资料。在南方海洋科学与工程广东省实验室（广州）人才团队引进重大专项“海洋环境与全球变化”子项目“全球变化下粤港澳大湾区海洋动力-生地化过程及其可预报性研究”的支持下，项目组近年来主要通过联合与搭载的形式，参加由国家自然科学基金委员会和中国科学院等部门支持在南海北部陆架海域开展的科学考察航次，重点在粤港澳大湾区及其邻近海域开展了海洋动力、生物化学和河口沉积环境等现场调查。项目组获得了宝贵的现场观测数据与样品，服务了粤港澳大湾区海洋环境科学研究、预测预报和基础信息化建设，支持了大湾区海洋灾害防范的应急决策和海洋环境保护的政策拟定。本章将简要介绍项目组在粤港澳大湾区及其邻近海域开展的航次现场调查工作，进而从数据、样品的规范化调查与预处理的角度简述所获取的海洋水文、气象、化学和生物数据以及部分初步观测结果，给出相关数据采集背景，供大家在参考或应用本调查资料集时作出科学精准的研判或改进。

3.1　航次概况和观测站位

2017～2021年，项目组组织、参与了11个珠江口及其邻近海域的调查航次。在水文气象学、生物化学、海洋地质学和海洋光学等多个学科领域，开展了综合的科学考察研究，累计定点观测站位935站，航行18 020 n mile，海上观测总时

* 作者：施震[1,2]，闫桐[1,2]，韦惺[1,2]，徐杰[1,2,3]，经志友[1,2]
[1. 中国科学院南海海洋研究所，2. 南方海洋科学与工程广东省实验室（广州），3. 澳门大学]

长 200 d，观测时间主要集中于珠江径流较丰沛的春季、夏季和秋季，这些逐年不同季节的持续海洋现场观测为顺利开展全球变化背景下粤港澳大湾区海洋动力-生地化过程耦合研究提供了宝贵的数据支撑。表 3.1 列出了上述 11 个科学考察航次的名称与具体执行时间。

表 3.1　珠江口及其邻近海域科学考察航次（2017～2021 年）

序号	航次名称	执行时间
1	“2017 年珠江口表层沉积物综合考察航次”	2017-11-12～2017-11-17
2	“2019 年度‘健康海洋’联合航次”珠江口春季航段	2019-06-10～2019-06-18
3	“共享航次计划 2018 年度珠江口-南海西部科学考察实验研究”近岸航段	2019-06-28～2019-07-17
4	“2019 年度‘健康海洋’联合航次”珠江口秋季航段	2019-10-25～2019-11-01
5	“共享航次计划 2019 年度珠江口-南海西部科学考察实验研究”近岸航段	2020-05-31～2020-07-05
6	“共享航次计划 2019 年度珠江口-南海西部科学考察实验研究”外海航段	2020-07-25～2020-08-16
7	“2020 年珠江冲淡水综合考察航次”	2020-08-24～2020-09-09
8	“共享航次计划 2020 年度南海西部涡旋演变特征研究”重大科学考察航次	2021-05-18～2021-06-03
9	“共享航次计划 2020 年度珠江口-南海西部科学考察实验研究”外海航段	2021-07-23～2021-08-22
10	“共享航次计划 2020 年度珠江口-南海西部科学考察实验研究”近岸航段	2021-09-01～2021-09-21
11	“南海北部重大科学问题考察航次”	2021-09-05～2021-09-16

“2017 年珠江口表层沉积物综合考察航次”由“粤南沙渔 13168”号科考船执行，于 2017 年 11 月 12 日～11 月 17 日对珠江伶仃洋河口进行表层沉积物采样作业。合计采集表层沉积物样 119 个（图 3.1）。

“2019 年度‘健康海洋’联合航次”珠江口春季航段由南海所“实验 2”号科考船执行（图 3.2），于 2019 年 6 月 10 日从南海所新洲码头启航，6 月 18 日在南海所新洲码头靠岸完成了计划任务，历时 9 d 海上调查作业，总航程 700 n mile。本航次共有南海所、中国科学院海洋研究所、中国科学院烟台海岸带研究所、中国科学院沈阳应用生态研究所、中国科学院广州地球化学研究所、中国海洋大学、暨南大学 7 家单位 24 名科考队员参加（图 3.3），开展了物理海洋、海洋气象、海洋生物生态和海洋化学专业调查，共完成 4 条断面 31 个定点站位观测（图 3.4）。物理海洋方向进行了 31 个站位的温盐深测量仪（CTD）观测、全程走航声学多普勒海流剖面仪（ADCP）观测和自动气象站观测；海洋生物与化学方向进行了 31 个站位的 CTD 采水和 18 个站位的浮游生物拖网，并完成了 31 个站位标准层位的营养盐和叶绿素样品分析。

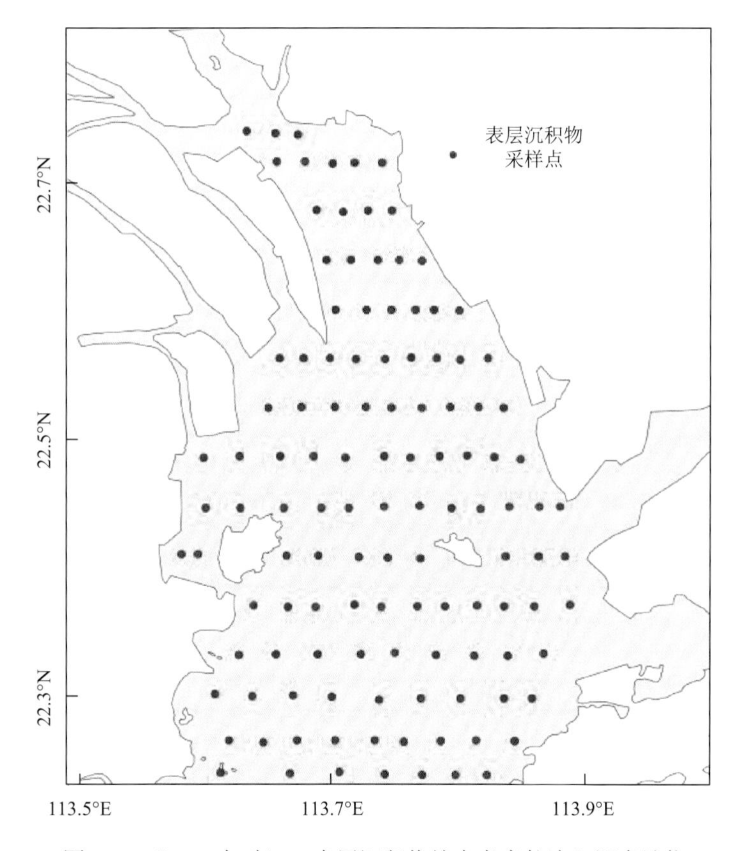

图 3.1　“2017 年珠江口表层沉积物综合考察航次”调查站位

图 3.2　“实验 2”号科考船

图 3.3　“2019 年度‘健康海洋’联合航次”珠江口春季航段科考队员合影

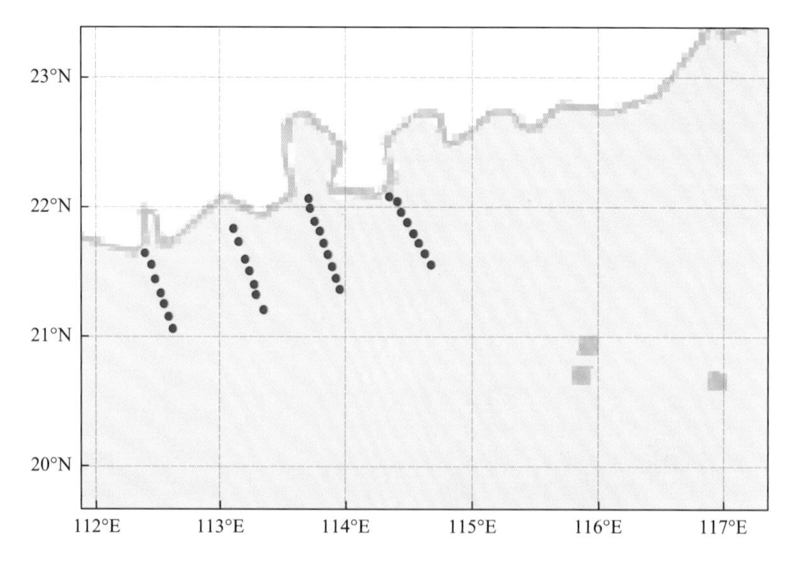

图 3.4　“2019 年度‘健康海洋’联合航次”珠江口春季航段调查站位

“共享航次计划 2018 年度珠江口-南海西部科学考察实验研究”近岸航段由“海科 68”号科考船执行（图 3.5），于 2019 年 6 月 28 日从南海所新洲码头启航，7 月 17 日在湛江港靠岸完成了计划任务，历时 20 d 海上调查作业，总航程 1500 n mile。本航次共有南海所、中国科学院海洋研究所、中国水产科学研究院东海水产研究所、中山大学、天津大学、河海大学、广东海洋大学、浙江大学、厦门大学、杭州电子科技大学 10 家单位 22 名科考队员参加（图 3.6），开展了物理海洋、海洋气象、海洋生物生态和海洋化学专业调查，共完成 16 条断面 140 个定点站位观测（图 3.7）。物理海洋方向进行了 140 个站位的 CTD 观测、全程走航 ADCP 观测和自动气象站观测；海洋生物与化学方向进行了 140 个站位的 CTD 采水和 30 个站位的浮游生物拖网，并完成了 140 个站位标准层位的营养盐和叶绿素样品分析。

图 3.5　“海科 68”号科考船

图 3.6　“共享航次计划 2018 年度珠江口-南海西部科学考察实验研究”近岸航段科考队员合影

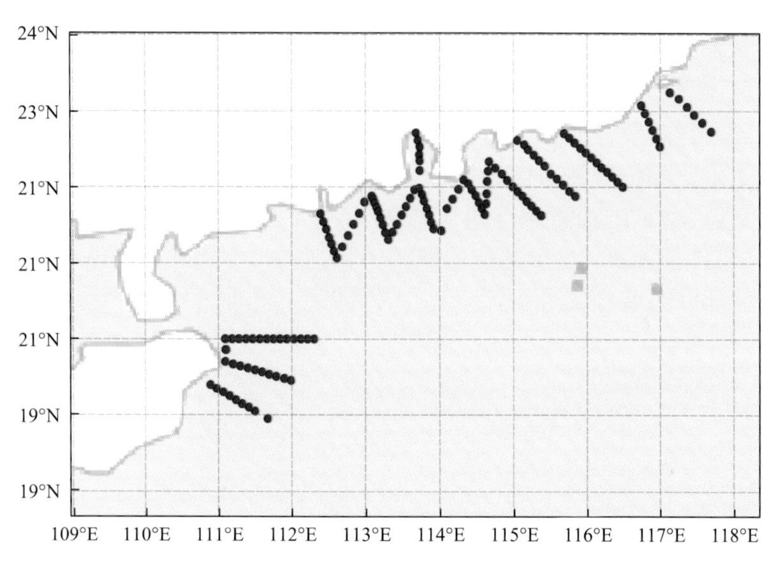

图 3.7　“共享航次计划 2018 年度珠江口-南海西部科学考察实验研究”近岸航段调查站位[①]

“2019 年度‘健康海洋’联合航次”珠江口秋季航段由南海所“实验 2”号科考船执行，于 2019 年 10 月 25 日从南海所新洲码头启航，11 月 1 日在南海所新洲码头靠岸完成了计划任务，历时 8 d 海上调查作业，总航程 520 n mile。本航次共有南海所、中国科学院海洋研究所、中国科学院烟台海岸带研究所、中国科学院广州地球化学研究所、中国海洋大学、暨南大学 6 家单位 18 名科考队员参加，开展了物理海洋、海洋气象、海洋生物生态和海洋化学专业调查，共完成 6 条断面 31 个定点站位观测（图 3.8）。物理海洋方向进行了 31 个站位的 CTD 观测、全程走航 ADCP 观测和全程自动气象站观测；海洋生物与化学方向进行了 31 个站位的 CTD 采水，并完成了 31 个站位标准层位的营养盐和叶绿素样品分析。

“共享航次计划 2019 年度珠江口-南海西部科学考察实验研究”近岸航段由“海科 68”号科考船执行，于 2020 年 5 月 31 日从湛江港启航，7 月 5 日在湛江港靠岸完成了计划任务，历时 36 d 海上调查作业，总航程 3000 n mile。本航次共有南海所、华东师范大学和天津大学等 5 家国内科研院所和高校的 13 名师生参加（图 3.9），开展了水文气象、生物地球化学和海洋光学专业调查，合计完成 25 条断面、222 个定点站位观测（图 3.10）。其中包括 222 个站位的 CTD 剖面观测、178 个站位 531 个标准层的营养盐和叶绿素采样分析、98 个站位的 SUNA 测量硝酸盐剖面、93 个站位海洋微塑料调查、47 个站位表层水平拖网以及全航程的走航流速剖面、表层温盐、大气微塑料和海面气象要素自动观测等。

① 站位提前绘制，实际站位数量为 140 个。

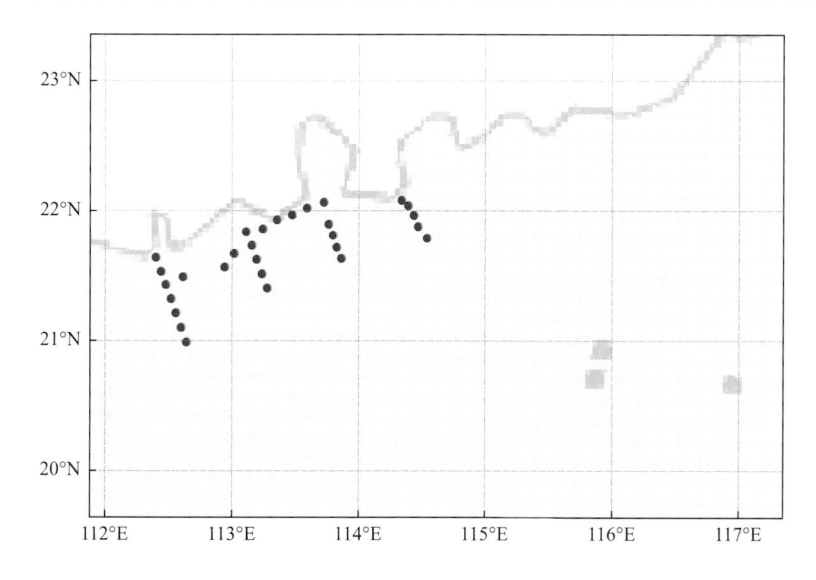

图 3.8　“2019 年度‘健康海洋’联合航次”珠江口秋季航段调查站位

图 3.9　“共享航次计划 2019 年度珠江口-南海西部科学考察实验研究”近岸航段科考队合影

科考人员和船员共同参与拍摄

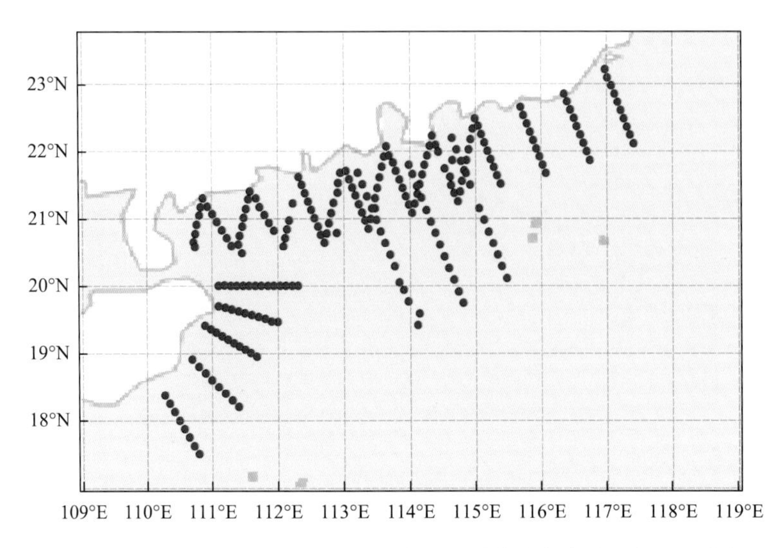

图 3.10　“共享航次计划 2019 年度珠江口-南海西部科学考察实验研究”近岸航段调查站位

“共享航次计划 2019 年度珠江口-南海西部科学考察实验研究”外海航段由“实验 3”号科考船执行（图 3.11），于 2020 年 7 月 25 日从南海所新洲码头启航，8 月 16 日在南海所新洲码头靠岸完成了计划任务，历时 23 d 海上调查作业，总航程 2500 n mile。本航次共有南海所、华东师范大学和厦门大学等 10 家国内科研院所和高校的 19 名师生参加（图 3.12），开展了水文气象、生物地球化学和海洋光学专业调查，合计完成 8 条断面、37 个定点站位观测（图 3.13）。其中，包括 76 次 CTD 剖面观测（含一个 30 h 定点连续站观测）、33 站 354 个标准层营养盐和叶

图 3.11　“实验 3”号科考船

图 3.12　“共享航次计划 2019 年度珠江口-南海西部科学考察实验研究”外海航段科考队合影

科考人员和船员共同参与拍摄

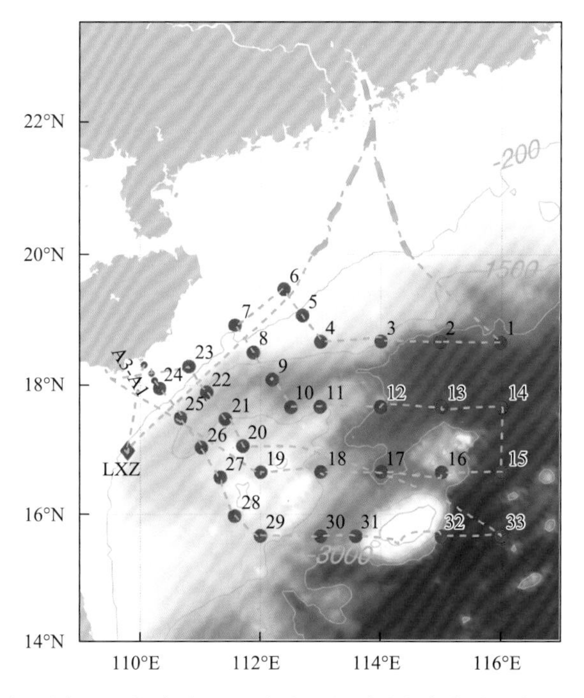

图 3.13　“共享航次计划 2019 年度珠江口-南海西部科学考察实验研究”外海航段调查站位与走航断面（蛋青色实线）

绿素采样分析、55 次 GPS 探空气球投放、24 次投弃式 CTD（XCTD）投放，36 站下放式 ADCP（LADCP）定点流速剖面观测、23 站水平拖网、86 次浮游生物垂直拖网、14 站海洋微塑料调查、3 站 9 次大体积原位滤水以及全航程的走航流速剖面、表层温盐、大气微塑料和海面气象要素自动观测等。

“2020 年珠江冲淡水综合考察航次”由南海所“实验 2”号科考船执行，于 2020 年 8 月 24 日从南海所新洲码头启航，9 月 9 日在南海所新洲码头靠岸完成了计划任务，历时 17 d 海上调查作业，总航程 1300 n mile。本航次共有南海所的 13 名科考队员参加（图 3.14），开展了物理海洋、海洋气象、海洋生物生态和海洋化学专业调查，共完成 7 条断面、73 个定点站位观测（图 3.15）。物理海洋方向进行了 73 个站位的 CTD 观测、全程走航 ADCP 观测和自动气象站观测。海洋生物与化学方向进行了 73 个站位的 CTD 采水，并完成了 73 个站位标准层位的营养盐和叶绿素样品分析。

图 3.14　“2020 年珠江冲淡水综合考察航次”参航人员合影

科考队员和船员共同参与拍摄

“共享航次计划 2020 年度南海西部涡旋演变特征研究”重大科学考察航次由南海所“实验 1”号科考船执行（图 3.16），于 2021 年 5 月 18 日从南海所新洲码头启航，6 月 3 日在南海所新洲码头靠岸完成了计划任务，历时 17 d 海上调查作业，总航程 2000 n mile。本航次共有南海所、厦门大学和天津科技大学等 3 家单位的 19 名人员参加（图 3.17），开展了水文气象和生物地球化学专业调查。合计完成 6 条断面、62 个定点站位观测。其中，包括 62 站 CTD 剖面观测、62 站营养盐与叶绿素观测、40 次 GPS 探空气球投放、40 次 XCTD 观测以及全航程的走航流速剖面和海面气象要素自动观测等。

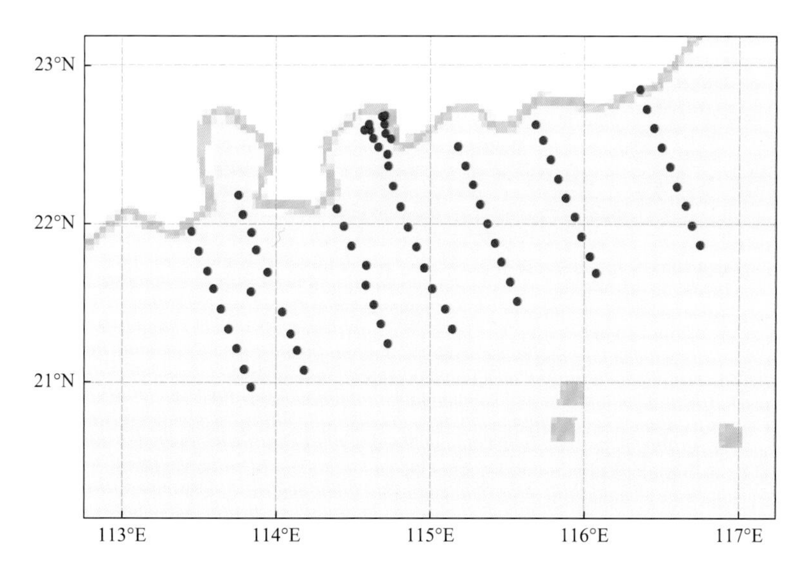

图 3.15　“2020 年珠江冲淡水综合考察航次”调查站位

图 3.16　“实验 1”号科考船

图 3.17　“共享航次计划 2020 年度南海西部涡旋演变特征研究”重大科学考察航次参航人员合影

科考队员和船员共同参与拍摄

“共享航次计划 2020 年度珠江口-南海西部科学考察实验研究”外海航段由南海所“实验 3”科考船执行，于 2021 年 7 月 23 日从南海所新洲码头启航，8 月 22 日在南海所新洲码头靠岸完成了计划任务，历时 31 d 海上调查作业，总航程 2800 n mile。本航次共有南海所、中国科学院海洋研究所、中国海洋大学、厦门大学、中山大学、山东大学、上海交通大学、天津大学和广东海洋大学大学等 9 家单位的 25 名人员参加（图 3.18），开展了水文气象、海洋地质和生物地球化学专业调查。合计完成 9 条断面、76 个定点站位观测（图 3.19）。其中，包括

图 3.18　“共享航次计划 2020 年度珠江口-南海西部科学考察实验研究”外海航段参航人员合影

76站CTD剖面观测、76站营养盐与叶绿素采样分析、87次GPS探空气球投放、12站海底热液流测量、1套潜标维护以及全航程的走航流速剖面和海面气象要素自动观测等。图3.20和图3.21展示的是本航次的部分室外、室内工作照。

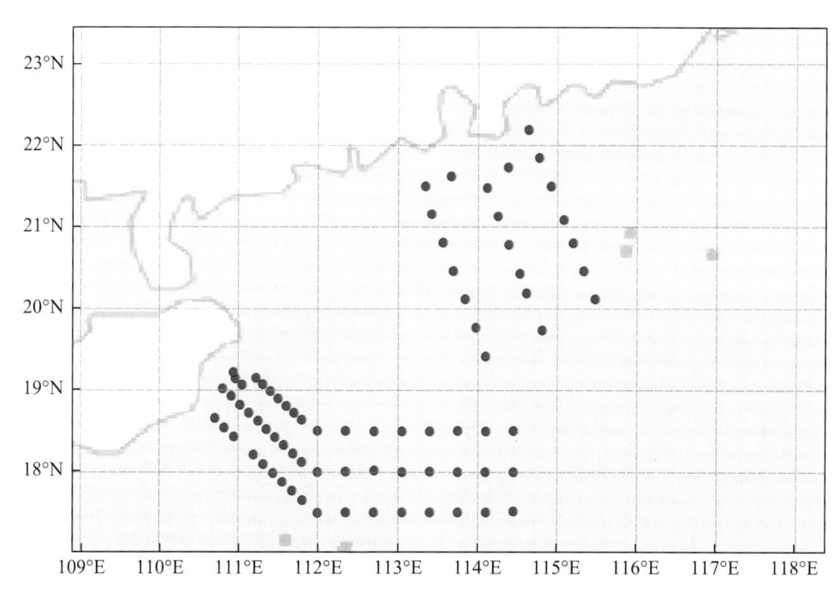

图3.19　“共享航次计划2020年度珠江口-南海西部科学考察实验研究”外海航段调查站位

图 3.20　室外工作照

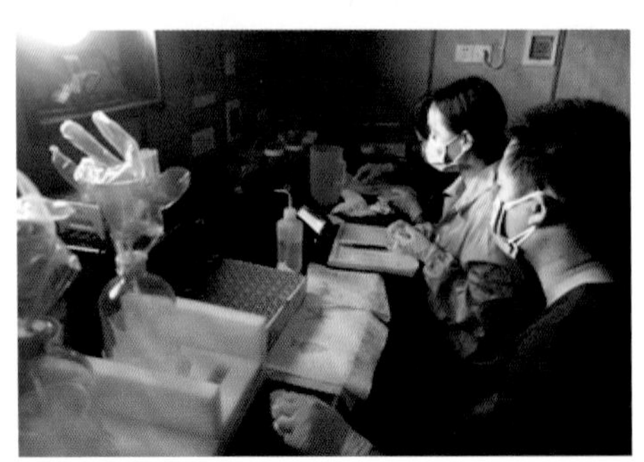
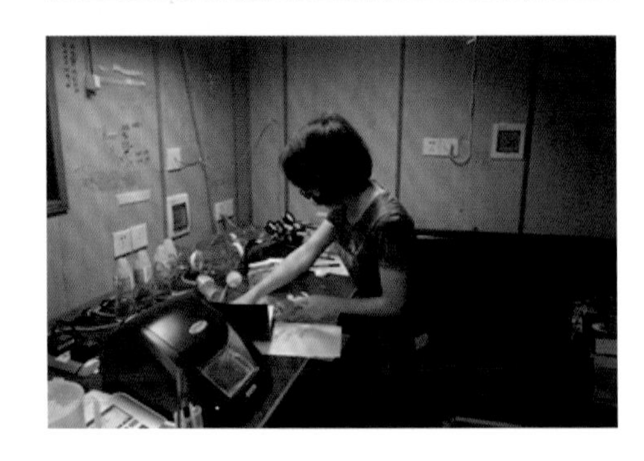

图 3.21　室内工作照

“共享航次计划 2020 年度珠江口-南海西部科学考察实验研究”近岸航段由“海科 68”号科考船执行，于 2021 年 9 月 1 日从湛江港启航，9 月 21 日在湛江港靠岸完成了计划任务，历时 21 d 海上调查作业，总航程 1800 n mile。本航次共有南海所、南方海洋科学与工程广东省实验室（广州）、上海交通大学、厦门大学、广东海洋大学、华东师范大学、南京理工大学、中山大学等 8 家单位的 12 名人员参加（图 3.22），开展了水文气象和生物地球化学专业调查。合计完成 14 条断面、114 个定点站位观测（图 3.23），包括 114 站 CTD 剖面观测、114 站营养盐与叶绿素观测以及全航程的走航流速剖面和海面气象要素自动观测等。

图 3.22　“共享航次计划 2020 年度珠江口-南海西部科学考察实验研究”近岸航段参航人员合影

科考队员和船员共同参与拍摄

“南海北部重大科学问题考察航次”由南海所“实验 6”号科考船执行（首航）（图 3.24），于 2021 年 9 月 5 日从南海所新洲码头启航，9 月 16 日在南海所新洲码头靠岸完成了计划任务，历时 12 d 海上调查作业，总航程 1800 n mile。本航次共有南海所的 33 名科考队员参加（图 3.25），开展了水文气象、海洋地质和生物地球化学专业调查。此次科考任务分为两个航段，共进行了 3 条断面（其中 B 断面重复观测），30 个站位的观测和采样（图 3.26），包括 CTD 作业 + 采水、可视化多管采泥、浮游生物多联拖网、箱式采样、重力柱状采样等作业，获取了 2395 份样品；利用全海深多波束测深系统、ADCP、重力仪、海洋大气辐射干涉仪等船载探测仪器设备进行了全程连续观测，共获取 469 GB 科考数据。

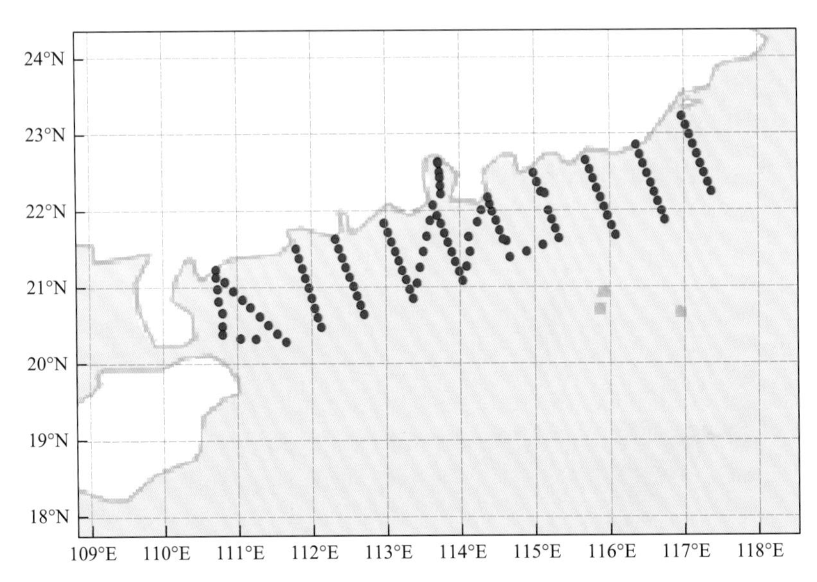

图 3.23　“共享航次计划 2020 年度珠江口-南海西部科学考察实验研究”近岸航段调查站位

图 3.24　“实验 6”号科考船

图 3.25　“南海北部重大科学问题考察航次”参航人员合影

科考队员和船员共同参与拍摄

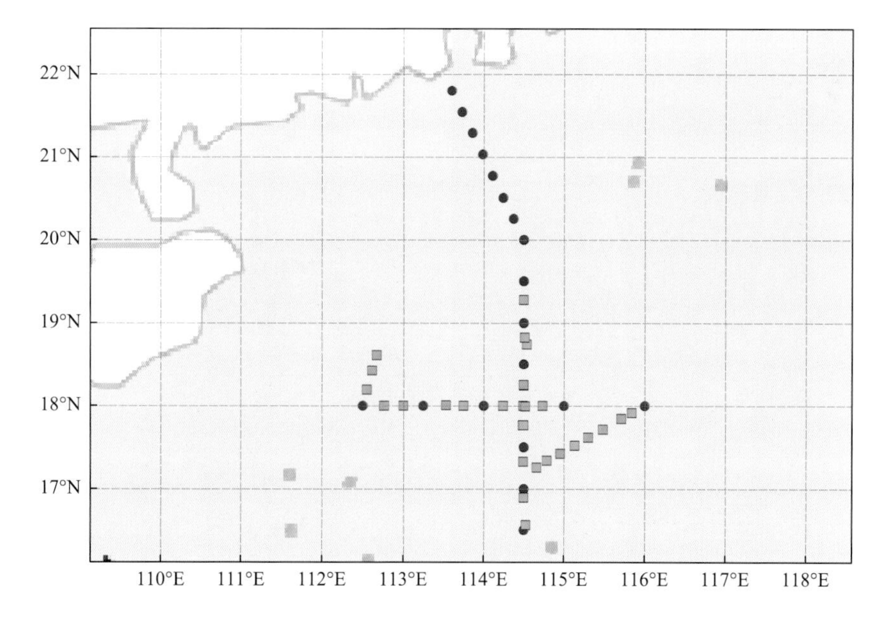

图 3.26　“南海北部重大科学问题考察航次”调查站位

3.2　航次观测情况及数据分析

3.2.1　海洋水文

1. CTD 数据

（1）数据采集设备简介

航次使用美国海鸟公司生产的SBE 911 plus CTD进行大面站定点温盐深数据采集，该系统由 SBE 9 plus 水下单元、SBE 11 plus 甲板单元和 SBE 32 采水器等几部分组成。传感器的主要性能参数如表 3.2 所示，图 3.27 是“海科 68”号和“实验 3”号科考船搭载的 CTD 水下单元和采水器照片。

表 3.2　CTD 性能指标

设备类型		温度	电导率	压强
海鸟公司 SBE 911 plus CTD	量程	–5～35℃	0～70/(mS/cm)	0～10000 psia
	精度	0.001	0.003	0.015%FS
	稳定度（每月）	0.0002	0.003	0.0015%FS
	分辨率	0.0002	0.0004	0.001%FS
	响应时间/s	0.065	0.65	0.015

(a) “海科68”号

(b) “实验3”号

图 3.27　“海科 68”号和“实验 3”号科考船搭载的 CTD 水下单元和采水器

（2）原始数据说明

原始数据采用美国海鸟公司提供的 SBE Data Processing 软件按照说明书要求进行处理。原始数据文件中主要包括压强（分巴，dbar[①]）、温度（ITS-90，摄氏度，℃）和电导率（毫西门子每厘米，mS/cm）等。

（3）数据处理及质控

航次 CTD 原始数据由 SBE Data Processing 软件进行处理和质量控制，应用由国家海洋计量中心检定的 CTD 配置参数，依据软件使用说明书 *SeaBird Electronics Training for Data Collection in the Ocean* 中第 9 章节“Advanced Data Processing”推荐的流程处理参数，经过“data conversion”“wild edit”“cell thermal mass”“filter”“loop edit”“derive”“bin average”等步骤完成数据转换、质控等后处理工作。每一步具体说明如下：

①data conversion（数据转换）：将十六进制的原始数据“.hex”文件转化为“.cnv”和“.ros”文件。在“Data Setup”选项卡中，选取“Downcast and Upcast”作为输出标准，点选“Select Output Variables”按钮设置输出变量为“Pressure，Digiquartz [dbar]”“Temperature [ITS-90，deg C]”和“Conductivity [mS/cm]”，然后设置输出目录并转换为“.cnv”文件。

②wild edit（原始编辑）：对观测要素进行剔除异常值操作。

③cell thermal mass（热滞后效应）：电导测量和计算受到电导单元与周围环境的热传导过程的影响。因为电导单元本身会存储热量，所以当电极单元由热水到冷水时候，经过电导单元的水就被加热；反之，就会被降温。从而使温度探头所测温度与水体的真实温度存在一定偏差，这一偏差最终会被引入盐度计算当中。该部分的热量转换由“cell thermal mass”模块进行修正。

④filter（滤波）：采用低通滤波器对数据进行滤波，以平滑高频数据噪声。

⑤loop edit（数据标识）：船载 CTD 在下放测量中会受到海面调查船上下起伏影响，造成下放速度的改变甚至是反向运动，使温盐廓线产生环状结构。对于这些 CTD 慢速或逆向运动测量记录前后处理软件只能标记为不良数据。在“Data Setup”选项卡中，选择“Fixed Minimum Velocity”，即采用设定最小下放速度作为标识坏数据的标准，小于该下放速度的记录为坏数据。取最小速度为 0.25 m/s，为其平均下放速度 1 m/s 的 25%。

⑥derive（衍生计算）：在该模块的“Data Setup”选项卡中设置计算变量包括深度“Depth [salt water，m]”、实用盐度“Salinity，Practical [PSU]”和密度“Density [density，kg/m^3]”。

⑦bin average（数据平均）：将对原始观测和衍生计算的各要素进行垂向平均

① 1 dbar = 10.5 Pa。

得到等压强间隔分布资料，设置垂向压强平均间隔为 1dbar。得到 ASCII 码格式的 CTD 后处理数据文件，文件名命名格式为“站名-下放序号.cnv”。

（4）后处理数据说明

航次 CTD 后处理数据包含四种文件，数据后缀名和文件内容如表 3.3 所示，数据由软件 SBE Data Processing 处理得到。各文件要素名称和代码均一致，以剖面数据“.cnv”文件为例，该文件包含的要素有压强、温度、电导率、盐度和密度等，具体如表 3.4 所示。

表 3.3　CTD 后处理数据文件类型及说明

后处理数据文件后缀名	文件内容
.cnv	剖面数据，内容包括头文件信息、各种水文要素（压强、温度、电导率和盐度等）
.btl	头文件信息和采水层汇总数据
.ros	头文件信息和采水层数据
.txt	按照资料中心要求格式整理

表 3.4　CTD 剖面数据文件（.cnv）要素名称及计量单位

要素名称	代码	计量单位
儒略历	Julian Days	d
经度	Longitude	(°)
纬度	Latitude	(°)
压强	Pressure	dbar
温度	Temperature	℃
电导率	Conductivity	mS/cm
荧光	Fluorescence	mg/m^3
深度	Depth	m
盐度	Salinity	PSU
密度	Density	kg/m^3

（5）数据产品

对所有航次每个 CTD 站位制作了温盐密度廓线图，对每条断面分别绘制温度和盐度断面图，针对标准层绘制温度和盐度平面分布图。图 3.28～图 3.30 以“共享航次计划 2019 年度珠江口-南海西部科学考察实验研究”近岸航段观测资料为例，依次展示了珠江口外 CTD 观测的温度、盐度、密度垂直廓线，粤东、珠江口外和粤西外海温度、盐度跨陆架断面分布，以及南海北部陆架海域表层、中层和底层的温度、盐度水平分布图。

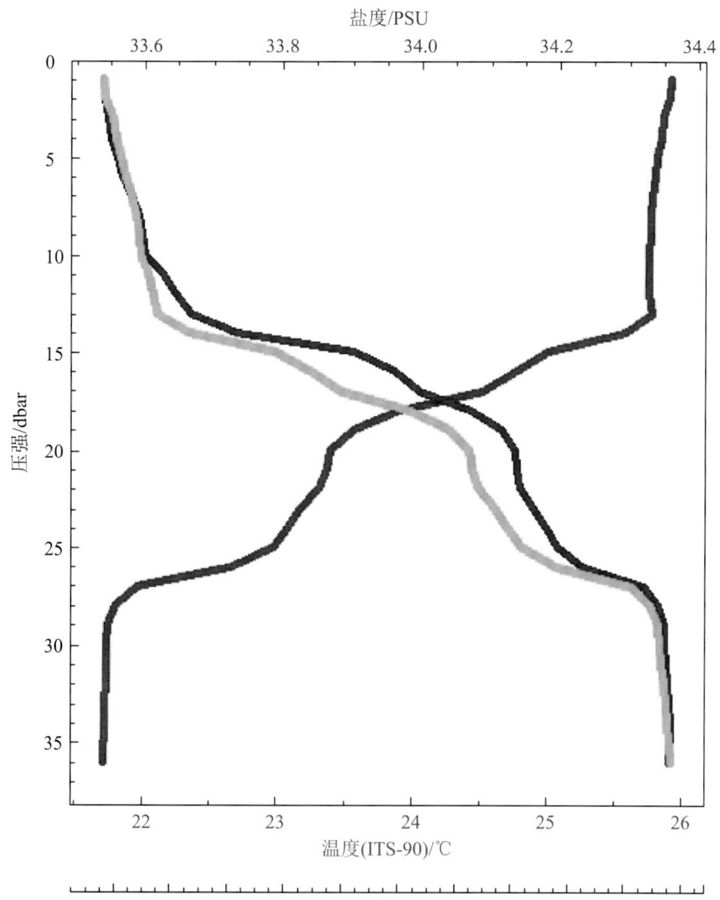

图 3.28　CTD 温盐密度廓线图

图 3.29 所示断面具体位置参见"共享航次计划 2019 年度珠江口-南海西部科学考察实验研究" 近岸航段调查站位图（图 3.10）。其中，从珠江口跨陆架向外至陆架坡折处的断面为国家自然科学基金共享航次计划规定的珠江口外固定调查断面[图 3.29(c)(d)]，旨在揭示夏季珠江冲淡水的扩散强弱、南海北部陆架环流分布，以及诸生物化学要素的跨陆架分布情况等。由图可见，在珠江口外的固定调查断面上，相对于粤东和琼东上升流海域而言，等温线和等盐线变化较平缓，特别是

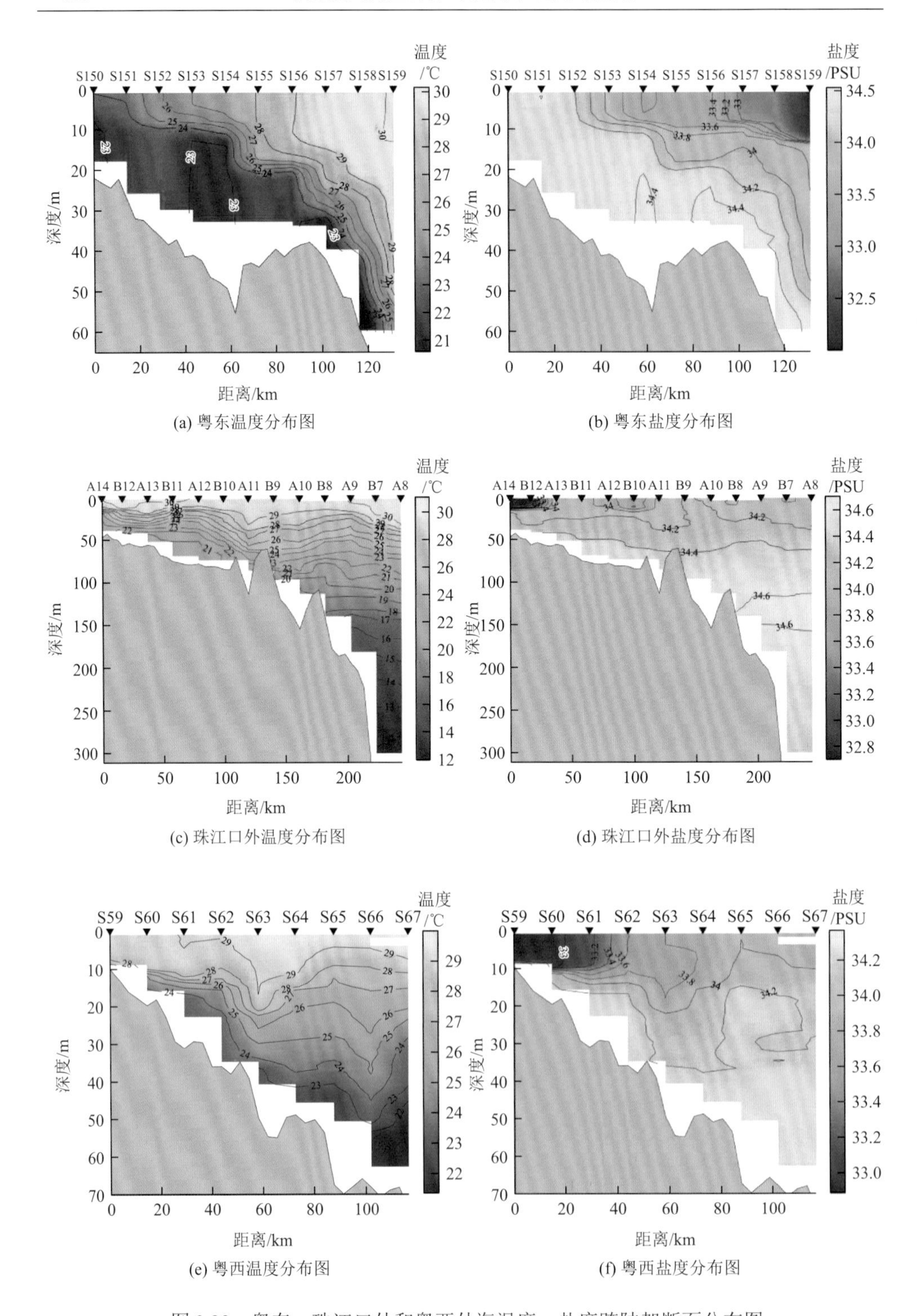

(a) 粤东温度分布图
(b) 粤东盐度分布图
(c) 珠江口外温度分布图
(d) 珠江口外盐度分布图
(e) 粤西温度分布图
(f) 粤西盐度分布图

图 3.29 粤东、珠江口外和粤西外海温度、盐度跨陆架断面分布图

上 10 m 层未出现明显的露头，表明珠江冲淡水所形成的淡水盖可能抑制了温度锋面的向上发展，但在 50～100 km 外海的更深层，受地形抬升影响，存在显著的冷水上涌；盐度分布则更清晰地表明珠江口外淡水盖厚度约 15 m，与图 3.28 所示的盐度、密度垂直廓线结果相一致，且在近岸 150 km 范围内有两个低盐核心区覆盖于外海表层。航次观测期间琼东上升流已经发育成熟[图 3.29(a)(b)]，上升流锋面主要分布于离岸 120 km 范围内，23～24℃、34.3 PSU 的外海底层低温高盐水在西南季风和底地形的联合作用下向岸、向上涌升，为粤东近岸带了丰富的营养盐，调节了局地的生态环境和物种丰度。受珠江的磨刀门、崖门和虎跳门以及粤西的潭江、漠阳江等径流影响，阳江外的跨陆架断面显示 15 m 以浅有较强的冲淡水覆盖，海洋上层盐度从 100 多公里外的 34 PSU 向近岸减小至 33 PSU 以下；近岸 60 km 以内上 10 m 层的温度显著高于外海。

图 3.30 给出了南海北部近乎整个陆架海域的表层、中层和底层温度、盐度水平分布情况；其中，在水深超过 300 m 的外陆架海域底层温盐仅代表 300 m 层观测结果。表层温盐分布结果显示琼东和粤西有明显的低温水体覆盖[图 3.30(a)(b)]，进一步佐证了沿岸上升流的存在，同时珠江口外覆盖有显著的低盐水，盐度小于 15 PSU，向西该低盐水可至阳江，向东在东向沿岸流和西南季

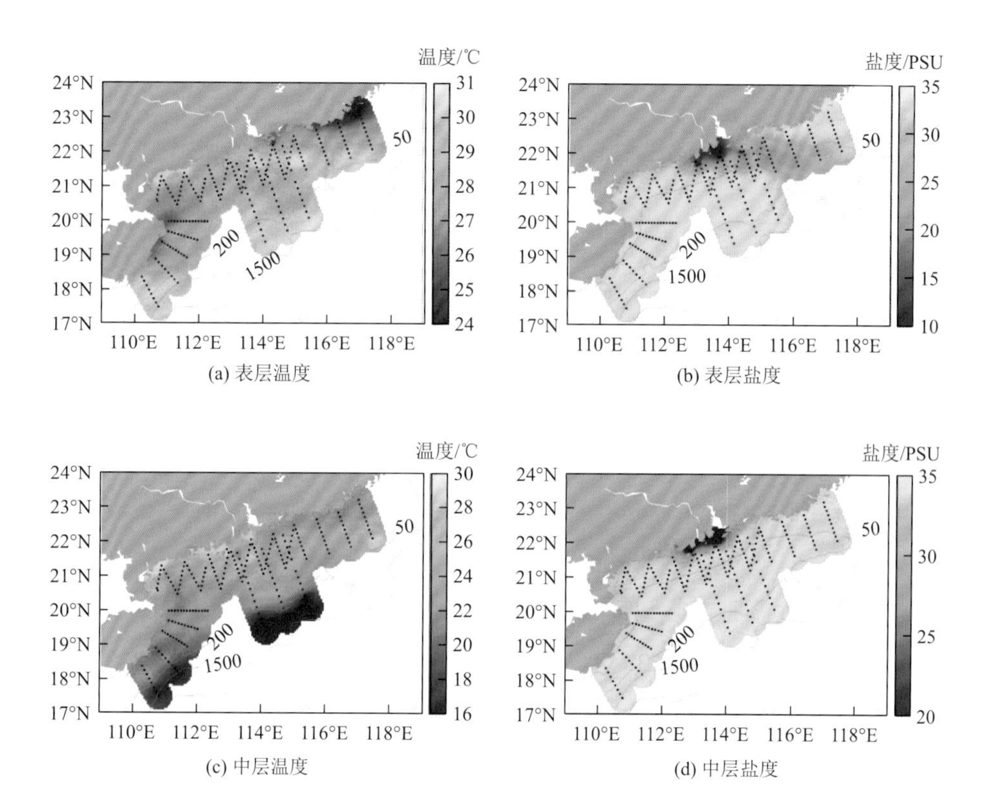

(a) 表层温度

(b) 表层盐度

(c) 中层温度

(d) 中层盐度

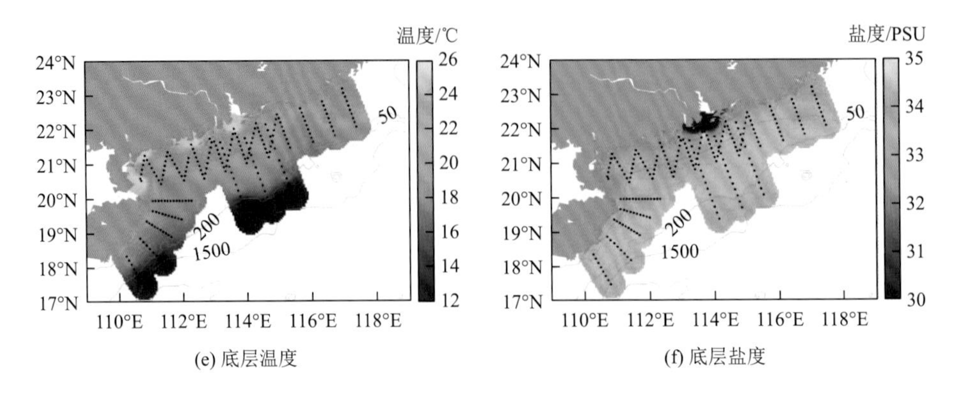

(e) 底层温度　　(f) 底层盐度

图 3.30　南海北部陆架海域表层、中层和底层温度、盐度水平分布图

风的影响下，该航次观测到珠江冲淡水至少可向东扩展至 117°E，沿扩散路径盐度增长至接近 30 PSU。随着深度的增加，珠江冲淡水的影响范围越来越小，逐渐限于珠江口外 25 m 等深线以浅从江门至深圳的海域范围内。因粤东和琼东上升流的存在，中层和底层温度在跨陆架方向上的梯度明显弱于粤西海域，在粤西，近岸底层温度比外海高约 10℃。

（6）质量自评估

航次 CTD 数据采集和资料处理均按照国家标准《海洋调查规范　第 2 部分：海洋水文观测》（GB/T 12763.2—2007）第 5.2、5.3 和第 6.2、6.3 小节执行，CTD 仪器航前送国家海洋计量站校准。

深海全水深 CTD 站位，其观测的深层温盐值可与气候态资料集进行比较，作为评估航次 CTD 数据集质量的参考标准之一。图 3.31 给出了 CTD 观测温盐廓线与 2018 世界海洋图集（WOA2018，world ocean atlas）夏季临近格点处的温盐比较结果，两者在 200 m 以深吻合较好。在受季节和季节内扰动影响较小的 1500m 以深，垂向平均温度偏差为 0.026 1℃，垂向平均盐度偏差为−0.014。

温盐点聚图是评估 CTD 观测的经典方法，尤其适用于对大洋温跃层以下的水体测量。由图 3.32(b)易知，在 500 m 以深的中深层（密度异常大于 26 kg/m^3），散点在温盐点聚图上具有很好的聚合性，无异常值存在，且与 WOA2018 气候态的 7、8 月对应结果相吻合，在深层散点的聚合性优于 WOA2018 数据。在海洋上层，受季节内和年际变化的影响，第二航段观测温盐值略高于 WOA2018 数据，但在合理的变化范围内，无明显的异常值存在。第一航段主要包括广东和琼东近岸，受珠江冲淡水的影响，散点在低盐高温低密度区域分散分布，在 200 m 以深仍然显示了很好的辐合性，表明观测仪器良好的稳定性和数据的可信度。

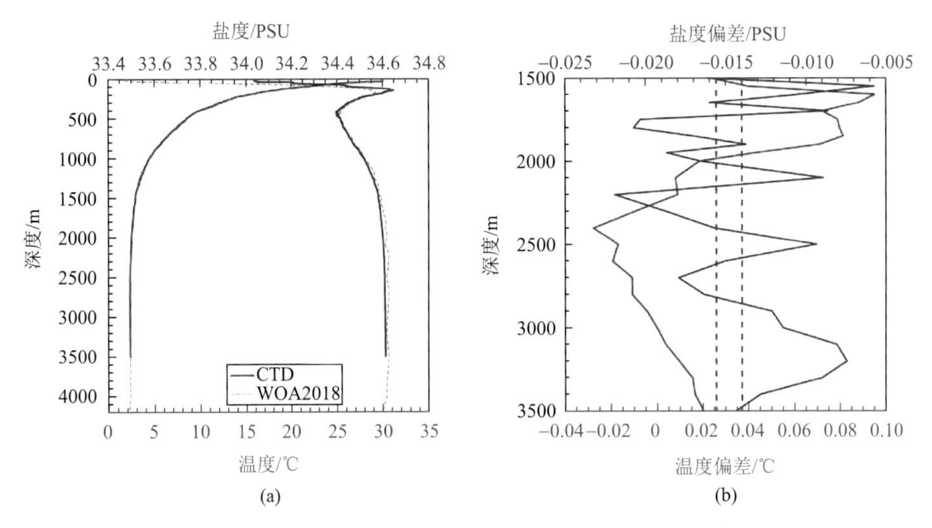

图 3.31　CTD 廓线和 WOA2018 夏季临近格点处温盐廓线的比较(a)和偏差(b)

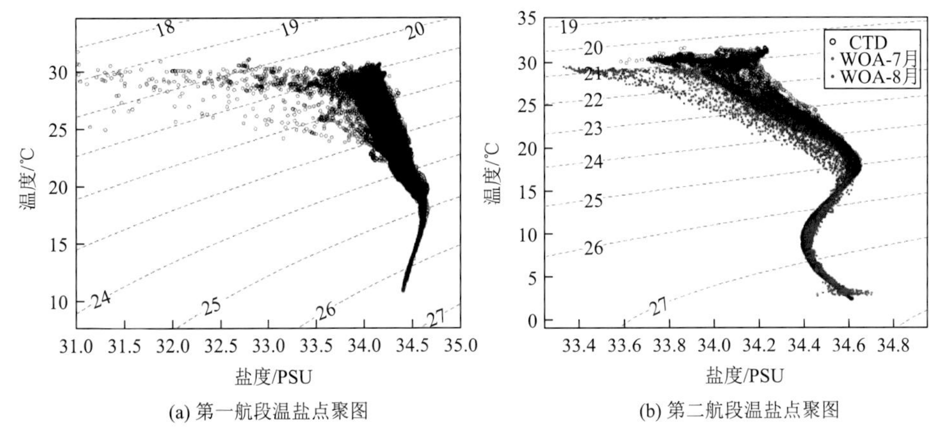

图 3.32　航次 CTD 观测温盐点聚图

等值线为海水等密度线

2. ADCP 数据

（1）数据采集设备简介

“实验 2”号和“海科 68”号科考船在船舷安装 TRDI 公司 WHS-300 kHz ADCP 用于采集走航流速剖面数据（图 3.33），外接定位定向仪获取航向和航速等信息，仪器基本参数和配置信息见表 3.5。“实验 1”号和“实验 3”号科考船在艏部通海竖井内安装 TRDI 公司 OS-38 型船载 ADCP 采集走航连续流速剖面数据（图 3.34），仪器基本参数和配置信息见表 3.6。数据采集均使用 VMDAS 船载数据采集软件。

(a) 实物图

(b) 安装图

图 3.33　WHS-300 kHz ADCP 实物图和在“海科 68”号上的安装图

(a) 实物图

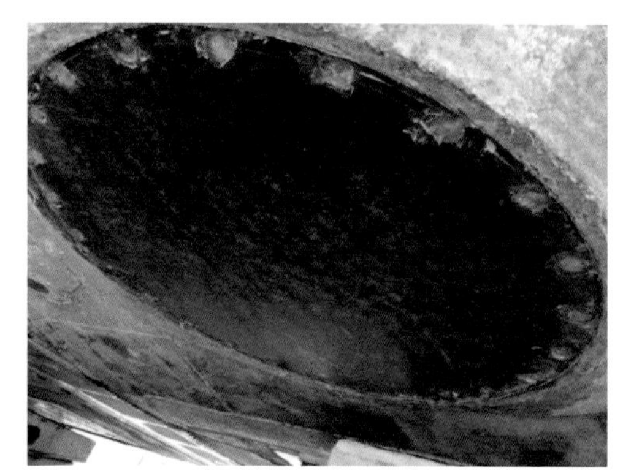

(b) 安装图

图 3.34　OS-38 型船载 ADCP 实物图和在“实验 3”号上的安装图

表 3.5　WHS-300 kHz ADCP 仪器基本参数和配置信息

参数名称	参数值
垂直分辨率/m	2.0
量程/m	93
标准方差/(cm/s)	7
盲区/m	3.16
安装深度/m	3
时间平均/min	5
流速准确度/(cm/s)	水流速度的±0.5%±0.5
流速分辨率/(cm/s)	0.1

续表

参数名称	参数值
流速范围/(m/s)	–5～5（缺省值）
波束角/(°)	20
结构形式	4 波束，凸型
工作温度/℃	–5～45

表 3.6　OS-38 型 ADCP 仪器基本参数和配置信息

参数名称	参数值
垂直分辨率/m	16
量程/m	＞1000
精度/(cm/s)	30
盲区/m	25.12
安装深度/m	5
时间平均/min	5
流速准确度（典型）/(cm/s)	水流速度的±1.0%±0.5
流速范围/(cm/s)	–5～9
底跟踪最大高度(精度小于 2 cm/s)/m	1700
换能器波束角/(°)	30
波束排列	4 波束，相控阵
工作环境温度/℃	–5～45
存储温度/℃	–30～60
外部输入电源	90～250 V AC，47～63 Hz
功率/W	1400

（2）原始数据说明

航次走航 ADCP 原始资料使用 Teledyne RDI 公司配套的 VMDAS 船载数据采集软件接收，可用配套的 WinADCP 软件进行数据显示和输出。采集的原始文件包括后缀名为“.VMO”“.ENR”“.ENS”“.ENX”“.STA”“.LTA”“.N1R”“.N2R”“.NMS”和“.LOG”的文件（表 3.7）。当文件所占磁盘空间达到规定大小时，新的同后缀名文件将自动生成，文件名后 6 位数字编号自 000000 开始递增，前半部分为设定的航次识别符。

表 3.7　VMDAS 存储的不同后缀名原始文件的相关资料说明

文件后缀名	文件存储数据说明
.VMO	VMDAS 收集资料时的设定参数文件（文本文件）
.ENR	走航 ADCP 资料的原始文件（二进制格式）
.ENS	已经被 VMDAS 利用回波信号强度（RSSI）和相关性（correlation）筛选过的 ADCP 资料，包括经纬度
.ENX	ADCP 单个采样(ping)的资料,包括经纬度信息,并转换为地球坐标以及经过误差流速(error velocity)、垂向流速（vertical velocity）和虚假目标（false targets）的筛选，可以依此取时间平均值
.STA	短时间周期平均的 ADCP 资料，包括经纬度信息（二进制格式）
.LTA	长时间周期平均的 ADCP 资料，包括经纬度信息（二进制格式）
.N1R	原始经纬度与 pitch & roll 的资料，包含 ADCP 的时间（文本格式）
.N2R	原始经纬度与 pitch & roll 的资料，包含 ADCP 的时间（文本格式）
.NMS	经过筛选和预平均后的导航数据文件（二进制格式）
.LOG	ASCII 文件，记录了走航 ADCP 观测中的任意错误信息

（3）数据处理及质控

对走航 ADCP 所获 5 min 长期平均流速剖面资料（文件后缀名为“.LTA”）使用 WinADCP 软件进行数据的处理和导出，选择底跟踪模式扣除船速，得到绝对流速，输出保存“.mat”格式数据文件，进而对输出流速行常规检验方法，包括非法码检验、合理性检验、范围检验、尖峰检验、梯度检验和良好百分比检验。

因走航 ADCP 底跟踪量程有限，超过底跟踪量程的深水海域若在 WinADCP 中直接使用 GPS 跟踪模式扣除船速，输出的资料会引入更多系统误差，降低资料质量。这里基于科考船在转向前和转向后所在的小区域范围内所测量的实际海流速度是稳定不变的假设，采用“水跟踪”方法标定 ADCP 换能器安装角度偏差 α 及与换能器微小几何不规则有关的振幅因子 A，计算公式如下：

$$\begin{cases} \tan\alpha = \dfrac{\mathrm{d}u_{\mathrm{d}}' \,\mathrm{d}v_{\mathrm{s}} - \mathrm{d}v_{\mathrm{d}}' \,\mathrm{d}u_{\mathrm{s}}}{\mathrm{d}u_{\mathrm{d}}' \,\mathrm{d}u_{\mathrm{s}} + \mathrm{d}v_{\mathrm{d}}' \,\mathrm{d}v_{\mathrm{s}}} \\ A = \dfrac{-\left(\mathrm{d}u_{\mathrm{d}}' \,\mathrm{d}u_{\mathrm{s}} + \mathrm{d}v_{\mathrm{d}}' \,\mathrm{d}v_{\mathrm{s}}\right)}{\left(\mathrm{d}u_{\mathrm{d}}'^2 + \mathrm{d}v_{\mathrm{d}}'^2\right)\cos\alpha} \end{cases} \tag{3.1}$$

式中，u_{d}' 和 v_{d}' 分别是 ADCP 测量的散射体在换能器坐标系中的东分量和北分量，同时也代表水体相对船的速度；u_{s} 和 v_{s} 则为 GPS 记录船速的东分量和北分量，参考坐标系是大地坐标系。实际计算中，对航次观测资料进行分段、分层标定。选择科考船转向前和转向后的三点平均流速代入计算公式，同时要求选择的三点船速没有显著变化，以保证流速的相对稳定可靠；垂向上选取上、中、下三个水层为代表分别参与计算和标定，最后将所得 α 和 A 代入下式计算得到实际水流的东分量 u_{w} 和北分量 v_{w}：

$$\begin{cases} u_{\mathrm{w}} = u_{\mathrm{s}} + A\left(u_{\mathrm{d}}' \cos\alpha - v_{\mathrm{d}}' \sin\alpha\right) \\ v_{\mathrm{w}} = v_{\mathrm{s}} + A\left(u_{\mathrm{d}}' \sin\alpha + v_{\mathrm{d}}' \cos\alpha\right) \end{cases} \tag{3.2}$$

（4）后处理数据说明

走航 ADCP 后处理数据遵照《共享航次计划调查资料要素计量单位规范》和《共享航次计划调查资料汇交表》格式要求保存为后缀名“.txt”的 ASCII 码文件，数据要素名称、代码和计量单位见表 3.8。

表 3.8　走航 ADCP 后处理数据要素名称、代码和计量单位

序号	要素名称	代码	计量单位
1	序号	No.	—
2	断面号	Transect	起点站位～终点站位
3	时区	Time_zone	北京时间（BJ）
4	观测日期	Date	YYYYMMDD
5	观测时间	Time	hh：mm：ss
6	纬度	Latitude（N）	(°)　(′)　(″)
7	经度	Longitude（E）	(°)　(′)　(″)
8	观测层深度	Layer_depth	m
9	水平流速	Mag	cm/s
10	水平流向	Dir	(°)

（5）数据产品

对航次每条调查断面绘制了流矢量断面分布图，逐个标准层绘制了流矢量水平分布图。图 3.35 和图 3.36 以“共享航次计划 2019 年度珠江口-南海西部科学考察实验研究”近岸航段观测资料为例，分别展示了粤东、珠江口外和粤西跨陆架断面流矢量分布，以及南海北部走航观测的 7 m、15 m、25 m 和 49 m 层流矢量水平分布。

图 3.35 分别依次显示了汕头外(a)、汕尾外(b)、珠江口外(c)和阳江外(d)跨陆架的断面流矢量分布，其中珠江口外断面为跨整个陆架的国家自然科学基金共享航次计划固定调查断面。综合来看，粤东海域外海流速最大，超过 70 cm/s，流速

向西逐渐减弱，在阳江外海，流速均小于 30 cm/s。在汕头外海，海流由近岸向外海呈东北、西南和东北向的交错分布结构，斜压结构特征不明显，其中，西南向流主要分布于离岸 30～70 km。在汕尾外海 30～80 km，海流从表层至底层呈东向流，表明在汕头和汕尾之间存在一个较强的海流辐合海域。在珠江口外的固定断面上，流速以东北或东向流为主，近岸 50 km 范围内，以 50 cm/s 左右的东北向正压流为主；50～100 km，海流在 20～30 m 的中层显著增强；100～200 km，流速呈辐散状分布；在 220 km 外的陆坡海域，顺风的东向流占主导，流速从表层向深层递减，近表层流速可达 60 cm/s，80 m 层流速减弱至 5 cm/s 以下。在阳江外海，以顺风的东南向和东向流为主，流速不超过 30 cm/s。

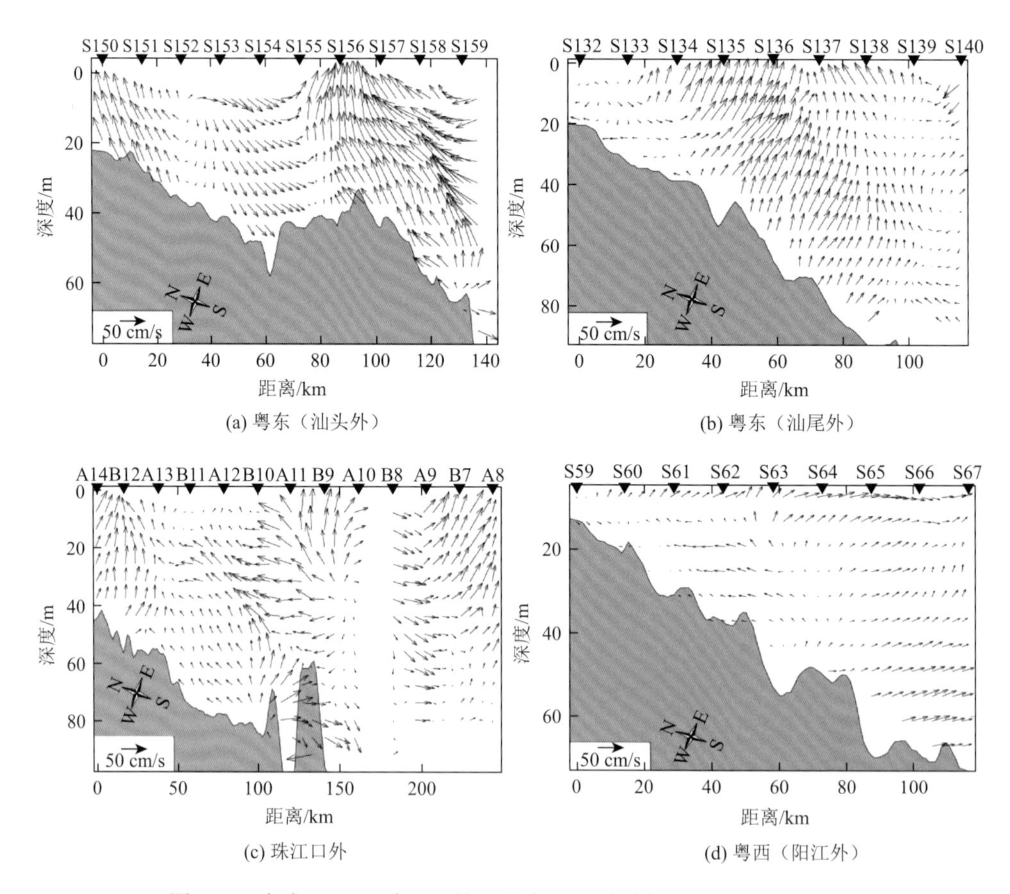

图 3.35　粤东(a)(b)、珠江口外(c)和粤西(d)跨陆架断面流矢量分布图

图 3.36 南海北部陆架海域各层流矢量水平分布表明在 2020 年 6 月的观测期间，自琼东沿粤西和珠江口至粤东，上层海洋流速主要是顺风向的东北向流和东向流，珠江口外陆架海域流速强于粤东和粤西外海的流速，东向流在珠江口以东

的分布与图 3.35 中珠江冲淡水的扩散路径一致。在文昌以东海域的 49 m 层，存在一个显著的反气旋式涡旋，关于该次表层涡旋的报道还不多见，其特征和产生机制还需要更多的观测资料加以佐证。

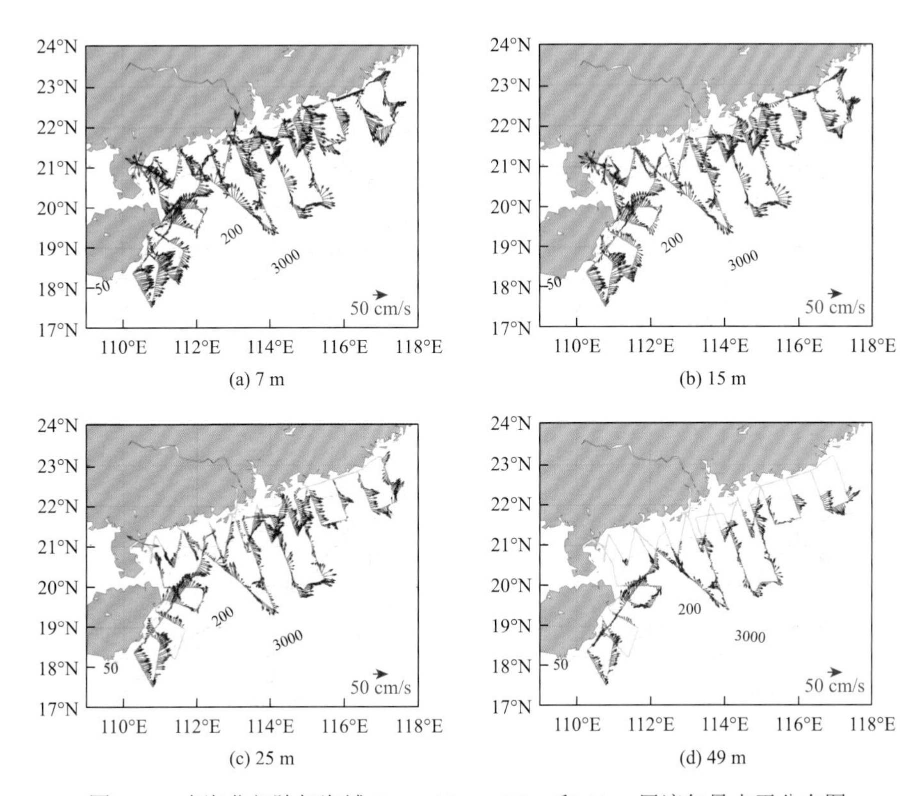

图 3.36　南海北部陆架海域 7 m、15 m、25 m 和 49 m 层流矢量水平分布图

（6）质量自评估

航次走航 ADCP 的数据采集和资料处理均按照国家标准《海洋调查规范 第 2 部分：海洋水文观测》（GB/T 12763.2—2007）第 7.2.5 和第 7.3.2 小节规定执行，航次作业中和数据处理中仪器、软件的操作均依照 TRDI 公司出版的 Ocean Surveyor、WorkHorse、VmDas 和 WinADCP 用户手册执行。

对无底跟踪情况下的走航流速数据段，采用水跟踪的方法标定安装角度偏差 α 和振幅因子 A，标定后结果见图 3.37（蓝色矢量）。经过标定计算后，首先，在调查船转向点前后，标定后的流速大小、方向基本一致，既符合水跟踪方法的前提假设，也符合海流实际缓变的特征；其次，与标定测流段前后的底跟踪所得流速（红色矢量）相比较，标定后的流速与底跟踪流速更加相近，表明我们对航次走航 ADCP 数据的校正方法和结果是可靠的。

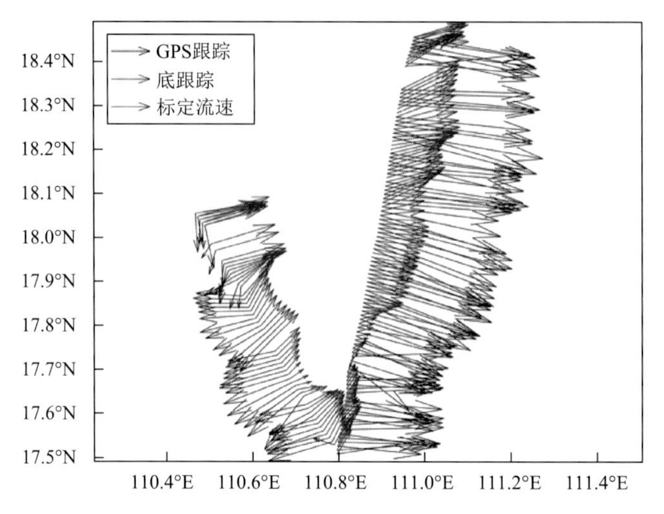

图 3.37　走航 ADCP 数据的标定结果（第二段流速标定）

黑色箭头为 GPS 跟踪模式下的流速矢量，航迹两端的红色箭头为底跟踪模式下的流速矢量，蓝色箭头为标定后的流速矢量

3.2.2　海洋气象

（1）数据采集设备简介

航次搭载 Aanderaa 自动气象站 AWS2700（图 3.38 和图 3.39）进行海面风速、温度、湿度和压强等气象要素的测量，安装位置位于科考船驾驶舱顶。

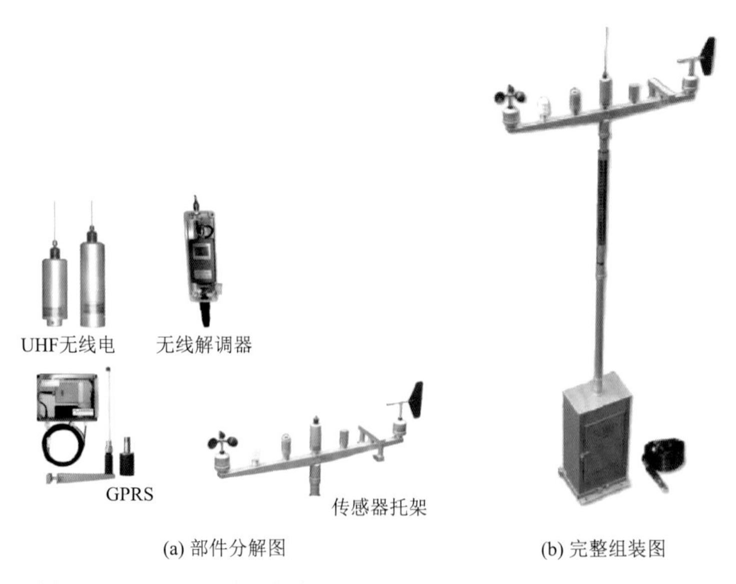

图 3.38　Aanderaa 自动气象站 AWS2700 部件分解图和完整组装图

图 3.39　自动气象站在“海科 68”号科考船的安装图

Aanderaa 自动气象站 AWS2700 是一套可用于恶劣环境、能自容式运行的自动气象站，在“实验 2”号和“海科 68”号上采用自动自容式存储方式工作，在“实验 1”号和“实验 3”号上采用实时传输数据方式工作。所有的温度补偿与校准数据都存储在传感器中，仪器默认直接输出工程数据，不需要任何外部计算。从传感器中读出的原始数据被转化成工程数据存储到 Smart Guard 数据记录器中备份。本航次使用的自动气象站观测参数包括：平均风速、阵风风速、风向、温度、湿度和压强，传感器的技术规格如表 3.9，观测要素取 1 min 平均值。

表 3.9　Aanderaa 自动气象站 AWS2700 集成传感器技术规格

序号	传感器	范围	精度	分辨率
1	风速传感器 2740 输出平均风速和阵风，输出信号 SR10	0～79 m/s	±2%读数	—
2	气温传感器 3455，输出信号 VR22	–43～48℃	±0.1℃	0.1℃
3	气压传感器 2810，输出信号 VR22	920～1080 hPa	±0.2 hPa	0.2 hPa
4	相对湿度传感器 3445，输出信号 SR10	0～100%RH	±2%RH	—
5	风向传感器 3590，输出信号 SR10	＜0.3 m/s	±5°	—

（2）原始数据说明

自容式存储工作方式的原始数据存储为二进制格式；实时数据传输工作方式由 Aanderaa GeoView 软件显示，原始数据经由 Aanderaa 公司开发的 DataStudio 3D 后处理软件将数据导出为“.xlsx”格式文件。风速和风向为船坐标系下的测量值，需进行坐标系变换和船速订正为真风速。相关要素及其计量单位如表 3.10 所示。

（3）数据处理及质控

因 1 min 间隔输出的原始气象数据记录较为杂乱，为了得到更稳定可靠的海面气象观测数据，对原始观测数据做 5 min 平均，其中，平均风速和风向做矢量平均，阵风风速取 5 min 内记录的最大值，气温、湿度和气压三个参量做标量平均，并依据时间记录，将 GPS 位置信息嵌入自动气象站数据中。对观测风速和风向，先进行坐标系旋转变化至地球坐标系下，再扣除船速得到真风速。

（4）后处理数据说明

走航自动气象站后处理数据遵照《共享航次计划调查资料要素计量单位规范》和《共享航次计划调查资料汇交表》格式要求存储为后缀名“.txt”的 ASCII 码文件，可用“记事本”等软件打开查看，要素名称、代码和计量单位等见表 3.10。

表 3.10　自动气象站后处理数据要素名称和计量单位

序号	要素名称	代码	计量单位
1	序号	No.	—
2	断面号	Transect	起点站位～终点站位
3	时区	Time_zone	北京时间（BJ）
4	观测日期	Date	YYYYMMDD
5	观测时间	Time	hh：mm：ss
6	纬度	Latitude（N）	(°)　(′)　(″)
7	经度	Longitude（E）	(°)　(′)　(″)
8	观测高度	Height	m
9	气压	Air_Pressure	hPa
10	气温	Air_Temperature	℃
11	平均风速	Average_Wind	m/s
12	阵风速	Wind_Gust	m/s
13	风向	Wind_Direction	(°)
14	相对湿度	Relative_Humidity	%

（5）数据产品

针对自动气象站走航观测海面气象要素绘制了气温、相对湿度和气压的时间变化序列图（图 3.40）、走航散点图（图 3.41），以及走航平均风速矢量水平分布图（图 3.42）。仍以“共享航次计划 2019 年度珠江口-南海西部科学考察实验研究”近岸航段观测资料为例，图 3.40 显示航次期间海上气温最高 31℃，昼夜温差最大约 5℃，绝大部分时间相对湿度均保持在 90%以上，气压有明显的半日周期变化。图 3.41 沿航迹的散点图显示近海的海面气温低于外海气温，尤以粤东和琼东上升流海域最为明显，粤东海域近岸和外海温差接近 3℃，表明上升流可显著影响局地海气热通量。图 3.42 海面风矢量水平分布结果表明 6 月西南季风已经在南海北部建立，100 km 以内的近岸陆架海域风速强于外海，风向主要沿海岸线方向，在琼东以西南偏南风为主，风速在 7～10 m/s，在珠江口外和粤东海域，以西南偏西向风为主，风速在 5～8 m/s。

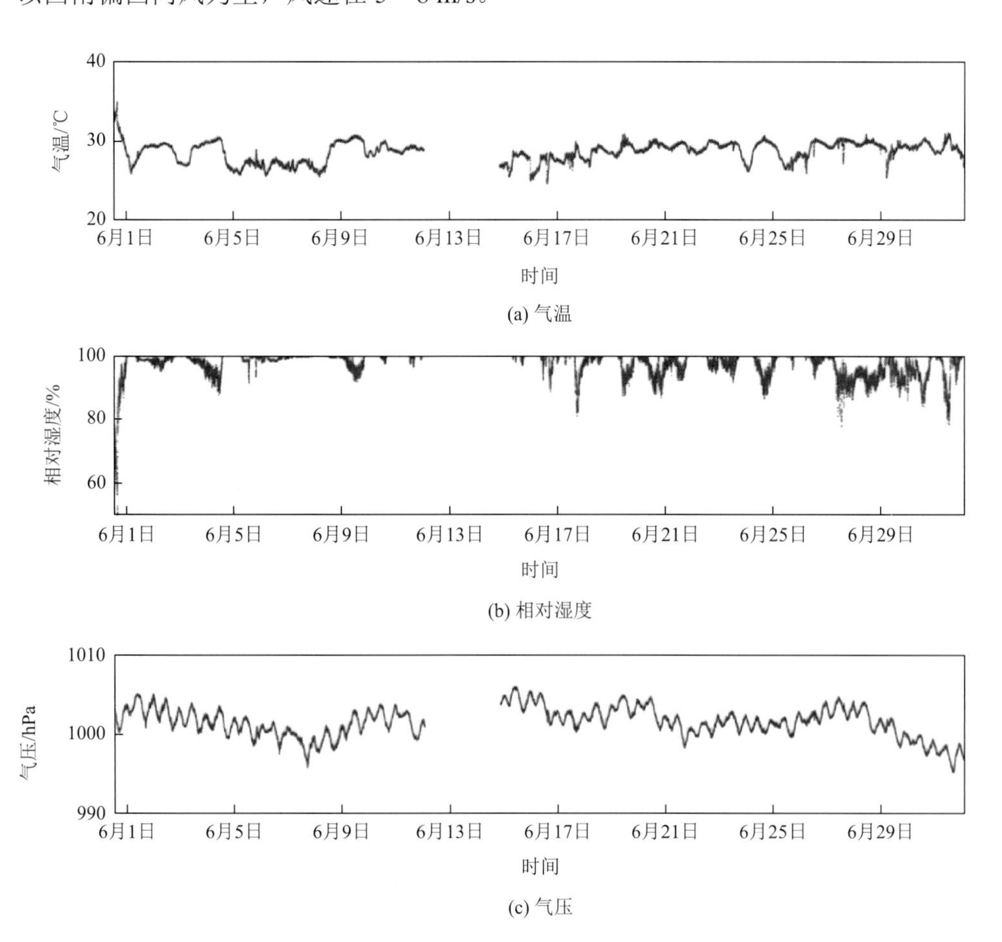

(a) 气温

(b) 相对湿度

(c) 气压

图 3.40　气温、相对湿度和气压的时间变化序列图

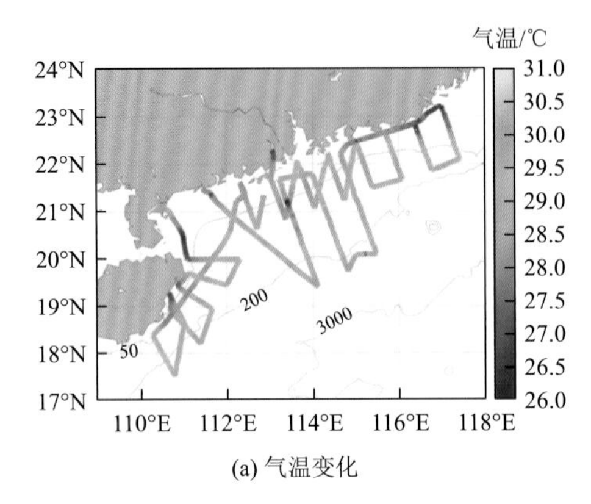

(a) 气温变化

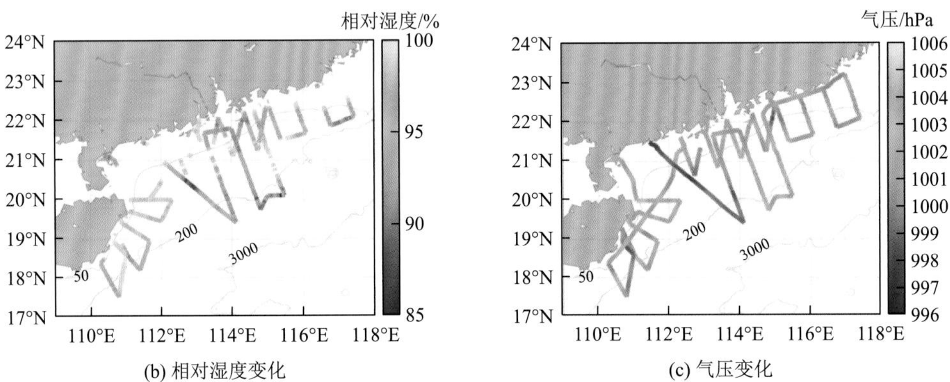

(b) 相对湿度变化　　(c) 气压变化

图 3.41　气温、相对湿度和气压的走航散点图

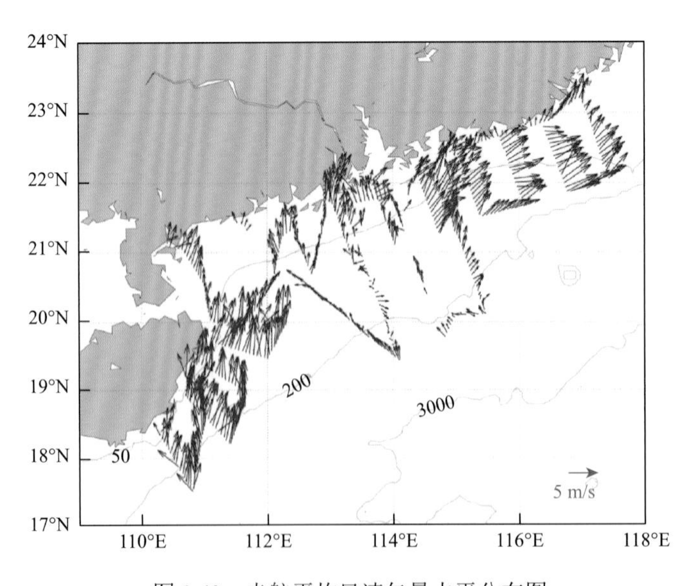

图 3.42　走航平均风速矢量水平分布图

（6）质量自评估

航次所用自动气象站符合国家标准《海洋调查规范 第 3 部分：海洋气象观测》（GB/T 12763.3—2007）（GB/T 12763.3—2020）第 4.6 小节对自动观测仪器设备的基本要求，对海面风、海面空气温度和相对湿度、气压的观测、记录分别依照第 8、9 和 10 小节规定执行，航次作业中和数据处理中仪器、软件均使用 Aanderaa 公司开发的配套软件 DataStudio 3D 和 GeoView 执行，保证了传感器、算法和参数的匹配。

3.2.3　海洋化学

（1）样品采集和保存

样品储存所用到的聚乙烯瓶于航次前在 HCl 溶液中浸泡 24 h，然后用反渗透水及 Milli-Q 水洗至中性。

样品采集时，将装有 GF/F 滤膜的在线过滤器连接到 CTD 采水瓶的出水口，水样在重力作用下进行自然过滤，收集在 80 mL 高密度聚乙烯瓶中，立即放入–20℃冰箱中冷冻保存。图 3.43 为采集海水样品瓶实物图。

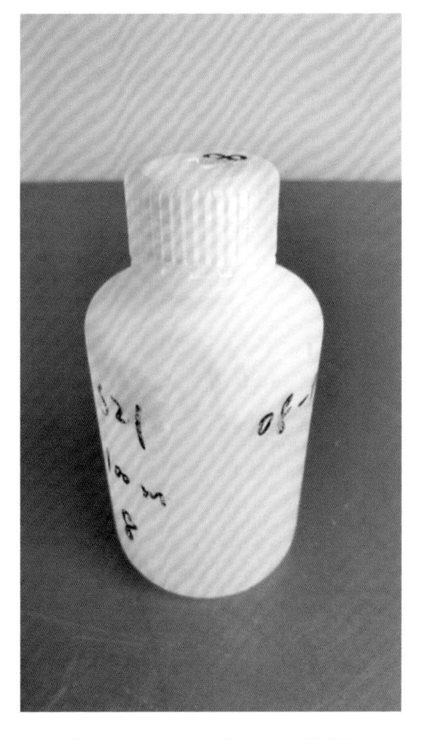

图 3.43　海水样品瓶实物图

（2）样品测定

所测营养盐包括亚硝酸盐（NO_2^-）、硝酸盐（NO_3^-）、铵盐（NH_4^+）、磷酸盐（PO_4^{3-}）和硅酸盐（SiO_3^{2-}），使用德国 SEAL Analytical GmbH 公司的 AA3 连续流动分析仪并根据国标的方法对各种营养盐进行测定分析。

亚硝酸盐：在酸性介质中，亚硝酸盐与磺胺发生重氮化反应，其产物再与盐酸萘乙二胺偶合生成红色偶氮染料，于 550 nm 波长处测定。

硝酸盐：水样通过铜-镉还原柱，将硝酸盐定量还原为亚硝酸盐，与磺胺在酸性介质条件下发生重氮化反应，再与盐酸萘乙二胺偶合生成红色偶氮染料，于 540 nm 波长处检测。测定出的亚硝酸盐总量，扣除水样中原有的亚硝酸盐含量，即可得到硝酸盐的含量。

铵盐：采用水杨酸钠法进行测定。水样先后与络合剂、水杨酸钠溶液、二氯异氰尿酸钠溶液反应后，于 660 nm 波长处测定。

磷酸盐：在酸性介质中，活性磷酸盐与钼酸铵在酒石酸锑钾的催化下反应生成磷钼黄，在 pH 小于 1 时被抗坏血酸还原为磷钼蓝，于 880 nm 波长处测定。

硅酸盐：在酸性介质中与钼酸铵反应生成硅钼黄，然后被抗坏血酸还原成硅钼蓝，于 820 nm 波长处测定。

测定过程中，各参数的定量检测限如表 3.11 所示。

表 3.11　营养盐各参数定量检测限

序号	参数	定量检测限/(μmol/L)	备注
1	亚硝酸盐（NO_2^-）	0.040	根据定量检测限，保留 2 位有效数字
2	硝酸盐（NO_3^-）	0.30	
3	铵盐（NH_4^+）	0.10	
4	磷酸盐（PO_4^{3-}）	0.065	
5	硅酸盐（SiO_3^{2-}）	0.050	

（3）样品质控

营养盐测定数据采用如下方法进行质量控制。

①用实验室配制的标准储备液逐级稀释成标准使用液做标准曲线。每天至少做一组标准曲线，样品浓度不可超出标准曲线的浓度范围，标准曲线的 $R^2 \geqslant 0.999$。

②实行高、低浓度样品分开测定，先测低浓度样品。

③样品测定过程中，插入自然资源部第二海洋研究所标准物质中心生产的营养盐标准物质作为质控样品。在测试过程中每隔 30 个样品插入标准物质作为样品测定。当测定质控样品结果与标准物质实际浓度吻合时测定数据合格。

（4）数据格式说明

营养盐测定数据文件的要素名称、代码、计量单位如表 3.12 所示。

表 3.12　营养盐数据要素名称、代码、计量单位

要素名称	代码	计量单位
亚硝酸盐	NO_2^-	μmol/L
硝酸盐	NO_3^-	μmol/L
铵盐	NH_4^+	μmol/L
磷酸盐	PO_4^{3-}	μmol/L
硅酸盐	SiO_3^{2-}	μmol/L

（5）数据产品

航次针对所获营养盐数据绘制了每个站位的硝酸盐、亚硝酸盐、铵盐、磷酸盐和硅酸盐的垂直廓线图（图 3.44），每条断面营养盐的垂直分布图（图 3.45），以及航次调查区域的水平分布图（图 3.46）。

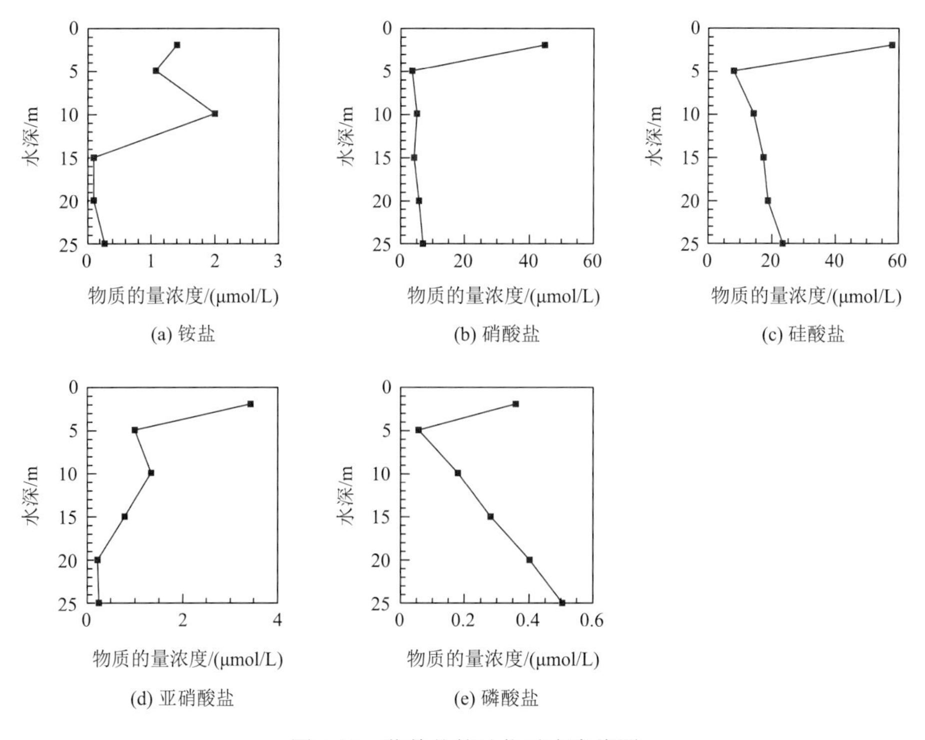

图 3.44　营养盐的站位垂直廓线图

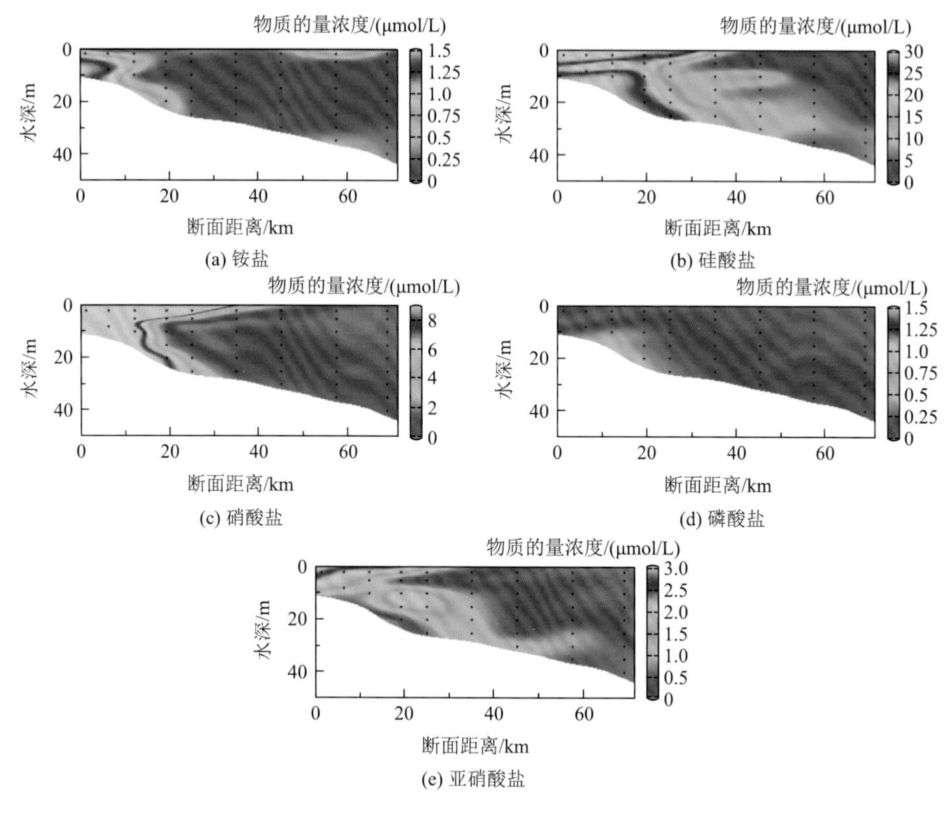

图 3.45 营养盐的断面垂直分布图

营养盐分布受物质来源、水动力过程及生物活动等多个过程的共同控制，以“共享航次计划 2018 年度珠江口-南海西部科学考察实验研究”近岸航段观测资料为例，从水平分布来看，无机氮、无机磷和硅酸盐均呈现出由近岸向外海逐渐降低的趋势，主要受制于陆源径流输入及与外海海流的物理混合过程；垂向分布显示出无机氮、无机磷和硅酸盐的分层结构，主要与珠江冲淡水在扩散过程中形成的水体分层有关。

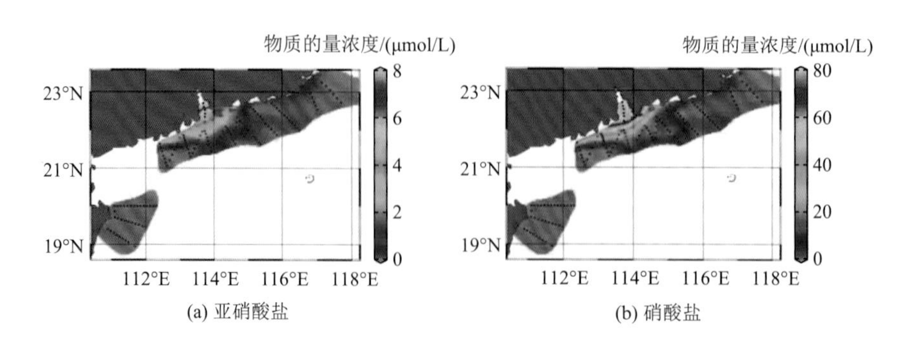

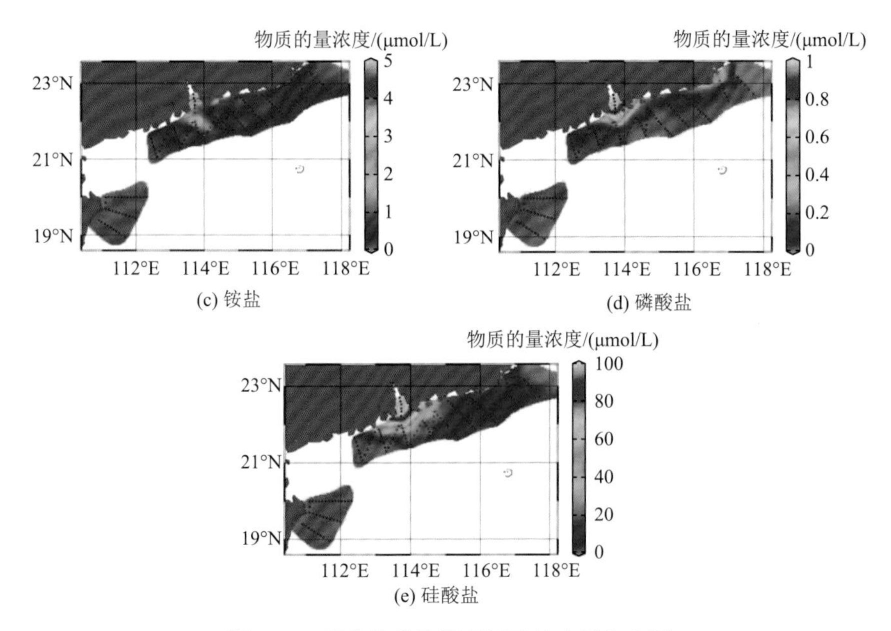

(c) 铵盐

(d) 磷酸盐

(e) 硅酸盐

图 3.46　营养盐航次调查区域的水平分布图

3.2.4　海洋生物

1. 叶绿素数据

（1）样品采集和保存

航次使用 CTD 搭载的采水器将水样收集在聚乙烯瓶中，用 25 mm 或 47 mm 的 GF/F 滤膜对水样进行过滤，过滤负压不超过 50 kPa。滤膜对折后用锡纸包好置于–20℃冰箱中冷冻保存。图 3.47 为航次使用的玻璃微纤维滤纸，图 3.48 为水样过滤系统。

图 3.47　Whatman 生产的 25 mm 和 47 mm GF/F 玻璃微纤维滤纸

图 3.48　科考船上使用的水样过滤系统

（2）样品测定

叶绿素通过分光光度计测定叶绿素标准样品在不同波长下的吸光值，采用公式计算出叶绿素标准样品的浓度；将叶绿素标准品按梯度稀释，用 Turner Design Trilogy 荧光仪测定相应的荧光值，绘制标准曲线用于换算待测样品的浓度。

样品测定时将滤膜展开放入具塞离心管，加入体积分数为 90%的丙酮溶液 10 mL，振荡后置于–20℃冰箱中存放 24 h，萃取叶绿素 a。萃取完成后从冰箱取出避光放置，待恢复至室温后把离心管放在漩涡振荡器上充分振荡 30 s，接着进行离心（4000 r/min 的离心速度下运转 10 min），离心后的上清液用 Turner Design Trilogy 荧光仪测定。

（3）样品质控

叶绿素样品测定过程中，每 30 个样品中插入一个已知浓度的叶绿素 a 标准溶液作为内标控制；每天使用 Turner 的固体标准（solid secondary standard）检测仪器稳定性，如果数值变动太大，则需要重新做一条标准曲线。

（4）数据格式说明

叶绿素 a 数据的要素名称、代码、计量单位如表 3.13 所示。

表 3.13　叶绿素 a 数据要素名称、代码、计量单位表

要素名称	代码	计量单位
叶绿素 a	Chl-a	μg/L

（5）数据产品

针对所获叶绿素数据绘制了每个站位的叶绿素 a 浓度的垂直廓线图（图 3.49），每条断面叶绿素 a 浓度的断面垂直分布图（图 3.50），以及航次调查区域的水平分布图（图 3.51）。

叶绿素分布受营养盐含量、光照条件以及水动力过程的共同控制，以“共享航次计划 2018 年度珠江口-南海西部科学考察实验研究”近岸航段观测资料为例，从水平分布来看，在锋面区附近易形成叶绿素高值区，这是由于该区域的营养盐含量较高且水体滞留时间较长；此外粤东近岸上升流区携带的底层营养盐促进了浮游植物的生长，该区域的表层叶绿素含量也相对较高。

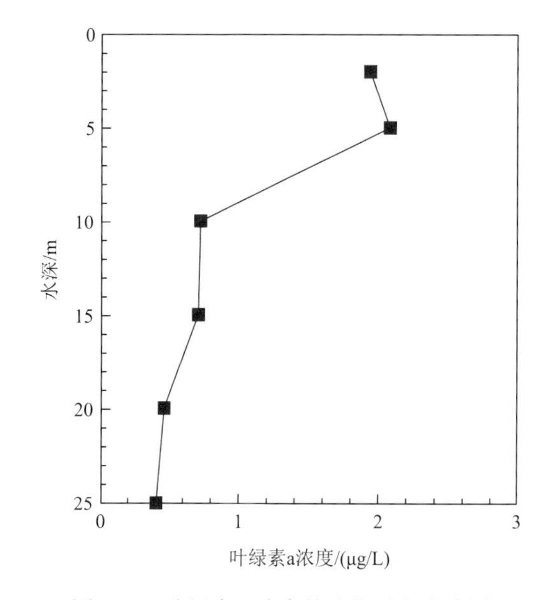

图 3.49　叶绿素 a 浓度的站位垂直廓线图

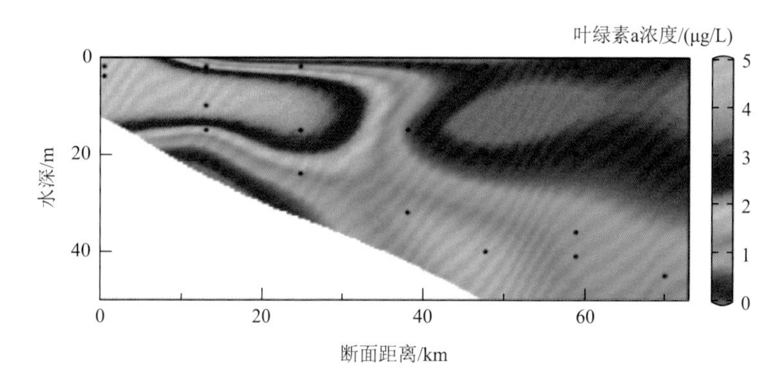

图 3.50　叶绿素 a 浓度的断面垂直分布图

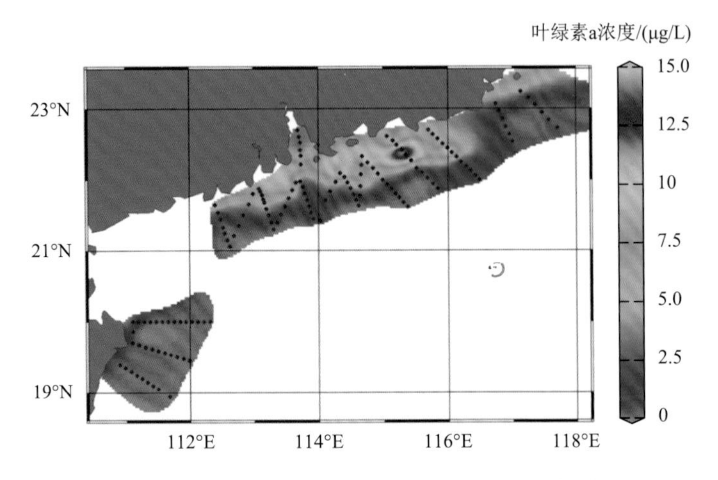

图 3.51　叶绿素 a 航次调查区域的水平分布图

2. 浮游动植物数据

（1）样品采集和保存

使用浮游生物网对浮游动植物进行垂直拖网。水深大于 200 m 时，拖网深度为 200 m；水深小于 200 m 时从底至表进行垂直拖网，样品采集后立即用体积分数为 5%的甲醛溶液固定保存。

（2）样品测定及质控

样品带回实验室后使用显微镜对浮游动植物进行鉴定和计数。浮游动植物采集、处理、计数等均按照《海洋调查规范 第 6 部分：海洋生物调查》（GB/T 12763.6—2007）进行。

（3）数据格式说明

数据为“.xlsx”格式，含两个工作表（sheet），分别为浮游动物数据和浮游植物数据。浮游动物丰度指每立方米水柱包含的浮游动物数量，单位为 ind/m^3。浮游植物丰度指每立方米水柱包含的浮游植物数量，单位为 cells/m^3。

（4）数据产品

航次针对所获浮游动植物绘制了浮游动物丰度平面分布图（图 3.52）和浮游植物密度平面分布图（图 3.53）。

3.2.5　海洋地质

（1）样品采集和保存

底质取样站位利用 GPS 定位，点位误差不大于 10 m。采样时利用抓斗式采样器（图 3.54）采集表层约 5 cm 沉积物样品，每个泥样采集重量不少于 1 kg。

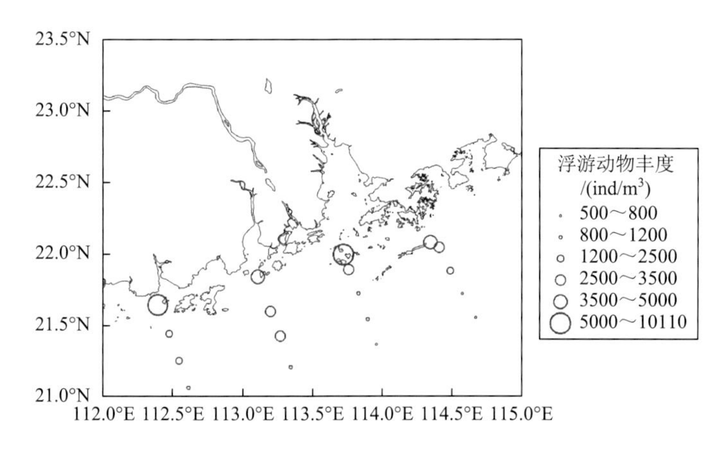

图 3.52　浮游动物丰度平面分布图

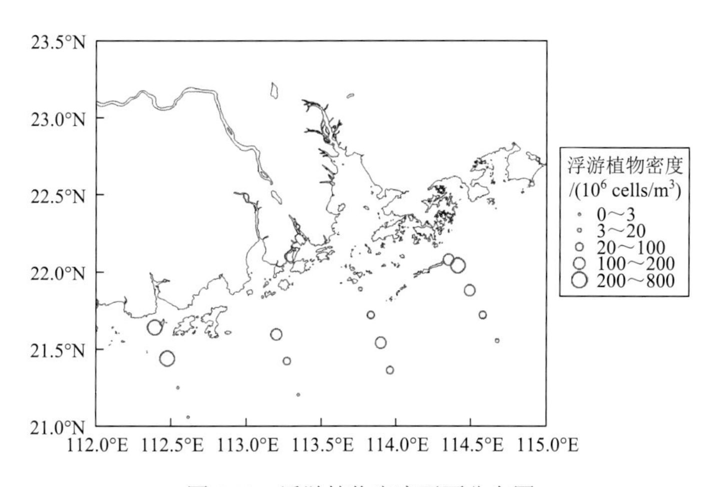

图 3.53　浮游植物密度平面分布图

（2）样品测定

沉积物粒度分析所用仪器为马尔文 2000 激光粒度仪（图 3.55），其测量范围为 0.2～2000 μm，相对误差小于 3%。沉积物样的测试过程分为前处理和干样测试两个阶段。

样品前处理：取湿样重 50 g 左右，放置在 250 mL 的烧杯中，加入体积分数大于 30%的双氧水至样品刚好被完全淹没，待不再冒泡后加入体积分数为 36%～38%的盐酸，至不再冒气泡。后用水反复冲洗稀释 3～4 次，再放在烘箱中烘干，制成干样。

样品测试：对于粒径小于 2000 μm 的样品，直接用激光粒度分析仪分析。在上机测试前，将样品混合均匀后，取干样 2 g 左右，加水稀释，用仪器自带超声波振荡 15 min 后上机测试。按 $\frac{1}{4}\phi$ 间距进行测试，每个样品测试 3 次，测试结果取平均值。对于有粒径大于 2000 μm 的样品，先称重，再用 1 mm 孔径的筛子湿筛，细颗粒部分仍用激光粒度仪进行分析。粗颗粒部分用传统筛分法分析，两部分数据利用仪器仿真文件合并获得完整的粒度分布。

图 3.54　抓斗式采样器

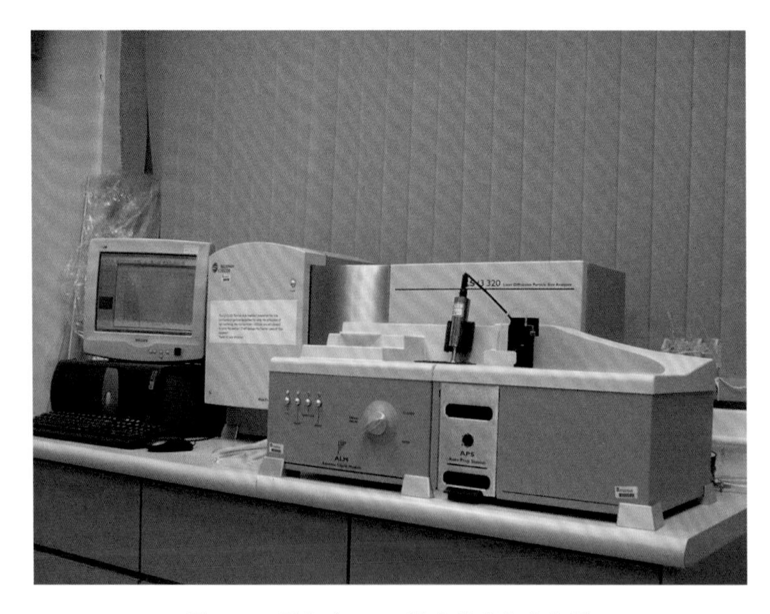

图 3.55　马尔文 2000 激光粒度仪实物图

（3）样品质控

样品处理严格参照《海洋调查规范》（GB/T 12763）进行。

（4）数据格式说明

沉积物粒级采用 Udden-Wentworthϕ粒级标准，经克伦宾公式（Krumbein et al.，1965）将其转化为ϕ值，计算公式为：

$$\phi = -\log 2d \tag{3.3}$$

沉积物命名采用谢帕德命名法，中值粒径、分选系数和偏度等参数采用 Folk-Ward 粒度参数计算公式（Folk et al.，1957）：

$$\text{中值粒径：} M_z = \frac{\phi_{16} + \phi_{50} + \phi_{84}}{3} \tag{3.4}$$

$$\text{分选系数：} \sigma_i = \frac{\phi_{84} - \phi_{16}}{4} + \frac{\phi_{95} - \phi_5}{6.6} \tag{3.5}$$

$$\text{偏度：} S_k = \frac{\phi_{84} + \phi_{16} - 2\phi_{50}}{2(\phi_{84} - \phi_{16})} + \frac{\phi_{95} + \phi_5 - 2\phi_{50}}{2(\phi_{95} - \phi_5)} \tag{3.6}$$

中值粒径（M_z）是衡量沉积物颗粒粗细的综合指标，能在一定程度上反映出沉积环境的变化、沉积动力的强弱和物质的来源等。

分选系数（σ_i）是反映沉积介质荷载筛选能力的标志。依据 GB/T 12763 的判别标准，当σ_i＜0.35 时，分选很好；当 0.35＜σ_i＜0.71 时，分选好；当 0.71＜σ_i＜1.0 时，分选中等；当 1.0＜σ_i＜2.0 时，分选差；当 2.0＜σ_i＜4.0 时，分选很差；当σ_i＞4.0 时，分选极差。

偏度（S_k）表示沉积物粗细分布的对称程度，并表明平均值和中位数的相对位置，能够反映沉积物的成因。当 $S_k = 0$ 时，粒度曲线呈对称分布，若为负偏，则表明沉积物的组成偏粗，平均值将向中位数较粗的方向移动；正偏则沉积物组成偏细，平均值向中位数较细的方向移动。

（5）数据产品

针对所获得数据绘制了伶仃洋河口表层沉积物类型、中值粒径、分选系数和偏度，以及净输运趋势等平面分布图并与 1975 年、1996 年、2004 年和 2017 年的分布进行对比（图 3.56、图 3.57 和图 3.58）。

2017 年的沉积物样品的粒度分析结果显示，伶仃洋河口的表层泥沙颗粒总体较细，M_z 大多在 6～8ϕ；σ_i 大体在 0.39～4.53，平均值为 2.4，总体分选表现为很差；偏度在 0.31～0.55，平均值为 0.22。依照命名规则，可将河口的表层沉积物分为砂、粉砂质砂、砂质粉砂、粉砂、砂-粉砂-黏土、黏土质粉砂 6 种类型。其中黏土质粉砂是分布范围最广的沉积物类型，其次分别为砂-粉砂-黏土和粉砂质砂、砂质粉砂，粉砂分布范围最小[图 3.56(a)]。

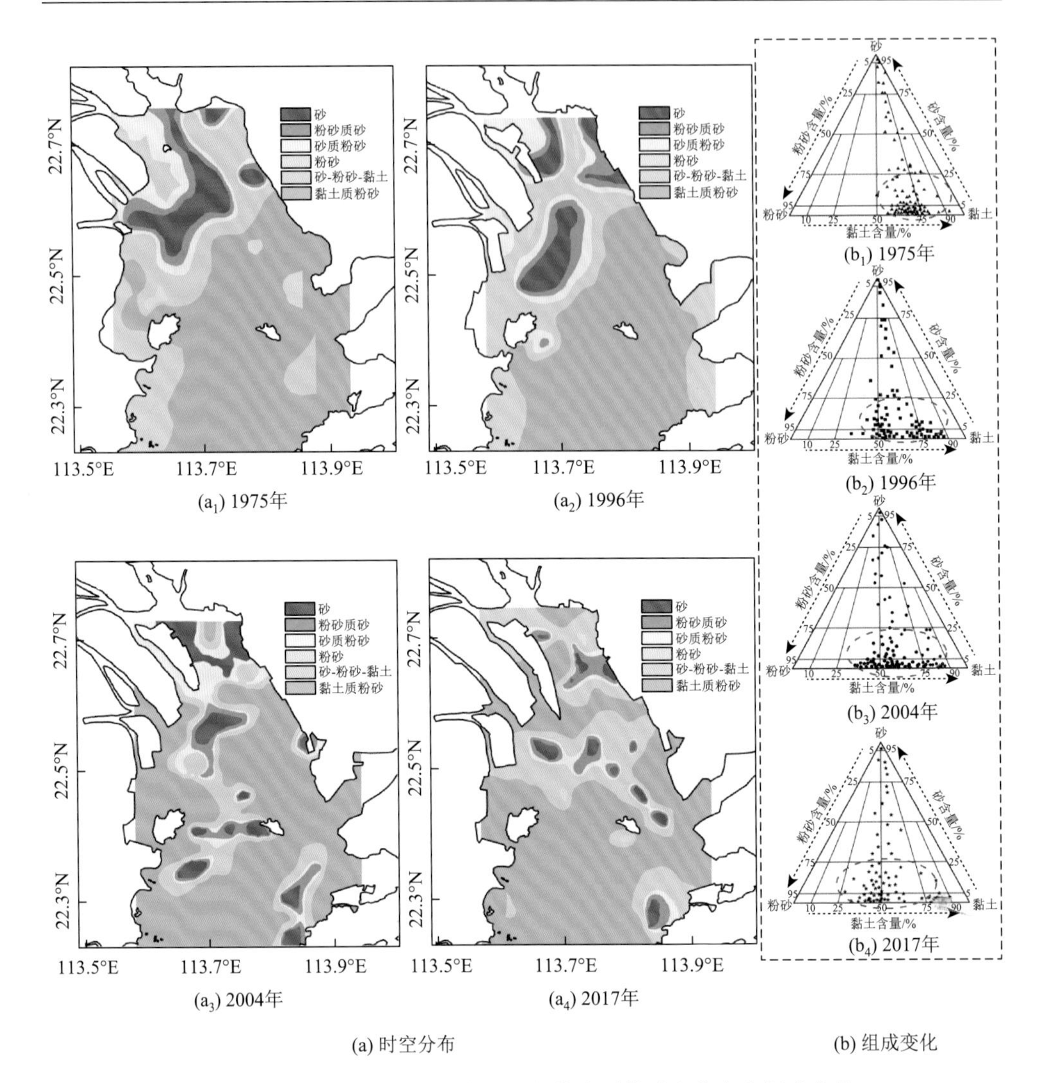

图 3.56　珠江伶仃洋河口表层沉积物类型的时空分布和组成变化

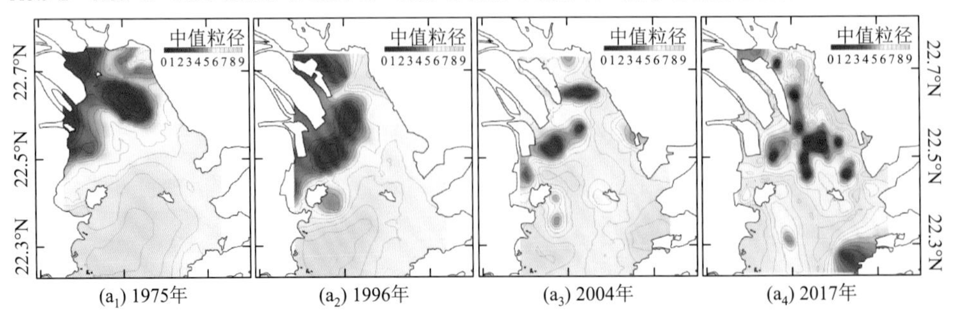

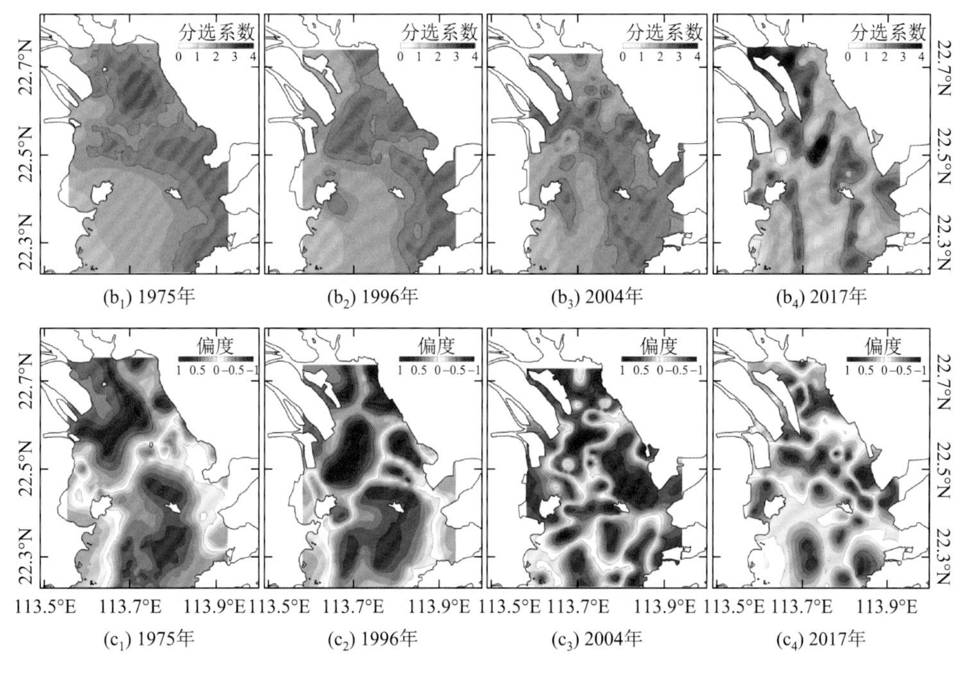

图 3.57　珠江伶仃洋河口表层沉积物粒度参数的时空分布

1975～2017 年珠江伶仃洋河口的表层沉积物粒度的分布存在两个异变现象：①1975～1996 年伶仃洋河口粗颗粒泥沙呈带状地分布于虎门、蕉门和洪奇门等口门外，而到了 2004 年这一区域的面积急剧缩小，并以斑块状形态分布在伶仃洋中部和南部区域；②伶仃洋河口的表层沉积物呈现不断粗化趋势，中值粒径由 1975 年的 6.4 ϕ逐渐增大到 2017 年的 5.3 ϕ。

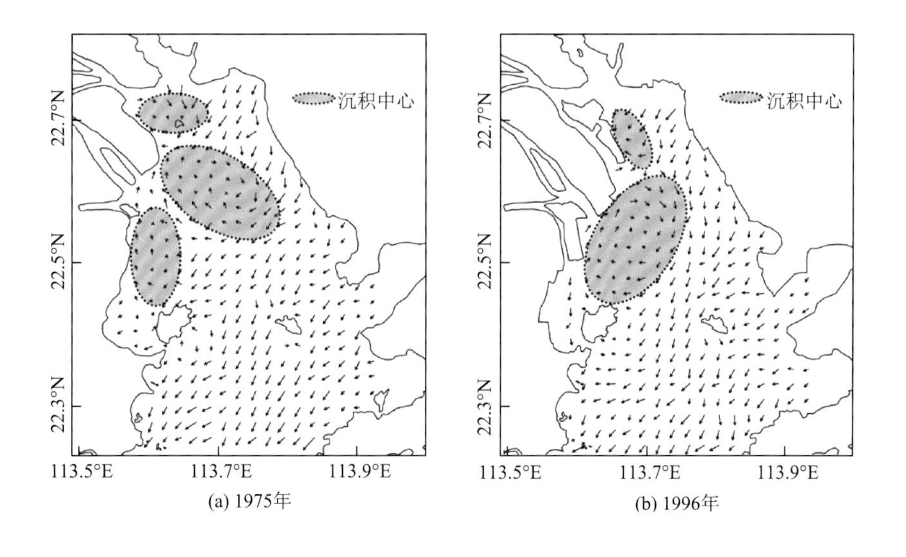

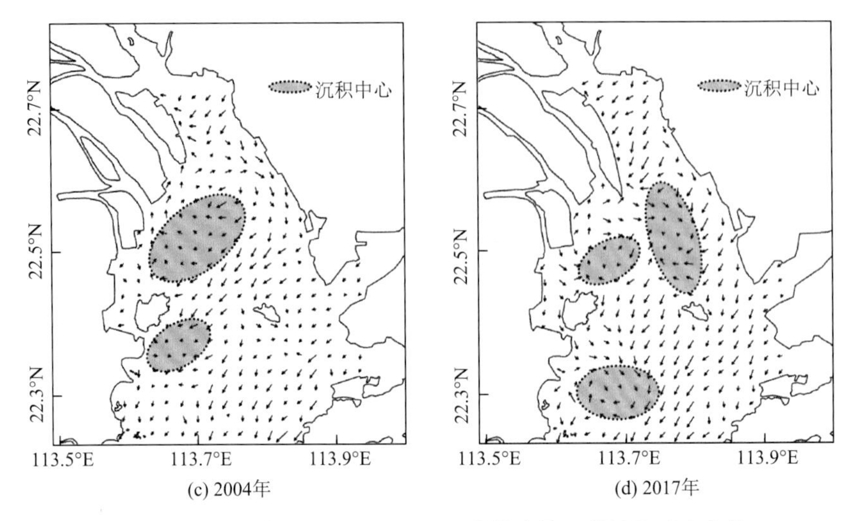

图 3.58　珠江伶仃洋河口表层沉积物的净输运趋势的时空变化

初步的分析表明，流域和河口地区人类活动的剧烈扰动是造成这些异变的主要原因（Wei et al.，2021）。图 3.59 显示了 1954～2018 年珠江流域的主要水库分布及入海泥沙变化，以及 20 世纪 70 年代以来伶仃洋河口地区的主要人类活动。首先，流域大规模水库的建设以及水土保护政策的实施（Dai et al.; 2008; Zhang et al. 2011; Wu et al.，2019；Wei et al.，2020）使得入海泥沙通量自 20 世纪 90 年代起以 2.24 Mt/a 的速度减少，至 2018 年入海泥沙通量已减少到 1990 年之前的 1/3。输沙量的急剧减少使得河

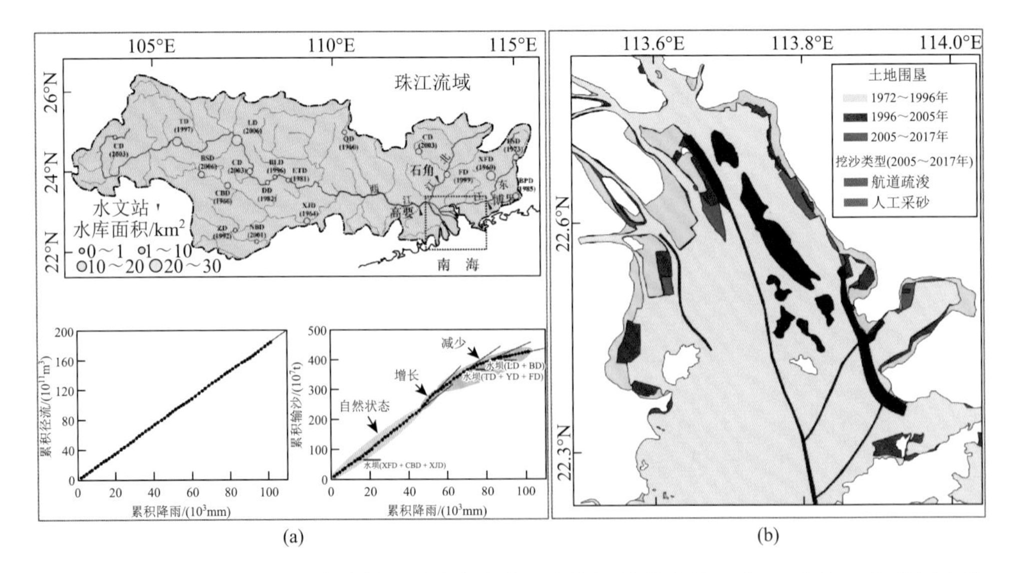

图 3.59　1954～2018 年珠江流域的主要水库分布及入海泥沙的变化(a)和 20 世纪 70 年代以来伶仃洋河口地区的主要人类活动(b)

口出现供沙不足，原有的冲淤平衡被打破，从而造成河口的侵蚀面积不断增加，大量细粒泥沙被搬运至外海。其次，由于填海造地，河口口门迅速向海洋延伸，进而导致了河口沉积中心向下移动。据统计，1972～2017 年，伶仃洋填海面积达到了近 280 km^2，蕉门、洪奇门和横门三个出口的岸线以约 55 m/a 的速度向海推进，数十倍于 1972 年以前的水平。此外，在河口地区的大规模人工采砂和航道疏浚，造成大量深层粗颗粒泥沙被搅拌至表层，因此对表层沉积物的粗化也具有重要贡献。

未来，流域地区的水坝建设以及河口地区围垦、航道疏浚和采砂等工程的持续进行将使得进入河口的泥沙通量进一步减少，伶仃洋河口表层沉积物继续呈现粗化。这对河口生态环境保护和可持续发展将造成重大影响，应引起重视。

3.3　常规化航次观测展望

海洋观测与调查是海洋科学研究的基础。物理海洋学、海洋生物地球化学、海洋地质学和海洋光学等学科都基于大量的海上现场观测与调查采样而开展研究。过去 40 多年，我们已经在海洋资源开发、海洋灾害预警预报和海洋环境保护等方面取得一定成就。然而，海洋科技在助力粤港澳大湾区海洋经济高质量发展时，既迎来许多机遇，也面临着诸多挑战。

传统的海洋调查以船舶观测为主，其特点是工作周期长、所需人力多以及投入物力大，且难以满足大范围、连续和实时的观测要求。我们需要在现有船载走航调查基础上，积极发展卫星遥感、雷达遥感、无人船、水下滑翔机等各种新型观测平台，进行大面范围的连续监测，加大生化、光学和动力等新型监测技术及传感器的自主研发与使用，形成海、陆、空、天四位一体的综合监测网络，构建现代化、系统化、综合化和全球化的海洋观测体系。

粤港澳大湾区地处珠江三角洲，毗邻南海，在发展海洋科技时具有天然的地理优势。大湾区及周边区域内聚集了众多研究海洋的高校、科研院所，以及企事业单位，代表性的有南海所、南方海洋科学与工程广东省实验室、南海水产研究所、中山大学、南方科技大学、深圳大学、香港科技大学、广东海洋大学、汕头大学、自然资源部南海局和广州海洋地质调查局等单位。我们倡议建立海洋观测联盟，在大湾区及周边海域设立若干个标准观测断面进行长期联合观测（图 3.60），推动形成优势互补高质量发展的区域观测布局，共同推进平台资源和数据资源的开放共享，集中突破重大海洋科学与技术难题，助力粤港澳大湾区及周边地区建设发展。

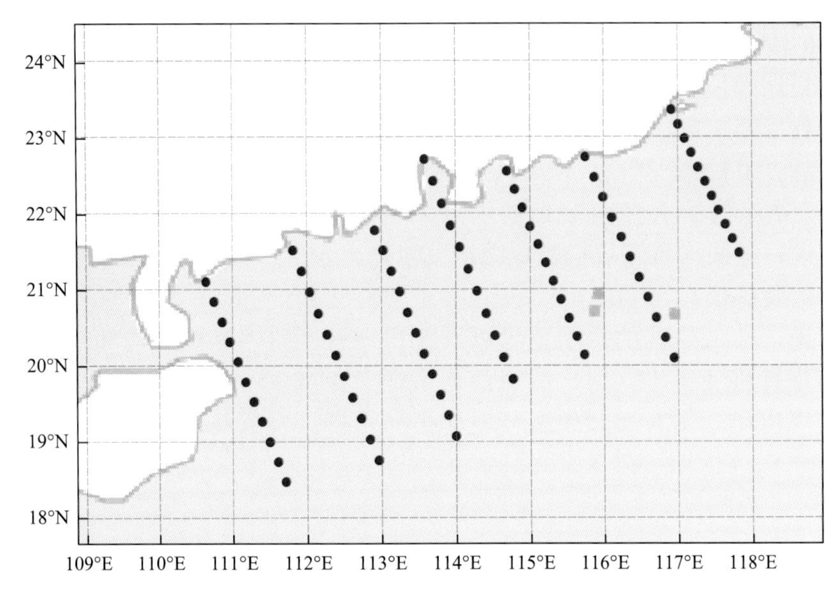

图 3.60　粤港澳大湾区及周边海域标准观测断面

参 考 文 献

陈淼，李占桥，袁延茂，等，2004. 海鸟系列 CTD 数据预处理分析[J]. 海洋测绘，24（6）：62-64.

刁新源，于非，葛人峰，等，2006. 船载 ADCP 测量误差的因素分析和校正方法[J]. 海洋科学进展，24（4）：552-560.

董兆乾，蒋松年，贺志刚，2010. 南大洋船载走航式 ADCP 资料的技术处理和技术措施以及多学科应用[J]. 极地研究，22（3）：211-230.

国家海洋局，国家海洋标准计量中心，2007. 海洋调查规范 第 2 部分：海洋水文观测：GB/T 12763.2—2007[S]. 北京：中国标准出版社.

国家海洋局，国家海洋标准计量中心，2007. 海洋调查规范 第 3 部分：海洋气象观测：GB/T 12763.3—2007[S]. 北京：中国标准出版社.

国家海洋局，国家海洋标准计量中心，2007. 海洋调查规范 第 6 部分：海洋生物调查：GB/T 12763.6—2007[S]. 北京：中国标准出版社.

国家海洋局，国家海洋标准计量中心，2007. 海洋调查规范 第 8 部分：海洋地质地球物理调查：GB/T 12763.8—2007 [S]. 北京：中国标准出版社.

夏华永，廖世智，2010. 珠江口外走航 ADCP 资料的系统误差订正与质量控制[J]. 海洋学报，32（3）：1-7.

杨锦坤，相文玺，韦广昊，等，2009. 走航 ADCP 数据处理与质量控制方法研究[J]. 海洋通报，28（6）：101-105.

自然资源部，全国海洋标准化技术委员会，2020. 海洋调查规范 第 3 部分：海洋气象观测：GB/T 12763.3—2020[S]. 北京：中国标准出版社.

AANDERAA DATA INSTRUMENTS AS，INC，2016. Datastudio 3D Post-processing Software[M/OL]. http://www.aanderaa.com.

DAI S B，YANG S L，CAI A M，2008. Impacts of dams on the sediment flux of the Pearl River，southern China [J]. Catena，76：36-43.

FIRING E，HUMMON J M，CHERESKIN T K，2012. Improving the quality and accessibility of current profile measurements in the Southern Ocean[J]. Oceanography，25（3）：164-165.

FOLK R L，WARD W C，1957. Brazos River bar：a study in the significance of grain size parameters[J]. Journal of sedimentary research，27：3-26.

JOYCE T M，1989. On in situ ‘calibration’ of shipboard ADCPs[J]. Journal of Atmospheric and Oceanic Technology，6：169-172.

KRUMBEIN W C，GREYBILL F，1965. An Introduction to Statistical Models in Geology[M]. New York：McGraw Hill Book Company.

OSINSKI R，2000. The misalignment angle in vessel-mounted ADCP[J]. Oceanologia，42：385-394.

POLLARD R，READ J，1989. A method for calibrating shipmounted acoustic Doppler profilers and the limitations of gyro compasses [J]. Journal of Atmospheric and Oceanic Technology，6：859-865.

TELEDYNE RD INSTRUMENTS，INC，2009. WinADCP user's guide[EB/OL]. http://www.teledynemarine.com/rdi.

TELEDYNE RD INSTRUMENTS，INC，2010. ADCP coordinate transformation[EB/OL]. http://www.teledynemarine.com/rdi.

TELEDYNE RD INSTRUMENTS，INC，2014. Ocean Surveyor/Ocean Observer technical manual[EB/OL]. http://www.teledynemarine. com/rdi.

TELEDYNE RD INSTRUMENTS，INC，2014. WorkHorse commands and output data format[EB/OL]. http://www.teledynemarine. com/rdi.

TELEDYNE RD INSTRUMENTS，INC，2014. WorkHorse Sentinel，Monitor，& Mariner operation manual[EB/OL]. http://www.teledynemarine.com/rdi.

TELEDYNE RD INSTRUMENTS，INC，2016. VmDas software user's guide[EB/OL]. http://www.teledynemarine.com/rdi.

U.S. INTEGRAGED OCEAN OBSERVING SYSTEM，2015. Manual for real-time quality control of in-situ temperature and salinity data version 2.0：A guide to quality control and quality assurance of in-situ temperature and salinity observations[EB/OL]. http://www.ioos.noaa.gov/qartod/.

WEI X，CAI S Q，NI P T，et al.，2020. Impacts of climate change and human activities on the water discharge and sediment load of the Pearl River，southern China[J]. Scientific reports，10：1-11.

WEI X，CAI S Q，ZHAN W K，et al.，2021. Changes in the distribution of surface sediment in Pearl River Estuary，1975–2017，largely due to human activity[J]. Continental Shelf Research，228：104538.

WU C S，JI C C，SHI B W，et al.，2019. The impact of climate change and human activities on streamflow and sediment load in the Pearl River basin[J]. International Journal of Sediment Research，34：307-321.

ZHANG W，MU S S，ZHANG Y J，et al.，2011. Temporal variation of suspended sediment load in the Pearl River due to human activities[J]. International Journal of Sediment Research，26：487-497.

第 4 章　粤港澳大湾区海洋环境变化的卫星遥感观测*

粤港澳大湾区海洋经济在经济规模、创新能力、产业布局上都有不俗的成绩，但随着海洋开发利用强度越来越大，日益严重的环境问题也随之而来，如赤潮、溢油等海洋灾害频发。这些海洋灾害对海洋渔业、滨海旅游业等海洋产业构成严重威胁，也严重影响了大湾区的海洋经济发展质量。制定海洋环境高效的保护机制，需要行之有效的监测手段，特别是应对一些海洋灾害事件，如赤潮、溢油及突发性水质污染事故等。只有能够实时监测海洋灾害状况，才能采取有效措施，使海上的灾害和污染的危害降至最低。

大湾区拥有大量海岛和长的海岸线，但海岛和海岸带的监管和保护尚需大量的工作。如中国民主同盟广东省委员会经过调查发现，广东在海岛管理、保护、开发利用上存在十分突出的问题，这些问题的出现，主要是因为监管不到位，而监管不到位是因为缺乏实时的相关信息获取手段。

海洋卫星遥感作为最近几十年发展起来的新技术，具有覆盖范围广、重访频率高、获取数据快、运行成本低等诸多优势，在海洋、海岛及海岸带的生态调查、环境监测与评价、海洋灾害预警与灾后损失评估等许多领域发挥着越来越重要的作用。世界各海洋强国正在大力发展海洋卫星遥感，未来几年将有数十颗海洋遥感卫星投入使用。在当前产业转型升级的国际大背景下，海洋卫星遥感作为绿色环保的高新技术，有必要大力推进其在大湾区海洋环境监测中的应用。

本章主要介绍了在前期工作基础上，项目组利用海洋水色观测卫星提取大湾区近岸水质的遥感方法、常用传感器、遥感数据预处理流程和反演算法等；同时介绍了利用中国的高分辨率资源卫星监测大湾区近岸红树林变化特征的工作。本章介绍的用遥感技术探测与评价大湾区海洋生态、环境与资源等的原理和方法，将为大湾区的海洋经济发展、海洋资源开发、海洋生态环境保护等提供决策参考依据和技术支撑。

---

* 作者：唐世林[1,2]，叶海彬[1,2]，刘叶取[1]，陈楚群[1,2]，吴颉[1,2]，黄宇业[1,2]，陈琼[1,2]，刘怡婷[1,2]
[1.中国科学院南海海洋研究所，2.南方海洋科学与工程广东省实验室（广州）]

4.1　粤港澳大湾区近海水色遥感

4.1.1　水体光学调查

2003～2012 年，项目组一共在珠江口开展了 10 次光学调查航次，每个航次均预先设置了沿伶仃洋中轴线分布的 18 个站点（表 4.1）。相邻站点之间的距离约为 4.5 km，所有站点覆盖的总距离约为 80 km。采样站的位置如图 4.1 所示。

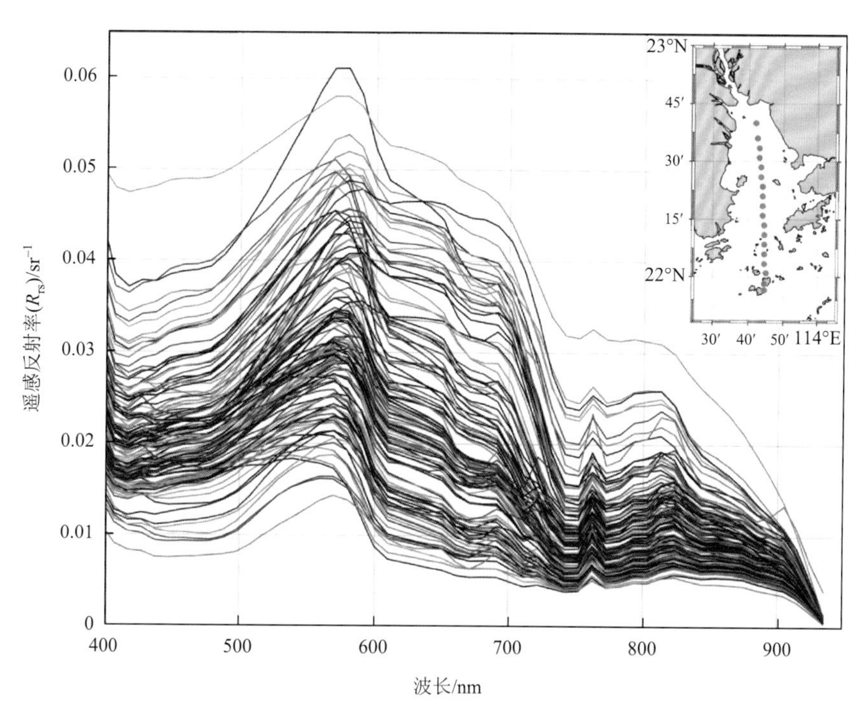

图 4.1　珠江口现场调查站位及实测的水体遥感反射率

由于天气条件的原因，有些航次只覆盖了前 16 或 17 个站点。所有航次共收集了 165 个站点的水体光谱数据集以及对应的环境参数数据。

表 4.1　现场调查的统计

航次	日期	站点数/个	叶绿素 a 浓度/(mg/m^3)
1	2003-01-06	18	7.82±10.79
2	2004-01-06	18	14.48±11.45

续表

航次	日期	站点数/个	叶绿素 a 浓度/(mg/m^3)
3	2004-05-18	17	15.17±13.03
4	2009-08-15	16	6.10±4.65
5	2009-10-22	16	5.55±4.85
6	2009-11-22	16	2.43±1.83
7	2009-12-13	16	4.40±1.51
8	2010-02-01	16	3.24±1.38
9	2010-07-04	16	13.73±6.29
10	2012-06-05	16	3.77±2.02

现场观测数据的收集和调查工作主要分为两个部分：一是水体光学特性测量，测量水面以上水体遥感反射率；二是水环境参数的测量。具体测量方法如下：

遥感反射率测量：参考美国国家航天局（NASA）海洋光学调查规范，水面以上水体遥感反射率测量采用海洋光学公司 USB4000 光谱仪及辐亮度传感器。其中，USB4000 光谱仪的光谱范围覆盖可见光与部分近红外（NIR）波段（350～1000 nm），光谱分辨率达到 0.21 nm。辐亮度传感器探头视场（FOV）为 10°。

离水辐亮度（L_w）在天顶角 0～40°范围内变化不大，仪器观测平面与太阳入射平面的夹角 ϕ_v 约 135°，仪器与海面法线方向的夹角 θ_v 约 40°，以避免绝大部分的太阳直射反射，并减少船舶阴影的影响。为避开太阳直射反射，观测几何按图 4.2 确定。

在仪器面向水体进行测量的同时，进行天空光测量。也可在仪器面向水体进行测量后，将仪器在观测平面内向上旋转一个角度，使得观测方向的天顶角与 θ_v 相同，测量天空光的辐亮度。利用光谱仪分别测量水体上行辐亮度（L_u）、天空光辐亮度（L_{sky}）以及标准反射板的反射辐亮度（L_g）。标准反射板的双向反射率特性和随波长变化的反射率在测量前进行定标。目标水体、标准反射板、天空光测量不得少于 10 条，时间至少跨越一个波浪周期以修正天空光的不均匀性。水体的遥感反射率（R_{rs}）可通过公式（4.1）～（4.3）进行计算。

$$R_{rs} = L_w / E_d \tag{4.1}$$

$$L_w = L_u - \rho_f L_{sky} \tag{4.2}$$

$$E_d = \pi L_g / \rho_g \tag{4.3}$$

式中，L_w 为水体的离水辐亮度，E_d 为水面以上的下行辐照度，ρ_f 为水体菲涅耳反射率，ρ_g 为标准反射板反射率。

水环境参数的测量遵循水环境参数测量的标准和规范。水环境参数主要包括：叶绿素 a 浓度和悬浮泥沙浓度。

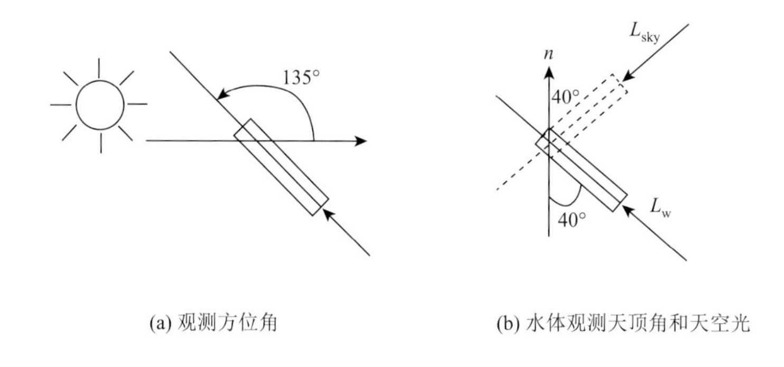

(a) 观测方位角　　(b) 水体观测天顶角和天空光

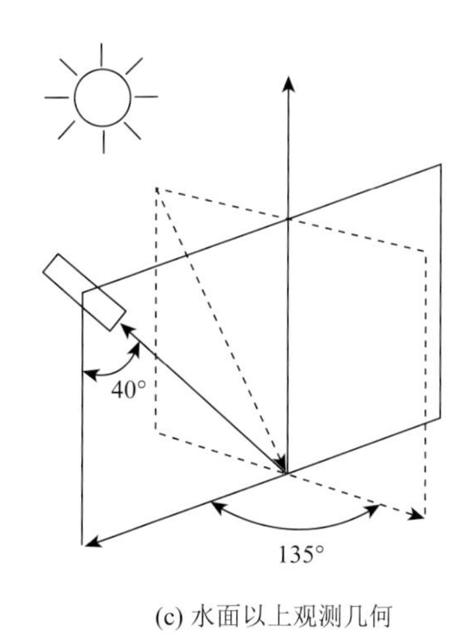

(c) 水面以上观测几何

图 4.2　光谱仪水面以上观测几何示意图

叶绿素 a 浓度采用分光光度法测量。其方法原理是叶绿素 a 的丙酮萃取液在红光波段有一吸收峰。采集海面下 0.5 m 深度以内的表层水体进行过滤，过滤时负压应小于 50 kPa。过滤体积视调查水域而定，近岸水取 0.5～2 L，外海水取 5～10 L。将载有浮游植物的滤膜放入研磨器，加 2 mL 或 3 mL 体积分数为 90%的丙酮，研磨、离心后提取上清液，用体积分数为 90%的丙酮提取其叶绿素，将提取液注入光程为 1～10 cm 的比色槽中，以体积分数为 90%的丙酮作空白对照，用分光光度计测定波长为 750 nm、664 nm、647 nm、630 nm 处的溶液消光值。根据三色分光光度法方程，计算海水中叶绿素 a 的浓度。计算方法见公式（4.4）～（4.5）。

$$\rho_{a}(\text{Chl a}) = 11.85E_{664} - 1.54E_{647} - 0.08E_{630} \tag{4.4}$$

式中，ρ_a（Chl a）为提取液中叶绿素 a 的浓度，μg/cm^3；E_{664} 为波长 664 nm 处 1 cm 光程经浊度校正的消光值；E_{647} 为波长 647 nm 处 1 cm 光程经浊度校正的消光值；E_{630} 为波长 630 nm 处 1 cm 光程经浊度校正的消光值。

$$\rho(\text{Chl a}) = \frac{\rho_a(\text{Chl a}) \cdot V_1}{V_2} \tag{4.5}$$

式中，ρ（Chl a）为海水中叶绿素 a 的浓度，mg/m^3；V_1 为提取液的体积，mL；V_2 为过滤水样的体积，mL。

水质中的悬浮物是指水样通过孔径为 0.45 μm 的滤膜，截留在滤膜上并于 103～105℃烘干至恒重的固体物质。悬浮物含量按公式（4.6）计算：

$$C = \frac{(A - B) \times 10^6}{V} \tag{4.6}$$

式中，C 为水中悬浮物浓度，mg/L；A 为悬浮物加滤膜加称量瓶的总质量，g；B 为水样过滤前滤膜与称量瓶的总质量，g；V 为试样体积，mL。

4.1.2 水色观测卫星数据处理

1. 水色遥感原理

相对于传统现场调查的观测手段，卫星遥感观测具有长时间、大面积同步观测的优势。水色遥感是一种利用光学遥感数据对水体进行监测的方法，不但是认识水生生态系统的窗口，也是获取海洋上层生态环境参数的重要手段，对提高粤港澳大湾区水质环境监测的时效性、准确性和覆盖范围具有重要意义。

“水色”指水体所呈现的颜色。自然界中的色彩由色光三原色按不同比例和强度混合产生，色光三原色红、绿、蓝分别对应空气中波长为 700 nm、546.1 nm、435.8 nm 的波段。水体中的叶绿素、黄色物质和悬浮物质在不同波长（主要是可见光波长范围）的吸收和散射特性存在明显差异，是影响水体颜色的主要要素，被称为“水色三要素”。如叶绿素在 400～700 nm 波长范围内存在 2 个吸收峰，黄色物质的吸收随波长增加近似指数衰减，悬浮物的散射对波长不敏感，但随悬浮物浓度的升高而增强。水色三要素通过吸收和散射进入水体中的太阳光，影响水下光场分布和向上辐亮度光谱，使水体呈现不同的颜色。如大洋清洁水体呈蓝色，当水体中藻类增多时，水体呈绿色，泥沙含量增大时，水体呈黄棕色。因此，通过提取传感器获得的水体辐射光谱，即可解析出水体中水色要素的浓度信息。而其他不具有光谱特征的水质指标，如溶解有机碳、DO、化学需氧量、五日生化需氧量、总磷、总氮等，则需通过与水色要素的相关性进一步反演计算。

2. 光学传感器

1978 年世界首个海岸带水色扫描仪（coastal zone color scanner，CZCS）的成功发射，开辟了利用水色遥感观测海洋环境的先河。经过四十多年的发展，水色传感器不断更新换代，从 NASA 的 CZCS、SeaWiFS（sea-viewing wide field-of-view sensor）

到 MODIS（moderate-resolution imaging spectroradiometer）、VIIRS（visible infrared imaging radiometer suite），从欧洲航天局（European Space Agency，ESA，简称欧空局）的 MERIS（medium resolution imaging spectrometer）到 OLCI（ocean and land colour instrument）、MSI（multispectral instrument），从多光谱载荷到高光谱 HICO（hyperspectral imager for the coastal ocean），从太阳同步轨道到地球同步轨道的 GOCI（geo-stationary ocean color imager）和 GOCI-Ⅱ，水色传感器朝着高空间分辨率、高光谱分辨率、高时间分辨率、高灵敏度、高信噪比、宽动态范围的方向发展。截至 2021 年 10 月 1 日，在轨的水色传感器如表 4.2 所示。

为了保证传感器的时间分辨率、光谱分辨率和信噪比，专用的海洋水色传感器空间分辨率通常不高。大洋水体面积大，空间变化缓慢，较低的空间分辨率（千米）可以满足海洋监测的需要，而对于沿岸二类水体和内陆河流湖泊的监测，空间分辨率要求达到百米、十米，甚至米级。因此，对粤港澳大湾区海洋环境的监测，除了可以使用传统水色传感器的数据，许多具有更高空间分辨率的陆地卫星如 Landsat 系列、GF 系列等，也是非常好的数据源。

表 4.2　在轨运行的水色传感器（截至 2021 年 10 月 1 日，IOCCG）

卫星	传感器	所属	发射时间	幅宽/km	空间分辨率/m	波段数/段	波段范围/nm	过境时间
HY-1C	COCTS	中国	2018-09-07	3000	1100	10	402～12500	10∶30
	CZI			950	50	4	433～885	
HY-1D	COCTS	中国	2020-11-06	3000	1100	10	402～12500	13∶30
	CZI			950	50	4	433～885	
Geo-Kompsat-2B	GOCI-Ⅱ	韩国	2020-02-18	2500×2500	250	13	380～900	一天 10 景
Terra	MODIS	美国	1999-12-18	2330	250/500/1000	36	405～14385	10∶30
Aqua	MODIS	美国	2002-05-04	2330	250/500/1000	36	405～14385	13∶30
Suomi NPP	VIIRS	美国	2011-10-28	3000	375/750	22	402～11800	13∶30
JPSS-1/NOAA20	VIIRS	美国	2017-11-18	3000	375/750	22	402～11800	13∶30
Sentinel-2A	MSI	欧空局	2015-06-23	290	10/20/60	13	442～2202	10∶30
Sentinel-2B	MSI	欧空局	2017-03-07	290	10/20/60	13	442～2186	10∶30
Sentinel-3A	OLCI	欧空局	2016-02-16	1270	300/1200	21	400～1020	10∶00
Sentinel-3B	OLCI	欧空局	2018-04-25	1270	300/1200	21	400～1020	10∶00
Oceansat-2	OCM-2	印度	2009-09-23	1420	360/4000	8	400～900	12∶00
GCOM-C	SGLI	日本	2017-12-23	1150～1400	250/1000	19	375～12500	10∶30

3. 大气校正

准确的大气校正过程是水色遥感定量化应用的基础和关键。水色传感器接收到的总辐射信号包括了大气干扰信号和真正携带水体要素信息的离水辐射信号。相对于陆地，水体的信号非常微弱，在可见光波段，大气干扰信号可以占到总辐射信号的90%以上，大气校正就是从总辐射信号中准确地估算并除去大气干扰信号，从极大的背景噪声中提取出微弱的目标信号（离水辐射信号）的过程。大气干扰信号主要包括来自于大气分子的瑞利散射辐射和气溶胶的散射辐射。由于大气分子成分稳定，大气分子的瑞利散射可以通过辐射传输方程精确计算出来，而气溶胶来源广泛，时空变化大，其辐射量难以统一量化，因此水色遥感的大气校正通常指气溶胶散射辐射的校正过程。

目前水色数据在大洋清洁水体的大气校正已基本成熟。Gordon 等（1994）假定 NIR 波段的离水辐射可以忽略不计，利用两个 NIR 波段进行大气校正的方法在清洁水体中很成功，被称为标准大气校正算法。但在粤港澳大湾区这类近岸浑浊水域，水体中含有大量具有强后向散射特性的无机悬浮物，导致 NIR 波段的海洋水色贡献不可忽略，标准大气校正算法不适用。为了解决这一问题，国内外学者提出了诸多算法，如邻近像元算法（Hu et al.，2000）、模型迭代算法（Bailey et al.，2010）、短波红外（SWIR）算法（Wang et al.，2005）、紫外算法（He et al.，2012）、神经网络算法（Fan et al.，2017）等。

针对珠江口的水质特点，陈楚群（1998）通过假设整幅图像中气溶胶的粒径分布和复折射率不变，提出以“清洁海水”像元的红光波段气溶胶散射辐亮度的平均值，作为整幅图像的红光波段气溶胶散射辐亮度的方法，对浑浊水体像元进行大气校正。而后基于“等效清洁水体”的概念，He 等（2014）提出一种适用于珠江口 MODIS 数据的短波红外指数外推（SWIRE）大气校正算法，其校正结果如图 4.3 所示。该算法认为清洁水体像元在 NIR 和 SWIR 波段范围内，瑞利校正反射率 ρ_{rc} 与中心波长 λ 之间存在一个指数关系式：$\rho_{rc}(\lambda)=a\mathrm{e}^{-b\lambda}$，由于水体对 SWIR 的吸收比 NIR 强 1～3 个量级，在浑浊水体，SWIR 的离水辐射仍可以被忽略不计，因此可以根据 3 个 SWIR 的 ρ_{rc} 推算出“等效清洁水体”的 NIR 波段的 ρ_{rc}。Ye 等（2017）将 SWIRE 算法应用于 Landsat-8/OLI 数据，使用三个 NIR/SWIR 波段来确定气溶胶的性质，同样在珠江口水域取得了成功（图 4.4）。对于不具备 SWIR 的传感器，可以通过借助其他传感器的 SWIR 波段确定观测区域的气溶胶类型及其光学厚度，再根据已知的气溶胶类型及光学厚度，计算并剔除目标传感器的气溶胶反射率值，实现大气校正（Wu et al.，2019），如借助 VIIRS 传感器对 HY-1C/CZI 数据进行大气校正，其结果如图 4.5 所示。

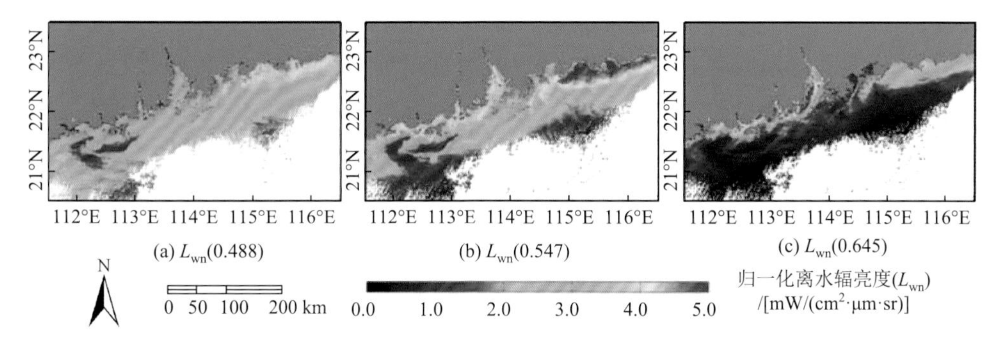

图4.3　2010年10月28日MODIS数据SWIRE算法大气校正结果

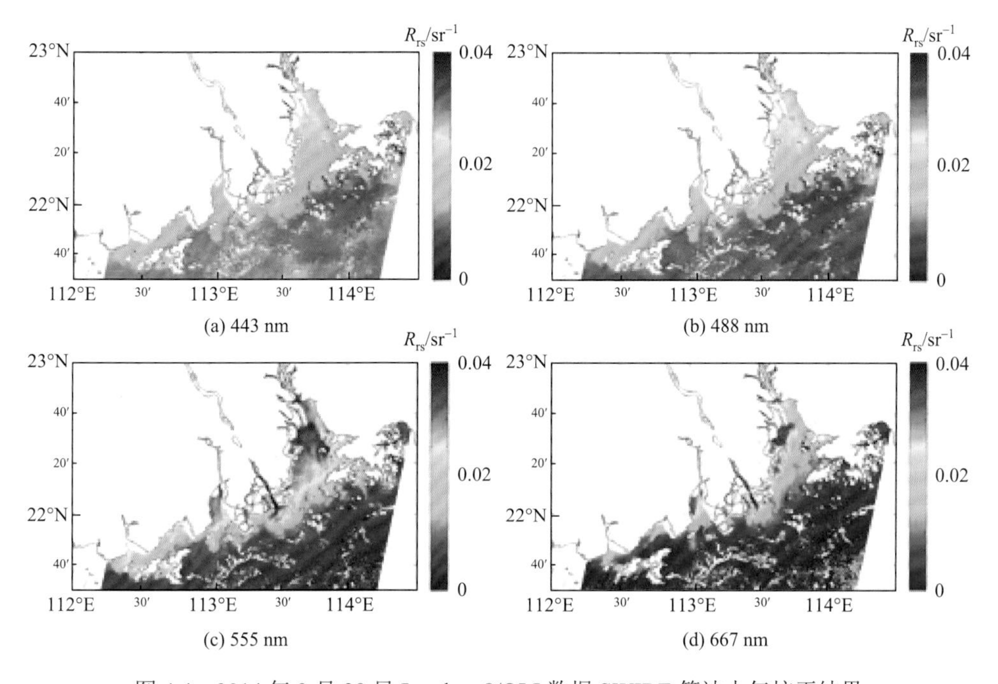

图4.4　2014年9月29日Landsat-8/OLI数据SWIRE算法大气校正结果

除了针对水体水色数据设计的大气校正算法，针对陆地光学遥感数据设计的FLAASH大气校正算法，对近岸和内陆水体光学遥感数据的大气校正也有一定的适用性。该算法采用的是MODTRAN辐射传输模型，内嵌于ENVI软件，可用于多种多光谱/高光谱卫星数据和航空影像数据。以2013年12月31日Landsat-8/OLI数据为例，比较FLAASH和SWIRE两种算法的校正结果（图4.6），通过$\Delta R_{rs}(\lambda)=\left[\dfrac{R_{rs}(\lambda)_{FLAASH}-R_{rs}(\lambda)_{SWIRE}}{R_{rs}(\lambda)_{SWIRE}}\right]\times 100\%$，分析二者的差异，结果表明：二者大气校正结果相近，差异基本都在50%以内。

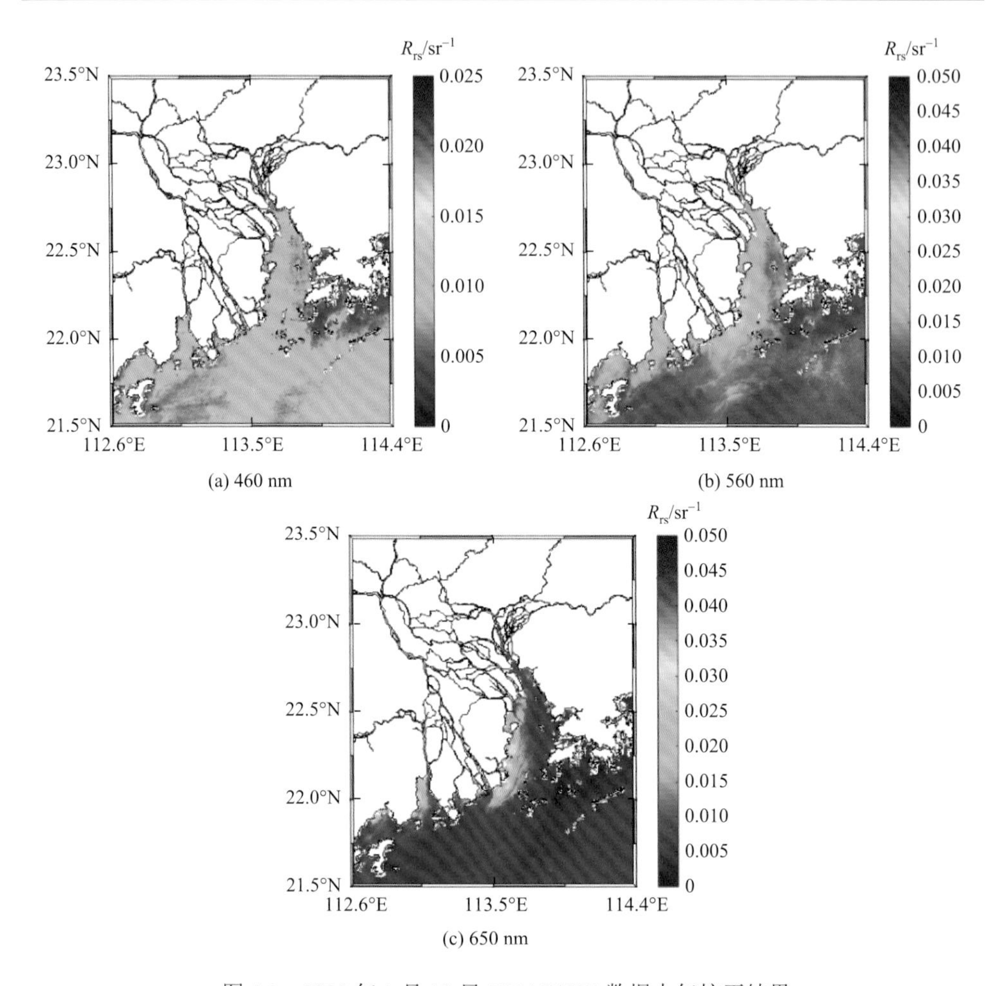

(a) 460 nm　(b) 560 nm

(c) 650 nm

图 4.5　2020 年 1 月 30 日 HY-1C/CZI 数据大气校正结果

4. 常用处理软件

从光学传感器接收到的原始信号到可用的水质产品数据，一般需要经过辐射定标、几何定标、大气校正、数据反演、数据质量控制等过程。以下介绍几款常用的数据处理软件。

SeaDAS 是水色遥感领域应用最为广泛的数据处理分析软件之一，由 NASA 海洋生物处理组（Ocean Biology Processing Group，OBPG）开发，该软件集数据处理、分析、显示、质量控制于一体，集成了多种大气校正算法、反演算法和数据质量控制指标，目前能够处理 MODIS、VIIRS、OLI 等 19 种传感器的数据，但数据处理模块（OCSSW）只能在 Linux 和 Mac 系统下使用，所有算法的源代码对用户开放使用，该软件下载地址为：https://seadas.gsfc.nasa.gov/downloads/。

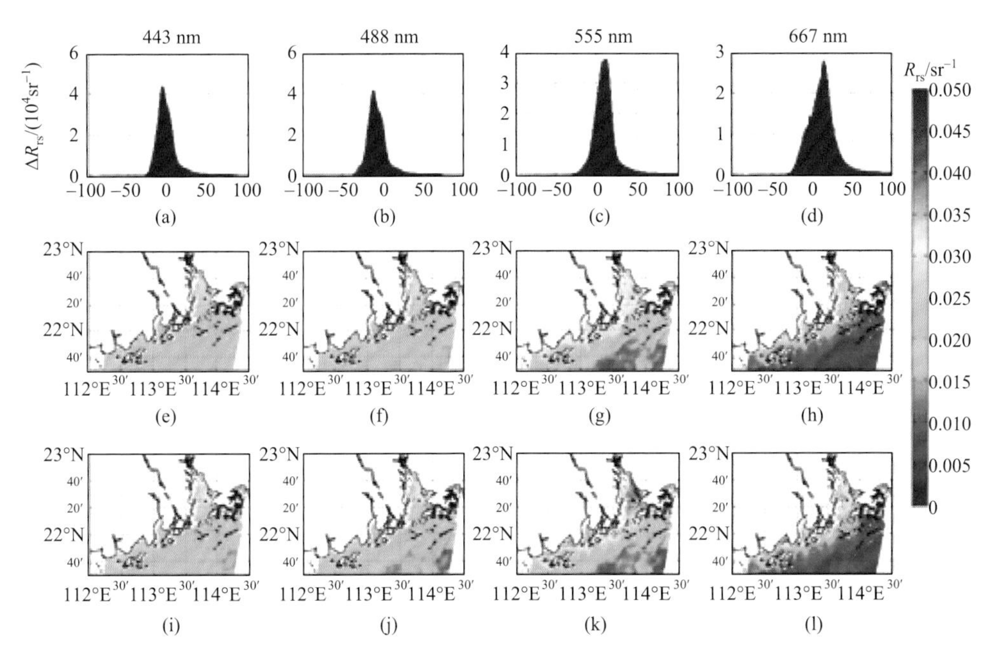

图4.6　2013年12月31日Landsat-8/OLI数据SWIRE算法和FLAASH算法大气校正结果R_{rs}比较

（a）～（d）：差异直方图；（e）～（h）：SWIRE；（i）～（l）：FLAASH

哨兵应用平台（sentinel application platform，SNAP）是由欧空局开发的哨兵数据处理分析平台，它集合了所有哨兵数据处理的工具包，包括 Sentinel-1 Toolbox、Sentinel-2 Toolbox、Sentinel-3 Toolbox、Sentinel Atmospheric Toolbox、Sentinel-3 Altimetry Toolbox 以及一些其他工具包，这些工具包可以在 Windows、Mac 和 Linux 任意系统环境下使用。Sentinel-2 Toolbox 和 Sentinel-3 Toolbox 可以处理多光谱数据，除了支持自身搭载的MSI、OLCI和SLSTR数据，还支持MERIS、SPOT、MODIS、Landsat（TM）等数据的处理。该软件的下载地址为：http://step.esa.int/main/download/ snap-download/。

ENVI（environment for visualizing images）是一套完整的商业遥感图像处理平台，从图像输入与浏览，到图像预处理（辐射定标、几何校正、大气校正、图像融合、图像镶嵌与裁剪）和图像信息提取，功能覆盖遥感图像处理的每个流程，并且提供了交互式数据语言（interactive data language，IDL）编写扩展功能的接口，是遥感行业必不可少的专业软件之一。ENVI 支持的数据类型众多，既能处理光学卫星数据，如 Landsat、SPOT、WorldView、MODIS 等，又能处理星载雷达数据，如 Sentinel-1、RADASAT、ALOS 等，对国产高分系列、资源系列、环境系列、吉林系列、中巴地球资源卫星等卫星数据的处理，需要用户自行下载并安装 ENVI_China_ Satellite_Support 插件。

4.1.3　大湾区近海叶绿素 a 浓度反演

本节以珠江口海域为例，探讨大湾区近海叶绿素 a 的遥感反演模型及其结果。主要介绍用于构建叶绿素 a 的遥感反演模型的水体的光谱特征、模型结构与模型结果。

1. 珠江口水体叶绿素 a 光谱特征分析

在构建珠江口水体叶绿素 a 的遥感反演模型时，首先要分析与叶绿素 a 显著相关的光谱特征，其次要进一步分析哪些光谱特征受其他水质参数的影响较小，这有助于提高叶绿素 a 的遥感反演模型的稳定性。

珠江口的水体光谱特性复杂，口内由二类水体主导，口外主要是过渡水体和一类水体。《2020 中国生态环境状况公报》显示珠江流域水质整体良好，没有出现劣Ⅴ类水质。利用 2014 年珠江口 4 个航次实测的表观光谱数据，黄宇业等（2019）探讨了珠江口海域的水体遥感反射率的类型及时空变化特征。从图 4.7 可知，珠江口全年水色光谱总体表现为在蓝光波段遥感反射率普遍处于低值，这与珠江口高浓度有色可溶性有机物（colored dissolved organic matter，CDOM）和叶绿素 a 的吸收有关；遥感反射率的波峰出现在 570 nm 左右，根据 Gitelson 等（2007）对水体光谱的研究，该谱峰的形成是由珠江口高浓度的悬浮泥沙强烈的后向散射和叶绿素 a、胡萝卜素的弱吸收，再加上细胞的散射作用所致，且随着悬浮泥沙浓度的增加，反射峰会逐渐向长波方向移动，即所谓的“红移现象”。光谱值在波峰处往红光方向迅速减小，在 NIR 波段，受悬浮泥沙等物质的影响该波段处的遥感反射率不为 0；在 800 nm 附近形成了悬浮泥沙的第二个“后向散射峰”，在春夏两季该反射峰更为明显，主要是由于珠江口从春季开始进入丰水期，径流量逐渐增大，淡水冲击力大，同时在珠江口西南侧存在季节性上升流，使得泥沙再悬浮，悬浮泥沙浓度增高（栾虹等，2017），泥沙的后向散射特性增强。光谱的次高峰出现在 650 nm 左右；在夏秋冬季节，由于叶绿素 a 对红光的强吸收，在 670 nm 附近出现了较明显的反射波谷；在 680 nm 附近再次出现反射峰，一般被称为叶绿素 a 的荧光峰，且随着叶绿素 a 浓度的增加向长波方向移动（唐军武等，2004），夏冬季节该荧光峰较明显，主要是由于藻类颗粒的叶绿素对红光的吸收作用及荧光效应都会随叶绿素的增加而相应增强（史合印等，2010）。水对光具有选择吸收特性，在不同的波段水对光的吸收作用不同，对红外部分和紫外部分的吸收作用最为强烈，珠江口一般从 4 月开始进入丰水期，同时水分子在 760 nm 左右具有强吸收的特性，春季遥感反射率在 760 nm 附近的吸收特性比其他季节都强，形成了一个十分稳定的反射谷，而其他季节不稳定或不明显，相反地珠江口从 10 月进入枯水期，秋季该波段在部分海域还出现了较明显的反射峰现象，该反射峰为叶绿素荧光信号的填充作用所形成，故 760 nm 附近的反射谷可作为识别珠江口春季水体的标志。

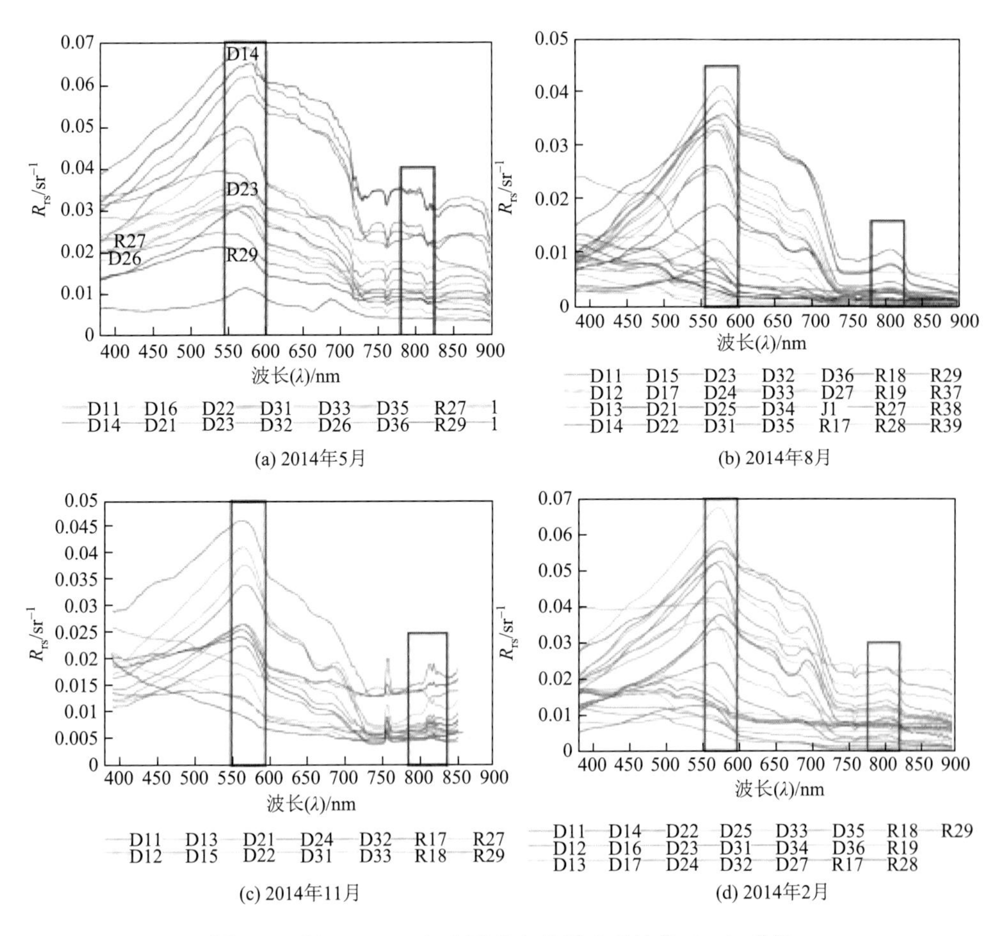

图 4.7　珠江口 2014 年春夏秋冬的遥感反射率（R_{rs}）曲线

2. 珠江口水体叶绿素 a 遥感反演模型及结果

由于近岸水体的光谱特性复杂，因此，利用遥感反演近海的叶绿素一直以来都是一项极具挑战的任务。早在 20 世纪 90 年代初，NASA 的 SeaWiFS 发射之后，陈楚群等（2001）利用模拟的水体辐照度与在珠江口实测的叶绿素和黄色物质等水质参数构建了适用于 SeaWiFS 传感器的叶绿素 a 的反演算法；相较于 SeaDAS 固有算法反演的叶绿素 a 产品，该算法的反演精度更优。陈晓翔等

（2004）改进了 SeaWiFS 数据的处理方法，并应用 SeaDAS 提供的 OC2 算法有效的解决了叶绿素 a 资料在珠江口等沿岸海域的缺失问题。

20 世纪初，随着研究的深入，人工神经网络作为一种通用的非线性逼近方法逐步在海洋水色反演中得到应用。沈春燕等（2005）构建了反演珠江口海域叶绿素浓度的三层 BP 神经网络模型，以 SeaWiFS 前 6 个波段的遥感反射率作为模型的输入，叶绿素浓度作为输出；与 OC2 和 OC4 这 2 种统计算法的反演结果进行比较发现，人工神经网络模型的反演效果明显优于统计算法（表 4.3）。基于 VIIRS 遥感影像数据，Ye 等（2020）利用支持向量机（SVM）反演了珠江口水体叶绿素 a 的浓度，并探讨了珠江口 2012～2018 年水体叶绿素 a 浓度的时空变化特征（图 4.8）；结果表明，相较于 OC3 算法，SVM 算法更适用于珠江口水体的叶绿素 a 浓度的反演。近些年，深度学习算法兴起，Ye 等（2021）基于 MODIS/Aqua 的可见光波段数据应用两段卷积神经网络（CNN）来反演珠江口水体的叶绿素浓度，结果表明在混浊的珠江口水体中两段卷积神经网络反演叶绿素优于经验算法和半分析算法。

在红光和 NIR 波段的叶绿素荧光峰携带了大量的叶绿素浓度信息，悬浮泥沙和黄色物质的信息量很小，这有利于解决珠江口等复杂二类水体叶绿素浓度反演的难题。杨锦坤等（2007）对珠江口 1 nm 带宽的实测遥感反射率光谱的研究发现叶绿素荧光峰的高度与叶绿素浓度之间存在良好的线性关系，相关系数的平方为 0.896；叶绿素荧光峰的位置与叶绿素浓度之间存在良好的指数关系，相关系数的平方为 0.902，可作为叶绿素浓度遥感反演过程中极为有效的探针。随后，Liu 等（2011）采用叶绿素 a 荧光峰高和荧光峰位置的面积包络算法反演了珠江口的叶绿素 a 浓度。

在珠江口混浊的水体中，蓝绿波段法（如 OC 算法）反演叶绿素浓度存在低估的现象，Gitelson 等（2007）提出了一种基于红光与 NIR 3 个波段遥感反射率的适用于混浊水体的叶绿素浓度反演模型，马金峰等（2009）基于珠江口的实测数据检验了此模型反演叶绿素浓度在珠江口的适用性，结果表明此模型在珠江口具有良好的应用潜力。

表 4.3　神经网络与统计算法反演的叶绿素 a 浓度精度对比

采样时间	实测浓度 /(mg/m^3)	神经网络反演浓度 /(mg/m^3)	OC2 反演浓度 /(mg/m^3)	OC4 反演浓度 /(mg/m^3)	采样时间	实测浓度 /(mg/m^3)	神经网络反演浓度 /(mg/m^3)	OC2 反演浓度 /(mg/m^3)	OC4 反演浓度 /(mg/m^3)
1998-12-29	1.10	1.65	1.418	1.81	1998-12-30	1.11	1.51	1.782	1.56
1998-12-29	1.21	1.77	1.695	1.08	1998-12-30	1.20	1.09	2.685	0.83
1998-12-29	1.62	1.95	1.856	2.32	1998-12-31	0.68	0.79	1.394	0.34

续表

采样时间	实测浓度/(mg/m³)	神经网络反演浓度/(mg/m³)	OC2反演浓度/(mg/m³)	OC4反演浓度/(mg/m³)	采样时间	实测浓度/(mg/m³)	神经网络反演浓度/(mg/m³)	OC2反演浓度/(mg/m³)	OC4反演浓度/(mg/m³)
1998-12-30	2.25	2.50	2.524	3.11	1998-12-31	0.84	0.96	1.472	0.52
1998-12-30	2.25	2.57	2.558	1.09					
均方根误差		0.2899	0.5635	0.5301	可决系数		0.8848	0.5570	0.4311

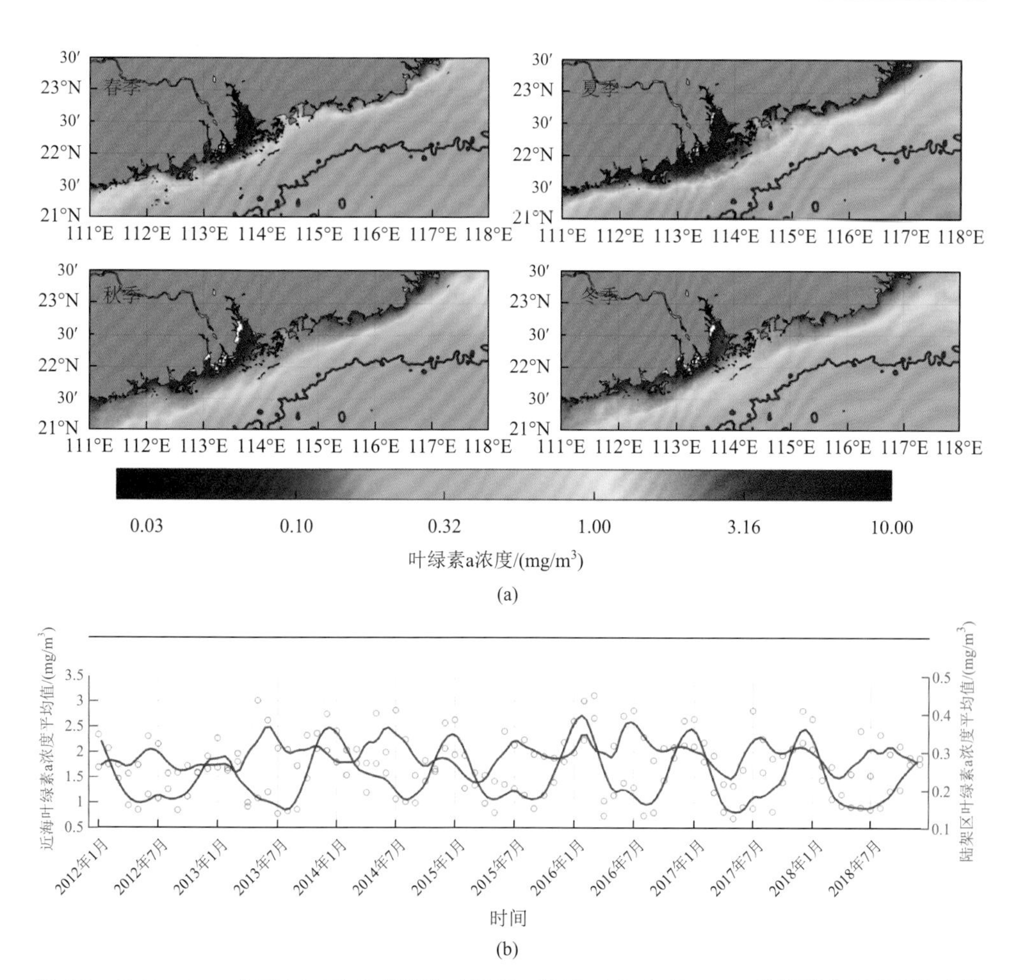

图4.8　2012～2018年珠江口的季节平均叶绿素a浓度（a）和以−80 m等深线分隔的近海和陆架区的时间序列叶绿素a浓度平均值（b）

随着技术的发展，高光谱在水质反演中也扮演着重要角色。刘大召等（2008）对现场实测的高光谱数据和同步的水质数据进行分析发现695 nm处的一阶导数光谱数据对叶绿素a浓度有很好的指示作用，因此，构建了695 nm处一阶导数反演叶绿素 a 浓度的线性、二次多项式、三次多项式和指数模型，结果发现一阶导数的指数模型是估算珠江口水体叶绿素 a 浓度的最佳反演模型。Xing 等（2008）与史合印等（2010）利用在珠江口实测的高光谱数据采用一阶导数和二阶导数算法进行珠江口水体叶绿素 a 浓度的反演，结果表明二阶导数光谱的特征波段较原始光谱、一阶导数光谱对浑浊水体的叶绿素浓度更为敏感，在 670 nm 处二阶导数的简单线性模型可以有效反演珠江口等混浊水体中的叶绿素 a 浓度。

近些年，国内卫星技术发展较快，我国发射了海洋一号 C/D 星（HY-1C/D）等水色观测卫星。基于珠江口实测的叶绿素 a 浓度，Huang 等（2021）为 HY-1C 的海岸带成像仪构建了适用于珠江口水体的叶绿素 a 浓度的反演算法［SR，图 4.9（f）］。结果表明相较于其他算法[OC2、OC3（O'Reilly et al.，1998），OCI 算法（Hu et al.，2012），Ma 算法（Ma et al.，2005），Qin 算法（Qin et al.，2014）]，该算法的反演精度更优（图 4.9）。

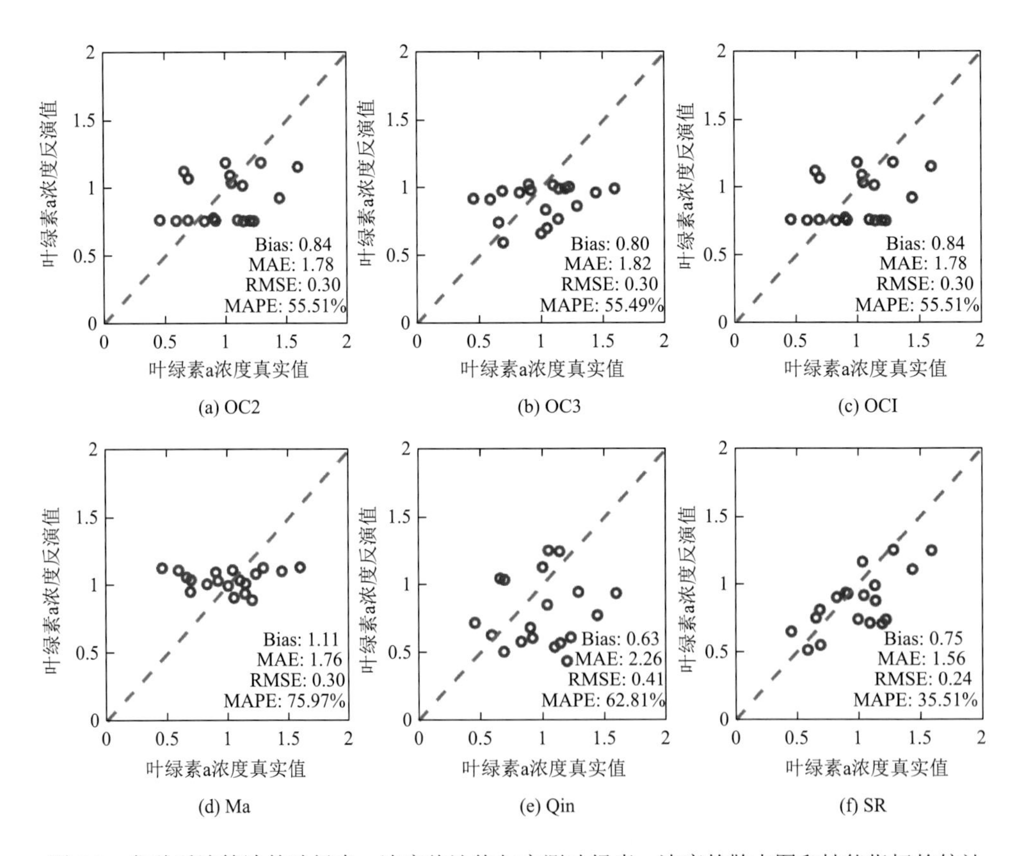

图 4.9　各种反演算法的叶绿素 a 浓度估计值与实测叶绿素 a 浓度的散点图和性能指标的统计

图中横纵坐标分别为对叶绿素 a 浓度真实值和反演值取常用对数（lg）后的数值；Bias：偏差，MAE：平均绝对误差，RMSE：均方根误差，MAPE：平均绝对百分比误差

4.1.4　大湾区近海悬浮泥沙浓度反演

1. 珠江口总悬浮物（total suspended matter，TSM）浓度反演算法介绍[①]

海洋水体里的悬浮泥沙浓度参数是海洋环境监测的重要指标。在与人类生产生活息息相关的近海地带，悬浮泥沙往往有着极高的浓度。海洋水体会对来自外部的太阳辐射产生散射、吸收等作用，而悬浮泥沙的存在会极大地改变这种水体的光学特性。由于海水中存在很多的绿色浮游植物，其光合作用需要太阳辐射，悬浮泥沙浓度在一定程度上影响着海洋内部的初级生产力，进而影响海洋生态环境。另外，悬浮泥沙的运动，主要为泥沙的沉积、输送等，间接影响着沿海地区渔业、港口建设等事业的发展。

含悬浮泥沙水体的基本光谱特征为：550～660 nm 为泥沙敏感波段，并存在两个反射峰；随着泥沙浓度的增大，其反射率也增大，并且第二反射峰值波长向长波方向移动，即“红移现象”。对于陆地卫星系列而言，红绿波段比值算法形式简单，反演精度也比较高，因此，基于实测数据建立了悬浮泥沙的红绿波段比值算法，其基本形式见公式（4.7）。

$$\lg(C_{\mathrm{TSM}}) = a_0 + \sum_{i=1}^{4} a_i \left\{ \lg\left[\frac{R_{\mathrm{rs}}(\lambda_{\mathrm{green}})}{R_{\mathrm{rs}}(\lambda_{\mathrm{red}})} \right] \right\} \tag{4.7}$$

式中，$a_i(i = 0, 1, 2, 3, 4)$为基于实测数据得到的拟合常数。

受复杂的水动力环境影响，河口海域水体中的颗粒物的种类和浓度均存在显著差异，其内部光学性质不同，使海水呈现不同的水色特性，难以进行准确的水色要素浓度反演。目前，针对珠江口浑浊海域的 TSM 浓度反演算法中通常使用 550～700 nm 的波段建立经验模型。Liu 等（2021）利用符号回归方法，基于 Landsat-8 卫星的红绿波段构建了一种针对珠江口浑浊海域的 TSM 浓度反演算法。该算法的构建方法为：通过输入不同的波段组合的实测遥感反射率数据，输出对数变换后的 TSM 浓度，与实测 TSM 浓度进行对比验证（该实测数据集包括 2003～2014 年珠江口不同季节的数据，实测站点覆盖整个珠江口）；当模型的验证误差达到最小时，得到对应波段组合的 TSM 浓度反演经验公式（4.8）。

$$\lg(C_{\mathrm{TSM}}) = \frac{0.0009155 + 2.443 \times R_{\mathrm{rs}(\lambda_{\mathrm{red}})}}{R_{\mathrm{rs}(\lambda_{\mathrm{green}})}} - 0.6735 \tag{4.8}$$

式中，$R_{\mathrm{rs}(\lambda_{\mathrm{red}})}$ 为 Landsat-8 红波波段的遥感反射率，$R_{\mathrm{rs}(\lambda_{\mathrm{green}})}$ 为 Landsat-8 绿波波段的遥感反射率。

---

① 在珠江口海区，悬浮泥沙的浓度远高于 TSM 中其他组分（如藻类颗粒物）的浓度，悬浮泥沙在 TSM 中占绝对主导地位。因此，在珠江口海区，悬浮泥沙浓度和 TSM 浓度可以近似地认为相等。

针对珠江口近岸浑浊水体，参考 Liu 等（2021）的算法，利用 GF-4 卫星的红绿波段（628 nm 和 550 nm）进行 TSM 浓度反演，珠江口伶仃洋海域的 TSM 浓度反演公式如式（4.9）。

$$\lg(C_{\mathrm{TSM}})=\frac{0.0009155+2.443\times R_{\mathrm{rs}(628)}}{R_{\mathrm{rs}(550)}}-0.6735 \tag{4.9}$$

式中，$R_{\mathrm{rs}(628)}$和 $R_{\mathrm{rs}(550)}$分别代表 GF-4 卫星的 628 nm 波段和 550 nm 波段的遥感反射率。利用 2020 年 1 月 14 日的 GF-4 影像反演 TSM 浓度，以遥感影像 3×3 像元窗口内的平均浓度代表中心像元的 TSM 浓度，并结合同一天的珠江口实测 TSM 浓度数据，对该 TSM 浓度反演算法进行验证。剔除遥感影像中被云覆盖的实测数据，剩余 19 组有效 TSM 浓度数据用于验证。实测 TSM 浓度与 GF-4 反演的 TSM 浓度对比结果显示（图 4.10），该算法计算得到的 TSM 浓度与实测 TSM 浓度有较好的相关性，相关系数为 0.87（$p<0.01$），均方根误差（RMSE）为 3.05 mg/L，即该算法能较准确地估算珠江口的真实 TSM 浓度。

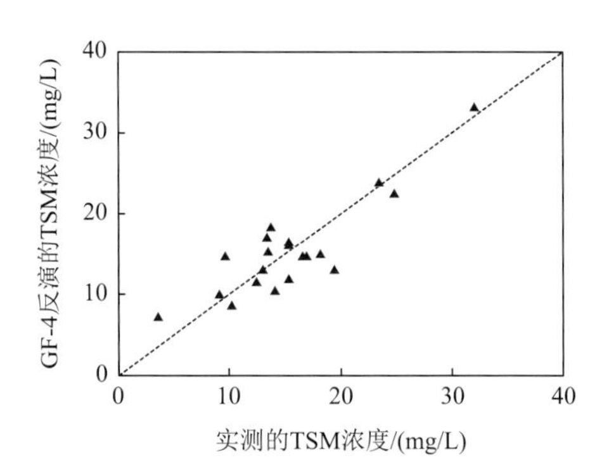

图 4.10　实测 TSM 浓度与 GF-4 反演的 TSM 浓度对比散点图

图中黑色虚线表示 1∶1 关系；蓝色三角代表样本点

MODIS/Aqua 的一级水色数据经过 SeaDAS（7.5.3）数据分析系统预处理后，被用来反演珠江口的悬浮泥沙浓度。卫星数据反演得到的悬浮泥沙浓度经过匹配与现场实测数据的散点图（图 4.11）分析表明，两者的 R^2 可以达到 95%，RMSE 为 1.14 g/m^3。图 4.12 给出了珠江口四个季节的悬浮泥沙空间分布情况。

2. 珠江口 TSM 空间分布特征分析

珠江口伶仃洋海域涨潮、落潮时的平均 TSM 浓度的分布情况分别如图 4.13、图 4.14 所示。TSM 浓度均沿海岸线向外海的方向逐渐降低，整体呈现近岸高、远岸低的分布趋势；四个入海口处的 TSM 浓度都相对较高，且喇叭形海岸东西侧的 TSM 分布有明显的差异，西侧海岸的 TSM 浓度高于东侧。Cai 等（2015）

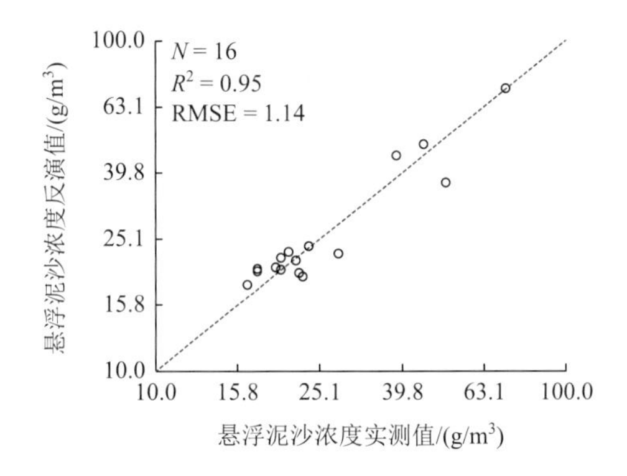

图 4.11　卫星数据反演与实测悬浮泥沙散点图

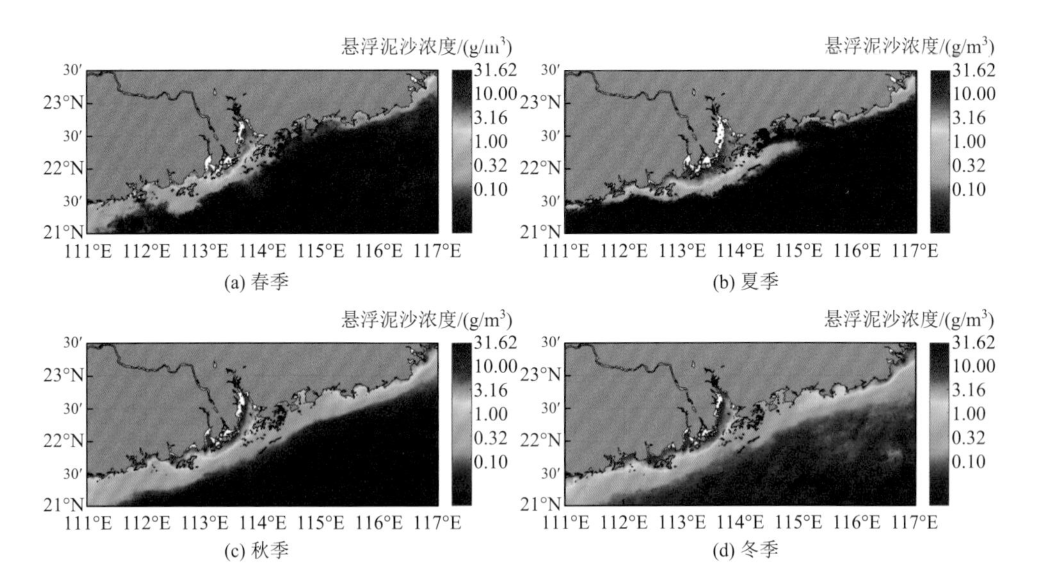

(a) 春季　(b) 夏季　(c) 秋季　(d) 冬季

图 4.12　珠江口悬浮泥沙季节分布

利用数值模式模拟了珠江口 TSM 浓度的空间分布趋势，模式结果显示 TSM 浓度沿海岸向开阔水域呈降低趋势，且西滩 TSM 浓度高于东滩，本书研究结果与其基本一致。

珠江口伶仃洋海域涨潮时的平均TSM浓度为8.18 mg/L，涨潮时共有4个高TSM浓度分布区[图 4.13(a)]。如图 4.13(a)所示，东侧海岸的 2 个高 TSM 浓度区，分别为：H1（113.70°～113.78°E，22.67°～22.75°N），虎门入海口外的交椅湾，悬浮颗粒物集中分布于海湾内的东北岸线，平均 TSM 浓度为 10.05 mg/L；H2（113.90°E～114.00°E，22.40°N～22.55°N），深圳湾湾顶处，平均 TSM 浓度为 9.57 mg/L。如图 4.13(a)所示，西侧海岸的2个高TSM浓度区，分别为：H3（113.65°～113.73°E，22.50°～22.58°N），蕉门和洪奇门的入海口处，平均 TSM 浓度为 9.39 mg/L；H4（113.55°～

113.68°E，22.38°～22.50°N），淇澳岛以西的海湾内，平均 TSM 浓度为 11.69 mg/L。由涨潮时各高值区的平均 TSM 浓度统计结果[图 4.13(b)]，说明了珠江口伶仃洋内涨潮时其西滩高值区的平均 TSM 浓度（11.13 mg/L）明显高于东滩（9.70 mg/L）。

珠江口伶仃洋海域落潮时的平均 TSM 浓度为 17.56 mg/L，落潮时共有 7 个高 TSM 浓度分布区[图 4.14(a)]。其中，东侧海岸 3 个、西侧海岸 4 个。如图 4.14（a）所示，东侧海岸的三个高 TSM 浓度分布区，分别为：H1（113.70°～113.78°E，22.67°～22.75°N），虎门入海口外的交椅湾，TSM 在海湾中呈团状分布，平均 TSM 浓度为 26.34 mg/L；H2（113.78°～113.85°E，22.50°～22.63°N），龙穴水道东侧沿岸至大铲湾一线，呈条带状分布，平均 TSM 浓度为 17.49 mg/L；H3（113.90°～114.00°E，22.40°N～22.55°N），深圳湾湾顶处，平均 TSM 浓度为 19.86 mg/L。如图 4.14（a）所示，西侧海岸的四个高 TSM 浓度分布区，分别为：H4（113.65°～113.70°E，22.58°～22.75°N），龙穴隆滩沿岸，呈条状分布，平均 TSM 浓度为 25.60 mg/L；H5（113.65°～113.73°E，22.50°N～22.58°N），蕉门、洪奇门和横门入海口处的进口浅滩，平均 TSM 浓度为 17.60 mg/L；H6（113.55°～113.68°E，22.38°～22.50°N），淇澳岛以西的海湾内，平均 TSM 浓度为 27.70 mg/L；H7（113.58°～113.70°E，22.25°～22.38°N），淇澳岛至珠海九州岛之间的沿岸海域，平均 TSM 浓度为 19.89 mg/L。珠江口伶仃洋海域各高值区的平均 TSM 浓度统计结果[图 4.14(b)]，也说明了其西滩高值区的平均 TSM 浓度（24.45 mg/L）明显高于东滩（20.37 mg/L）。

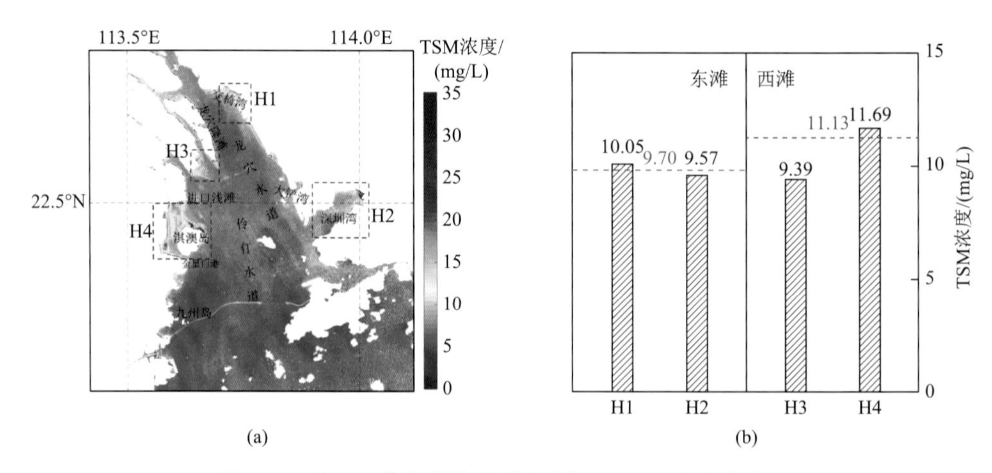

图 4.13　珠江口伶仃洋涨潮时的平均 TSM 浓度分布情况

图(a)平均 TSM 浓度为 2021 年 2 月 21 日 3 景 GF-4 遥感影像的平均值；红色虚线代表 TSM 浓度高值区的分布范围。图(b)为珠江口伶仃洋东、西滩的高 TSM 浓度区的平均 TSM 浓度直方图；蓝色和红色虚线分别代表东、西滩高浓度区的平均 TSM 浓度

3. 珠江口 TSM 高频变化特征分析

图 4.15 展示了珠江口伶仃洋海域涨潮不同时刻的 TSM 浓度变化特征，其中图

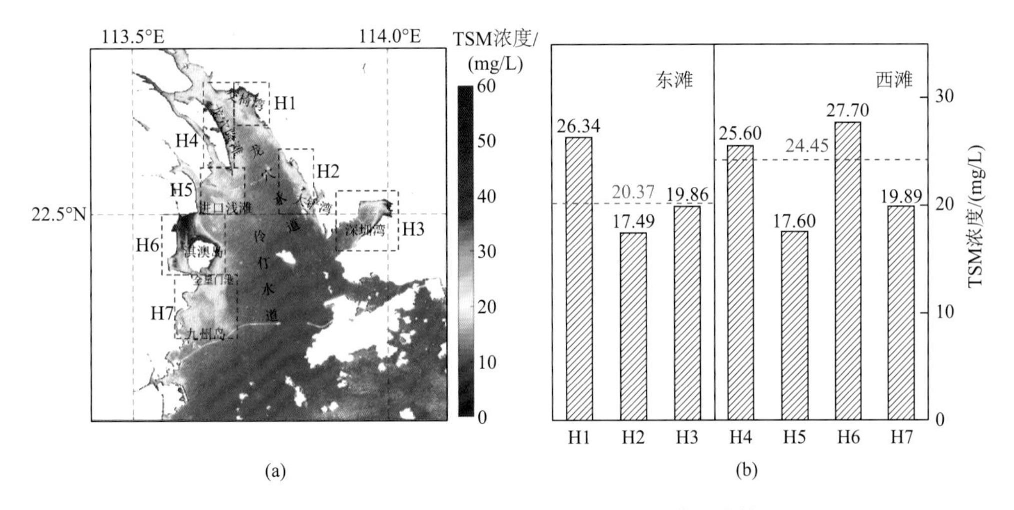

图 4.14　珠江口伶仃洋落潮时的平均 TSM 浓度分布情况

图(a)平均 TSM 浓度为 2020 年 12 月 28 日 3 景 GF-4 遥感影像的平均值；红色虚线代表 TSM 浓度高值区的分布范围。图(b)为珠江口伶仃洋东、西滩的高 TSM 浓度区的平均 TSM 浓度直方图；蓝色和红色虚线分别代表东、西滩高浓度区的平均 TSM 值

4.15(a)～(c)分别对应涨潮初期（停潮末期）、涨急以及涨憩的三个不同时刻的 TSM 空间分布情况，平均 TSM 浓度分别为 11.08 mg/L、11.04 mg/L 和 2.64 mg/L，即在涨潮阶段伶仃洋内的平均 TSM 浓度呈降低趋势。从图 4.15(d)可以看出，四个高 TSM 海域的 TSM 浓度降低量远大于其他海域。涨潮时，珠江水流随涨潮流将外海含沙量较低的清洁水体大量输入伶仃洋海域，可能是伶仃洋海域涨潮时 TSM 浓度降低的主要原因。湾口至淇澳岛和内伶仃岛一线的海域内 TSM 浓度有明显北移的趋势，可能是因为较大流速的水体有较强的挟沙能力，该海域内的悬浮颗粒物随涨潮流被输送至湾内。

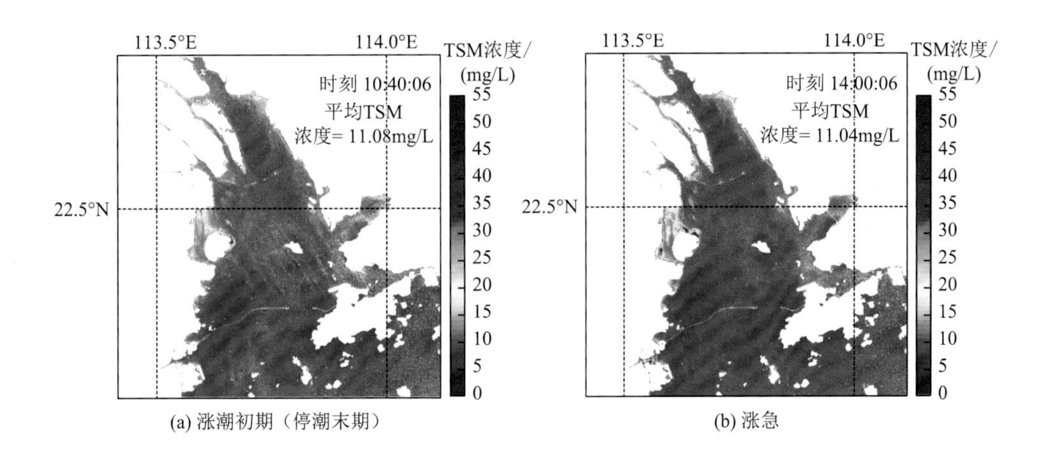

(a) 涨潮初期（停潮末期）　　(b) 涨急

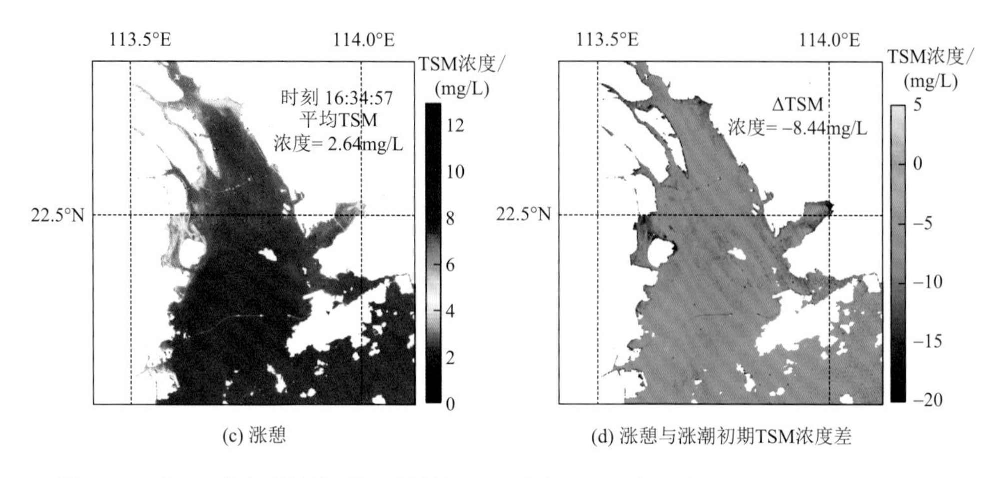

(c) 涨憩　　(d) 涨憩与涨潮初期TSM浓度差

图 4.15　珠江口伶仃洋涨潮不同时刻的 TSM 浓度分布及变化情况（2021 年 2 月 21 日）

为了进一步分析涨潮不同阶段的 TSM 浓度的变化特征，提取了涨潮初期（停潮末期）、涨急以及涨憩三个不同时刻 5 个验潮站所在位置约 5 m 范围内的平均 TSM 浓度数据，对比伶仃洋内的不同位置在涨潮的不同阶段 TSM 浓度变化的异同。从各验潮站潮位变化与 TSM 浓度变化的对比结果（图 4.16）可以看出：停潮时，潮流流速减缓，潮位维持在低位、变化量较小，此时水体中的 TSM 开始沉降，TSM 浓度呈降低趋势；停潮末期至涨急阶段，潮流流速变大、潮差变大，尽管造成了一定程度的底质颗粒物再悬浮过程，但涨潮流将外海的清洁水体大量输入湾内，TSM 浓度仍呈降低趋势；涨急至涨憩阶段，流速又逐渐减缓、潮差减小并趋于稳定，再悬浮过程减弱并伴随大量清洁水体的持续输入，TSM 浓度呈显著降低的趋势[图 4.16(b)～(f)]。

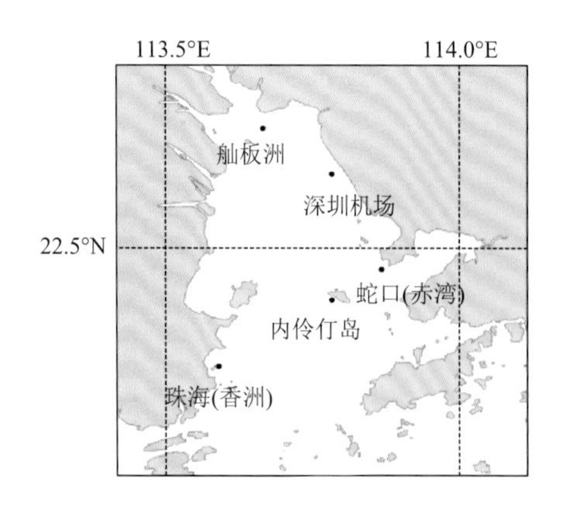

(a)

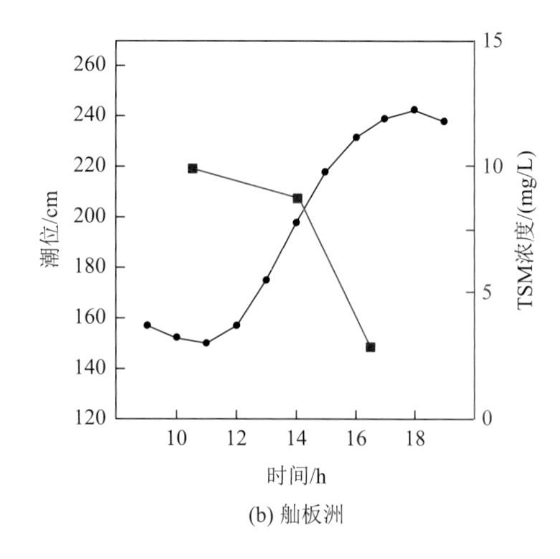

(b) 舢板洲

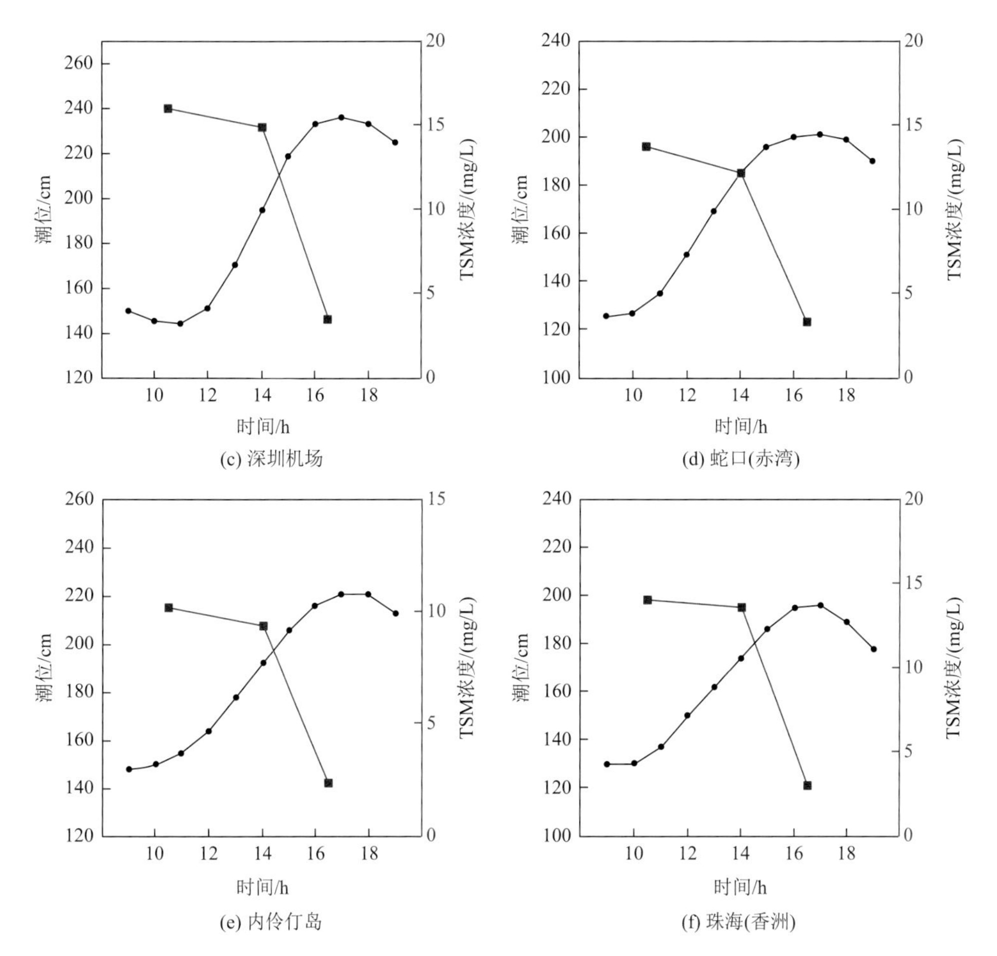

图 4.16　珠江口伶仃洋内的各验潮站潮位变化与 TSM 浓度变化情况（2021 年 2 月 21 日）

图中黑色实线为该验潮站的潮位变化，红色点线代表不同时刻的 TSM 浓度值

图 4.17 展示了珠江口伶仃洋海域落潮不同时刻的 TSM 浓度分布及变化情况。图 4.17(a)～(c)分别对应落潮初期、落急以及落憩的三个不同时刻的 TSM 浓度分布情况，TSM 平均浓度分别为 16.11 mg/L、18.00 mg/L 和 18.58 mg/L，即在落潮阶段伶仃洋内的平均 TSM 浓度呈增加趋势。落潮时，珠江水流裹挟着高含沙量的内陆水体随落潮流通过虎门、蕉门、洪奇门及横门将大量悬浮颗粒物输入伶仃洋海域，这可能是伶仃洋落潮时 TSM 浓度增加的原因之一。另外，虎门口门外、交椅湾和龙穴隆滩之间的水道的 TSM 浓度在落潮阶段明显增大，且 TSM 有向外海方向移动的趋势。具体表现在，落潮初期 TSM 集中分布于交椅湾［图 4.14(a)中 H1］和龙穴隆滩沿岸［图 4.14(a)中 H4］，水道中的 TSM 浓度较低，到落憩时高值区内部分海域的 TSM 浓度略有下降，而下游水道中的 TSM 浓度有所增加［图 4.17(d)］。伶仃洋内的水流速度

随潮汐过程呈“大—小—大”的周期性变化，较大流速的水体有较强的挟沙能力，这可能是落潮时高值区部分海域 TSM 浓度有所降低并向外海移动的原因。同时，当流速增大到超过底质沉积物再悬浮所需的切应力时会造成底质沉积物再悬浮，并且落潮过程中的潮差向下会形成潮差势能，对底质也会造成扰动使其再悬浮，这解释了高值区中仍有部分海域在落潮流的强挟沙作用下 TSM 浓度呈增加趋势。在其他 5 个高值区中，进口浅滩［图 4.14(a)中 H5］、龙穴水道东侧沿岸至大铲湾一线［图 4.14(a)中 H2］和淇澳岛至珠海九州岛之间海域［图 4.14(a)中 H7］的 TSM 变化情况与虎门口门外相同，TSM 浓度都稍有下降且都有向南移动的变化趋势。而深圳湾［图 4.14(a)中 H3］和淇澳岛以西海湾［图 4.14(a)中 H6］的 TSM 浓度则呈明显的增加趋势，可能是地形影响了潮汐过程对 TSM 浓度的影响。受东北—西南狭长地形的限制，落潮流很难进入深圳湾，仅会在湾口造成扰动，使湾内 TSM 浓度有所增加。淇澳岛东北方向、落潮流进入湾内的唯一进口处分布着进口浅滩，该拦门浅滩靠湾内一侧的 TSM 在落潮流的作用下再悬浮，而唯一的出海口金星门港较为狭窄，阻挡了潮流向下输送 TSM，致使 TSM 在湾内聚集，TSM 浓度增加。

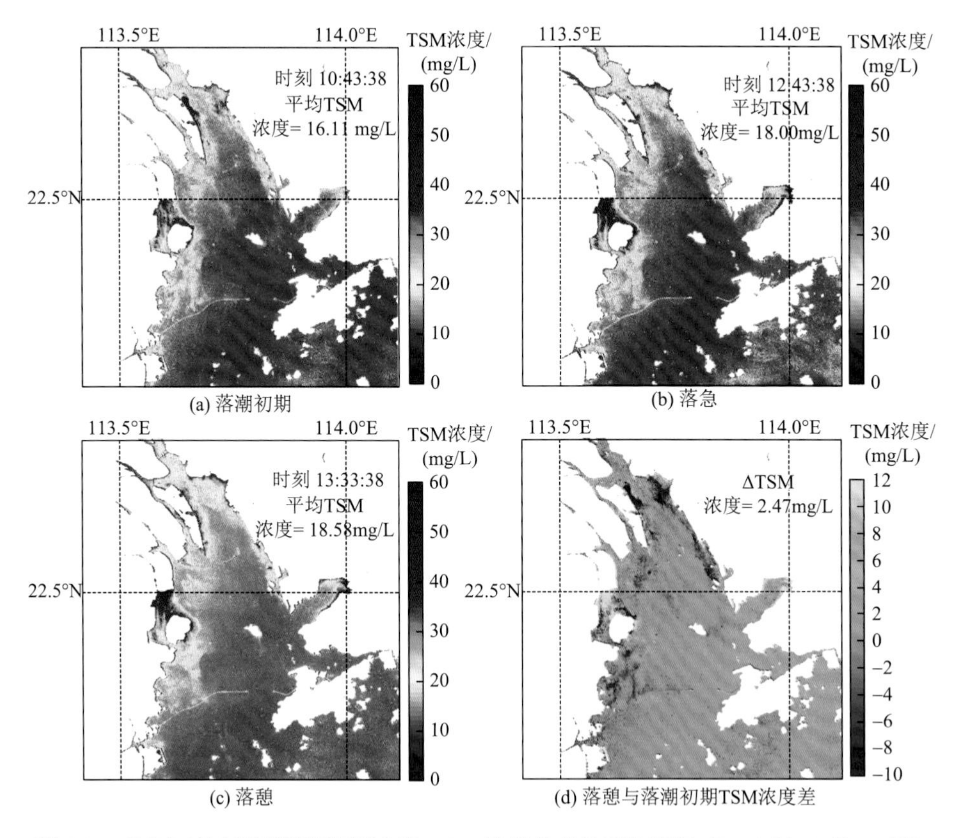

图 4.17　珠江口伶仃洋落潮不同时刻的 TSM 浓度分布及变化情况（2020 年 12 月 28 日）

为了进一步分析落潮不同阶段的 TSM 浓度变化特征，提取了落潮初期、落急以及落憩三个不同时刻 5 个验潮站所在位置约 5 m 范围内的平均 TSM 浓度数据，对比伶仃洋内的不同位置在落潮的不同阶段 TSM 浓度变化的异同。从各验潮站潮位变化与 TSM 浓度变化的对比结果可以看出（图 4.18）：平潮时，潮流流速减缓、潮位保持一定高度不变化，此时水体中的 TSM 开始沉降，TSM 浓度呈降低趋势［图 4.18(b)］；落潮初期至落急阶段，潮流流速变大、潮差逐渐增大，此时 TSM 再悬浮过程剧烈，TSM 浓度增加量显著；落急至落憩阶段，流速又逐渐减缓、潮差减小并趋于稳定，TSM 再次开始沉降，TSM 浓度增量变小甚至呈负增长趋势［图 4.18(c)～(f)］。

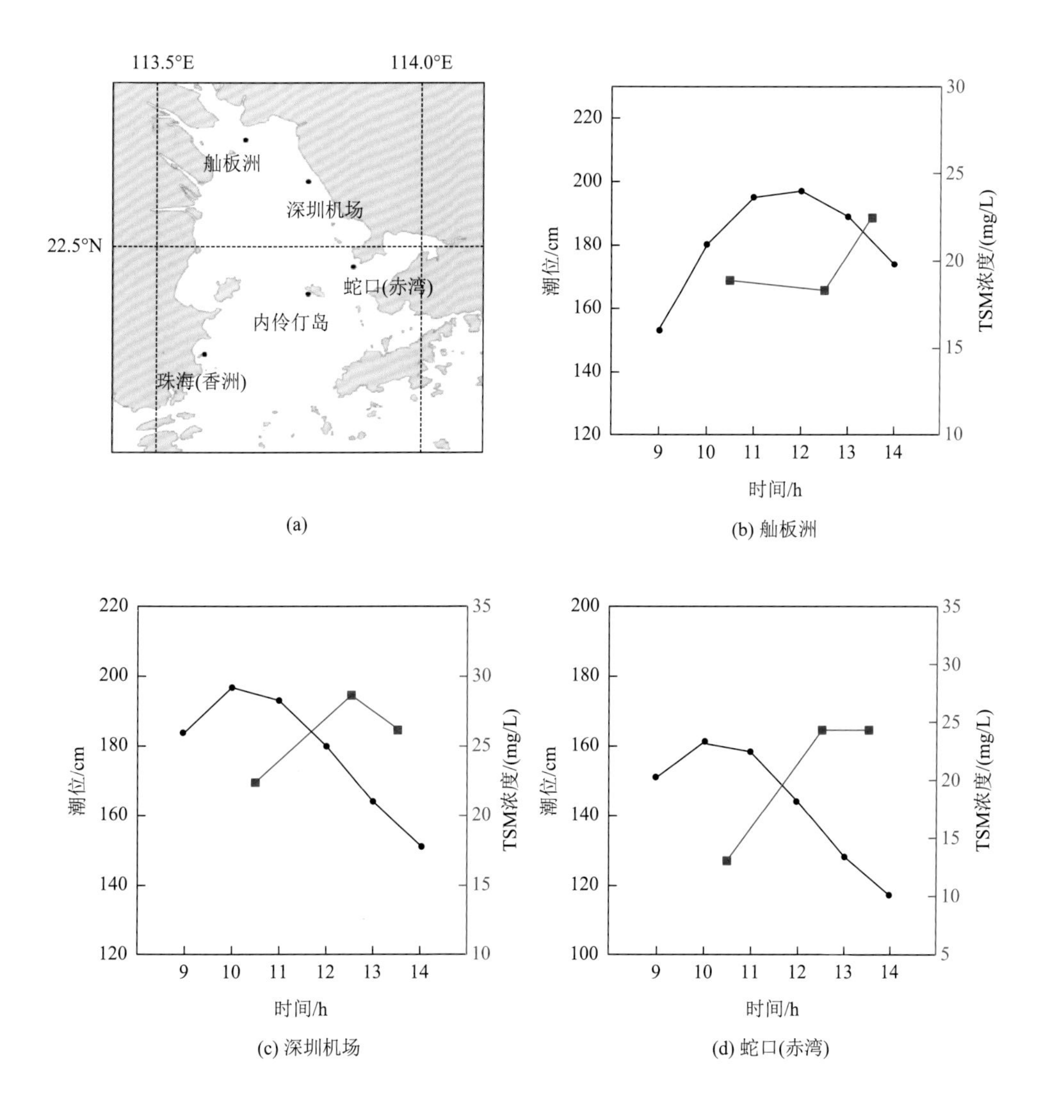

(a)

(b) 舢板洲

(c) 深圳机场

(d) 蛇口(赤湾)

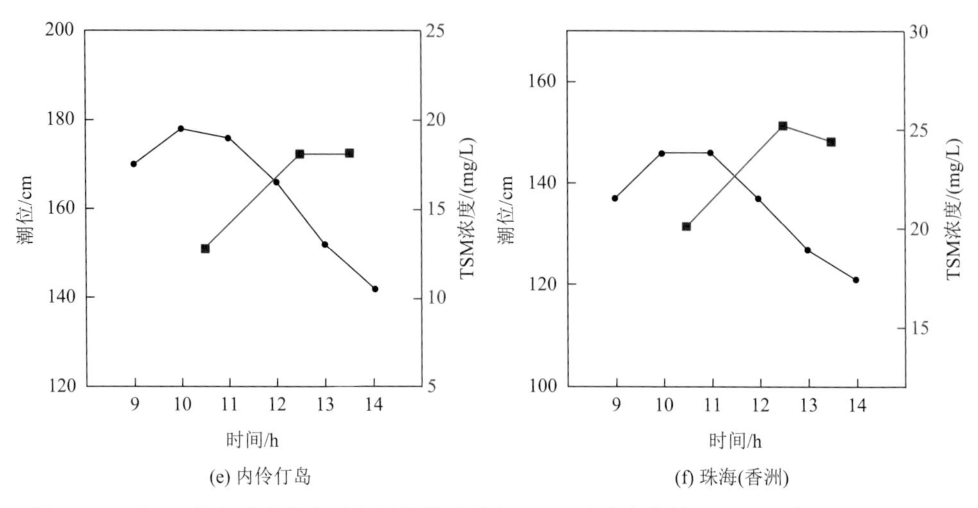

(e) 内伶仃岛

(f) 珠海(香洲)

图 4.18 珠江口伶仃洋内的各验潮站潮位变化与 TSM 浓度变化情况（2020 年 12 月 28 日）

图中黑色实线为该验潮站的潮位变化，红色点线代表不同时刻的 TSM 浓度值

本节利用 GF-4 卫星 L1A 级多光谱数据，反演得到了珠江口浑浊海域的 TSM 浓度。对珠江口伶仃洋海域在涨潮和落潮时的 TSM 空间分布情况及变化规律进行了分析。主要结论如下：

①珠江口伶仃洋海域的 TSM 浓度沿海岸线向外海的方向逐渐降低，TSM 整体呈“近岸高，远岸低”的分布趋势；喇叭形海岸东西侧的 TSM 分布有明显的差异，西岸高于东岸；涨潮时存在 4 个高 TSM 浓度分布区，落潮时存在 7 个高 TSM 浓度分布区，TSM 的分布情况与底地形有较好的对应关系。

②涨潮时，伶仃洋内的平均 TSM 浓度整体呈降低趋势且 TSM 有向湾内方向移动的趋势；TSM 浓度的降低主要受外海清洁水体大量输入的影响。涨潮的不同阶段，TSM 浓度的变化情况不同。停潮时，潮流流速减缓，潮位维持在低位、变化量较小，悬浮颗粒物开始沉降；停潮末期至涨急阶段，潮流流速变大、潮差变大，尽管造成了一定程度的底质颗粒物再悬浮过程，但涨潮流将外海的清洁水体大量输入湾内，TSM 浓度仍呈降低趋势；涨急至涨憩阶段，流速又逐渐减缓、潮差减小并趋于稳定，再悬浮过程减弱并伴随大量清洁水体的持续输入，TSM 浓度呈显著降低的趋势。

③落潮时，伶仃洋内的平均 TSM 浓度整体呈增长趋势且悬浮颗粒物有向外海方向移动的趋势；TSM 浓度的增加受潮流在水平方向上的挟沙作用、垂直方向上的再悬浮过程和地形的共同影响。落潮的不同阶段，TSM 浓度的变化情况不同。平潮时，潮流流速减缓、潮位保持一定高度不变化，水体中的悬浮颗粒物开始沉降，TSM 浓度呈降低趋势；落潮初期至落急阶段，潮流流速变大、潮差逐渐增大，悬浮颗粒物再悬浮过程剧烈，TSM 浓度的增加量显著；落急至落憩阶段，流速又

逐渐减缓、潮差减小并趋于稳定，悬浮颗粒物再次开始沉降，TSM 浓度的增量变小甚至呈负增长趋势。

4.1.5 大湾区近海海洋初级生产力估算

1. 珠江口海洋初级生产力估算方法介绍

海洋初级生产力是指海洋浮游植物通过光合作用将无机物转换为有机物的速率，它能够直观地表现海洋浮游植物的生物量，是评估海洋环境质量的重要因子，有助于了解全球的碳循环、渔业生产能力等状况。国内外对海洋初级生产力的研究主要集中在估算模式、时空分布和影响因素方面，在海洋初级生产力的估算与监测方面，国内外学者先后提出过传统的黑白瓶法、同位素固碳法以及基于海洋卫星遥感的经验模型和 BPM（Bedford productivity model）、LPCM（laboratoire de physique et chimie marines）、VGPM（vertically generalized production model）等生理过程模型。Huang 等（1989）对大亚湾和珠江口现场调查发现，叶绿素 a 浓度和初级生产力的周年变化明显呈现双周期性，且珠江口的初级生产力远高于大亚湾。Song 等（2004）调查大亚湾时发现叶绿素 a 浓度与初级生产力在春夏季变化趋势一致，但其夏季（7 月）对大鹏澳海区的研究显示二者分布有较大差距。朱艾嘉等（2008）对大亚湾大鹏澳海区表层的现场调查显示，叶绿素 a 浓度在近岸养殖区较高，但季节变化不明显，初级生产力的平面分布与叶绿素 a 浓度在春秋两季较为一致。

传统的现场调查方法成本较高，耗费大量人力物力，且只能获得有限的站点的数据。卫星遥感技术具有覆盖面积大、观测时序长等特点，为研究海洋初级生产力提供了新的可能。目前用于估算海洋初级生产力的遥感模型众多，第三次海洋初级生产力模型比较计划结果表明：在众多估算模型中，VGPM 的估算结果最接近真实值，说明该模型对全球海洋具有较高的适用性。

VGPM 是利用 1971～1994 年 1698 个海洋实测站点的大量实测数据总结得到的。通过输入海面温度（SST）、Chl a、光合有效辐射（PAR）和真光层深度等参数来估算海洋初级生产力，模型拟合后简化为如下公式：

$$PP_{\mathrm{eu}} = 0.66125 \times P_{\mathrm{opt}}^{\mathrm{B}} \times \frac{E_0}{E_0 + 4.1} \times Z_{\mathrm{eu}} \times C_{\mathrm{opt}} \times D_{\mathrm{irr}} \tag{4.10}$$

式中，PP_{eu} 为真光层内海洋初级生产力，mg/(m^2·d)；$P_{\mathrm{opt}}^{\mathrm{B}}$ 为水体最大光合速率，mg C/(mg Chl a·h)，被视为温度的函数，因叶绿素进行光合作用主要受酶控制，而酶的活性主要受温度影响；E_0 为海洋表面光合有效辐射强度，mol/m^2；Z_{eu} 为真光层深度；C_{opt} 为最大固碳速率所在深度的叶绿素 a 浓度，mg/m^3，可以用海表面叶绿素 a 浓度代替；D_{irr} 为曝光周期（当天的光照时间）。P_{opt}^B 是一个与温度相关的函数，表达式为：

$$P_{opt}^B = (0.071\times T - 3.2\times10^{-3}\times T^2 + 3.0\times10^{-5}\times T^3)/C_{opt} + (1.0 + 0.17\times T - 2.5\times10^{-3}\times T^2 + 8.0\times10^{-5}\times T^3) \tag{4.11}$$

式中，T 是海表面温度，该公式的适用范围是海表面温度在 0～30℃。

基于 VGPM 来估算珠江口近海初级生产力所需要的数据有 C_{opt}、D_{irr}、Z_{eu}、E_0、P_{opt}^B，这些参量均可采用遥感手段获得，数据全部采用 MODIS/Aqua 的可见光和 NIR 通道数据。VGPM 的参数敏感性分析表明，对 VGPM 估算误差贡献最大的因子为叶绿素 a 浓度和真光层深度。目前研究中叶绿素 a 浓度常见来源是 MODIS 的叶绿素 a 产品，但该产品在近岸二类水体中极容易对真实值过于低估；另一方面，传统的真光层计算方法与实测近岸二类水体的真光层深度有较大区别，这是因为近岸水体的光学特性复杂，受到浮游植物、溶解有机物和悬浮泥沙的共同影响，水体真光层深度较开阔的大洋水体更小。VGPM 中真光层深度计算公式经过调整后为：

$$Z_{eu} = 4.605/[1.3386\times K_{d(490)} + 0.4215] \tag{4.12}$$

式中，$K_{d(490)}$ 为海水在 490 nm 波段的漫射衰减系数。

根据 VGPM 的参数要求，利用 MODIS 遥感数据的 PAR、Chl a、$K_{d(490)}$的月平均数据，根据模型参数计算方法利用 SST 和 Chl a 数据计算海域 P_{opt}^B，利用 $K_{d(490)}$ 数据计算海域真光层深度 Z_{eu}，并估算大湾区海域的海洋初级生产力。为评估改进后的 VGPM 估算大湾区近岸二类水体海洋初级生产力的精度，遥感估算数据与同步原位实测数据的对比结果，如图 4.19 所示。

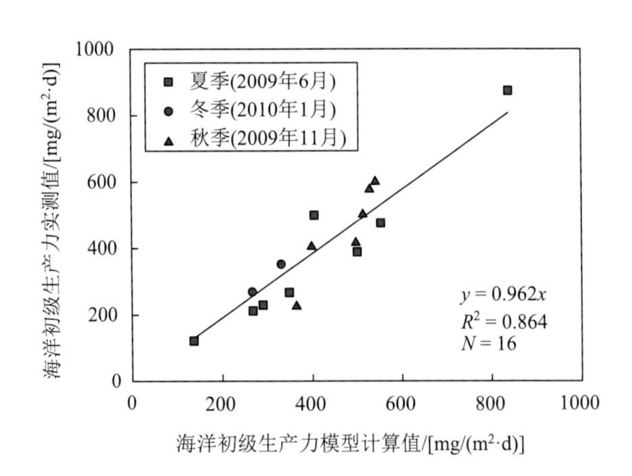

图 4.19　遥感估算与现场实测大湾区近岸二类水体海洋初级生产力结果对比

2. 珠江口海洋初级生产力时空分布特征

应用参数校正后的 VGPM，估算了长时间序列大湾区近海不同季节的海洋初级生产力分布，部分结果如图 4.20 所示。初级生产力整体呈现出“西高东低”的局面，分布与大湾区水域的浮游植物丰度与分布趋势一致。从季节上看，蔡昱明等（2002）对珠江口河口湾及其毗连海域的调查显示，初级生产力夏季高于冬季。蒋万祥等（2010）采用 Cadée 提出的叶绿素 a 法测定珠江口初级生产力显示，夏秋季明显高于春冬季。本书研究结果与此类似，与其他季节相比，大湾区秋季的海洋初级生产力较高，平均值为 344.6 mg/(m^2·d)。春季、夏季和冬季的平均初级生产力为 266.4 mg/(m^2·d)、302.9 mg/(m^2·d)和 224.5 mg/(m^2·d)。在夏季，海洋初级生产力的最高值通常出现在大屿山附近的珠江冲淡水锋面区，其值超过 380.0 mg/(m^2·d)。时间分布上夏秋两季高于冬春两季上的季节特征，原因是夏秋两季光照充足，可以为海洋浮游植物生长提供充分的环境条件，而冬春季则受制于有限的光照和较低的海表温度，海洋浮游植物无法进行充分的光合作用。空间分布上海洋初级生产力基本呈现近岸高远岸低的分布特征，可能与冲淡水输入海域的营养盐有关。珠江口终年受入海淡水和南海表层咸水

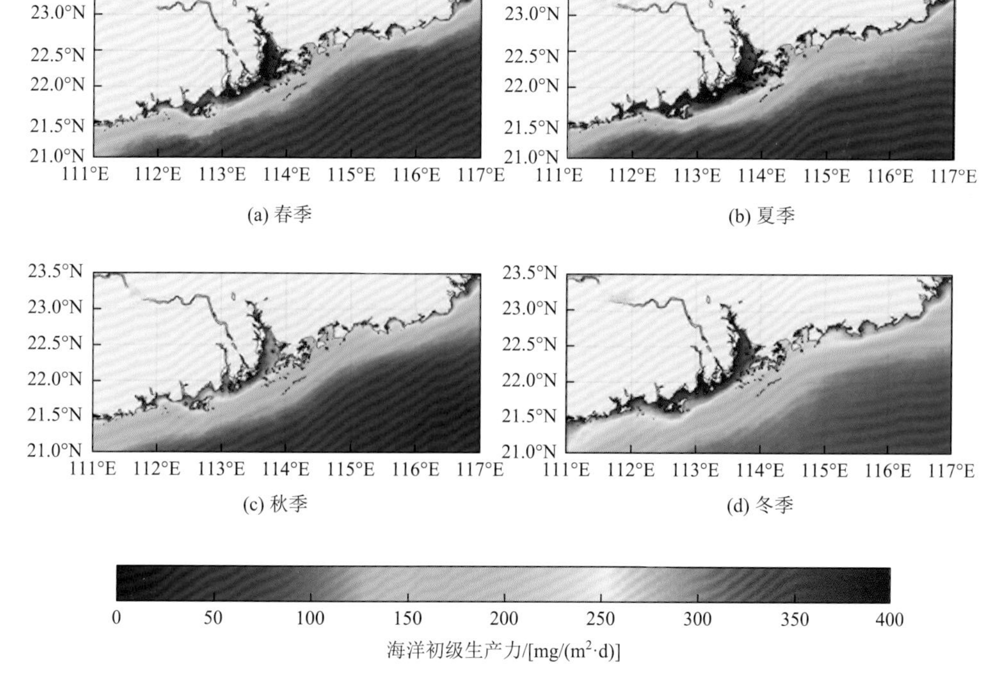

图 4.20　VGPM 估算长时间序列大湾区近海不同季节的海洋初级生产力分布的部分结果

交替影响，同时受人类活动强烈干扰。张燕等（2011）对珠江口附近海域的水文调查结果显示，夏季珠江口受冲淡水影响显著的浅水区近岸存在单跃层现象，跃层深度在 10 m 以下，且温度、盐度、密度跃层一致。这种季节性跃层会抑制水体的上下交换并影响浮游植物的垂直分布，夏季浮游植物主要分布在表层与温跃层，且冲淡水会带来丰富陆源营养物质，使得珠江口表层海洋初级生产力夏秋季高于春冬季。

从叶绿素 a 浓度来看，黄良民（1992）指出珠江口叶绿素 a 浓度的周年变化曲线呈现双周期型，表层叶绿素 a 浓度为 9 月最高，4 月最低。黄邦钦等（2005）、蒋万祥等（2010）的现场测定结果也证实珠江口表层叶绿素 a 浓度夏春季明显大于秋冬季。戴明等（2004）认为珠江口浮游植物种数与细胞密度均是夏冬季大于春秋季。这是由于受季风影响，每年 4～9 月为珠江洪水期，冲淡水势力强劲，沿岸性种类优势明显，10 月至翌年 3 月为枯水期，外海水逼近沿岸，大洋种类优势明显。

在真光层深度方面，珠江口真光层深度主要受海水在 490 nm 波段处的漫射衰减系数 $K_{d(490)}$影响，而 $K_{d(490)}$与叶绿素 a 含量、悬浮物含量和黄色物质含量密切相关。陆源营养物质的输送是导致珠江口和深圳湾真光层深度较小的原因之一，珠江携带大量陆源物质入海，导致河口区域的悬浮泥沙浓度较高。

在海表温度上，珠江口的海表温度峰值在 8 月，谷值在 2 月；珠江口夏季高值主要受太阳辐射和冲淡水的影响。汤超莲等（2006）指出珠江口 SST 的周年变化呈准正弦波形，谷值出现在 2 月，峰值出现在 7～9 月，主要影响因素为太阳总辐射、海洋环流和大气环流的变化。张燕等（2011）则认为夏季珠江口表层高温水与冲淡水扩散形成的低盐水区域相对应，主要是因为低盐水浮在海表 5 m 水深范围内，浮力阻碍了热量的垂向扩散，从而使得表层水温增高。冬季沿岸水温较低，水深小，海水冷却。

4.2　粤港澳大湾区近岸红树林的高分辨率遥感观测

红树林生长在热带和亚热带的海岸潮间带滩涂，是一种重要的滨海湿地植物类型，具有防护堤岸、抵御风浪、净化水源、改善海湾环境、固碳和维系湿地系统生物多样性的重要作用。随着经济社会的高速发展，围海造地、水产养殖、建设用地侵占等原因，红树林出现面积锐减、结构单一、生态环境脆弱等问题。加强对红树林资源的调查、管控、保护迫在眉睫。明晰红树林分布现状和范围在海洋环境保护、生态文明建设等政府决策方面具有非常重要的现实意义。

红树林生长在淤泥深厚的潮间带，且常规野外调查实测方法仅能进行点源调查，难以实现大规模长时间的生态监测工作。遥感技术具有大面积同步观测、重访周期短、信息量大、动态性和数据综合性等特点，在红树林资源调查中应用得越来越广泛。常用于红树林遥感动态监测的数据源包括 Landsat、SPOT、QuickBird、Sentinel、Geoeye、中巴地球资源卫星、高分系列卫星等，国内外研究都取得了一系列成果。Giri 等（2007）利用多时相 Landsat 影像对印度孙德尔本斯（Sundarbans）地区进行红树林监测，结果表明此区域红树林面积在 1973～2000 年变化不大。Wang 等（2003）和 Seto 等（2007）基于 Landsat 卫星影像，分别对坦桑尼亚和越南红树林地区进行研究。Van 等（2015）结合航空、Landsat 和 SPOT 遥感影像，采用最大似然法提取红树林分布信息，发现 1953～2011 年越南金瓯角地区红树林面积急剧减少。Tran 等（2017）发现红树林破碎化加剧导致鱼类多样性明显降低。我国红树林遥感起于 20 世纪 80 年代，林荣盛等（1994）基于 Landsat 数据提取了厦门西港红树林面积，随后李天宏等（2002）、刘凯等（2005）、王树功等（2005）、黎夏等（2006）和何克军等（2006）分别利用多时相遥感影像开展了对深圳河河口、珠江口、淇澳岛和广东省的红树林资源调查监测工作。吴培强等（2011）利用 1990～2008 年多源多时相遥感影像，对红树林湿地资源进行监测，基本摸清了广东省红树林基本状况。王子予等（2020）使用谷歌地球引擎云计算平台处理了 1986～2018 年广东省 32 年 3359 景 Landsat 影像，采用随机森林的分类方法提取红树林面积。贾明明（2014）结合 1973～2013 年以 10 年为间隔的多期 Landsat 遥感数据，采用面向对象分类方法，详细分析了我国东南沿海各个省区红树林面积及分布变化情况，并进行驱动因素研究。

4.2.1　红树林的光谱特征

红树林的主要光谱特征是：在可见光绿波段 550 nm 附近有一弱反射峰，主要是叶绿素吸收引起的，750～900 nm 间具有一个强反射峰（图 4.21）。红树林植被覆盖度从稀疏到茂密体现出“红边效应”：500～680 nm 波段的反射率和疏密度相关性低，680～740 nm 波段的区分度明显。随着植被覆盖度增加，叶绿素 a 含量增高，红边斜率增大。因此，在应用遥感影像对红树林分布情况进行识别时，可多考虑红树林在 NIR 波段的光谱特征。

4.2.2　红树林遥感观测实例

我国红树林主要分布在广东、海南、广西、福建、香港、澳门等地，其中广东红树林面积占全国红树林面积的 40%，是全国红树林分布面积最大、范围最广、种类最为丰富的地区之一。广东植物资源丰富，约有红树林十多种，主要品种是海榄雌、海桑、秋茄树、红海兰等。政策扶持、建立自然保护区、人工种植等措施利于红树林的生长，但一些不合理的水产养殖、填海造地等活动给红树林生长环境带来巨大挑战。近年来，广东掀起了红树林种植热潮，在珠海市、中山市、阳江市、湛江市等地的沿岸滩涂实施了红树林营造工程。

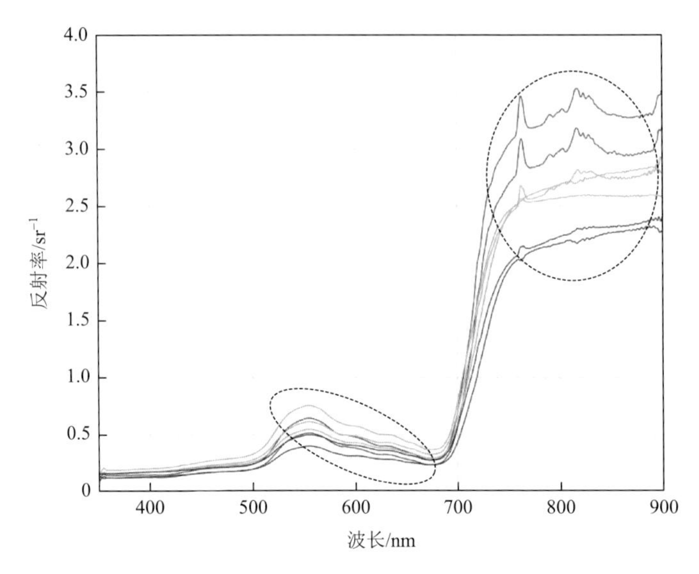

图 4.21　不同覆盖度的红树林反射光谱曲线

本节介绍以 2015～2020 年高分二号卫星（GF-2）遥感影像提取的广东沿岸红树林高分辨率数据，作为广东沿岸红树林研究的基础数据，以显示广东沿岸红树林的分布位置、范围和利用现状，为该区域红树林资源的保护、恢复、管理及海洋环境变化研究、湿地动态监测等提供科学依据。

1. 技术路线

使用卫星遥感产品提取红树林信息，通常需要进行数据预处理和遥感解译分类两个步骤。其红树林遥感信息提取流程如图 4.22。

2. 数据处理

GF-2 于 2014 年 8 月 19 日成功发射，截至 2023 年仍在轨服务，其有效载荷参数见表 4.4。GF-2 搭载有两台高分辨率 1 m 全色、4 m 多光谱相机。选择 2015～2020 年覆盖广东沿岸的 119 幅高质量的 GF-2 数据，云量低于 20%，影像没有缺失、条带等异常现象。数据预处理操作在 ENVI 5.3 平台上完成，主要包括辐射校正、大气校正、正射校正、图像融合等，得到高分辨率（1 m）的融合影像。

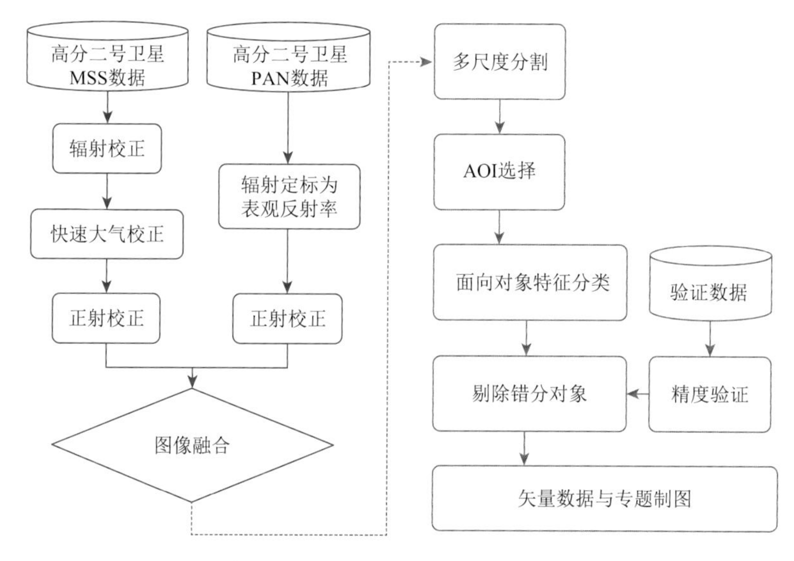

图 4.22　红树林遥感信息提取流程图

表 4.4　GF-2 卫星有效载荷参数

载荷	谱段号	谱段范围/μm	空间分辨率/m	幅宽/km	侧摆能力/(°)	重访时间/d
全色多光谱相机	1	0.45～0.90	1	45	±35	69
	2	0.45～0.52	4			
	3	0.52～0.59				
	4	0.63～0.69				
	5	0.77～0.89				

采用面向对象分类方法解译分类红树林遥感信息。面向对象分类方法利用训练样本数据集合邻近像元为对象来识别感兴趣的光谱，充分利用高分辨率的全色和多光谱的空间、纹理和光谱信息来分类，精确地提取地物。在红树林分类上，贾明明（2014）使用面向对象分类方法对 2010 年中国东南沿海红树林进行遥感制图，结果表明，红树林分类精度达到 90%以上。张蓉等（2019）构建了多种光谱特征、地形特征参数，利用面向对象的方法对大珠三角红树林提取分析，红树林分类精度达到 85%以上。

面向对象分类方法分为两步：分割和分类。分割是根据不同层次进行多次分割，然后通过阈值进行优化合并，形成网络层次结构。异构性阈值中，自定义颜色加权为 0.9，形状加权为 0.1；为避免紧凑或非紧凑段，平滑度和紧凑度权重分别设置为 0.5 和 0.5。将各景影像在 eCognition Developer 8.64.1 平台上多尺度分割为多个层次，得到一幅分割后的矢量图像；分类法选择最邻近分类法，选取的感兴趣区（area of interested，AOI）样本计算其隶属度从而将其分类。

3. 广东省沿岸红树林遥感分布图

图 4.23 给出了广东省沿岸红树林的遥感分布情况。

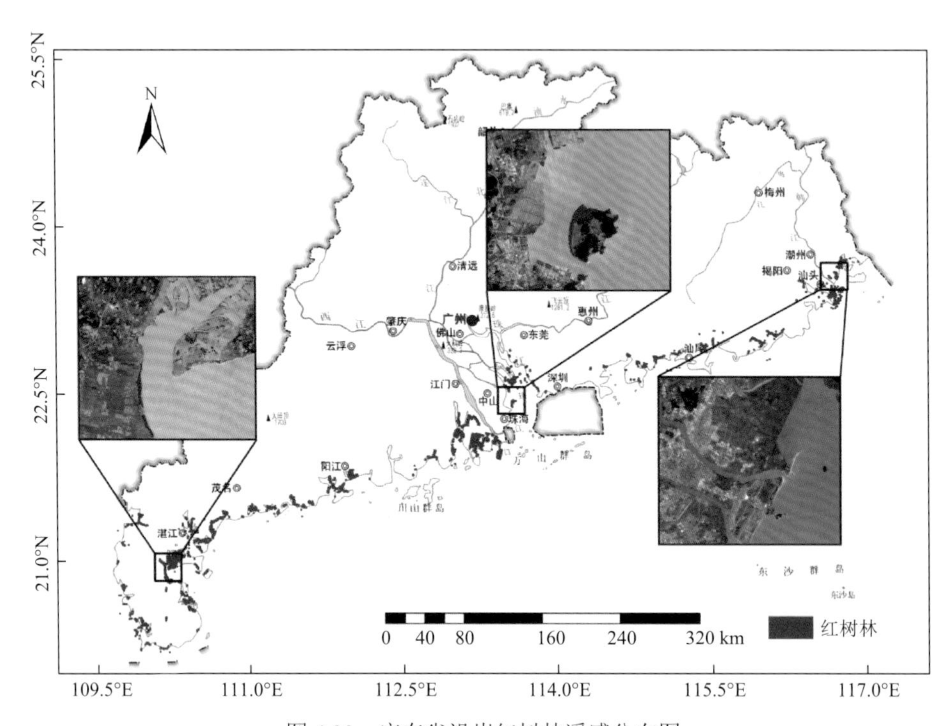

图 4.23　广东省沿岸红树林遥感分布图

4. 数据精度验证

完成红树林信息提取后，采用混淆矩阵方法，计算总体分类精度、Kappa 系数和生产精度，对提取到的红树林矢量数据进行精度评价。采用目视判别选取样本，样本分布于粤东、珠三角和粤西地区，包括汕头、深圳、珠海、茂名、阳江、湛江等地。样本主要分为红树林和非红树林两大类，红树林样本数约为 500 个。红树林提取总体精度为 95.83%，Kappa 系数为 0.887 2，生产精度达到 85.83%，数据质量较为理想。在处理过程中，未考虑潮汐淹没广东沿岸红树林的情况，从而水面以下的红树林提取会有一定的偏差。

高质量的遥感卫星数据产品对沿岸红树林系统的保护、恢复、管理极其重要。本案例收集了 GF-2 高分辨率的遥感影像，采用分割-分类的面向对象分类方法，生成了 2015～2020 年广东沿岸红树林分布数据集，为广东沿岸红树林的保护恢复、管理规划及湿地动态监测等提供了数据支持，可为海洋生态修复、海洋环境监测、城市发展规划提供参考。

4.2.3　红树林长时序动态变化监测实例

1. 技术路线和数据处理

本节技术路线和数据处理和 4.2.2 节基本一致。选择 2014～2020 年覆盖广东神前湾的 7 景高质量的高分卫星数据（云量低于 20%，确保影像没有缺失、条带等异常现象影响），然后进行图像处理。红树林长时序动态变化监测在遥感提取流程基础上增加了景观指数来描述景观格局，可反映景观结构组成和空间配置某些方面的特征。这里我们选用了 7 个景观指数，从不同角度定量分析研究区红树林变化特征。面积/密度/边缘指数上，选用斑块类型的斑块数（number of patches，NP）和斑块密度（patch density，PD）描述景观破碎情况。形状指数上，选用景观形状指数（landscape shape index，LSI）和最大斑块指数（largest patch index，LPI）反映景观的形状变化。聚集度上，选用聚合度指数（aggregation index，AI）。景观连接度上，选择斑块结合度（patch cohesion index，COHESION）定量描述景观中生物体的生境连接状况。

2. 动态变化分析

从 2014～2020 年卫星遥感图（图 4.24）可见，广东神前湾红树林基本呈带状分布，林冠较整齐，郁闭度好。7 年来红树林面积逐渐扩大，呈稳步增加趋势。2014 年红树林面积仅有 21.24 hm^2，景观较为稀疏；到 2020 年中，面积达到 26.34 hm^2，增加约 5 hm^2，总体增长率为 24%。从年际变化来看，2014～2015 年、2016～2017 年、2019～2020 年，红树林面积和变化率明显。原因在于 2014 年、2017 年和 2019 年，海陵岛红树林国家湿地公园进行了红树林恢复性种植和扩种工作，树苗成活率较高。可见，红树林营造恢复工程和建立保护区等措施与红树林面积密切相关。

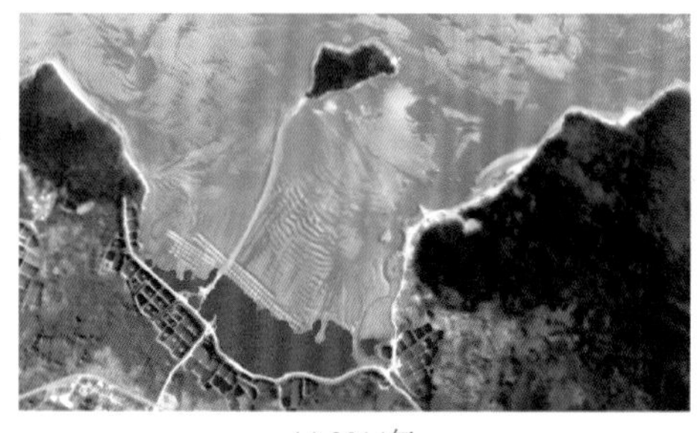

(a) 2014年

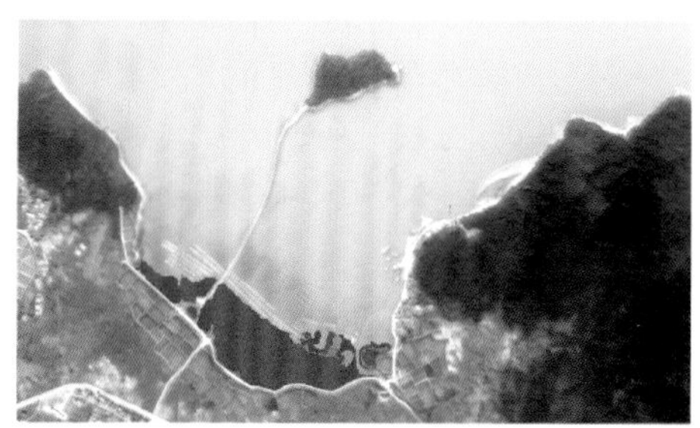

(b) 2015年

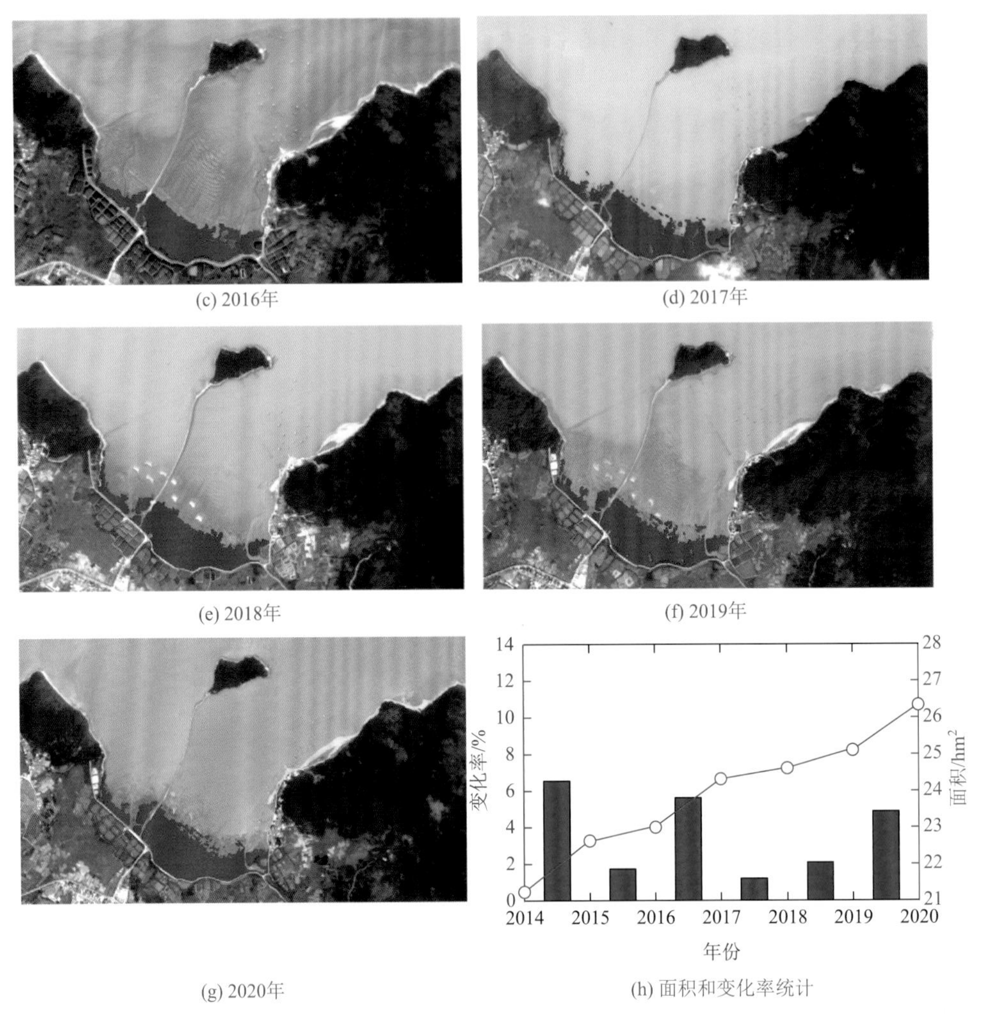

图 4.24　2014～2020 年广东神前湾红树林遥感提取分布和面积统计

图 4.25 是广东神前湾红树林转入转出示意图。2014～2020 年红树林保持不变区域是由秋茄树、桐花树、海榄雌等优势种组成的群落类型，面积 19.33 hm^2，占比 73.38%。这些红树发育成熟、树龄较老（50～70 年），受到人为干扰少。研究区红树林增加区域是向海开阔滩涂、西北养殖区和东南基围区。在适宜红树林生长的开阔滩涂区域开展红树林人工种植活动，是神前湾红树林向海开阔滩涂自然扩展的原因之一。湿地内的水产养殖区清退或搬迁、恢复湿地生态等工作，使得红树林向西北方向延伸。东南方向增加的红树林主要分布在湿地防护堤内侧鱼塘四周，以卤蕨、桐花树为主，植物环绕基围堤生长。湿地内部受观赏跨海木栈道的修建和向海开阔滩涂的清理的影响，部分红树林减少。

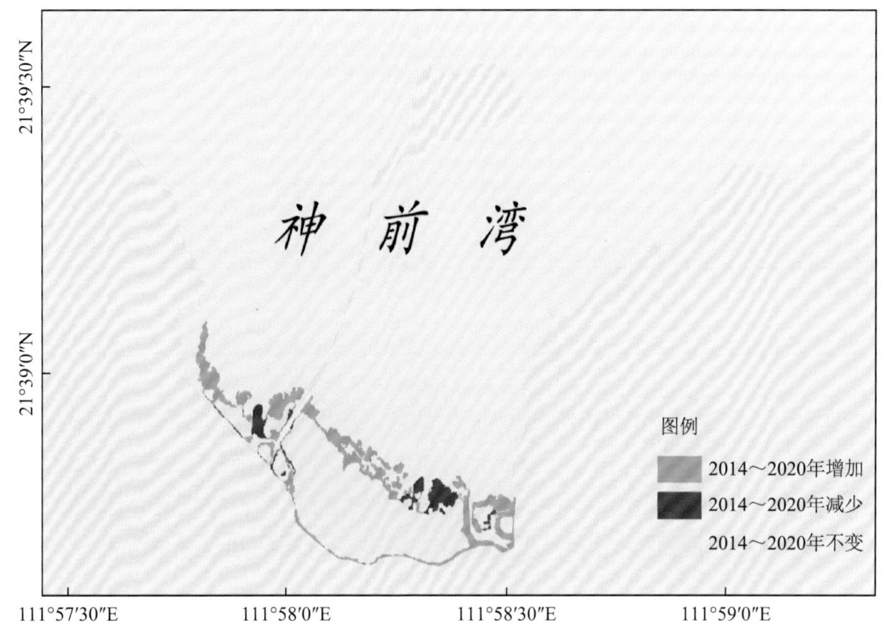

图 4.25　广东神前湾红树林转入转出示意图

3. 景观指数分析

景观指数高度浓缩景观格局信息，可以定量表达景观格局和生态过程之间的关联。由神前湾红树林景观指数表（表 4.5）可以看出，2014～2020 年，NP 和 PD 波动变化，两者都在 2017 年达到最大值。从图 4.24 可看出，2017 年向海开阔滩涂红树林呈点状分布未连接成片，破碎化程度最高，空间异质性最大。LSI 有波动上升的趋势，2019 年 LSI 最大，2017 年次之，2017 年和 2019 年开展的两次人工种植使得红树林形状趋于复杂、分散。未来待红树林连接成片，LSI 会恢复到原有水平。由于面积较大、较为成熟的红树林群落存在，LPI 一直保持在 76.65%以上的较高水平。2014～2020 年，LPI 先下降后上升，但整体变化幅度较小并趋于稳定。描述景观类型斑块连通性的 AI 呈下降后波动，2014 年 AI 值最大，景观聚集度最好；2019 年值最小，景观最为分散。红树天然林和人工林之间的连通还需时间恢复。从生境自然衔接状况上看，COHESION 保持在一个较好水平，受人工干扰最小，景观聚集度稳定。

表 4.5　神前湾红树林景观指数表

年份	景观指数					
	NP/个	PD/(个/km^2)	LSI	LPI/%	AI	COHESION
2014 年	6	28.24	3.14	85.36	99.53	99.87
2015 年	6	26.51	4.18	78.06	99.33	99.83

续表

年份	景观指数					
	NP/个	PD/(个/km^2)	LSI	LPI/%	AI	COHESION
2016 年	4	17.37	4.45	80.62	99.28	99.89
2017 年	20	82.22	6.11	78.19	98.96	99.79
2018 年	6	24.37	3.9	82.00	99.41	99.85
2019 年	11	44.09	7.65	76.65	98.66	99.88
2020 年	11	41.75	5.63	83.64	99.10	99.90

本节选取了广东神前湾 2014～2020 年高分卫星遥感数据，在红树林湿地公园进行长时间的动态变化监测，揭示了保护区建立、人工种植等措施实施下的红树林动态变化、景观变化规律，证明人工种植和建立保护区是红树林资源恢复、保护、管理和开发的有效途径之一，可为红树林资源保护、恢复、管理和开发提供参考。

4.3　粤港澳大湾区近海赤潮事件遥感观测

4.3.1　赤潮事件遥感观测概述

赤潮是珠江口水环境应急事件遥感观测的研究热点。珠江口是典型的二类水体区域，河口区域水体中含有高浓度的溶解有机物和颗粒状无机物，光学复杂性很高，使用水色遥感来提取赤潮，是一项非常具有挑战性的工作。传统水色传感器如 SeaWiFS 和 MODIS 虽然信噪比较高，但约 1 km 的空间分辨率无法提取小范围内的赤潮细节特征，限制了其在河口区域的应用。Landsat 系列卫星空间分辨率达到 30 m，能够用于河口区水环境监测，但是其光谱分辨率较低，信噪比也不高，仍然不能解决二类水体叶绿素 a 的反演精度问题。MERIS 是 2002 年发射的卫星传感器，主要用于海洋和海岸带的水色监测，具有高分辨率模式可用于海岸带研究。MERIS 具有很高的光谱分辨率，且有两个波段专用于大气校正，能较大程度地提高大气校正的精度。在河口环境监测方面，使用 MERIS 全分辨率数据可以获得小范围内赤潮分布的细节特征。

本书基于 2009～2012 年的现场实测叶绿素 a 浓度和遥感反射率数据，开发了基于 MERIS 的新的珠江口二类水体叶绿素 a 浓度遥感反演算法。使用欧空局官方的 BEAM 软件对 MERIS 进行大气校正后，利用 MERIS 全分辨率数据提取了珠江口叶绿素 a 浓度，对 2011 年 8 月发生在珠江口的双胞旋沟藻赤潮变化过程进行了跟踪监测，并对赤潮发生机制进行了探讨。

4.3.2 数据整理

1. 现场调查

本书使用的现场观测数据来自 2009～2012 年进行的多个航次外业调查，数据分为三组（表 4.6）。第一组调查数据为赤潮发生期间固定站位连续监测数据。2011 年 8 月 12～26 日，在赤潮应急监测过程中设置一个固定监测站位（113°40′08.32″E，22°12′10.24″N）进行采样（图 4.26）。每天上午采集水样，回到实验室后进行赤潮藻种鉴定和细胞计数。现场使用 1L 采水器采集表层水样并用白色塑料瓶保存，加入 10% 的鲁哥氏液固定。回到实验室将水样摇匀后，用移液器取 0.1 mL 水样到显微镜（BX51，Olympus，日本）下观察，来确定赤潮藻种类并计算水样中赤潮藻细胞密度。

表 4.6　外业调查航次信息表

采样日期	变量	方法	图件	采样层次
2011 年 8 月 12～26 日	浮游植物种类及细胞密度	野外采样（固定站）	图 4.26	表层
2010 年 8 月 2011 年 8 月 2012 年 8 月	水质及水文气象要素	野外采样（大面站）	图 4.27 图 4.28 图 4.29	表层（水深<10 m）；表层、中层（10 m<水深<20 m）；表层、中层、底层（水深>20 m）
2009 年 8 月 15 日～2010 年 7 月 4 日	叶绿素 a 浓度和遥感反射率	野外观测	图 4.30	表层

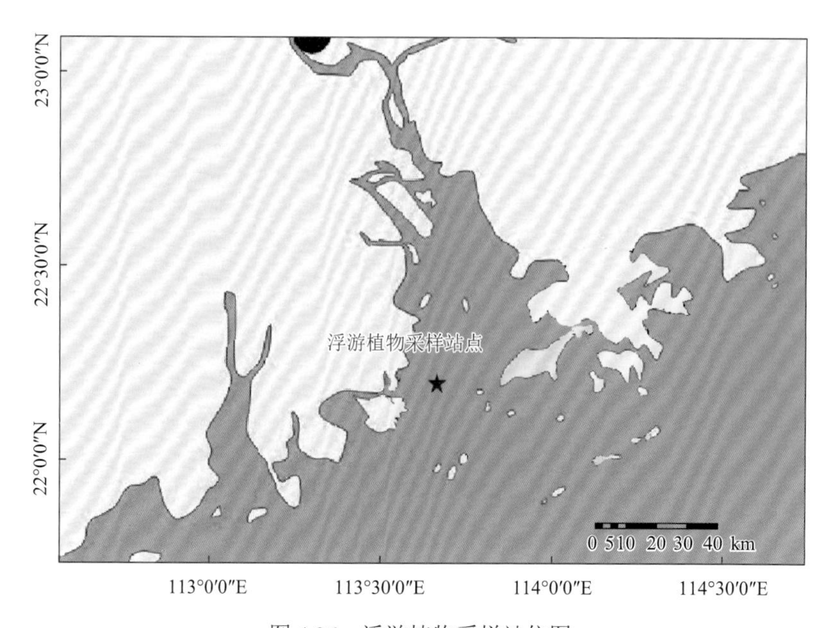

图 4.26　浮游植物采样站位图

第二组调查数据为广东省海洋与渔业环境监测预报中心在 2010 年 8 月、2011 年 8 月和 2012 年 8 月开展的 3 次趋势性监测的数据。2010 年趋势性监测设置水质监测站位 81 个（图 4.27），其中 25 个同步进行水文气象观测；2011 年设置水质监测站位 89 个（图 4.28），其中 25 个同步进行水文气象观测；2012 年设置水质监测站位 69 个（图 4.29），全部站位同步进行水文气象观测。水质监测内容包括：pH、盐度、DO 浓度、化学需氧量、磷酸盐浓度、亚硝酸盐浓度、硝酸盐浓度、铵盐浓度和叶绿素浓度，水文气象观测内容包括：风速、风向、水温以及透明度。趋势性监测调查站位均覆盖整个珠江口海域。海水采样按照国家标准《海洋监测规范 第 3 部分：样品采集、贮存与运输》（GB 17378.3—2007）中的要求，水深小于 10 m 时只采集表层样，水深在 10～25 m 时采集表层和底层样，水深在 25～50 m 时采集表层、10 m 和底层样（水底以上 2 m）。水温、盐度、pH、DO 浓度和叶绿素浓度等使用多参数水质监测仪（YSI6600，YSI，美国）进行现场测定。叶绿素浓度也可使用 YSI6025 叶绿素传感器测量，该传感器经过美国环境保护署（USEPA）的环境技术验证（ETV）程序认证。现场使用 5L Niskin 采水器采集水样并按 1000 mL 分瓶保存。用于实验室分析的亚硝酸盐、硝酸盐、铵盐和磷酸盐等样品先用 45 mm Whatman GF/F 玻璃纤维滤纸过滤，之后在−20℃冰箱中保存。硝酸盐浓度测定使用铜镉还原法，亚硝酸盐浓度测定使用萘乙二胺分光光度法，氨氮浓度的测定使用靛酚蓝分光光度法，无机磷浓度测定使用磷钼蓝分光光度法。

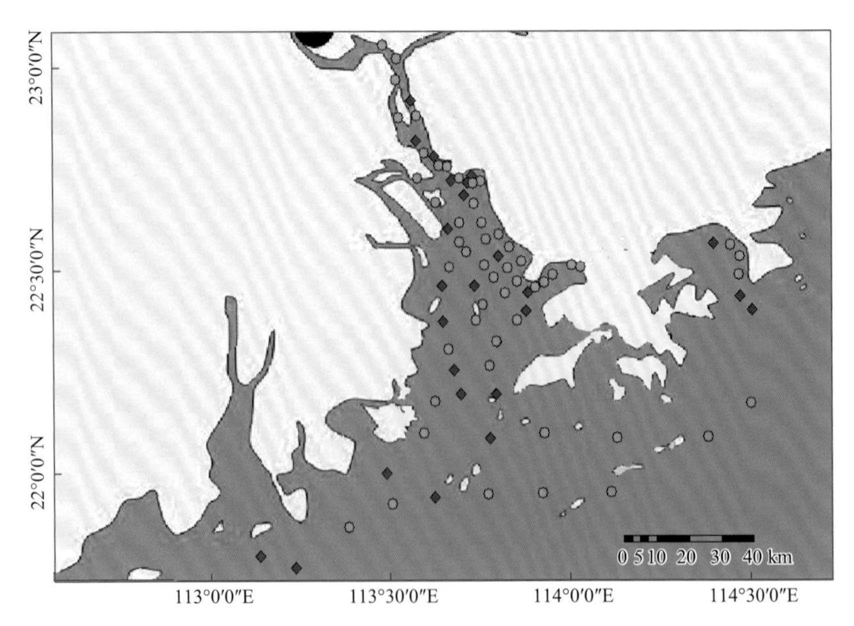

图 4.27　2010 年趋势性监测站位图

绿色圆点为水质站位，红色菱形点为水质和水文气象站位

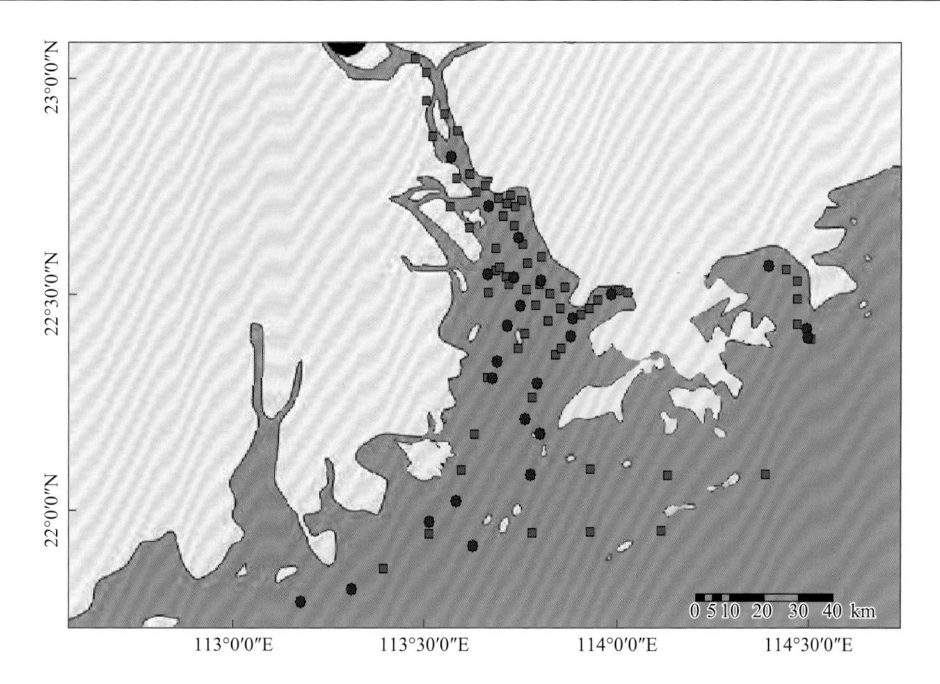

图 4.28　2011 年趋势性监测站位图

绿色为水质站位，红色为水质和水文气象站位

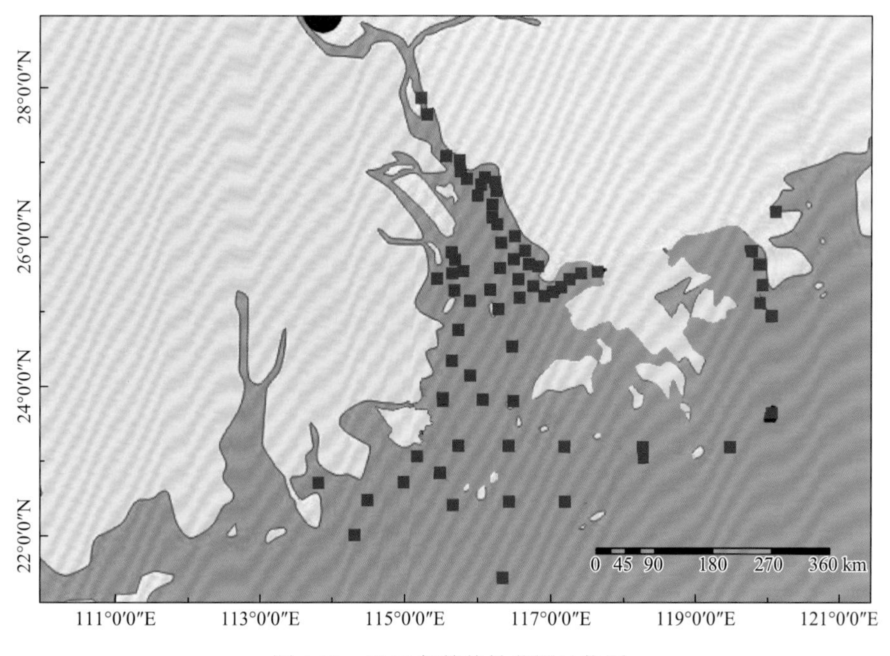

图 4.29　2012 年趋势性监测站位图

第三组调查数据为卫星同步观测数据。包括 2009 年 8 月 15 日～2010 年 7 月 4 日开展的 6 个航次（PRE20080815、PRE20091022、PRE20091122、PRE20091213、PRE20100201、PRE20100704）的卫星同步观测数据以及 2011 年 8 月 4 日开展的 MERIS 卫星同步观测数据，观测内容均为水面以上遥感反射率和叶绿素 a 浓度（站位见图 4.30）。

叶绿素 a 浓度在实验室内使用萃取分光光度法测定，将 500 mL 水样用 45 mm Whatman GF/F 玻璃纤维滤纸过滤，过滤后的滤纸放入萃取瓶中并加入 10 mL 体积分数为 90%的丙酮溶液，摇荡后，将萃取瓶放入 0℃冰箱内萃取 24 h，之后使用紫外-可见分光光度计（L3S，INESA，中国）进行样品分析。海面光谱测量使用设备为 USB2000+可见光纤光谱仪（Ocean Optics，美国）。使用光谱仪对 350～1100 nm 光谱范围内的上行辐照度 L_u、下行辐照度 E_d 和天空光辐照度 L_{sky} 进行测量并计算遥感反射率。根据 Mueller 等（2003）和 Mobley（1999）的描述，每个站位光谱需要连续观测 3 次。根据 Tang 等（2004）的研究，当风速在 0～5 m/s 时，海表菲涅耳反射率可设为 0.022 sr^{-1}，当风速在 6～10 m/s 时，可设为 0.025 sr^{-1}，当风速大于 10 m/s 时，应设为 0.027 sr^{-1}。

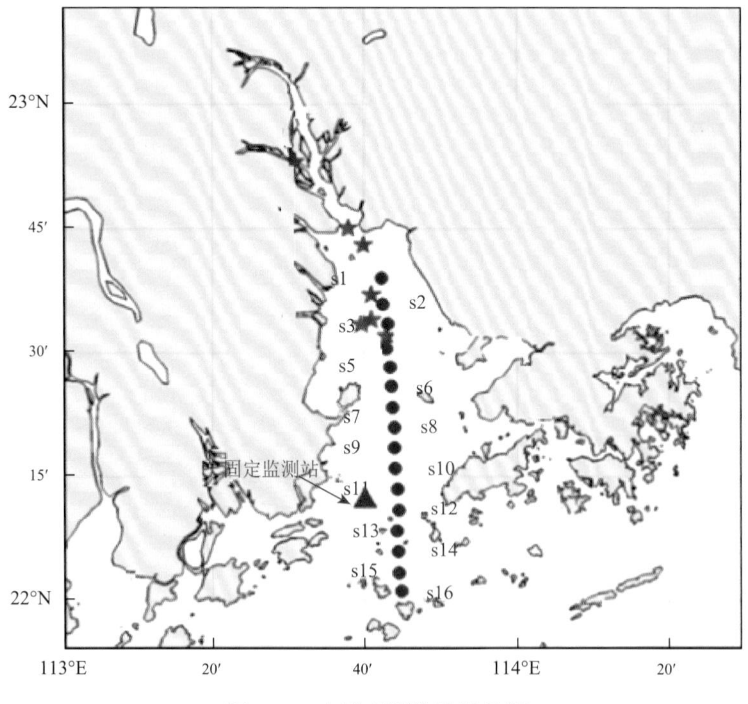

图 4.30　光谱观测航次站位图

其中 2009 年 8 月 15 日～2010 年 7 月 4 日开展的 6 个航次站位用蓝点表示，2011 年 8 月 4 日 MERIS 同步观测站位用紫色五角星表示，赤潮期间固定监测站位用红色三角表示

2. MERIS 大气校正

MERIS 没有设置短波红外波段，因此无法使用 He 等（2014）提出的 SWIRE 大气校正方法。但 MERIS 具有很高的光谱分辨率，且有两个波段专用于大气校正，能较大程度地提高大气校正的精度。欧空局官方提供了 BEAM [basic ERS & envisat（A）ATSR and MERIS toolbox]软件来处理 MERIS 的大气校正问题。BEAM 是欧空局开发的用于处理 MERIS，（A）ATSR 和 ASAR 数据的工具箱。

针对 MERIS 的二类水体大气校正方法研究较少。Fischer 研究了 BEAM 软件中的大气校正方法以及水色要素提取方法。Doerffer 等（2007）开发了适用于 MERIS 的二类水体神经网络大气校正算法（regional coastal and lake case 2 water project atmospheric correction ATBD），并被集成到 BEAM 工具箱中。Zhu 等（2007）利用 MERIS 中的氧气吸收带（760.625 nm）和水汽吸收波段（900 nm）来代替传统的 NIR 波段来进行大气校正，取得了较好的效果。檀静等（2013）在 Zhu 等（2007）研究的基础上，对算法又进行了改进。目前没有针对珠江口的二类水体 MERIS 大气校正方法，由于欧空局官方开发的 BEAM 软件已经能够达到较好的校正效果，本书中使用 BEAM（V5.0）中的 MERIS Case 2 Regional Processor（V1.6）工具对 MERIS 全分辨率影像进行大气校正并得到遥感反射率。

4.3.3 赤潮区域叶绿素 a 浓度反演

1. 二类水体叶绿素 a 浓度反演算法

对浮游植物生物量进行评估是水色遥感最重要的任务之一。自从 1978 年 CZCS 传感器升空以来，针对建立叶绿素 a 浓度与辐射量或反射率之间的关系，已经做了非常多的研究工作，提出了包括经验模型、半分析模型以及分析模型在内的很多反演算法。

很多经验算法建立在基于 443 nm、490 nm、510 nm 的反射率与 555 nm 的反射率的比值的最大波段比值方法的基础上，例如 OC4v4、OC4v6 和 OC3M 等。Holligan 等（1983）提出了利用 CZCS 的一、三波段比值反演叶绿素浓度的计算方法。孙强等（2000）基于 SeaWiFS 数据，以赤潮水体光谱特征为基础，提出三、四、五波段离水辐射率三波段差值模型。张春桂等（2007）采用 OC2 和 OC3 两种标准经验算法以及 Clark 和 NSMC-CASE2 两种半分析算法进行了 MODIS 海洋叶绿素 a 浓度反演，并根据 2004 年福建近海 10 个站点的叶绿素 a 浓度数据对反演结果进行了分析。阎福礼等（2006）通过分析 Hyperion 数据特征与水质参数监测精度，讨论了波段比值、差值和 NDVI 算法与叶绿素 a 浓度、悬浮物浓度的相关性和敏感波段分布，建立了水质参数高光谱遥感反演模型。郑国强等（2008）以波段比值法构建叶绿素 a 浓度反演模型，获得了南四湖叶绿素 a 浓度空间分布。杜聪等（2009）通过分析太湖固有光学量特点，提出适用于太湖的 3 个特征波段，并在优化计算基础上建立了叶绿素 a 三波段统计模型。Chen 等（2002）提出了珠江口叶绿素 a 浓度反演三波段模型。Chen 等（2007a）提出了新的针对浑浊水体叶绿素 a 浓度反演经验算法。

半分析算法，例如 GSM01、QAA 以及 Carder 的算法等都是基于叶绿素 a、CDOM 和悬浮泥沙的固有光学属性构建的，这些算法试图建立遥感反射率与水体固有光学属性之间的关系，再进一步计算叶绿素 a 浓度。El-alem 等（2012）使用 MODIS 数据对 4 种Ⅱ类水体叶绿素 a 浓度遥感反演模型进行了对比分析。陈军等（2010）以 2004 年 8 月 19 日太湖水质浓度实验数据和同步的 Hyperion 影像为基础，提出了叶绿素 a 四波段半分析算法。之后，陈军等（2010）又在四波段半分析算法的基础上，结合空间数据不确定性原理，构建了基于四波段半分析算法的“带模型”。Sugumaran 等（2012）提出了对爱荷华湖叶绿素 a 浓度进行多时相预测的半分析模型。尽管半分析算法在提高叶绿素 a 浓度反演精度方面有很大潜力，可能由于没有足够的实测样本数据，在近岸水体的应用性能并不理想。

分析模型、非线性经验模型例如神经网络（NN）、支持向量机（SVM）和相关向量机（RVM）同样可以从水色数据反演叶绿素 a 浓度，由于不需要预先假定函数形式，这些非参数化、非线性的方法可以更好地从遥感反射率反演叶绿素 a 浓度。闻建光等（2007）利用混合光谱分析模型进行太湖水体叶绿素 a 浓度提取，可以弥补波段比值法和一阶微分处理技术进行叶绿素 a 浓度估算时在模型的适用性和通用性方面的不足。Chen 等（2007b）提出了一种利用导数光谱法反演珠江口叶绿素 a 浓度的新算法。Awad（2014）利用监督神经网络算法反演海水中的叶绿素 a 浓度。Liu 等（2011）根据荧光笼罩面积反演了珠江口叶绿素 a 浓度。安如等（2013）以太湖、巢湖为研究区，以 Hyperion 和 HJ-1A 卫星高光谱数据以及实测水质数据为基础，引入归一化叶绿素指数（NDCI），对二类水体的叶绿素 a 浓度进行了估算。

2. MERIS 叶绿素 a 浓度反演算法

随着 MERIS 的发射，利用 MERIS 监测赤潮显示出巨大潜力。MERIS 的波段设置与 MODIS 相似，但更加合理，光谱分辨率和空间分辨率也更高，且具有更合理的荧光波段。与 SeaWiFS 和 MODIS 相比，可以更加精确地反演水体中叶绿素 a 浓度，在赤潮监测方面更有优势。

Gower 等（2005）提出了最大叶绿素指数（maximum chlorophyll index，MCI）法，使用 MERIS 的 709 nm 波段提取了发生于加拿大西岸的赤潮。Reinart 等（2006）

分别使用 Hyperion、SeaWiFS、MODIS 和 MERIS 四种传感器对 2002 年 7 月发生在波罗的海的蓝绿藻赤潮进行对比分析。Kutser 等（2006）将 MERIS 数据用于蓝藻赤潮监测。Koponen 等（2007）使用 MERIS 数据对芬兰湾春季赤潮期间的叶绿素浓度、TSM 浓度、有色可溶性有机物的吸收系数等水质参数进行了反演。姜广甲等（2013）基于野外观测数据和 MERIS 遥感资料对两波段、三波段、改进三波段和四波段 4 个模型提取二类水体叶绿素 a 浓度的精度进行了评价，结果表明改进三波段模型反演精度较高，更适于二类水体叶绿素 a 浓度的遥感反演。陶邦一等（2009）基于 MERIS 数据提取了代表水体荧光信息的基线荧光高度（fluorescence line height，FLH），并将适用于 MODIS 的荧光叶绿素 a 浓度算法应用于 MERIS，研究发现反演效果良好。高中灵（2006）利用 MERIS 数据，对台湾海峡叶绿素 a 浓度遥感反演进行了研究。王云飞（2009）利用东海实测光谱和叶绿素 a 浓度数据，提出了东海赤潮常发区生物-光学算法。Tao 等（2011）利用 MERIS 荧光波段对东海赤潮进行了监测。Zhao 等（2014）则使用 MERIS 数据对阿拉伯海赤潮进行了提取。但目前并没有针对珠江口二类水体的 MERIS 叶绿素 a 浓度遥感反演算法被提出。

3. 叶绿素 a 浓度算法建模及检验

本书利用同步测量的叶绿素 a 浓度和遥感反射率数据构建珠江口二类水体叶绿素 a 浓度反演模型，目标是改进叶绿素 a 浓度反演算法，得到更加精确的遥感叶绿素 a 浓度数据。

将所有实测站点的实测遥感反射率重采样到 MERIS 卫星所使用波段，用于叶绿素 a 浓度反演算法建模。将全部实测叶绿素 a 浓度数据按从大到小排列，每 3 个数据中，取出最小值，最终将全部数据分为两部分，其中三分之二用于算法建模，三分之一用于算法精度检验。通过计算遥感反射率波段比值与经过 lg 对数变换后的叶绿素 a 浓度之间的相关性发现，560 nm 与 490 nm 波段的遥感反射率波段比值与叶绿素 a 浓度之间相关性最好：$R^2 = 0.48$，RMSE = 0.25，结果见图 4.31，进而得到计算公式（4.13）。

$$\rho(\mathrm{Chl\ a}) = 10^{\left(1.61\times\frac{r_{560}}{r_{490}} - 1.66\right)} \tag{4.13}$$

式中，r_{560} 和 r_{490} 分别为波长为 560 nm 和 490 nm 处的遥感反射率。

使用相关系数平方（R^2）和均方根误差（RMSE）来评估 MERIS 官方叶绿素 a 产品的精度以及本书建立的叶绿素 a 浓度反演模型[公式（4.13）]的性能。

$$\mathrm{RMSE} = \sqrt{\frac{\sum_{i=1}^{n}(x_{\mathrm{m}} - x_0)^2}{n}} \tag{4.14}$$

式中，x_{m} 和 x_0 分别代表反演得到的叶绿素 a 浓度和实测叶绿素 a 浓度，n 代表样本数。

用 2011 年 8 月 4 日 MERIS 卫星同步观测中实测叶绿素 a 浓度来检验欧空局官方 MERIS 叶绿素 a 产品的精度，计算得到 R^2 和 RMSE 分别为 0.22 和 0.37（图 4.32）。官方提供的 MERIS 标准产品低估了叶绿素 a 浓度而导致较高的均方根误差。

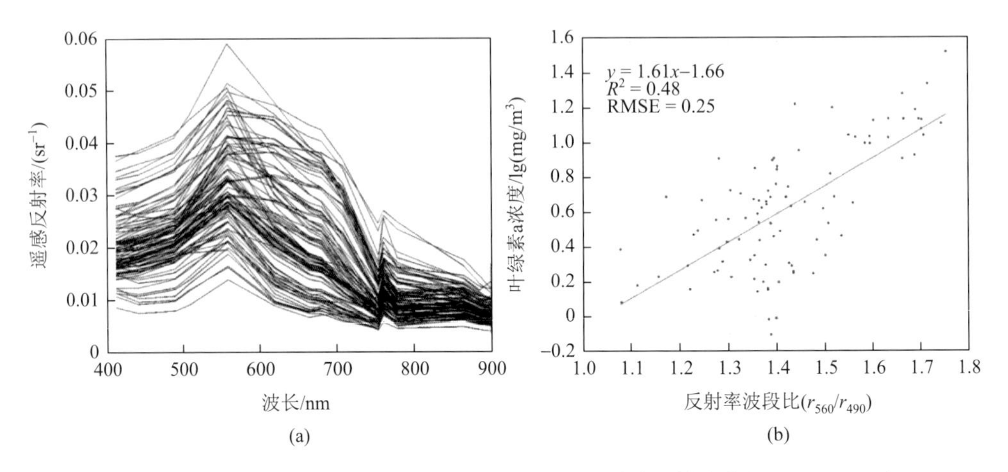

图 4.31　(a)2009 年 8 月～2010 年 7 月之间 6 个航次观测的遥感反射率数据；(b)r_{560}/r_{490} 与 lg(Chl a) 相关性散点图

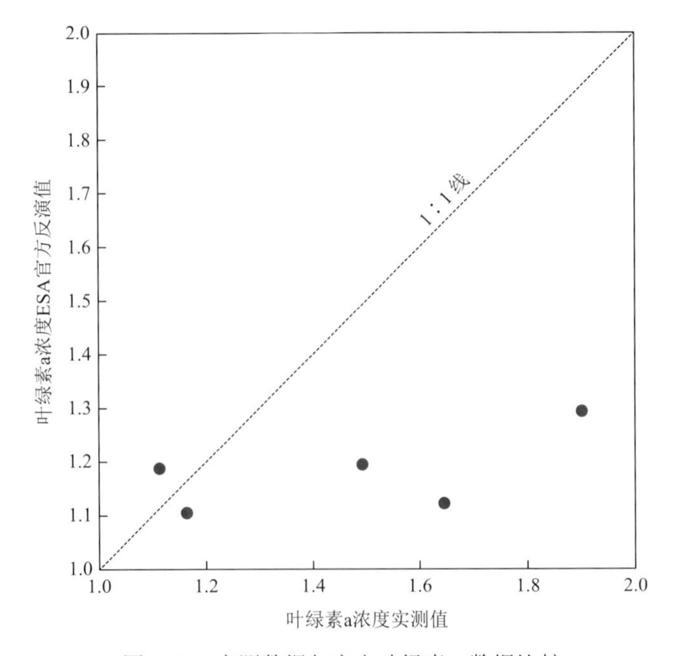

图 4.32　实测数据与官方叶绿素 a 数据比较

纵坐标为经过 lg 对数变换的叶绿素 a 浓度 ESA 官方反演值；横坐标为经过 lg 对数变换的叶绿素 a 浓度实测值

应用叶绿素 a 浓度反演模型（4.13）处理 MERIS 数据，计算得到叶绿素 a 浓度分布。将 2011 年 8 月 4 日卫星同步观测的叶绿素 a 浓度与卫星反演提取的叶绿素 a 浓度进行比较，结果得到 $R^2 = 0.57$，RMSE = 0.36（图 4.33）。很明显，新算法提高了叶绿素 a 浓度反演精度。叶绿素浓度超过 50 mg/m^3 时，新算法反演结果会偏小，这可能是由于建模时所使用数据都小于 40 mg/m^3。新建立模型的计算结果好于官方提供的标准产品，我们将使用新算法来反演叶绿素 a 浓度并对赤潮进行分析。

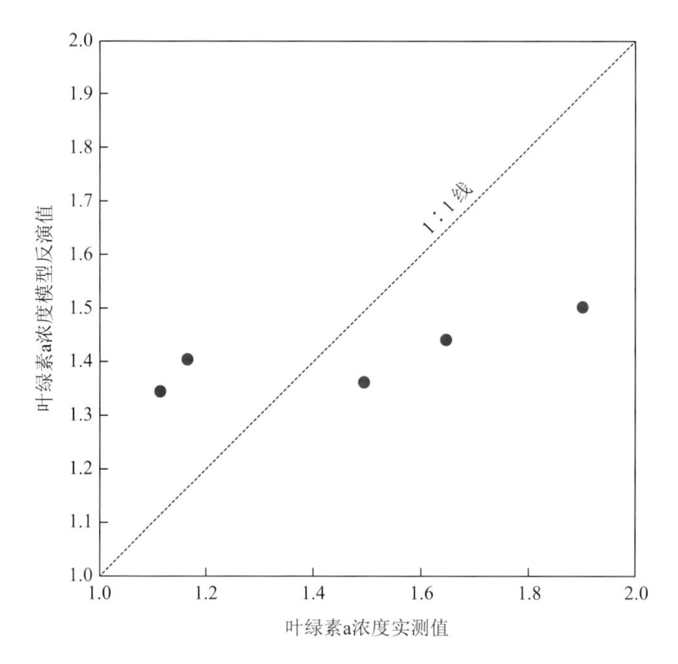

图 4.33　卫星同步观测数据与反演得到叶绿素 a 比较

横、纵坐标分别为经过 lg 对数变换的叶绿素 a 浓度实测值和叶绿素 a 浓度模型反演值

对于河口区二类水体，大气影响很难被精确去除。波段比值算法可以有效消除大气校正中的一些误差，受遥感反射率测量误差的影响也相对较小。当水体中悬浮泥沙和 CDOM 浓度较高，对水色信号有较大贡献时，蓝绿波段比值算法的有效性就会降低。Shi 等（2014）的研究显示，由于 2011 年珠江三角洲极端干旱事件的发生，8 月珠江口悬浮泥沙浓度有所下降。珠江口水体 CDOM 主要来源于陆源径流输入，赤潮发生的区域位于珠江口外侧，在这一区域陆源 CDOM 浓度已经下降到较低的水平。2011 年 8 月赤潮发生期间，叶绿素浓度升高的同时悬浮泥沙与 CDOM 浓度下降，则水体光谱受叶绿素 a 浓度控制，导致绿光波段反射率更高，蓝光波段吸收更强，因此蓝绿波段比值算法可以用来监测赤潮过程。相似的算法在其他海区也有应用实例，Tilstone 等（2013）对波段比值、

Garver-Siegel-Maritorena 模型和固有光学属性模型（generalized inherent optical property）等三种叶绿素算法模型进行了验证，发现在某些沿岸海域波段比值算法精确度最高，证明了波段比值算法是提取赤潮信息的有效算法。本书使用的反演模型在叶绿素 a 浓度大于 50 mg/m^3 时，计算结果会偏小，这意味着赤潮实际情况可能比现场监测到的结果更加严重，进一步证明了本书所构建的赤潮反演模型所监测结果的可靠性。

4.3.4　赤潮监测结果

2011 年 8 月珠海市九洲岛、三角岛、大头洲以及桂山岛之间海域发生双胞旋沟藻赤潮。赤潮带颜色从棕褐色至褐色深浅不一，并呈条带状或斑块状分布。根据珠海市万山区统计，赤潮造成鱼类死亡 47.863 万尾，重约 50 t，估价损失 316 万元。死亡鱼类多数为已养殖 1 个多月的大规格鱼种和半成品鱼，如白鲳、翘嘴鲌（俗称白花鱼）、青石斑鱼、鮸（俗称石敏）等。其中大蜘洲水域养殖企业死亡鱼苗 40 万多尾，损失约 200 万元。

应用叶绿素 a 浓度反演公式（4.13）对 MERIS 影像进行处理，得到 2011 年 8 月 4～23 日珠江口叶绿素 a 浓度分布（图 4.34）。2011 年 8 月 12 日 MERIS 影像显示在珠江口外侧有约 100 km^2 的叶绿素 a 高浓度区，8 月 15 日叶绿素 a 高浓度区域向东北移动且范围减小，8 月 23 日影像中高浓度区已基本消失，但整体叶绿素 a 浓度水平仍比 8 月 4 日高，在不到 20 天的时间内，叶绿素 a 浓度从小于 10 mg/m^3 增加到超过 40 mg/m^3，又迅速减小到 10 mg/m^3 左右。将 8 月 12 日（赤潮发生时）与 8 月 4 日（赤潮发生前）叶绿素 a 浓度相减，用增加 10 mg/m^3 作为阈值来判断赤潮发生，得到本次赤潮的大致范围（图 4.35）。赤潮发生位置在珠江口外侧、香港西南方，计算结果显示大致有 3 条赤潮带，赤潮整体呈枝杈状分布。

2011 年 8 月 12～26 日在赤潮范围内的现场观察以及在三角岛西北的固定监测站位现场采样都确认了有赤潮发生。固定站位连续监测结果显示，赤潮期间表层水体中藻类细胞密度最高峰值达到 1.5×10^7 cells/L，之后藻类细胞密度震荡下降，数量在 0.5×10^6～7.2×10^6 cells/L 波动（图 4.36）。根据刘静雅（2013）的研究，本次赤潮藻种为双胞旋沟藻（*Cochlodinium geminatum*），现场调查及藻类细胞光学显微照片见图 4.37。

尽管现场监测可以确认赤潮发生并大概估算赤潮发生范围，但卫星遥感技术可以提供更多赤潮空间分布的细节特征。本次赤潮有 3 个主要条带，大致呈南—北走向，每个条带长 10～15 km，宽 0.8～1 km。基于卫星获取的结果，本次赤潮经向和纬向范围都达到约 20 km 的距离。

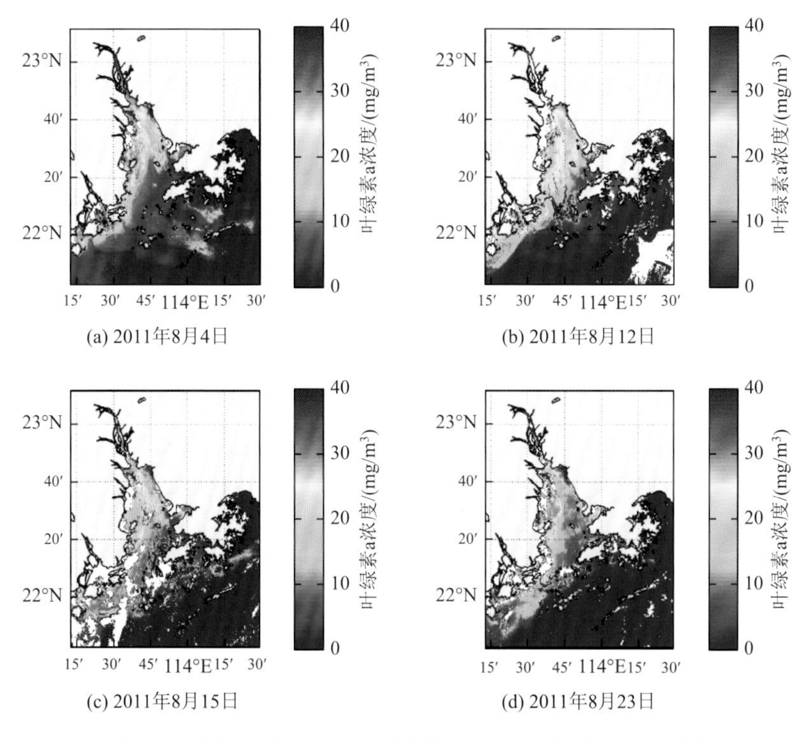

图4.34　使用公式（4.13）反演的MERIS叶绿素a浓度分布

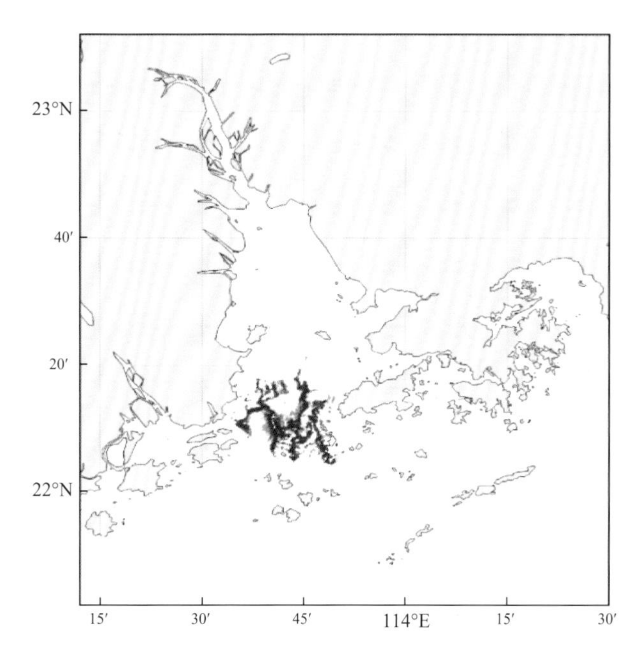

图4.35　卫星提取的赤潮分布图（红色代表赤潮范围）

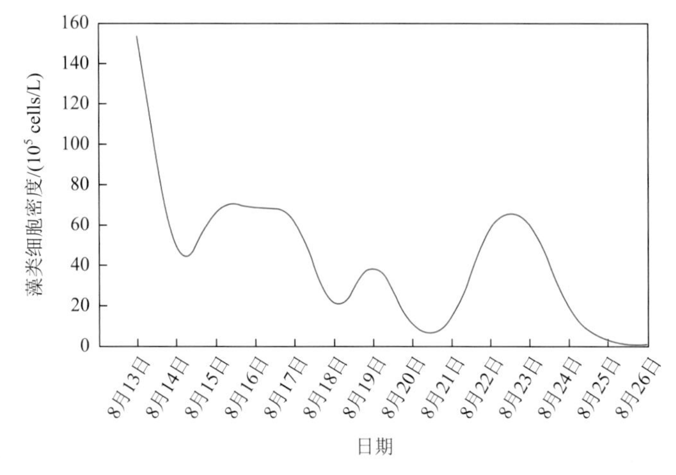

图 4.36　2011 年 8 月 13～26 日藻类细胞密度变化

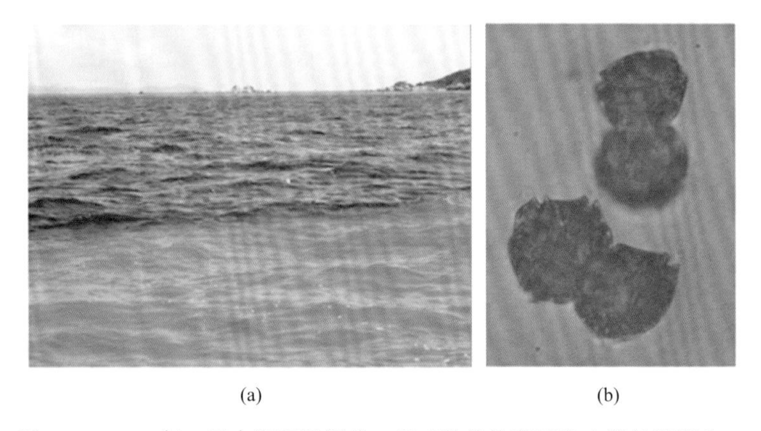

(a)　(b)

图 4.37　2011 年 8 月赤潮现场照片(a)和双胞旋沟藻细胞光学显微照片(b)

4.3.5　赤潮成因分析

珠江口赤潮受多种海洋物理、化学和生物学要素变化影响，包括：陆源径流输入、风场、滞留时间、温度分层、营养盐以及光照等。这些因素都直接影响浮游植物的生长过程。陆源径流会直接影响水体中营养物质含量，一方面雨季时径流量增加，将向河口水体中带入更多营养物质，对浮游植物生长起促进作用；另一方面强烈的淡水输入也可能稀释局部范围内营养物质浓度，抑制浮游植物生长，导致其生物量水平降低。滞留时间被认为是影响赤潮发展过程的重要因子之一，当水体滞留时间比浮游植物生长周期长时，发生水华的概率将大大增加。温度分层的存在和消失也被认为是决定藻类生物量的重要因素，研究发现当存在温度层结时有利于水体中蓝藻生长。磷限制被认为是珠江口生物生产力的主要控制因素，研究发现珠江口常规氮磷比为 200∶1。光照也是控制浮游植物生长的重要因素，特别是在河口上游地区，高悬浮泥沙会降低水体透光性，在很多情况下悬浮泥沙含量与叶绿素 a 浓度之间呈负相关关系。

藻类细胞密度可以作为赤潮发生的指示量，李亚男等（2012）研究了 2009 年发生在珠江口的双胞旋沟藻赤潮，发现双胞旋沟藻细胞密度与叶绿素 a 浓度变化趋势保持一致，当藻类细胞密度增大时，叶绿素 a 浓度也会升高。2011 年 8 月的固定监测站位发现异常升高的藻类细胞密度，结合卫星影像观测到的高叶绿素 a 浓度，可以作为赤潮发生的有力证据。

受拉尼娜事件影响，珠江流域从 2010 年 7 月起经历了一次严重干旱事件，根据广东省水利厅《水资源公报 2011》，2011 年珠江流域三条主要支流（西江、北江和东江）的降雨量与多年平均值（10 年）比较分别下降了 24.8%、12.9%和 19.1%（表 4.7 和图 4.38），通过 2005～2014 年雨季（4～9 月）珠江三角洲降雨量的时间序列变化可以看到，2011 年干旱是相当严重的（图 4.39）。同样的降雨量减小的情况也发生在 2006 年和 2009 年，即两次大规模双胞旋沟藻赤潮发生的时期。2006 年、2009 年和 2011 年这 3 年中双胞旋沟藻赤潮均伴随着低降雨量发生。由于降雨量减少，西江、北江和东江径流量也大幅下降，根据广东省水资源公报统计，2011 年西江、北江和东江径流量较多年平均值（10 年）分别下降 31.2%、16.2%和 23.8%（表 4.8 和图 4.40）。

表 4.7　珠江流域降雨量变化情况表　（单位：mm）

	2010 年	2011 年	2012 年	多年平均值（10 年）
西江	1199.6	813.5	1278.5	1081.7
北江	923.0	722.3	981.8	829.3
东江	486.9	381.8	476.8	471.8

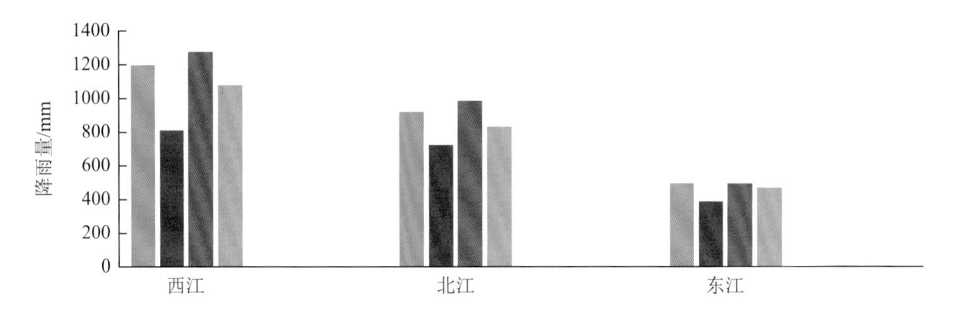

图 4.38　珠江流域降雨量变化情况对比图

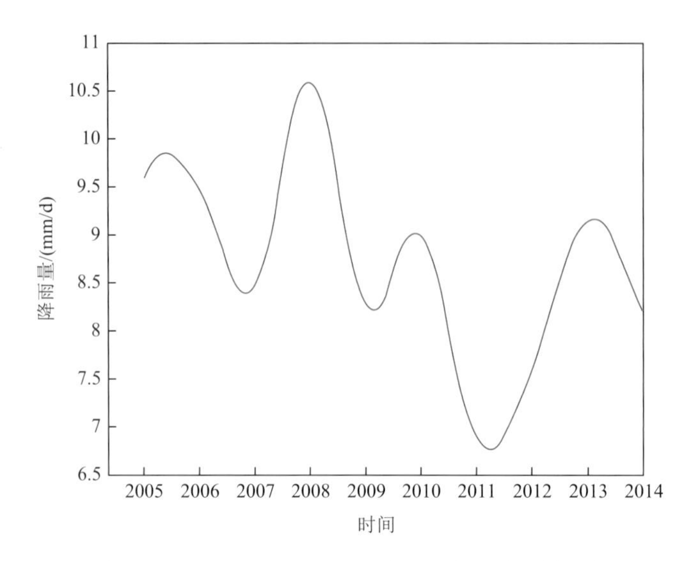

图 4.39　2005～2014 年雨季珠江三角洲降雨量变化

表 4.8　珠江流域三条主要支流径流量变化情况表　　（单位：$10^8 m^3$）

	2010 年	2011 年	2012 年	多年平均值（10 年）
西江	689.5	401.6	688.2	583.3
北江	570.1	427.9	598.0	510.4
东江	290.2	208.7	270.5	273.8

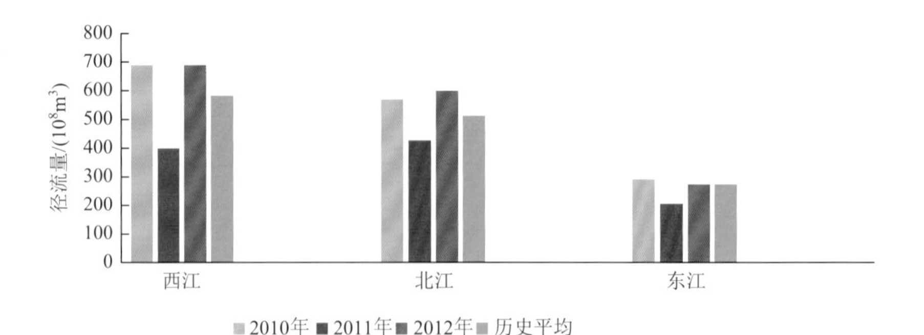

图 4.40　珠江流域三条主要支流径流量变化对比图

滞留时间是影响赤潮过程的重要因子，如果滞留时间增加，浮游植物生长率超过水体更新率，将提高赤潮的发生概率。2009～2010 年卫星同步观测结果显示，叶绿素 a 浓度在 0.79～33.13 mg/m^3，雨季时叶绿素 a 浓度高值主要出现在珠江口下游。Lu 等（2015）研究认为，出现这一现象的主要原因是珠江口下游浮游植物生长率大于水体更新率。

为计算珠江口水体滞留时间，根据地理形状，河口区域可被简化为梯形棱柱体。冲淡水滞留时间可定义为：

$$\tau = V/q \tag{4.15}$$

式中，τ 为滞留时间，V 为水量，q 为流速。

根据南丫岛站、流浮山站和香港机场站等 3 个气象站（图 4.41）的风场资料（图 4.42），发现在 2011 年 8 月赤潮发生期间 3 个站点的风向均发生转变，由偏北风转变为偏南风，且平均风速变大。南风与径流量变小的影响相叠加，使珠江口外侧流向外海的表层流流速降低，珠江口内河口混合区冲淡水滞留时间增加。

在珠江口海域，浮游动物摄食对浮游植物现存量影响相对较小（在雨季影响数量约占 20%）。如果假设生长和死亡是导致浮游植物生物量增加和减少的唯一因素，那么浮游植物生物量（P）的控制方程可以表示为：

$$\partial P/\partial t = \mu P - (q/V)P \tag{4.16}$$

式中，μ 为浮游植物生长率。当 μ>（q/V）时，这等效于 μ>（$1/\tau$），$1/\tau$ 为水体更新率，即浮游植物生长率大于水体更新率，则赤潮发生的可能性大大增加。Lu 等（2015）估算了珠江口 8 月水柱剖面浮游植物生长率平均值为 0.34 d^{-1}，同时给出了水体更新时间与淡水径流之间的关系。珠江平均径流量在常规年份约为 10 811 m^3/s，估算的水体更新率约为 0.4 d^{-1}。2011 年 8 月澳门观测的珠江平均流量约为 4000 m^3/s，只有长期观测平均值的 31.7%，水体更新率约为 0.17 d^{-1}。在 2011 年 8 月赤潮事件中，水体更新率（0.17 d^{-1}）小于浮游植物生长率（0.34 d^{-1}），淡水径流有足够长的滞留时间来支撑赤潮发生。

图 4.41　香港气象站位置图

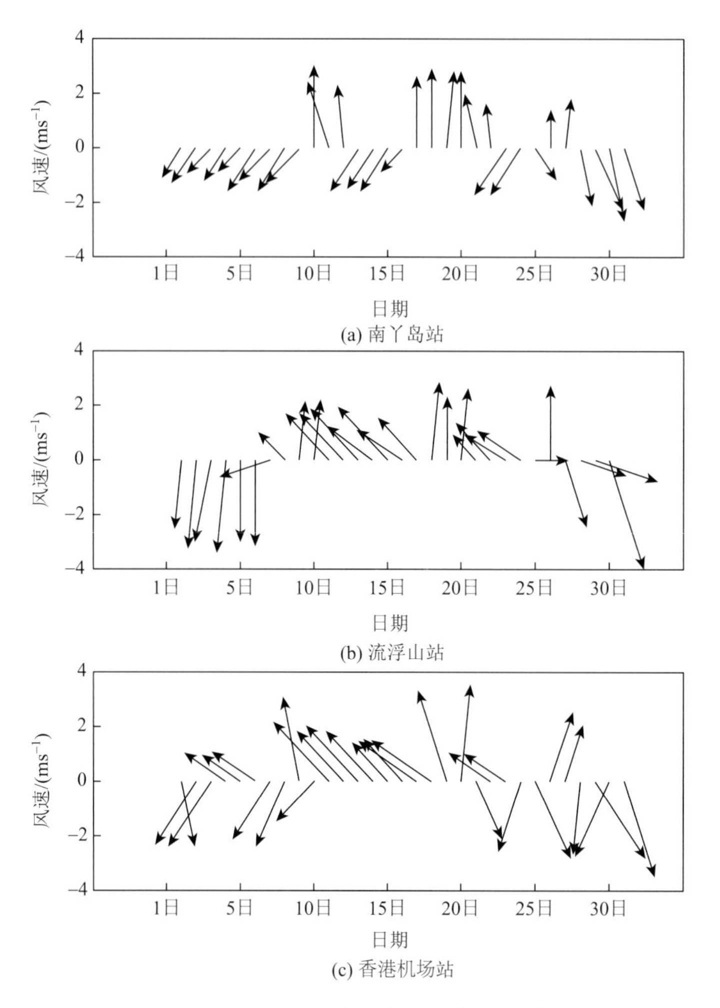

图 4.42　香港三个气象站风场变化图

根据欧林坚等（2010）的研究，2006 年 4 月珠江口首次发生双胞旋沟藻赤潮，也首次被中文命名，同年 10～11 月在珠海市香洲渔港附近海域又发生两起由该藻种引起的赤潮。他们发现藻类细胞密度随着水温和盐度升高而显著增加，水温下降以及水体中红色中缢虫密度增加可能是赤潮消散的主要原因。

对趋势性监测数据进行分析可知，2011 年珠江口区域表层盐度平均值为 24.36 PSU，2010 年和 2012 年表层盐度平均值分别为 22.78 PSU 和 22.83 PSU，盐度从珠江口上游向下游逐渐增大。2011 年珠江口区域表层水温平均值为 29.83℃, 2010 年与 2012 年表层水温平均值分别为 29.86℃和 29.97℃。赤潮发生年份的表层平均水温与前、后两年基本相同，而 2011 年表层平均盐度比前、后两年平均值分别高 1.58 PSU 和 1.53 PSU。

2011 年 8 月由于风应力转换为北向和径流量减小的共同影响，使得珠江口外侧的盐水入侵加剧。比较 2011 年 8 月表层盐度以及 2010 年和 2012 年表层盐度平均值（假定这两年为常规年份，见图 4.43）发现，2011 年有更多南海高盐水体进入珠江口区域，特别是在珠江口西侧。Shi 等（2014）也讨论了径流量减小导致盐度升高的现象。

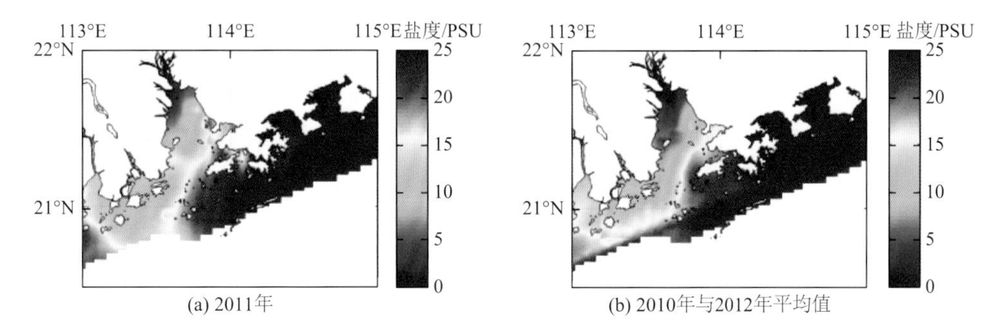

图 4.43　实测 8 月表层盐度分布

另一方面，低径流量和盐水入侵可能改变营养盐成分的比例关系。Ma 等（2012）研究认为双胞旋沟藻更适应于低氮磷比环境，在高氮磷比环境中，藻类细胞生长会受到抑制。2009 年秋季珠江口海域发生过一次面积超过 300 km^2 的双胞旋沟藻赤潮。低降雨量、强烈的咸潮入侵以及氮磷比变化被认为是引发这次赤潮的主要原因。

2011 年 8 月，低径流量使陆源输入的高氮磷比水体减少，盐水入侵又使得低氮磷比的外海水体进入到口门以内，共同造成珠江口整体氮磷比下降，口门外侧氮磷比甚至下降到 16 以下（图 4.44）。浮游植物生长的限制因素从磷限制变为氮限制，有利于浮游植物生长。在常规年份（2010 年和 2012 年）情况则刚好相反，珠江口区域氮磷比很高，磷限制又成为珠江口生物生产力的主要限制因素。

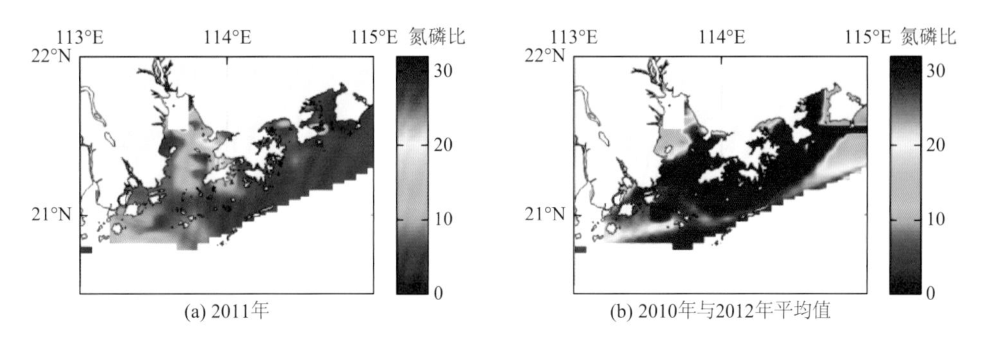

图 4.44　实测 8 月表层氮磷比分布

4.3.6 结论

本书基于 MERIS 卫星数据，利用波段比值法，建立了珠江口二类水体叶绿素 a 浓度遥感反演模型，算法性能要优于欧空局官方算法。将反演算法应用于 2011 年 8 月的 4 景 MERIS 全分辨率影像，发现 8 月 12～20 日有赤潮发生，并提取了赤潮发生范围。这次赤潮被现场监测确认为双胞旋沟藻赤潮。结合降雨量、径流量、风场以及营养盐等因素对本次赤潮的发生机制进行探讨，发现赤潮与严重干旱导致的径流量减小和海面风场突然转换方向有关。这两个因素的共同作用使水体滞留时间增加、盐水入侵加剧、水体中氮磷比减小，这些条件对浮游植物生长都起到促进作用，导致了本次赤潮的发生。

4.4 海洋卫星发展与展望

4.4.1 国内外海洋卫星发展动态

全球航天大国均具有较为完备的海洋空间观测系统，而海岸带观测是其重要内容。美国于 1978 年发射了首颗专门用于海洋观测的卫星 SEASAT，其搭载的原本设计用于海岸带监测的 CZCS 由于波段设置的问题，在近岸区域很难提取到叶绿素和泥沙等水色信息，并没有实现海岸带水色监测目标。又经过 20 多年的积累，1997 年，美国发射了第二个用于海洋水色监测的卫星 SeaWiFS。SeaWiFS 共有 8 个通道，前 6 个通道位于可见光范围，中心波长分别为 412 nm、443 nm、490 nm、510 nm、555 nm、670 nm。7、8 通道位于 NIR，中心波长分别为 765 nm 和 865 nm。SeaWiFS 地面分辨率为 1.1 km，刈幅宽度 1502～2801 km，观测角沿轨迹方向倾角为 20°、0°、–20°。SeaWiFS 波段设置相对合理，有大量研究者用于近岸水体叶绿素、CDOM 和悬浮泥沙的监测，但由于其空间分辨率问题，对河口区域的监测能力相对较弱。随后的 20 年，美国发射的水色传感器包括 MODIS、VIIRS，基本参照 SeaWiFS 设置。总体而言，美国 40 年来发展了海洋环境、海洋水色、海洋动力等不同类型的专用海洋卫星，实现了从空间快速获取海洋信息的强大能力，并形成了多种业务应用。下一代水色传感器 PACE 的主要传感器海洋颜色仪器（OCI）将携带一种非常先进的光谱仪，它将能够以比以前的卫星传感器更精细的波长分辨率连续测量光谱，扩展用于气候研究的关键系统海洋水色数据记录。

中国的海洋卫星观测起步较晚，但发展迅速。21世纪初以来，我国陆续发射了多颗专门用于海洋观测的卫星，初步拥有自主海洋卫星全球观测网络。目前海洋卫星系列已经成为我国卫星对地观测系统的主要组成部分。

中国成功发射的水色观测卫星包括 HY-1A/B/C/D/E 卫星等。HY-1C 卫星于2018年 9 月成功发射，是中国海洋系列卫星的首颗业务卫星。HY-1C 卫星上的COCTS信噪比大幅提升，可以分辨出更加细微的水色变化，CZI的空间分辨率提高到50 m，卫星技术状态达到了国际先进水平，能够提供每天全球海洋空间全覆盖海洋水色观测卫星资料。HY-1D 卫星于 2020 年 6 月成功发射，与 HY-1C 卫星组网运行，开展大幅度、高精度、高时效观测，具备全球 1 天 2 次的水色水温探测覆盖能力，使海洋观测更加全天候。HY-1E 卫星于 2022 年 9 月发射，以实现全球海洋水色的高空间分辨率和高光谱分辨率观测，相应载荷已经在“天宫二号”进行了实验。此外，新一代海洋水色观测卫星已于 2023 年 11 月 16 日成功发射，它是《国家民用空间基础设施中长期发展规划（2015—2025年）》首批启动的科研卫星，具有高分辨率、宽覆盖、多谱段、高光谱探测能力，可以实现对全球海洋水色信息的快速覆盖观测，达到了国际先进水平，对海洋、环境等学科和应用有重要意义。

在海洋动力环境方面，国外海洋卫星发展形成了多种海洋业务化的卫星数据产品，包括以海面风场、海浪、海表层流、海面温度、水汽含量等为代表的海洋动力环境及多源遥感融合数据产品。有用于测量全球海表温度的AVHRR 系列卫星；用于构建海面高度数据的 TOPEX/POSEIDON（陈双等，2014）、Jason-1/2/3 和 ERS/Envisat 等多颗高度计卫星；用于提取海面高度的GRACE 和 CHAMP 重力卫星；用于海面风速测量的快速散射计 QUICKSCAT卫星；用于海面风速、降雨和海温反演的卫星 AMSR-E、AMSR-2、WindSat、TRMM 等；用于海面盐度（电导率）反演的美国 Aquarius 卫星和欧空局 SMOS卫星；用于海冰参数测量的 ICESat、CryoSat-2、SSM/I、SSMIS 等（蒋兴伟等，2018）。

中国的海洋动力环境卫星包括海洋二号系列卫星（HY-2A/B/C/D/E）和中法海洋卫星以及未来规划的海风海浪卫星和海洋盐度卫星。海洋二号系列卫星以海面风场、高度、温度等动力环境要素为探测对象。2018年发射的中法海洋卫星有效载荷包括法国国家空间研究中心（centre national d'études spatiales，CNES）研制的海洋波谱仪（surface waves investigation and monitoring，SWIM）和中国科学院国家空间科学中心研制的微波散射计（SCAT），实现了对海浪谱和海面风场的探测。高分辨率合成孔径雷达（SAR）可以实现对海洋的综合监测监视。高分三号与海洋三号（1 m C-SAR）两颗卫星组成我国海洋监视监测卫星星座，用于海上目标、海面粗糙度和海浪信息的提取。

4.4.2　新型海洋卫星观测计划

目前的海洋动力要素中，海表温度、海面高度、海表盐度、海浪等参数均可以通过卫星观测到。然而，海流流速这一描述海洋运动状态最直接的物理量尚无卫星可以直接观测到。海面高度计相关流场的估计主要依赖高度计观测结果反算得到，缺少全流场的观测，因此高度计反演流场不包含非平衡态海流，并且对海洋边界和赤道区域的刻画几乎无能为力。其他观测方法，如表层漂流浮标、走航或潜标的声学多普勒流速剖面仪测流、地波雷达和合成孔径雷达遥感，只能获取一些区域性的流场。

全球海表流场多尺度观测卫星计划（ocean surface current multiscale observation mission，OSCOM）是由本书作者团队联合中国科学院国家空间科学中心研究员董晓龙团队、国家卫星海洋应用中心研究员蒋兴伟院士团队，以及中国科学院上海技术物理研究所、中国科学院微小卫星创新研究院的科研人员合作提出的卫星海洋流场测量计划。

OSCOM 在国际上首次提出“流-风-浪”一体化探测的多普勒散射计（Doppler scatterometer，DOPS），采用 Ku/Ka 双频多波束圆锥扫描体制的真实孔径雷达，将实现公里级空间高分辨率的“流-风-浪”一体化卫星直接观测。OSCOM 卫星采用 24 h 连续观测工作模式，对全球海表“流-风-浪”进行 1000 km 宽刈幅的快速观测，1 天覆盖全球海洋大部分区域，3 天可全球覆盖，实现对于海洋动力环境观测能力的变革性突破。

目前全世界尚未有利用多普勒散射计测量海表面流速矢量的列入观测计划的卫星部署。无论是传统的雷达高度计或者美国计划中的地表水与海洋地形卫星（surface water and ocean topography，SWOT）、我国的“观澜号”等成像雷达高度计，其测量的仍然是海面高度，通过地转关系可以计算获得地转流，但无法获得全部海流。截至 2023 年，虽然没有批准实施的多普勒散射计卫星计划，但美国和欧洲都提出过相应的卫星任务概念并开展了预先研究。包括海面运动学多尺度监测（sea surface klnematics multiscale monitoring，SKIM）卫星计划、海风与海流（wind and current mission，WaCM）卫星计划和 SEASTAR 卫星计划。

OSCOM 卫星的成功发射，可以弥补目前国产海洋动力卫星缺少的海流的观测能力空白，结合海洋二号系列卫星等海面高度卫星的观测，可以首次实现对全球海流平衡态和非平衡态的分解，共同推动全球海洋多尺度动力过程研究和理论突破，提供相应参数使海洋模式更准确刻画海洋基本状态，提升气候模拟系统的精度。同时国产气象卫星和海洋卫星的海表温度、水色和多种大气参数将为进一步发展精细的海表流场结构观测和海气耦合研究提供支撑，也将为大湾区河口海洋动力过程特征研究提供支撑。表 4.9 展示了 OSCOM 和 SEASTAR、WaCM、SKIM 的主要设计对照。

表 4.9　OSCOM 和 SEASTAR、WaCM、SKIM 主要设计对照

	OSCOM（中国）	SEASTAR（欧洲）	WaCM（美国）	SKIM（欧洲）
目标	全球海表“流-风-浪”一体化观测	沿海、陆架和极地海域的亚中尺度过程	全球海洋表层流-风场同步观测	全球赤道至高纬度中尺度表层海流/浪观测
观测变量	海表全流场、海浪谱、风矢量	海表全流场、风矢量、海浪谱	海表全流场、风矢量	海表全流场、海浪
载荷	Ku/Ka 双频多普勒散射计	顺轨干涉 SAR	Ka 波段多普勒散射计	Ka 波段多普勒散射计
分辨率（流场）	5～10 km/1 km	1 km	5 km	30 km
探测精度（流场）	0.1 m/s	/	0.25 m/s	/
幅宽	＞1000 km	320 km	1800 km	320 km

针对海洋亚中尺度现象的探测，青岛海洋科学与技术试点国家实验室提出了“观澜号”海洋科学卫星计划。“观澜号”的主要设计目标是解决目前海洋卫星动态分辨率不足和垂向深度探测不够的问题。“观澜号”搭载的载荷包括激光雷达以及经过“天宫二号”检验的 Ku/Ka 双频干涉雷达高度计。双频干涉雷达高度计可实现对海面高度的成像观测。就海面成像雷达高度计来说，“观澜号”与 SWOT 类似，测量的仍然是海面高度，利用地转关系可以计算获得地转流，无法获得海表全流场信息。但激光雷达可以实现对上层海洋浮游植物和其他水色参数的剖面观测。

可持续发展科学卫星 1 号（SDG-1）于 2021 年 11 月发射成功，2022 年 7 月完成在轨测试并转入运行阶段。其上搭载了热红外、微光和多谱段成像仪 3 个有效载荷，通过 3 个载荷全天时协同观测，旨在实现“人类活动痕迹”的精细刻画，为表征人与自然交互作用的指标研究和对全球可持续发展目标实现进行监测、评估和科学研究提供数据支撑。根据载荷的设置情况，SDG-1 卫星将为近海渔业活动、近海水环境遥感观测提供强有力的支撑。未来我国将规划、研制和运行 SDG 系列科学卫星，为全球 2030 年可持续发展议程的落实做出实质性贡献。

参 考 文 献

安如，刘影影，曲春梅，等，2013. Ndci 法 II 类水体叶绿素 a 浓度高光谱遥感数据估算[J]. 湖泊科学，25（3）：437-444.

蔡昱明，宁修仁，刘子琳，2002. 珠江口初级生产力和新生产力研究[J]. 海洋学报，24（3）：101-111.

陈楚群，1998. 海洋水色遥感资料红光波段的大气纠正[J]. 热带海洋（2）：81-87.

陈楚群，施平，毛庆文，2001. 南海海域叶绿素浓度分布特征的卫星遥感分析[J]. 热带海洋学报（2）：66-70.

陈军，温珍河，孙记红，等，2010. 基于四波段半分析算法和 Hyperion 遥感影像反演太湖叶绿素 a 浓度[J]. 遥感技术与应用，25（6）：867-872.

陈琼，唐世林，吴颉，2022. 基于 GF-4 卫星反演的珠江口水体表层悬沙时空变化特征[J]. 热带海洋学报，41（2）：65-76.

陈双，刘韬，2014. 国外海洋卫星发展综述[J]. 国际太空（7）：29-36.

陈晓翔，丁晓英，2004. 利用 SeaWiFS 数据估算珠江口海域表层叶绿素浓度的研究[J]. 中山大学学报（自然科学版）（1）：98-101.

戴明，李纯厚，贾晓平，等，2004. 珠江口近海浮游植物生态特征研究[J]. 应用生态学报（8）：1389-1394.

杜聪，王世新，周艺，等，2009. 利用 Hyperion 高光谱数据的三波段法反演太湖叶绿素 a 浓度[J]. 环境科学，30（10）：2904-2910.

高中灵，2006. 台湾海峡 MERIS 数据悬浮泥沙与叶绿素浓度遥感分析[D]. 福州：福州大学.

何克军，林寿明，林中大，2006. 广东红树林资源调查及其分析[J]. 广东林业科技（2）：89-93.

黄邦钦，洪华生，柯林，等，2005. 珠江口分粒级叶绿素 a 和初级生产力研究[J]. 海洋学报（中文版）（6）：182-188.

黄良民，1992. 南海不同海区叶绿素 a 和海水荧光值的垂向变化[J]. 热带海洋（4）：89-95.

黄宇业，付东洋，刘大召，等，2019. 珠江口水体表观光谱特性与类型分析[J]. 海洋环境科学，38（6）：891-897.

贾明明，2014. 1973～2013 年中国红树林动态变化遥感分析[D]. 长春：中国科学院研究生院（东北地理与农业生态研究所）.

姜广甲，周琳，马荣华，等，2013.浑浊Ⅱ类水体叶绿素 a 浓度遥感反演（Ⅱ）MERIS 遥感数据的应用[J]. 红外与毫米波学报，32（4）：372-378.

蒋万祥，赖子尼，庞世勋，等，2010. 珠江口叶绿素 a 时空分布及初级生产力[J]. 生态与农村环境学报，26（2）：132-136.

蒋兴伟，何贤强，林明森，等，2019. 中国海洋卫星遥感应用进展[J]. 海洋学报，41（10）：113-124.

蒋兴伟，林明森，张有广，等，2018. 海洋遥感卫星及应用发展历程与趋势展望[J]. 卫星应用（5）：10-18.

黎夏，刘凯，王树功，2006. 珠江口红树林湿地演变的遥感分析[J]. 地理学报（1）：26-34.

李天宏，赵智杰，韩鹏，2002. 深圳河河口红树林变化的多时相遥感分析[J]. 遥感学报（5）：364-369，403.

李亚男，沈萍萍，黄良民，等，2012. 棕囊藻的分类及系统进化研究进展[J]. 生态学杂志，31(3)：745-754.

林明森，何贤强，贾永君，等，2019. 中国海洋卫星遥感技术进展[J]. 海洋学报，41（10）：99-112.

林荣盛，林敏基，滕骏华，等，1994. 厦门西港红树林的卫星遥感测绘[J]. 台湾海峡（3）：297-302.

刘大召，唐世林，付东洋，2008. 珠江口水体叶绿素 a 浓度高光谱反演研究[J]. 广东海洋大学学报（1）：49-52.

刘静雅，2013. 双胞旋沟藻对共存浮游植物的化感效应及机制研究[D]. 广州：暨南大学.

刘凯，黎夏，王树功，等，2005. 珠江口近 20 年红树林湿地的遥感动态监测[J]. 热带地理，25（2）：111-116.

栾虹，付东洋，李明杰，等，2017. 基于 Landsat 8 珠江口悬浮泥沙四季遥感反演与分析[J]. 海洋环境科学，36（6）：892-897.

马金峰，詹海刚，陈楚群，等，2009. 珠江河口混浊高产水域叶绿素 a 浓度的遥感估算模型[J]. 热带海洋学报，28（1）：15-20.

欧林坚，张玉宇，李杨，等，2010. 广东珠海双胞旋沟藻（*Cochlodinium geminatum*）赤潮事件分析[J]. 热带海洋学报，29（1）：57-61.

沈春燕，陈楚群，詹海刚，2005. 人工神经网络反演珠江口海域叶绿素浓度[J]. 热带海洋学报（6）：38-43.

史合印，邢前国，陈楚群，等，2010.基于导数光谱的混浊河口水体叶绿素浓度反演[J].海洋环境科学，29（4）：575-578.

孙强，杨燕明，顾德宇，等，2000. Sea WiFS 探测 1997 年闽南赤潮模型研究[J]. 台湾海峡（1）：70-73，127-128.

檀静，李云梅，赵运林，等，2013. 利用氧气和水汽吸收波段暗像元假设的 MERIS 影像二类水体大气校正方法[J]. 遥感学报，17（4）：768-787.

汤超莲，郑兆勇，游大伟，等，2006. 珠江口近 30a 的 SST 变化特征分析[J]. 台湾海峡（1）：96-101.

唐军武，田国良，汪小勇，等，2004. 水体光谱测量与分析 I：水面以上测量法[J]. 遥感学报（1）：37-44.

陶邦一，毛志华，2009.MERIS 荧光波段相关算法及其应用[C]//第七届成像光谱技术与应用研讨会.

王树功，黎夏，周永章，等，2005. 珠江口淇澳岛红树林湿地变化及调控对策研究[J]. 湿地科学（1）：13-20.

王云飞 2009. 东海赤潮监测卫星遥感方法研究[D]. 青岛：中国海洋大学.

王子予，刘凯，彭力恒，等，2020. 基于 Google Earth Engine 的 1986—2018 年广东红树林年际变化遥感分析 [J]. 热带地理，40（5）：881-892.

闻建光，肖青，杨一鹏，等，2007. 基于高光谱数据提取水体叶绿素 a 浓度的混合光谱模型[J]. 水科学进展（2）：270-276.

吴培强，马毅，李晓敏，等，2011. 广东省红树林资源变化遥感监测[J]. 海洋学研究，29（4）：16-24.

阎福礼，王世新，周艺，等，2006. 利用 Hyperion 星载高光谱传感器监测太湖水质的研究[J].红外与毫米波学报（6）：460-464.

杨锦坤，陈楚群，唐世林，等，2007. 珠江口水体叶绿素荧光特性研究[J]. 热带海洋学报，26（4）：15-20.

张春桂，曾银东，张星，等，2007. 海洋叶绿素 a 浓度反演及其在赤潮监测中的应用[J]. 应用气象学报（6）：821-831.

张蓉，夏春林，贾明明，等，2019. 基于面向对象的大珠三角红树林动态变化分析[J]. 测绘与空间地理信息，42（12）：22-26.

张燕，夏华永，钱立兵，等，2011. 2006 年夏、冬季珠江口附近海域水文特征调查分析[J]. 热带海洋学报，30（1）：20-28.

郑国强，史同广，孙林，等，2008. 基于 Hyperion 数据的南四湖叶绿素浓度反演研究[J]. 地理与地理信息科学（1）：31-34.

朱艾嘉，黄良民，许战洲，2008. 氮、磷对大亚湾大鹏澳海区浮游植物群落的影响 I. 叶绿素 a 与初级生产力[J]. 热带海洋学报（1）：38-45.

AWAD M，2014. Sea water chlorophyll-a estimation using hyperspectral images and supervised Artificial Neural Network [J]. Ecological Informatics，24：60-68.

BAILEY S W，FRANZ B A，WERDELL P J，2010. Estimation of near-infrared water-leaving reflectance for satellite ocean color data processing [J]. Optics express，18：7521-7527.

BEAULIEU J-M，GOLDBERG M，1989. Hierarchy in picture segmentation：A stepwise optimization approach [J]. IEEE Transactions on Pattern Analysis and Machine Intelligence，11：150-163.

BENFIELD S L，GUZMAN H M，MAIR J M，et al.，2007. Mapping the distribution of coral reefs and associated sublittoral habitats in Pacific Panama：A comparison of optical satellite sensors and classification methodologies [J]. International Journal of Remote Sensing，28：5047-5070.

CAI L，TANG D L，LI X F，et al.，2015. Remote sensing of spatial-temporal distribution of suspended sediment and analysis of related environmental factors in Hangzhou Bay，China[J]. Remote Sensing. Letters，6：597-603.

CHEN C，SHI P，LARSON M，et al.，2002. Estimation of chlorophyll-a concentration in the Zhujiang Estuary from SeaWiFS data[J]. Acta Oceanologica Sinica(1)：55-65.

CHEN C Q，TANG S L，XING Q G，et al.，2007b. A derivative spectrum algorithm for determination of chlorophyll-a concentration in the Pearl River estuary[J]. 2007 IEEE International Geoscience and Remote Sensing Symposium, 925-928.

CHEN C Q, TANG S L, PAN Z L, et al., 2007a. Remotely sensed assessment of water quality levels in the Pearl River Estuary, China [J]. Marine Pollution Bulletin, 54: 1267-1272.

CHEN Q, ZHOU B, YU Z F, et al., 2021. Detection of the minute variations of total suspended matter in strong tidal waters based on GaoFen-4 satellite data[J]. Remote Sensing, 13: 1339.

CHEN C, SHI P, LARSON M, et al., 2002. Estimation of chlorophyll-a concentration in the Zhujiang Estuary from seaWiFS data [J]. Acta Oceanologica Sinica: 55-65.

DOERFFER R, SCHILLER H, 2007. The MERIS Case 2 water algorithm [J]. International Journal of Remote Sensing, 28: 517-535.

DU Y, DONG X L, JIANG X W, et al., 2021. Ocean surface current multiscale observation mission (OSCOM): Simultaneous measurement of ocean surface current, vector wind, and temperature [J]. Progress in Oceanography, 193: 102531.

EL-ALEM A, CHOKMANI K, LAURION I, et al., 2012. Comparative analysis of four models to estimate chlorophyll-a concentration in case-2 waters using MODerate resolution imaging spectroradiometer (MODIS) imagery[J]. Remote Sensing, 4: 2373-2400.

FAN Y Z, LI W, GATEBE C K, et al., 2017. Atmospheric correction over coastal waters using multilayer neural networks[J]. Remote Sensing of Environment, 199: 218-240.

FISCHER J, FELL F, 1999. Simulation of MERIS measurements above selected ocean waters [J]. International Journal of Remote Sensing, 20: 1787-1807.

GIRI C, PENGRA B, ZHU Z L, et al., 2007. Monitoring mangrove forest dynamics of the Sundarbans in Bangladesh and India using multi-temporal satellite data from 1973 to 2000 [J]. Estuarine, Coastal and Shelf Science, 73: 91-100.

GITELSON A, GARBUZOV G, SZILÁGYI F, et al., 1993. Quantitative remote sensing methods for real-time monitoring of inland waters quality [J]. International Journal of Remote Sensing, 14: 1269-1295.

GITELSON A A, SCHALLES J F, HLADIK C M, 2007. Remote chlorophyll-a retrieval in turbid, productive estuaries: Chesapeake Bay case study[J]. Remote Sensing of Environment, 109: 464-472.

GORDON H R, WANG M, 1994. Retrieval of water-leaving radiance and aerosol optical thickness over the oceans with SeaWiFS: A preliminary algorithm [J]. Applied optics, 33: 443-452.

GOWER J, KING S, BORSTAD G, et al., 2005. Detection of intense plankton blooms using the 709 nm band of the MERIS imaging spectrometer[J]. International Journal of Remote Sensing, 26: 9, 2005-2012.

HE Q J, CHEN C Q, 2014. A new approach for atmospheric correction of MODIS imagery in turbid coastal waters: A case study for the Pearl River Estuary[J]. Remote Sensing Letters, 5: 249-257.

HE X Q, BAI Y, PAN D, et al., 2012. Atmospheric correction of satellite ocean color imagery using the ultraviolet wavelength for highly turbid waters[J]. Optics express, 20: 20754-20770.

HOLLIGAN P M, VIOLLIER M, DUPOUY C, et al., 1983. Satellite studies on the distributions of chlorophyll and dinoflagellate blooms in the western English Channel [J]. Continental Shelf Research, 2: 81-96.

HU C M, CARDER K L, MULLER-KARGER F E, 2000. Atmospheric correction of SeaWiFS imagery over turbid coastal waters: A practical method [J]. Remote Sensing of Environment, 74: 195-206.

HU C M, LEE Z P, FRANZ B A, 2012. Chlorophyll-a algorithms for oligotrophic oceans: A novel approach based on three-band reflectance difference [J]. Journal of Geophysical Research: Oceans, 117 (C1): 418.

HUANG Y Y, TANG S L, WU J, 2021. A chlorophyll-a retrieval algorithm for the Coastal Zone Imager (CZI) onboard the HY-1C satellite in the Pearl River Estuary，China [J]. International Journal of Remote Sensing，42：8365-8379.

HUANG L M，Chen Q C，Yuan W B，1989. Characteristics of chlorophyll distribution and estimation of primary productivity in Daya Bay [J]. Asian Marine Biology，6：115-128.

JIA L，LIU J H，HE X Q，et al.，2018. Diurnal dynamics and seasonal variations of total suspended particulate matter in highly turbid Hangzhou Bay waters based on the geostationary ocean color imager[J]. IEEE Journal of Selected Topics in Applied Earth Observations & Remote Sensing，11：2170-2180.

KOPONEN S，ATTILA J，PULLIAINEN J，et al.，2007. A case study of airborne and satellite remote sensing of a spring bloom event in the Gulf of Finland [J]. Continental Shelf Research，27：228-244.

KUTSER T，METSAMAA L，STRÖMBECK N，et al.，2006. Monitoring cyanobacterial blooms by satellite remote sensing[J]. Estuarine，Coastal and Shelf Science，67：303-312.

LIU F F，ZHANG T H，YE H B，et al.，2021. Using satellite remote sensing to study the effect of sand excavation on the suspended sediment in the Hong Kong-Zhuhai-Macau Bridge region [J]. Water，13：435.

LIU F F，CHEN C Q，TANG S L，et al.，2011. Retrieval of chlorophyll a concentration from a fluorescence enveloped area using hyperspectral data[J]. International Journal of Remote Sensing，32：3611-3623.

LU Z，GAN J P，2015. Controls of seasonal variability of phytoplankton blooms in the Pearl River Estuary[J]. Deep Sea Research Part Ⅱ：Topical Studies in Oceanography，117：86-96.

MA C F. 2005. Inverse algorithms of ocean constituents for HY-1/CCD broadband data [J]. Acta Oceanologica Sinica，27：38-44.

MOBLEY C D，1999. Estimation of the remote-sensing reflectance from above-surface measurements[J]. Applied Optics，38（36）：7442-7455.

MUELLER J L，FARGION G S，MCCLAIN C R，et al.，2003. Ocean Optics Protocols for Satellite Ocean Color Sensor Validation[M]. Maryland：Goddard Space Flight Center：21-30.

O'REILLY J E，MARITORENA S，MITCHELL B G，et al.，1998. Ocean color chlorophyll algorithms for SeaWiFS [J]. Journal of Geophysical Research：Oceans，103：24937-24953.

QIN P，SHEN Y，MU B，et al.，2014. Retrieval models of total suspended matter and chlorophyll-a concentration in Yellow Sea based on HJ-1CCD data and evolutionary modeling method [J]. Acta Oceanologica Sinica，36：142-149.

REINART A，KUTSER T，2006. Comparison of different satellite sensors in detecting cyanobacterial bloom events in the Baltic Sea [J]. Remote Sensing Environ，102，74-85.

SETO K C，FRAGKIAS M，2007. Mangrove conversion and aquaculture development in Vietnam：A remote sensing-based approach for evaluating the Ramsar Convention on Wetlands [J]. Global environmental change，17：486-500.

SHI Z，HUANG X P，ZHANG X，et al.，2014. A 2011 drought event affecting distribution of nutrients and chlorophyll in the Zhujiang River estuary [J]. Chinese Journal of Oceanology&Limnology.

SONG X Y，HUANG L M，ZHANG J L，et al.，2004. Variation of phytoplankton biomass and primary production in Daya Bay during spring and summer[J]. Marine Pollution Bulletin，49：1036-1044.

SUGUMARAN R，THOMAS J，2012. A semi-analytical model for the multitemporal prediction of chlorophyll-a in an Iowa lake using Hyperion data [J]. Photogrammetric Engineering & Remote Sensing，78：1253-1260.

TANG S L，LAROUCHE P，NIEMI A，et al.，2013. Regional algorithms for remote-sensing estimates of total suspended matter in the Beaufort Sea [J]. International Journal of Remote Sensing，34：6562-6576.

TANG S L，MICHEL C，LAROUCHE P，2012. Development of an explicit algorithm for remote sensing estimation of chlorophyll a using symbolic regression [J]. Optics Letters，37：3165-3167.

TAO B Y，MAO Z H，WANG D F，et al.，2011. The use of MERIS fluorescence bands for red tides monitoring in the East China Sea[C]//Remote Sensing of the Ocean，Sea Ice，Coastal Waters，& Large Water Regions. International Society for Optics and Photonics：466-471.

TILSTONE G H，LOTLIKER A A，MILLER P I，et al.，2013. Assessment of MODIS-Aqua chlorophyll-a algorithms in coastal and shelf waters of the eastern Arabian Sea [J]. Continental Shelf Research，6：14-26.

TRAN L X，FISCHER A，2017. Spatiotemporal changes and fragmentation of mangroves and its effects on fish diversity in Ca Mau Province（Vietnam）[J]. Journal of Coastal Conservation，21：355-368.

Tang J W，Tian G L，Wang X Y，et al.，2004. The methods of water spectra measurement and analysis I：Abovewater method[J]. Journal of Remote Sensing，8（1）：37-44.

VAN T，WILSON N，THANH-TUNG H，et al.，2015. Changes in mangrove vegetation area and character in a war and land use change affected region of Vietnam（Mui Ca Mau）over six decades [J]. Acta Oecologica，63：71-81.

WANG M H，SHI W，2005. Estimation of ocean contribution at the MODIS near-infrared wavelengths along the east coast of the US：Two case studies [J]. Geophysical Research Letters，32：L13606.

WANG Y Q，BONYNGE G，NUGRANAD J，et al.，2003. Remote sensing of mangrove change along the Tanzania coast [J]. Marine Geodesy，26：35-48.

WU J，CHEN C Q，NUKAPOTHULA S，2019. Atmospheric correction of GOCI using Quasi-Synchronous VIIRS data in highly turbid coastal waters [J]. Remote Sensing，12：89.

XING Q G，CHEN C Q，SHI H Y，et al.，2008 .Estimation of chlorophyll-a concentrations in the Pearl River Estuary using in situ hyperspectral data：A case study [J]. Marine Technology Society Journal，42：22-27.

YE H B，CHEN C Q，YANG C Y，2017. Atmospheric correction of Landsat-8/OLI imagery in turbid estuarine waters：A case study for the Pearl River Estuary [J]. IEEE Journal of Selected Topics in Applied Earth Observations & Remote Sensing：1-10.

YE H B，TANG S L，YANG C Y，2021. Deep learning for chlorophyll-a concentration retrieval：A case study for the Pearl River Estuary [J]. Remote Sensing，13：3717.

YE H B，YANG C Y，TANG S L，et al.，2020. The phytoplankton variability in the Pearl River estuary based on VIIRS imagery[J]. Continental Shelf Research，207：104228.

ZHANG T H，TANG S L，ZHAN H G，2018. Using satellite sensors and in situ observations to monitor phytoplankton blooms in the Pearl River Estuary [J]. Journal of Coastal Research，34：451-459.

ZHAO J，GHEDIRA H，2014. Monitoring red tide with satellite imagery and numerical models：a case study in the Arabian Gulf [J]. Marine Pollution Bulletin，79：305-313.

ZHU M，WADGE G，HOLLEY R J，et al.，2007. High-resolution forecast models of water vapor over mountains：comparison with MERIS and meteosat data [J]. IEEE Geoscience and Remote Sensing Letters，4：401-405.

第 5 章　粤港澳大湾区海洋数值模拟与预报*

大湾区海洋环境信息的获取对于大湾区的海上活动、海洋环境保障等起着至关重要的作用。对海洋环境信息的感知离不开数据的支持，尽管现场观测和卫星遥感提供了很多观测资料，但一方面相对于广阔的三维海洋这些观测的数量仍稀少，另一方面观测只能反映过去或现在的海洋状态，无法预测未来的海洋状态。因此，基于数值模式和资料同化技术的海洋预报是获取海洋环境信息不可或缺的手段。随着华南沿海地区的经济发展，大湾区所在的南海北部海洋生态环境灾害日益频繁发生。本书基于不同的预报方法和模式，构建了围绕台风、风暴潮、海浪和生态的数值模拟与预报系统，以期为大湾区的海洋环境保护和减灾防灾提供科学依据。

5.1　预 报 方 法

目前海洋气象环境预报常用的预报方法包括：统计预报方法、数值模式预报方法和人工智能预报方法（图 5.1）。统计预报方法是早期的预报方法，它基于长期的历史观测数据和经验统计方法对未来的海洋气象及生态环境进行外推计算，预报速度较快，但精度有限。数值模式预报方法是目前使用最为广泛的方法，它通过求解动力方程的形式计算未来的海洋环境状态，利用耦合器实现海洋多圈层过程的物质和能量互换；该方法需要消耗较大的计算资源，但考虑了实际大气海洋中的各种动力学和热力学关系，及地球系统各圈层之间的相互联系，预报精度较高，且数据具有四维时空尺度。近年来，人工智能技术的发展使其被越来越多地应用到海洋气象环境预报中。相对于传统方法，人工智能预报方法基于海洋气象环境大数据构建，具有体量小、速度快等特点。但人工智能预报方法目前仍处于起步阶段，预报的精度和可解释性仍有待进一步研究。因此，针对大湾区台风、风暴潮、海浪及生物地球化学环境等多圈层、多过程的预报，本书选择相对成熟的数值模式预报方法。

---

* 作者：李毅能[1,2]，彭世球[1,2]，孟钊[1,2]，罗琳[1,2]，朱宇航[1,2]，李少钿[1,2]，冯洋[1,2]
[1.中国科学院南海海洋研究所，2.南方海洋科学与工程广东省实验室（广州）]

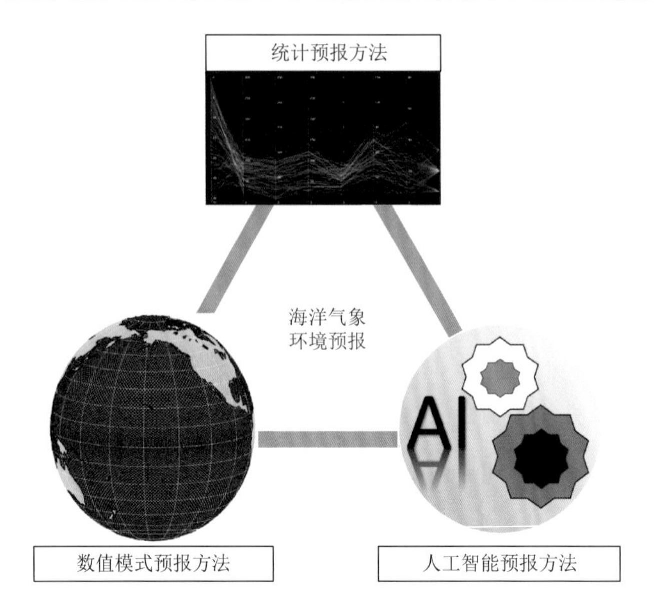

图 5.1　海洋气象环境预报常用方法

5.1.1　气象预报方法

气象预报方法基于国际先进的大气模式 WRF（weather research and forecasting）模式系统构建。WRF 模式系统是由美国许多研究部门及大学的科学家共同参与研发的新一代中尺度预报模式和同化系统。第二次世界大战后的几十年里，世界各地的气象研究机构开发了各自的相对独立的气象模式，这些模式之间缺少互换性，对科研及业务交流极其不便。从 20 世纪 90 年代中期开始，美国的气象模式研发机构对这种各自为政的混乱状况进行了反省，并于 1997 年由美国国家大气研究中心（NCAR）中小尺度气象处、美国国家环境预报中心（NCEP）的环境模拟中心、预报系统实验室（FSL）的预报研究处和俄克拉何马大学的风暴分析预报中心（CAPS）四部门联合发起建立 WRF 模式系统。该模式系统具有可移植、易维护、可扩充、高效率、使用方便等诸多特性，为新的科研成果很快应用于业务预报模式提供了可能，并使科研人员在大学、科研单位及业务部门之间的交流更为容易。

WRF 模式系统（图 5.2）成为改进从云尺度到天气尺度等不同尺度重要天气特征预报精度的工具。模式重点考虑 1～10 km 的水平网格。模式结合先进的数值方法和资料同化技术，采用经过改进的物理过程方案，同时具有多重嵌套及方便定位于不同地理位置的能力。它能很好地适应从理想化的研究到业务预报等应用的需要，并具有便于进一步加强完善的灵活性。模式研发的最终目标是取代此前广泛应用的 MM5 模式。

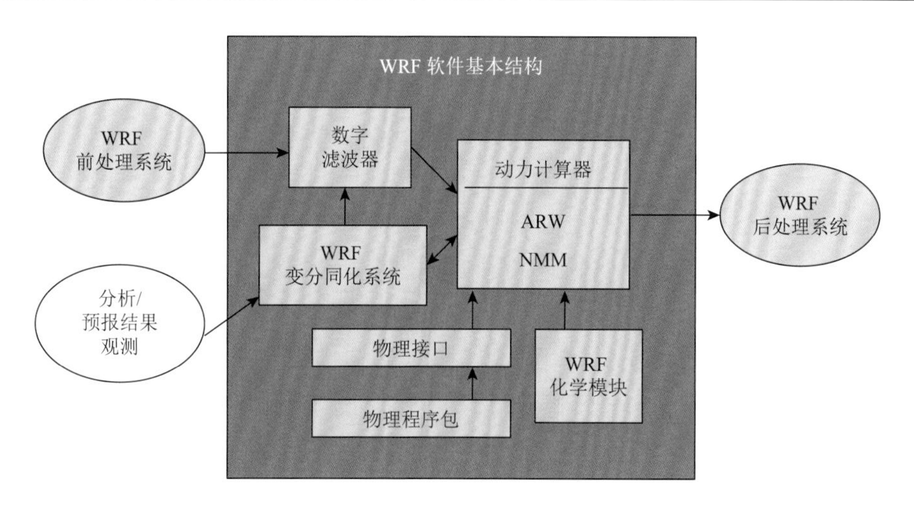

图 5.2　WRF 模式系统的组成

本预报系统采用的是 ARW（advanced research WRF）3.3 版，该模式不仅可以用于真实天气的个案模拟，也可以用于理想个例的研究。ARW 采用可压缩非静力欧拉方程组，由守恒变量构建通量形式的控制方程组，水平方向采用荒川（Arakawa）C 网格点（图 5.3），垂直方向则采用地形追随坐标（图 5.4），时间积分采用三阶或者四阶的龙格-库塔法（Runge-Kutta method）。物理过程包含大气水平和垂直涡动扩散，积云对流参数化方案和各种云微物理方案，太阳短波辐射和大气长波辐射方案等。模式的水平分辨率、垂直层次、积分区域及各种物理过程可根据用户需求调整。

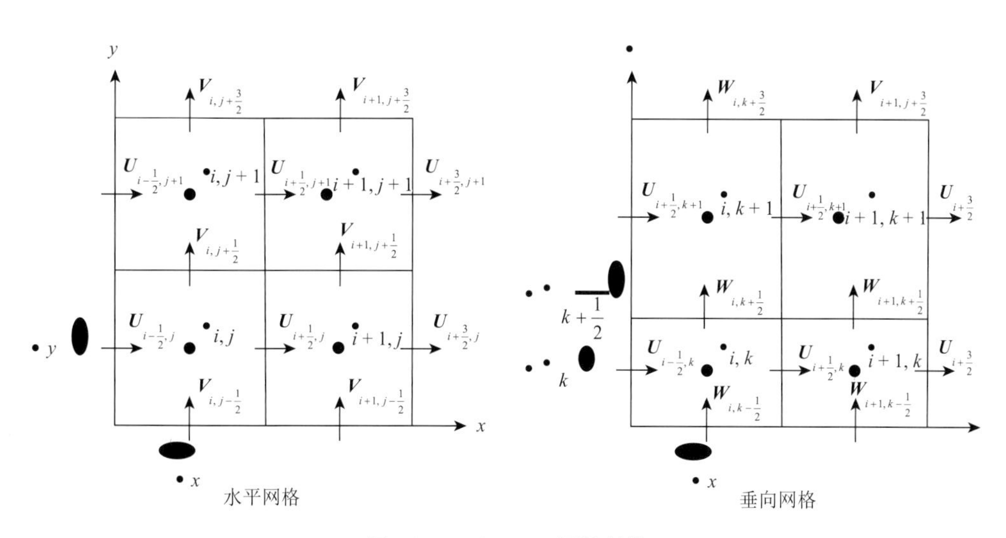

图 5.3　Arakawa C 网格结构

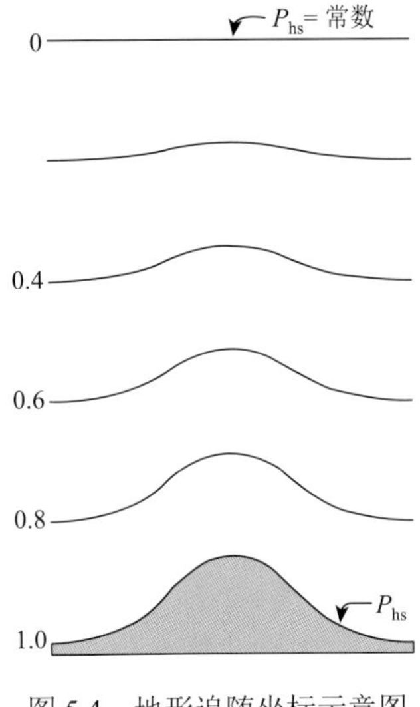

图 5.4　地形追随坐标示意图

本系统以美国国家海洋与大气管理局（National Oceanic and Atmospheric Administration，NOAA）每 6 h 发布的全球预测系统（global forecast system，GFS）全球 1°×1°预报产品作为初始场和边界场。受下载数据的限制，目前其他预报平台普遍采用 GFS 的 6 h 预报场作为初始场，比如说 08 时开始做预报，就用 GFS 在 02 时对 08 时的预报作为初始场。本系统优于其他平台，采用的是 GFS 实时的起报场作为初始场，也就是说 08 时开始的预报，用的初始场就是 GFS 在 08 时的起报场（Chen et al.，2015；Peng et al.，2015b；Peng et al.，2014；Zhou et al.，2013）。这样使得预报准确性大大提高。本系统采用双重嵌套网格技术实现“动力降尺度”，其中外区域（87°～145°E，14°～40°N）覆盖了绝大部分的中国海及部分西太平洋和东印度洋，网格尺度为 54 km，内区域（95°～135°E，0°～30°N）覆盖了整个南海和部分西太平洋，网格尺度为 18 km（图 5.5），模式水平网格采用墨卡托（Mercator）投影方式。垂向分 30 层，模式顶层取 50 hPa。同时，大气模式与海洋模式 POM（Princeton ocean model）（Blumberg et al.，1987；Mellor，2004）进行双向耦合。并且，在海洋模式中同化了卫星海表温度、海面高度和 Argo 浮标观测的温盐资料，同时通过参数化方案考虑了浪致混合效应对台风预报的影响，以提高大气模式的模拟精度（王品强等，2016；Li et al.，2014a；Li et al.，2014b；Peng et al.，2016；Zhu et al.，2016）。

提高台风路径预报精度的关键在于提高台风所处的大尺度背景环流场预报精度。为此，本书在系统中创造性地加入了“选尺度资料同化”（SSDA）模块。该模块通过一个低通滤波器和 WRF 模式的三维变分同化系统（3DVAR）来实现 SSDA 技术（Lai et al.，2014；Peng et al.，2010）。其中，低通滤波器用于从 GFS 的预报或分析场中进行尺度分离，提取其中的大尺度背景环流部分；而 3DVAR 则将所提取的全球模式的大尺度背景环流信息同化到区域模式的大尺度环流场，实现对区域模式大尺度环流场的优化和调整。具体计算流程图见图 5.6。

大量后报或预报结果表明，SSDA 技术可以显著提高模式对台风路径和强度的预报精度（图 5.7），尤其是 72～120 h 台风路径的预报精度。这主要是由于 SSDA 技术显著改进了模式的大尺度背景风场（台风引导风场）。

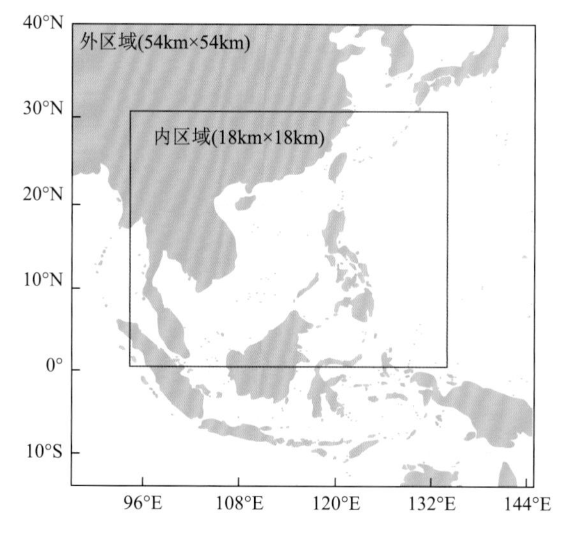

图 5.5　大气模式双重嵌套区域

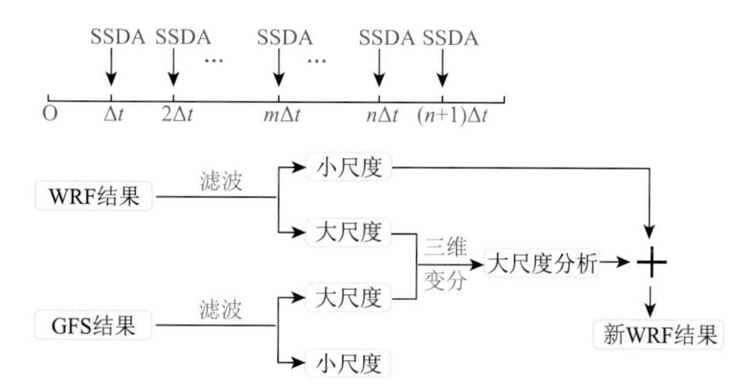

图 5.6　“选尺度资料同化”的计算流程图

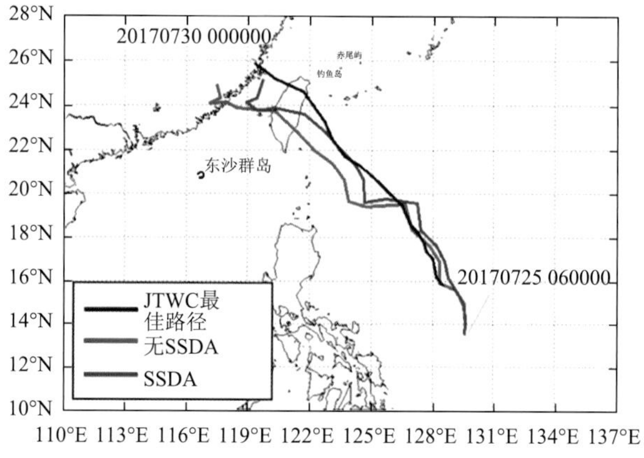

(a) 台风“纳沙”

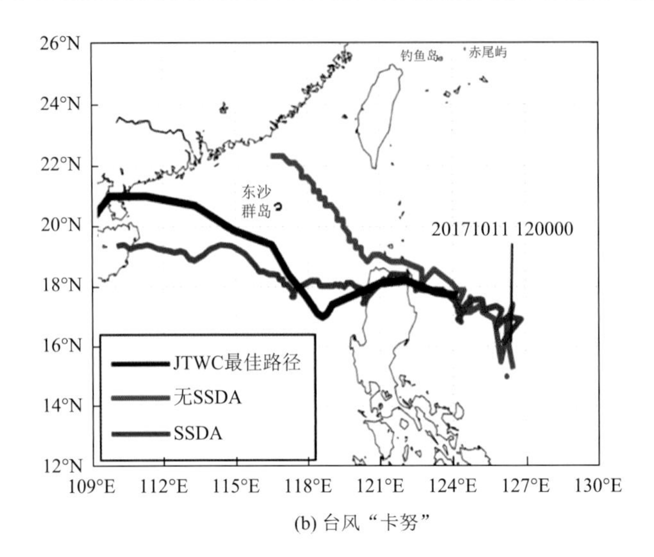

(b) 台风“卡努”

图 5.7　2017 年第 9 号台风“纳沙”（Nesat）和第 23 号台风“卡努”（Khanun）预报路径比较

黑色实线为美国联合台风预警中心（JTWC）最佳路径，红色实线为未加入 SSDA 的预报路径，蓝色实线为加入 SSDA 后的预报路径

5.1.2　风暴潮预报方法

风暴潮预报方法基于国际先进的海洋模式 POM 构建（Blumberg et al.，1987；Mellor，2004）。POM 是当前世界上较为先进的海洋数值计算模式。2004 年 6 月推出的 POM2K 版本在世界上的海洋数值模拟研究中得到广泛的应用。POM2K 有以下主要特征：

①采用三维原始控制方程和 Buossineqsq 方程近似，并考虑热力学因素。

②采用 Arakawa C 网格。水平采用曲线正交坐标系，垂向采用 sigma（σ）坐标。水平差分格式为显式，受 CFL 条件（Courant-Friedrichs-Lewy condition，柯朗-弗里德里希斯-列维条件）限制；垂向差分格式为隐式，允许细化分层。

③模式采用内外模态分离技术，外模受表面波速及 CFL 条件限制，采用较短时间步长，内模受内波波速和 CFL 条件限制，采用长时间步长。

④基于二阶湍流闭合模型计算垂直涡动黏性系数，水平扩散系数由 Smagorinsky 参数化公式推出。

POM2K 建立在 σ 坐标基础上。在 σ 坐标下，“水平”的海面和海底给模式的建立带来了极大的方便。尤其在海底地形复杂时，在对边界的处理更能体现它的优越性，σ 坐标的变换如公式（5.1）。

$$x^* = x, y^* = y, \sigma = \frac{z-\eta}{H+\eta}, t^* = t \tag{5.1}$$

边界条件：

① 在自由表面上（$\sigma=0$）

$$w(0)=0 \tag{5.2}$$

$$\rho_0 K_M\left(\frac{\partial u}{\partial\sigma},\frac{\partial v}{\partial\sigma}\right)=(\tau_{ax},\tau_{ay}) \tag{5.3}$$

式中，τ_{ax},τ_{ay} 为海表风应力，表达式见公式（5.4）：

$$\tau_a=\rho_a C_D\left|\vec{\boldsymbol{W}}_a\right|\vec{\boldsymbol{W}}_a \tag{5.4}$$

式中，$\boldsymbol{W}_a$ 为风速，m/s，ρ_a 为空气密度，C_D 为风应力拖曳系数，采用改良的 Large 等（1981）公式：

$$10^3 C_D=\begin{cases}1.14\left|\boldsymbol{W}_a\right|\leqslant 10\text{m/s}\\0.49+0.065\left|\boldsymbol{W}_a\right|10<\left|\boldsymbol{W}_a\right|\leqslant 30\text{m/s}\\2.44\left|\boldsymbol{W}_a\right|\geqslant 30\text{m/s}\end{cases} \tag{5.5}$$

不考虑大气与水热交换：

$$w\,C+A_V\frac{\partial C}{\partial\sigma}=0 \tag{5.6}$$

在海底（$\sigma=-1$）：

$$w(-1)=0 \tag{5.7}$$

$$\rho_w K_M\left(\frac{\partial u}{\partial\sigma},\frac{\partial v}{\partial\sigma}\right)=(\tau_{bx},\tau_{by}) \tag{5.8}$$

式中，τ_{bx},τ_{by} 为海底切应力，表达式为

$$\tau_b=\rho_w C_z\left|\boldsymbol{V}_b\right|\boldsymbol{V}_b \tag{5.9}$$

式中，

$$C_z=\max\left[\frac{k^2}{\ln^2(z_b/z_0)}\ ,\ 0.0025\right] \tag{5.10}$$

式中，k 是卡门常数（Karman constant）（一般取值 0.4），z_b 是离海底最近的网格结点与海底的距离，z_0 为海底粗度，取 0.01 m。

不考虑海底热盐交换：

$$-A_V\frac{\partial C}{\partial\sigma}-w_b C_b=0 \tag{5.11}$$

② 固体边界条件

在固体边界上，流速的法向分量恒为零，$\boldsymbol{V}(x,y,\sigma,t)=0$，无热盐交换。

③ 多重嵌套和潮汐边界条件

风暴潮模式计算区域分为双重网格嵌套（图 5.8）。利用大气内区域提供的 10 m 风场和海面气压场作为海洋模式四套网格的上边界条件，其中外区域（99°～130°E，0°～30°N）包括整个海南区域和部分西太平洋区域，网格尺度为 1/30°；内区域（111.5°～116.5°E，20.5°～24°N）为大湾区区域，网格尺度为 1/360°（李毅能等，2011，Li et al.，2013）。潮汐边界条件由俄勒冈州立大学的潮汐模型（OTPS）提供边界处 13 个分潮的潮汐调和常数（Egbert et al.，2002）：

$$\eta = \eta_0 + \sum_{i=1}^{13} A_i f_i \cos(\omega_i t + \theta_i - \phi_i) \tag{5.12}$$

式中，η_0 为平均潮位，A 为分潮振幅，ω 为分潮角速率，θ 为分潮相角，f 和 ϕ 为分潮交点因子。

风应力拖曳系数是精确预报风暴潮的关键因子之一。最近的研究发现风速超过 33 m/s，风应力拖曳系数 C_D 将趋于下降（Black et al.，2007；Jarosz et al.，2007；Powell，2003）。因此，可以假设在中高风速下 C_D 变成不再是以前认为的直线变化而是呈倒抛物线变化：

$$C_D = -a(V_p - 33)^2 + b \tag{5.13}$$

本书利用多年台风和风暴潮个例，结合水位观测，通过三维海洋模式和四维变分同化技术反演得到的“最优”参数化方案（Li et al.，2013；Peng et al.，2015a；Peng et al.，2013），其中最优参数（a，b）=（2.57×10^{-6}，2.09×10^{-3}）。

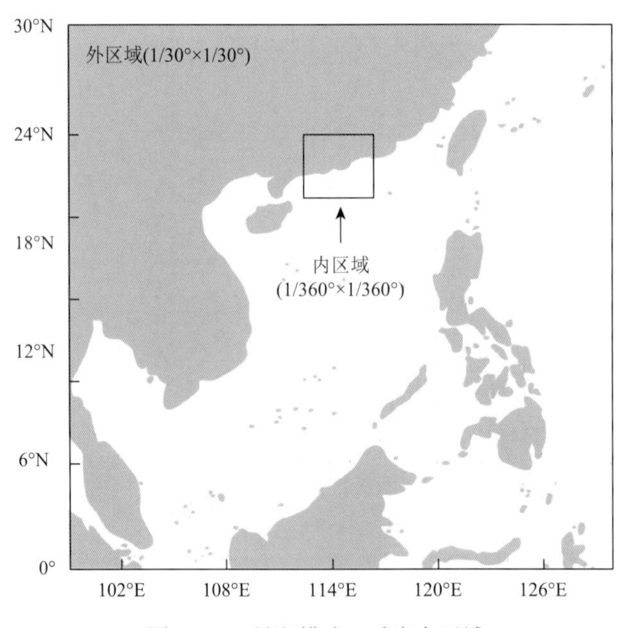

图 5.8　风暴潮模式双重嵌套区域

5.1.3 海浪预报方法

海浪预报方法基于国际先进的第三代海浪模式 WWIII（wave watch III）和海洋模式 SCHISM（semi-implicit cross-scale hydroscience integrated system model）构建。WWIII是一个基于 WAM 模型开发的第三代全谱海浪模型（Tolman et al.，2019）。在 WAM 的基础上，Tolman 等（2019）提出了基于动谱能量平衡方程的 WWIII。该模式在控制方程、程序结构、数值与物理的处理方法上做了改进，在考虑波-流相互作用和风-浪相互作用等物理机制方面也更加合理。WWIII的控制方程是波数-方向谱的能量密度平衡方程，在最新发布的版本中，采用了分割能量谱的方法，将本地风生波浪和远处海域传来的涌浪分离开来。WWIII用于大尺度空间波浪传播过程，在传播过程中考虑地形和海流空间变化导致的波浪折射作用和浅水变形作用及线性的波浪传播运动等。模型在波浪成长和消减的能量变化过程中考虑了风成浪作用、白浪的消减作用、海底摩擦作用和波-波的非线性能量转移作用等。在模型的输出项中，新增了一些基于该方法的计算结果，其中包括了分割波谱后的有效波高输出。另外也加入了一些针对浅水的源项。2000 年 3 月 9 日，WW III正式成为 NCEP 的全球业务化预报模式。SCHISM 是在半隐式欧拉-拉格朗日有限元模式 SELFE 基础上开发的一种基于非结构化网格的建模系统，旨在模拟包含溪流、湖泊、河流、河口、陆架、海洋等多尺度的 3D 斜压环流。模式的质量方程采用有限体积方法求解，而动量方程则使用伽辽金有限元法（Galerkin finite-element method）求解。其最大的特点是减小 CFL 条件的限制，在保证计算结果准确的前提下，可适当放大时间步长，提高计算效率，达到计算精度和计算效率的双赢（Baptista et al.，2005；Roland et al.，2012；Zhang et al.，2008）。

本模式区域采用双重嵌套区域设置，其中第一重区域为南海区域，范围为 96°～136°E，0°～30°N，水平分辨率为 1/10°×1/10°，基于 WWIII搭建（图 5.9）；第二重区域以大湾区珠江河口为中心，范围为 112.00°～115.50°E，20.50°～23.50°N[①]。同时，利用三角网格和四边形网格相结合的灵活的网格形式，对岛屿周边区域进行加密，最小分辨率可达到 30 m 级别。模式垂向分为 24 层，采用 SCHISM 特有的 LCS^2 坐标（localized sigma coordinates with shaved cell），可在保证计算效率的情况下有效地避免 σ 坐标引起的内压梯度误差。模式的环流、温度和盐度的初始场和边界场来自南海区域模式的预报结果；模式海表强迫场来自 WRF 模式的预报场。

① 图 5.9 中心方框仅为第二重区域示意，并非实际范围。

SCHISM 以“引潮势”形式在动量方程的体积力项考虑潮汐作用，可在开边界同时开启潮驱动水位和流速驱动。项目拟使用 8 个主要分潮（Q_1、O_1、P_1、K_1、N_2、M_2、S_2、K_2）作为潮驱动[公式（5.14）]。水位和潮流分量的分潮调和常数（振幅、迟角）由基于有限元流体动力模型的同化海潮模型 FES 2014 的结果插值得到。

$$\psi(\phi,\lambda,t)=\sum_{n,j}C_{jn}f_{jn}(t_0)L_j(\phi)\cos\left[\frac{2\pi(t-t_0)}{T_{jn}}+j\lambda+\nu_{jn}(t_0)\right] \tag{5.14}$$

式中，C_{jn} 是表征不同潮汐类型（赤纬潮、全日潮和半日潮）的第 n 个潮汐分量的振幅的常数；t_0 是参考时间；f_{jn} 是节点因子；$\nu_{jn}(t_0)$ 是天文参数，弧度；$L_j(\phi)$ 为潮汐类型特定的参数，如 $L_0=\sin^2\phi$、$L_1=\sin(2\phi)$ 和 $L_2=\cos^2\phi$；T_{jn} 则为不同类型潮汐不同分潮的周期。

波浪模拟将采用 SCHISM 自带的 WWMIII模块。该模块在考虑浪-流耦合作用和高分辨率动力过程有着天然的优势。

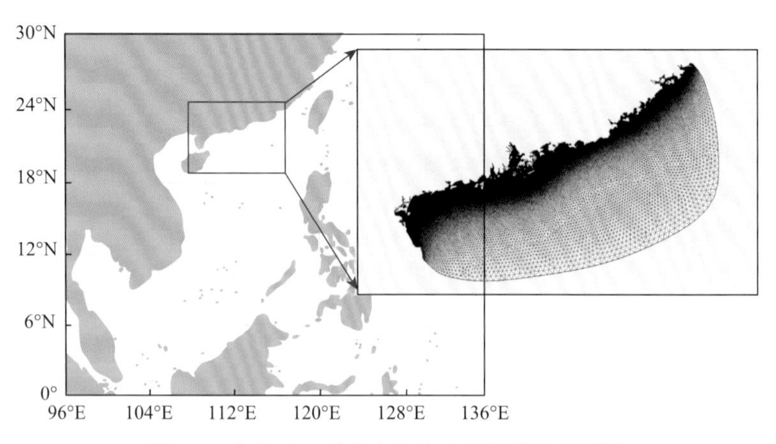

图 5.9　大湾区双重嵌套和海浪预报模式范围图

5.1.4　生态环境预报方法

生态环境预报模型采用适应河口光学条件的生物地球化学（estuary-carbon biogeochemistry，ECB）模式。限制河口浮游植物生长的光学条件和陆架海区有较大差别。对于陆架海区而言，造成浮游植物遮光的主要因素是浮游植物自生长的光照强度。对于河口区，河流输入大量的悬浮泥沙，会造成光衰减。此外，河流输入大量的有色可溶性有机物，会吸收河口紫外波段光与可见光蓝光。二者均会限制浮游植物生长。大湾区生态环境预报模式充分考虑河口区的上述特点，以 ROMS（regional ocean modelling system）下的生态模块 Fennel 为基础，发展了珠江河口 ECB 模式（图 5.10）。模式中含有 11 个生物地球化学要素，包括硝酸盐（NO_3^-）、铵盐（NH_4^+）、浮游植物（phytoplankton）、浮游动物（zooplankton）、大小碎屑（large and small detritus）、溶解有机氮（dissolved organic nitrogen）、DO 等。模式中叶绿素浓度的变化受控于浮游植物的生长与死亡过程，浮游植物生长、初级生产力增加会提高叶绿素浓度，而浮游植物代谢与死亡、浮游动物的摄食作用，则会降低水体中的叶绿素浓度。叶绿素浓度的计算公式见公式（5.15）。

$$\frac{\partial[\mathrm{Chl}]}{\partial t}=\rho_{[\mathrm{Chl}]}\mu_0 L_1(L_{\mathrm{NO}_3^-}+L_{\mathrm{NH}_4^+})[\mathrm{Chl}]-E-G-M-A-S \tag{5.15}$$

式中，$\rho_{[\mathrm{Chl}]}$ 表示浮游植物生长中用于叶绿素合成的部分（无量纲）；μ_0 为浮游植物生长速率，d^{-1}，这里取为常数，受两种氮盐（$L_{\mathrm{NH}_4^+}$ 和 $L_{\mathrm{NO}_3^-}$）限制和光（L_1）限制；L_1 用以表征光合作用与光（photosynthesis-light，P-I）的关系；$L_{\mathrm{NH}_4^+}$ 和 $L_{\mathrm{NO}_3^-}$ 分别表示浮游植物吸收铵盐的限制和铵盐限制下吸收硝酸盐的限制（无量纲）；Chl 为叶绿素浓度，mg/m^3。E 表征浮游植物代谢过程，G 表征浮游动物的摄食作用，M、A 和 S 分别表征浮游植物的死亡、聚集和沉降过程，详细的计算公式和研究中所涉及的参数具体取值参见 *Chesapeake Bay nitrogen fluxes derived from a land-estuarine ocean biogeochemical modeling system: Model description, evaluation, and nitrogen budgets*（Feng et al.，2015）。

其中，浮游植物生长用于叶绿素合成的部分 $\rho_{[\mathrm{Chl}]}$ 计算公式如下：

$$\rho_{[\mathrm{Chl}]}=\frac{\theta_{\max}\mu_0 L_1(L_{\mathrm{NO}_3^-}+L_{\mathrm{NH}_4^+})P}{\alpha I[\mathrm{Chl}]} \tag{5.16}$$

式中，$\theta_{\max}$ 为叶绿素浓度与浮游植物浓度的最大比值，(mg Chl)/(mg C)；P 为浮游植物浓度，mmol N/m^3；α 为 P-I 关系线初始斜率，$m^2/(W\cdot d)$；I 为光合作用可用辐射，W/m^2。

$L_{\mathrm{NH}_4^+}$ 和 $L_{\mathrm{NO}_3^-}$ 计算如公式（5.17）：

$$L_{\mathrm{NH}_4^+}=\frac{\left[\mathrm{NH}_4^+\right]}{K_{\mathrm{NH}_4^+}+\left[\mathrm{NH}_4^+\right]} \tag{5.17}$$

$$L_{\mathrm{NO}_3^-}=\frac{\left[\mathrm{NO}_3^-\right]}{K_{\mathrm{NO}_3^-}+\left[\mathrm{NO}_3^-\right]}\cdot\frac{1}{1+\left[\mathrm{NH}_4^+\right]/K_{\mathrm{NH}_4^+}} \tag{5.18}$$

式中，$K_{\mathrm{NH}_4^+}$ 为吸收铵盐的半饱和常数，mmol N/m^3，$K_{\mathrm{NO}_3^-}$ 为吸收硝酸盐的半饱和常数，mmol N/m^3。$\left[\mathrm{NH}_4^+\right]$ 和 $\left[\mathrm{NO}_3^-\right]$ 分别为铵盐和硝酸盐浓度，$mmol/m^3$。

浮游植物光合作用与光的关系 L_1 计算公式如下：

$$L_1 = \frac{\alpha I}{\sqrt{\mu^2 + \alpha^2 I^2}} \tag{5.19}$$

式中，光合作用可用辐射 (I) 随水深 (z) 呈指数递减，计算公式如下：

$$I(z) = I_0 \cdot \mathrm{PARfrac} \cdot \mathrm{e}^{zK_\mathrm{D}} \tag{5.20}$$

式中，I_0 为海表面之下的初始光强，$\mathrm{W/m^2}$；PARfrac 为光强中可用于光合作用的部分（无量纲）；K_D 为光的扩散衰减系数，$\mathrm{m^{-1}}$，在河口海域中受海表面盐度、叶绿素浓度、总悬浮物质浓度和总溶解有机氮浓度控制。

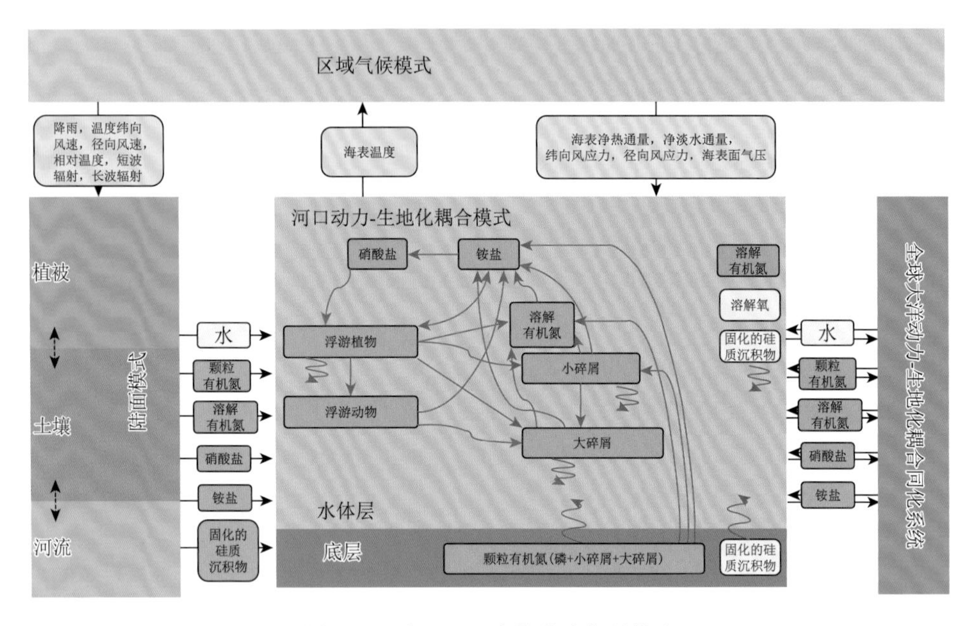

图 5.10　珠江河口生物地球化学模式

5.2　粤港澳大湾区台风、风暴潮预报

5.2.1　大湾区台风、风暴潮预报流程

本系统中 WRF 模式的操作流程为：①运行标准初始化程序（WRF SI），把高分辨率地形数据和初始数据插入到 WRF 模式中；②运行初始程序，生成 WRF 模式所需要的初始资料和侧边界条件；③运行 WRF 模式，生成台风预报结果；④运行后处理程序，将 NETCDF 数据格式转换为 GRADS，RIP 的数据格式，用于画图分析结果；⑤用 WRF 模式结果中的海面 10 m 风场和海表气压场驱动 POM，获得风暴潮预报结果（Peng et al.，2015b）。

5.2.2　大湾区台风、风暴潮预报产品

本系统台风和风暴潮预报产品如表 5.1、表 5.2 所示。

表 5.1　大湾区台风预报产品介绍

使用模式	WRF 模式
模式区域	双重嵌套（d01：87°～145°E，−14°～40°N；d02：96°～135°E，0°～30°N）
水平分辨率	d01：54km；d02：18km
垂向分层	30 层
预报时长	120 h
时间分辨率	1 h
起报时刻	一天四次（世界时 00 时、06 时、12 时、18 时）
预报输出指标	台风路径（track）、台风强度（minslp）、台风最大风速（maxwind）、经度（XLONG），纬度（XLAT），10 m 风场纬向分量（U_{10}），10 m 风场经向分量（V_{10}），风场纬向分量（U），风场经向分量（V），风场垂向分量（W），海表气压（PRESSURE），海表潜热通量（LH），向上热通量（HFX），地表向下短波辐射通量（SWDOWN），地表向下长波辐射通量（GLW），水汽混合比（QFX），2m 温度（T_2），2m 高度比湿（Q_2），累计格点降水量（RAINNC），累计积云降水（RAINC），位温（T）等

表 5.2　大湾区风暴潮预报产品介绍

使用模式	POM
模式区域	双重嵌套（d01：99°～130°E，0°～30°N；d02：111.5°～116.5°E，20.5°～24°N）
水平分辨率	d01：1/30°；d02：1/360°
垂向分层	4 层
预报时长	120 h
时间分辨率	1 h
起报时刻	一天四次（世界时 00 时、06 时、12 时、18 时）
预报输出指标	经度（lon），纬度（lat），深度（z），总水位（E），天文潮位（ET），总海流纬向分量（U），总海流经向分量（V），潮流纬向分量（U_T）和潮流经向分量（V_T）等

5.2.3　大湾区台风、风暴潮预报检验

台风的预报结果检验主要是对台风路径预报结果的检验。第三方评估机构对各预报机构 2012 年（表 5.3）和 2013 年（表 5.4）经过南海区域且生命期长于 48 h 的热带气旋（16 个）的路径预报误差进行了对比。从统计结果可以看出，大湾区台风模式对台风路径的预报精度达到了国内外先进水准。

表 5.3　各预报机构对 2012 年经过南海区域且生命期长于 48 h 的热带气旋（16 个）的路径预报误差比较

预报时长	机构	编号（等级）																平均误差	排名
		3（STY）	4（ESTY）	5（STS）	6（STS）	8（TY）	9（STY）	11（STY）	13（TY）	14（STY）	15（ESTY）	16（ESTY）	17（ESTY）	20（STS）	21（STY）	23（STY）	24（ESTY）		
24h	JTWC（美国）	54.4	86.5	81.7	141.6	139.7	83.0	85.3	145.0	69.3	76.9	89.9	85.6	119.0	56.4	97.1	114.7	95.4	4
	NMCC（中国）	87.2	129.0	98.6	107.4	117.7	60.7	51.0	164.8	53.7	78.6	90.5	50.6	130.3	83.5	92.6	118.3	94.7	3
	JMA（日本）	72.4	75.9	111.0	138.7	167.8	100.1	80.0	149.7	67.9	84.7	102.7	78.5	125.0	84.1	108.2	126.1	104.6	6
	CWBT（中国台湾）	59.0	103.7	104.5	104.3	169.4	78.5	84.3	148.0	74.6	78.0	80.5	69.2	138.4	64.5	93.2	117.3	98.0	5
	NCEP（美国）	66.6	62.8	103.0	112.0	107.2	85.9	93.2	166.4	71.2	80.1	81.3	71.0	138.4	56.9	77.2	66.5	90.0	2
	南海所（中国）	49.4	71.0	102.1	88.2	104.5	81.2	74.4	157.4	57.7	76.0	86.0	61.7	97.0	47.5	79.1	91.2	82.8	1
48h	JTWC（美国）	74.0	177.1	127.6	160.4	266.1	99.5	107.8	294.3	117.7	129.1	146.6	159.4	177.4	116.5	124.0	206.0	155.2	3
	NMCC（中国）	112.4	258.7	133.6	246.6	227.8	84.7	88.9	322.6	95.6	138.8	134.3	88.3	225.2	176.6	123.8	205.5	166.5	5
	JMA（日本）	153.1	171.6	87.0	272.5	257.8	124.8	117.4	348.6	90.7	164.5	141.8	159.4	173.9	153.6	172.2	244.2	177.1	6
	CWBT（中国台湾）	120.8	184.2	110.6	198.4	270.6	85.8	109.1	310.9	124.0	150.2	135.8	131.5	212.5	110.8	140.5	216.6	163.3	4
	NCEP（美国）	114.8	142.0	126.9	217.2	108.4	98.1	130.5	295.6	93.9	126.0	148.3	159.2	212.5	119.4	97.7	137.4	145.5	2
	南海所（中国）	94.5	96.0	46.3	224.2	227.5	128.0	128.6	273.2	96.7	137.5	117.3	124.4	141.0	80.0	102.3	116.6	133.4	1
72h	JTWC（美国）	215.2	235.6	—	309.5	—	107.6	140.7	527.2	168.3	204.8	—	245.7	186.0	222.5	182.2	276.0	232.4	3
	NMCC（中国）	225.7	313.2	—	401.0	—	106.2	149.8	488.8	147.5	250.1	—	128.6	216.6	245.2	185.4	327.8	245.1	4

续表

预报时长	机构	编号（等级）																平均误差	排名
		3（STY）	4（ESTY）	5（STS）	6（STS）	8（TY）	9（STY）	11（STY）	13（TY）	14（STY）	15（ESTY）	16（ESTY）	17（ESTY）	20（STS）	21（STY）	23（STY）	24（ESTY）		
72h	JMA（日本）	270.4	302.6	—	448.6	—	149.6	128.4	632.7	154.6	263.1	—	264.7	169.8	251.0	332.8	366.5	287.3	6
	CWBT（中国台湾）	206.2	283.8	—	395.9	—	116.6	142.6	547.6	165.8	232.6	—	202.0	174.0	203.7	212.0	319.2	246.3	5
	NCEP（美国）	141.1	133.5	—	379.1	—	121.7	211.1	613.7	170.6	140.4	—	231.3	174.0	171.2	150.8	215.9	219.6	1
	南海所（中国）	193.9	162.9	—	353.7	—	128.0	201.1	557.4	186.1	208.8	—	185.9	244.7	138.1	194.6	265.1	232.3	2

注：TY，台风；STY，强台风；STS，强热带风暴。

JTWC，美国联合台风预警中心；NMCC，（中国）国家气象中心；JMA，日本气象厅；CWBT，（中国）台湾“中央气象局”；NCEF，美国国家环境预测中心；下同。

南海所使用新一代南海海洋环境实时预报系统（NG-RFSSME）进行预报。

表 5.4　各预报机构对 2013 年经过南海区域且生命期长于 48 h 的热带气旋（18 个）的路径预报误差比较

预报时长	机构	编号（等级）																		平均偏差	排名
		3 (TS)	5 (TS)	6 (STS)	7 (STY)	9 (STS)	11 (STY)	12 (TY)	15 (STS)	17 (TS)	18 (STS)	19 (ESTY)	21 (STY)	23 (STY)	25 (TY)	26 (STY)	27 (ESTY)	29 (STY)	30 (STY)		
24h	JTWC（美国）	144.6	161.0	107.7	45.1	58.8	51.2	128.6	71.1	78.5	92.7	86.5	67.0	59.6	56.6	71.6	48.6	61.2	117.8	83.8	1
	NMCC（中国）	144.4	125.3	120.5	51.5	89.6	87.0	96.0	58.0	128.0	72.9	92.0	66.1	50.1	68.3	74.4	58.1	69.3	111.5	86.8	3
	JMA（日本）	83.4	162.0	141.4	53.7	70.1	94.0	133.5	70.9	78.5	112.5	90.0	70.5	67.1	69.3	81.5	55.6	113.0	156.0	94.6	5
	CWBT（中国台湾）	133.6	159.8	115.8	46.1	69.5	75.7	140.6	65.4	85.9	114.3	98.2	62.0	61.7	75.9	72.4	55.1	95.4	110.2	91.0	4
	NCEP（美国）	107.0	135.4	98.5	42.9	83.1	152.8	192.1	160.5	83.6	164.4	154.8	47.8	57.2	50.2	72.0	54.9	59.2	91.9	100.5	6
	南海所（中国）	116.7	160.6	47.7	71.4	103.2	97.5	105.8	114.0	73.8	102.9	67.2	57.8	72.6	58.0	60.1	57.0	64.5	117.5	86.0	2
48h	JTWC（美国）	335.1	263.6	206.3	58.2	91.1	106.5	131.6	145.2	331.4	101.2	137.5	116.3	110.1	101.0	124.0	106.7	166.3	179.7	156.2	3
	NMCC（中国）	185.9	172.5	186.1	81.3	86.4	160.0	144.6	116.4	441.5	127.4	137.5	178.6	101.2	115.6	128.5	108.1	99.8	178.6	152.8	2
	JMA（日本）	94.2	321.7	303.1	65.2	98.7	180.4	163.1	130.2	370.7	158.1	140.2	178.3	92.7	135.6	165.2	85.2	208.0	202.1	171.8	6
	CWBT（中国台湾）	213.5	284.7	228.0	74.4	100.5	159.6	148.7	111.5	385.4	147.9	147.6	158.8	107.8	145.9	128.6	112.4	213.0	163.9	168.5	4

续表

预报时长	机构	编号（等级）																		平均偏差	排名
		3 (TS)	5 (TS)	6 (STS)	7 (STY)	9 (STS)	11 (STY)	12 (TY)	15 (STS)	17 (TS)	18 (STS)	19 (ESTY)	21 (STY)	23 (STY)	25 (TY)	26 (STY)	27 (ESTY)	29 (STY)	30 (STY)		
48h	NCEP（美国）	154.6	253.3	193.0	56.4	85.4	163.6	168.9	255.6	331.4	162.4	173.3	161.2	99.9	106.7	132.9	102.0	127.6	189.7	162.1	4
	南海所（中国）	140.1	293.7	54.3	71.1	111.0	127.5	146.8	139.2	128.1	113.7	121.2	140.2	113.8	91.1	117.8	97.6	101.3	205.1	128.5	1
72h	JTWC（美国）	—	—	253.5	96.0	149.7	103.1	185.6	196.7	—	160.6	94.7	214.6	182.7	139.7	197.9	220.9	289.8	232.2	181.2	3
	NMCC（中国）	—	—	294.2	84.5	41.4	159.2	150.1	76.5	—	73.7	159.2	403.7	201.1	191.3	204.3	240.8	189.3	217.5	179.1	2
	JMA（日本）	—	—	436.9	82.5	178.0	255.3	175.3	173.3	—	262.5	146.5	532.7	139.8	152.8	278.2	136.3	307.0	268.1	235.0	6
	CWBT（中国台湾）	—	—	327.4	102.4	280.4	167.7	150.1	133.8	—	229.6	126.5	399.8	169.3	188.2	228.5	188.5	331.6	238.3	217.5	5
	NCEP（美国）	—	—	398.7	87.3	171.9	125.1	198.3	235.6	—	245.6	97.7	140.2	178.9	187.4	227.2	193.5	150.1	276.1	194.2	4
	南海所（中国）	—	—	39.1	89.4	92.7	93.8	209.3	299.2	—	160.6	128.6	153.7	159.5	138.2	227.2	180.9	241.6	256.0	164.6	1

本书围绕 2018 年第 22 号台风“山竹”，对预报系统的台风预报技巧进行了评估（Zhu et al.，2020）。结果表明，南海海洋环境实时预报系统（RFSSME）对台风“山竹”的路径预报精度较高，其 1～72 h 路径预报平均误差为 69.9 km。在登陆点预报方面，南海海洋环境实时预报系统对台风“山竹”在广东沿岸的登陆点 1～72 h 的预报平均偏差为 76.89 km，并提前 27 h 准确预报了该登陆点（距离误差 3.55 km，时间误差 1 h）（图 5.11）。为了探究预报系统中不同预报方案对台风“山竹”路径预报的影响，本书进行了两组敏感性试验，包括无海气耦合的试验（COUPLE_X）和无选尺度同化的试验（SSDA_X）。敏感性试验的结果表明，台风“山竹”路径的准确预报主要得益于选尺度资料同化技术在大气模式中的运用，选尺度同化技术能够抑制模式中虚假低压系统的发展，从而改善模式对台风“山竹”的预报（图 5.12）。而海气耦合方案则进一步减弱了本已经弱报的台风强度，从而降低了台风路径的预报精度。

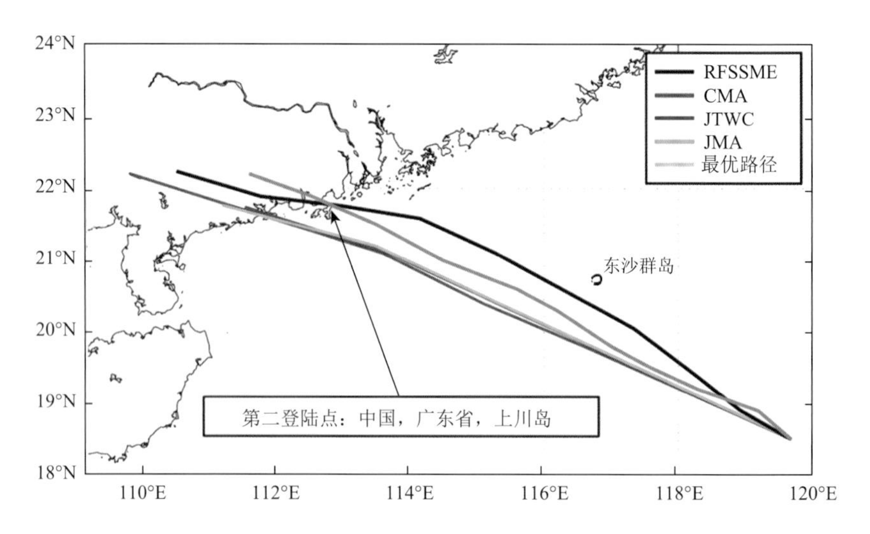

图 5.11　RFSSME，CMA（中国气象局），JTWC 和 JMA 对台风“山竹”路径的预报

起报时刻为 2018 年 9 月 15 日 06 时（世界时），其中灰色线代表观测路径

风暴潮模式预报检验所使用的观测数据为香港鲗鱼涌验潮站的水位数据，对比时段为 2017 年第 13 号台风登陆广东省的时段（2017 年 8 月 21 日～8 月 25 日）。通过将模式和观测水位进行调和分析滤潮，并对比两者的增水（图 5.13）。分别将使用了 Large 等（1981）和 Peng 等（2015a）风应力拖曳系数计算方案的预报结果与观测结果进行比对，结果表明本系统能够较好地预报出潮汐增水的时间和大小。

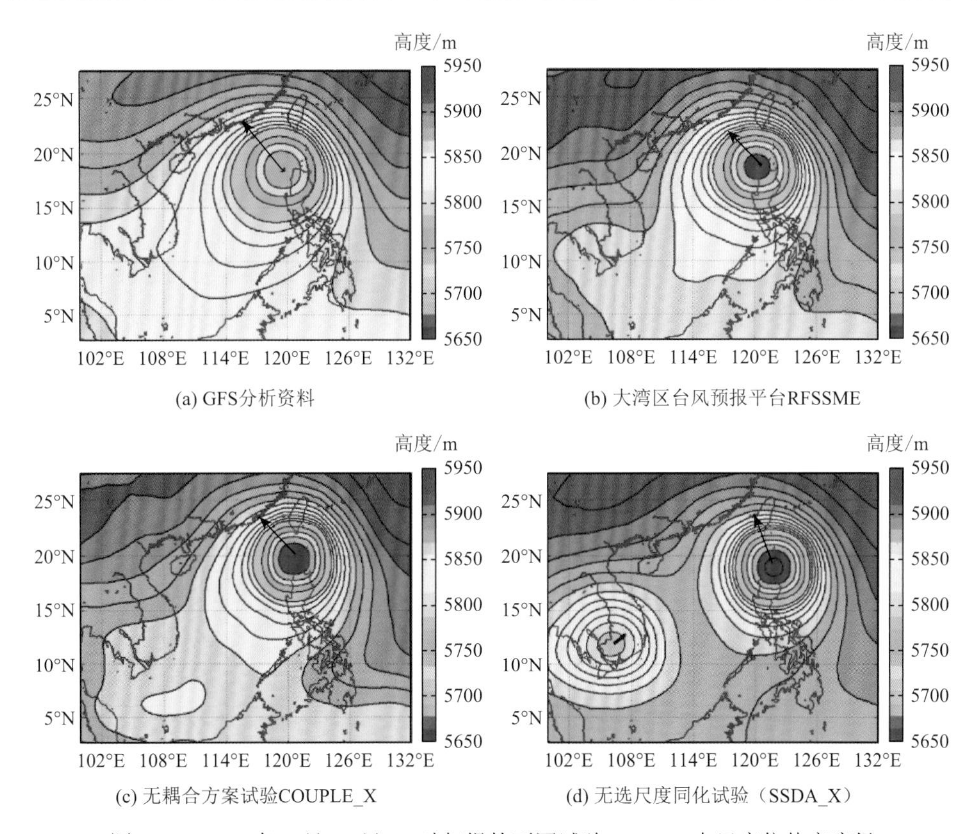

图 5.12　2018 年 9 月 15 日 00 时起报的不同试验 500 hpa 大尺度位势高度场

彩色代表 500 hPa 位势高度，黑色等值线代表 500 hPa 位势高度等值线，黑色箭头表示虚假低压系统和台风“山竹”的引导气流

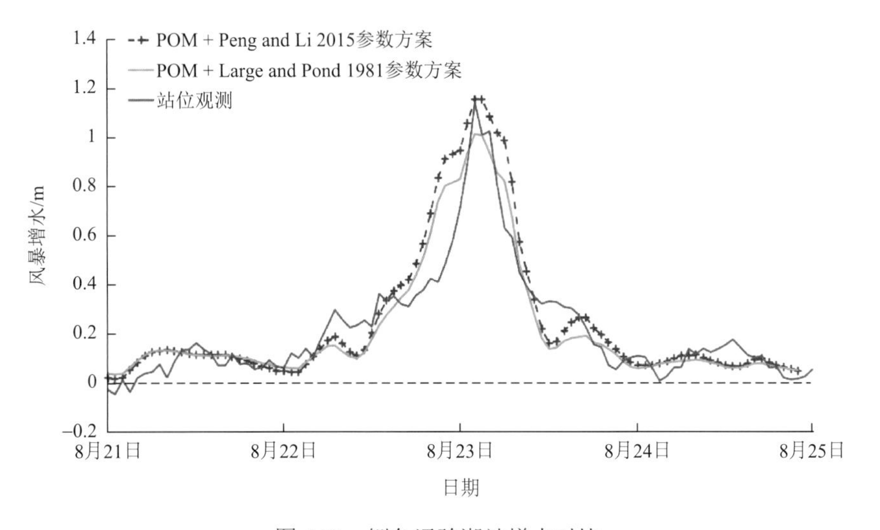

图 5.13　鲗鱼涌验潮站增水对比

5.3　粤港澳大湾区海浪预报

5.3.1　大湾区海浪预报流程

大湾区海浪预报流程与风暴潮预报流程类似，即将气象模式结果中的海面 10 m 风场和海表气压场插值到海浪模式的网格，用于驱动海浪模式的大气强迫。同时，利用海浪模式第一重区域的预报结果作为第二重模式的边界驱动第二重模式进行预报。

5.3.2　大湾区海浪预报产品

本系统海浪预报产品介绍如表 5.5 所示。

表 5.5　大湾区海浪预报产品介绍

使用模式	WWIII和 SCHISM
模式区域	d01：96°～135°E，0°～30°N；d02：112.00°～115.50°E，20.50°～23.50°N
水平分辨率	d01：1/10°×1/10°；d02：不均匀，最小约 100m
预报时长	120 h
时间分辨率	1 h
起报时刻	一天四次（世界时 00 时、06 时、12 时、18 时）
预报输出指标	经度（XDEF），纬度（YDEF），深度（DEPTH），有效波高（HS），平均波长（LMN），平均周期（TMN），平均波向（DIRMN），波峰周期（PEAKP），波峰向（PEAKD）等主要变量

5.3.3　大湾区海浪预报检验

大湾区海浪预报检验所用的观测资料为海浪浮标观测资料，本书分别对 WWIII和 SCHISM 的预报技巧进行了评估。其中，WWIII对比时段为 2018 年第 22 号台风期间，浮标所在位置为西太平洋区域。本书将预报时段分为 1～24 h、25～48 h、49～72 h、73～96 h 和 97～120 h 五个时段进行对比（图 5.14）。不同时间段的预报平均误差分别为 0.47 m、0.58 m、0.57 m、0.53 m 和 0.53 m。SCHISM 模式对比时段为 2018 年 11 月 16 日～12 月 31 日，浮标所在位置为珠江口区域（图 5.15）。从 SCHISM 模式的对比结果可以看出，预报系统能够较好地预报出有效波高，预报均方根误差为 0.2 m，相关系数达到 0.934。

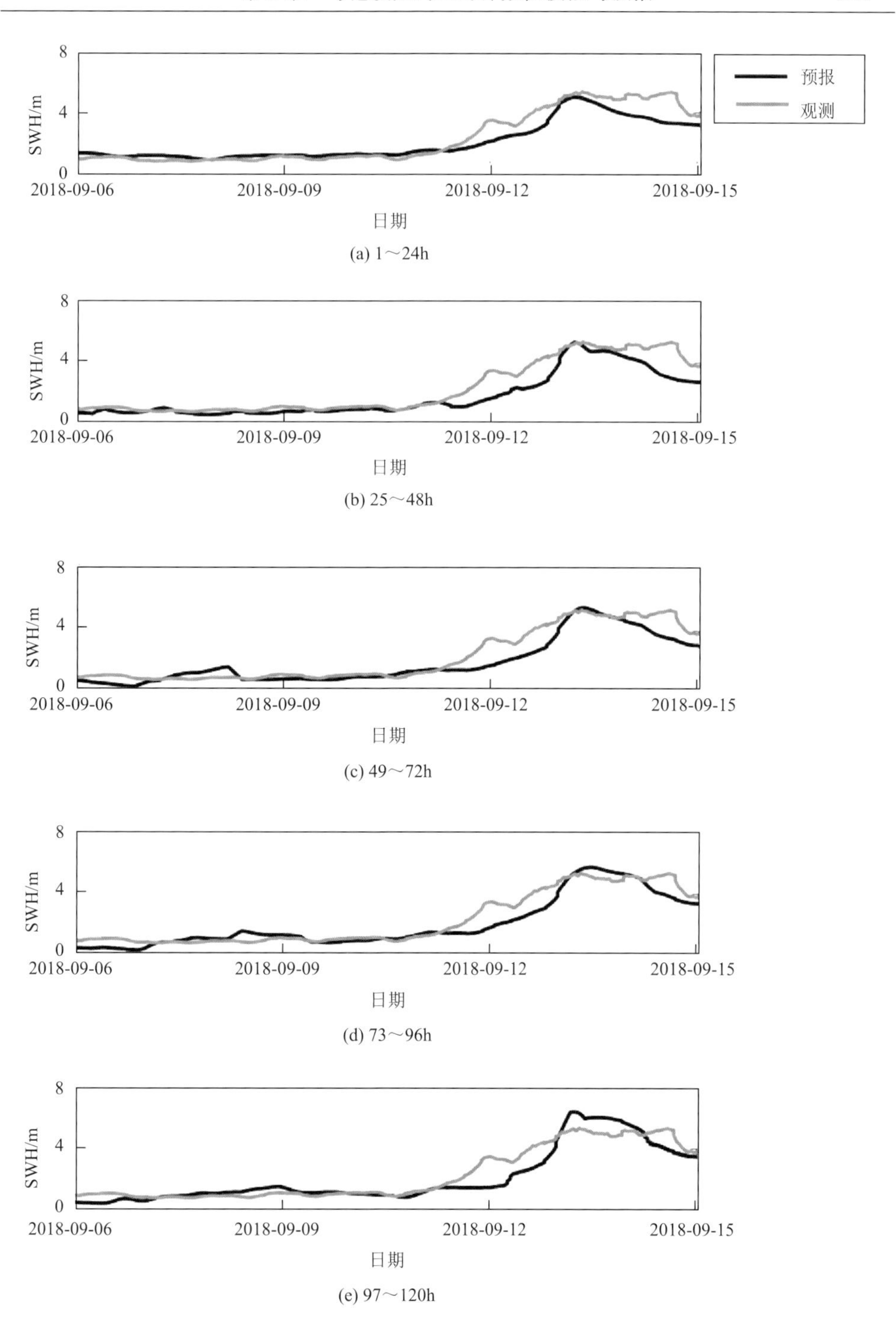

(a) 1～24h

(b) 25～48h

(c) 49～72h

(d) 73～96h

(e) 97～120h

图 5.14　大湾区海浪预报对比结果（西太平洋区域）

此图为产品生成截图，SWH 代表有效波高

图 5.15 大湾区海浪预报对比结果（珠江口区域）

5.4 粤港澳大湾区生态环境预报

大湾区生态环境预报采用地球系统模式框架，基于 COAWST（海洋-大气-波-沉积物传输建模系统）构建，整合流域、海洋、气象、生态等多区域过程（图 5.16）。COAWST 为开源模型，主要由美国地质调查局的 John Warner 开发编写。此模型包含大气、海洋、泥沙、波浪及生态等多样子模块（图 5.17）。相比于传统的非耦合模型或单项耦合模型，COAWST 采用双向耦合模式进行计算，即可根据使用者的需求在不同的子模型之间在线进行双向交换数据。预报系统针对河口区生态环境受径流控制的特点，在 COAWST 体系下植入流域模式 SWAT（土壤和水评估工具）。开边界采用大洋环流数据同化系统 ECCO v4，预报系统集成体系构建如图 5.16。

SWAT 模式的陆面模块覆盖珠江流域，模拟了植被吸收、土壤渗透和径流输入等过程；将珠江各子流域输出的淡水、有机氮、硝氮、铵氮和无机悬浮泥沙作为驱动场单向输入河口海洋模式。河口海洋模式是该集成系统的核心。模式覆盖 112.6°～115.4°E，21.1°～23.1°N 的珠江口区域，包括珠江八大口门入海区域及珠江冲淡水影响的近海，水平向为 384×356 的正交曲线网格，空间分辨率在河道内最高，约 0.1 km，随离岸距离增加而减小，在河口外约 3 km，垂向 20 层采用地形跟随坐标，每层厚度随地形而变化，其中表层和底层具有较高的分辨率。气象模式向陆面模式单向输入降雨量、温度、风场、相对湿度、短波和长波辐射；同时，针对海洋与大气之间主要进行的动量、感热和潜热相互作用，气象模式向海洋提供蒸发降水、海表感热、潜热通量及海面风应力和气压，海洋模式向气象模式反馈海表温度，交换频率为 10 min 一次。此外，大洋模式为河口模式提供开边界条件，实现河口和外部海域的物质互换。

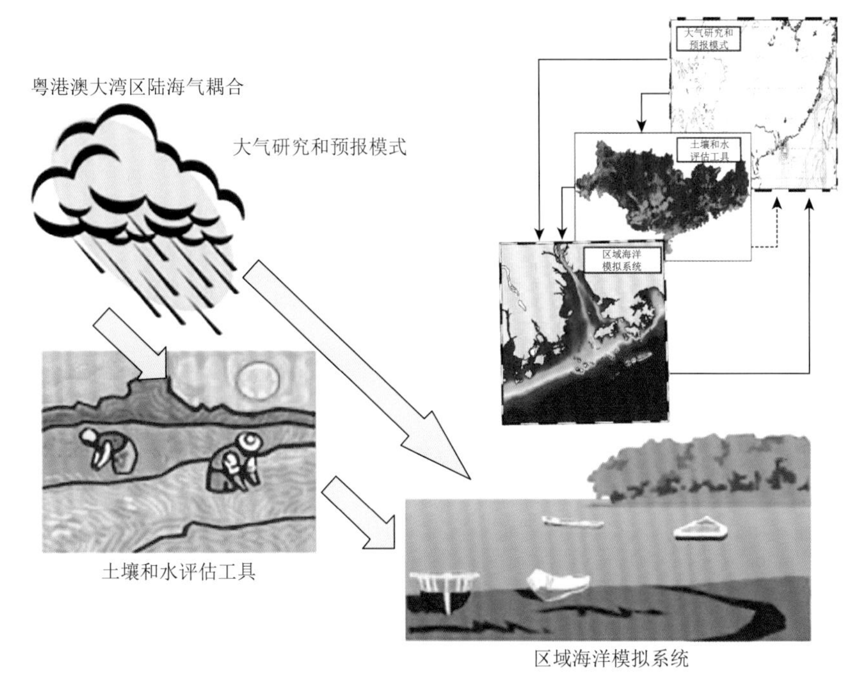

图 5.16　粤港澳大湾区生态环境预报系统集成体系概念图

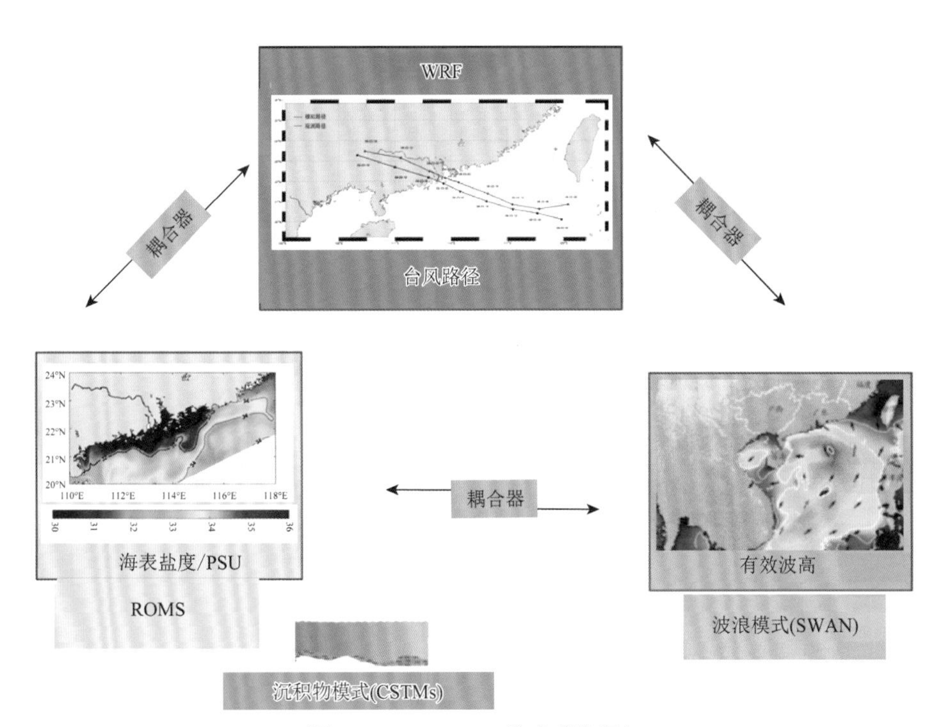

图 5.17　COAWST 模式系统框架

5.4.1　径流预报检验

基于珠江流域八大口门（虎门、蕉门、洪奇门、横门、磨刀门、鸡啼门、虎跳门及崖门）检测站的观测径流数据，本书对大湾区径流预报 SWAT 模式的预报性能进行了评估（图 5.18）。对比时段是 2008～2016 年的所有月。图 5.19 中，蓝色代表模拟数据，红色代表观测数据。对比结果可以看出，模式能够较好地预报出径流量的季节性变化。

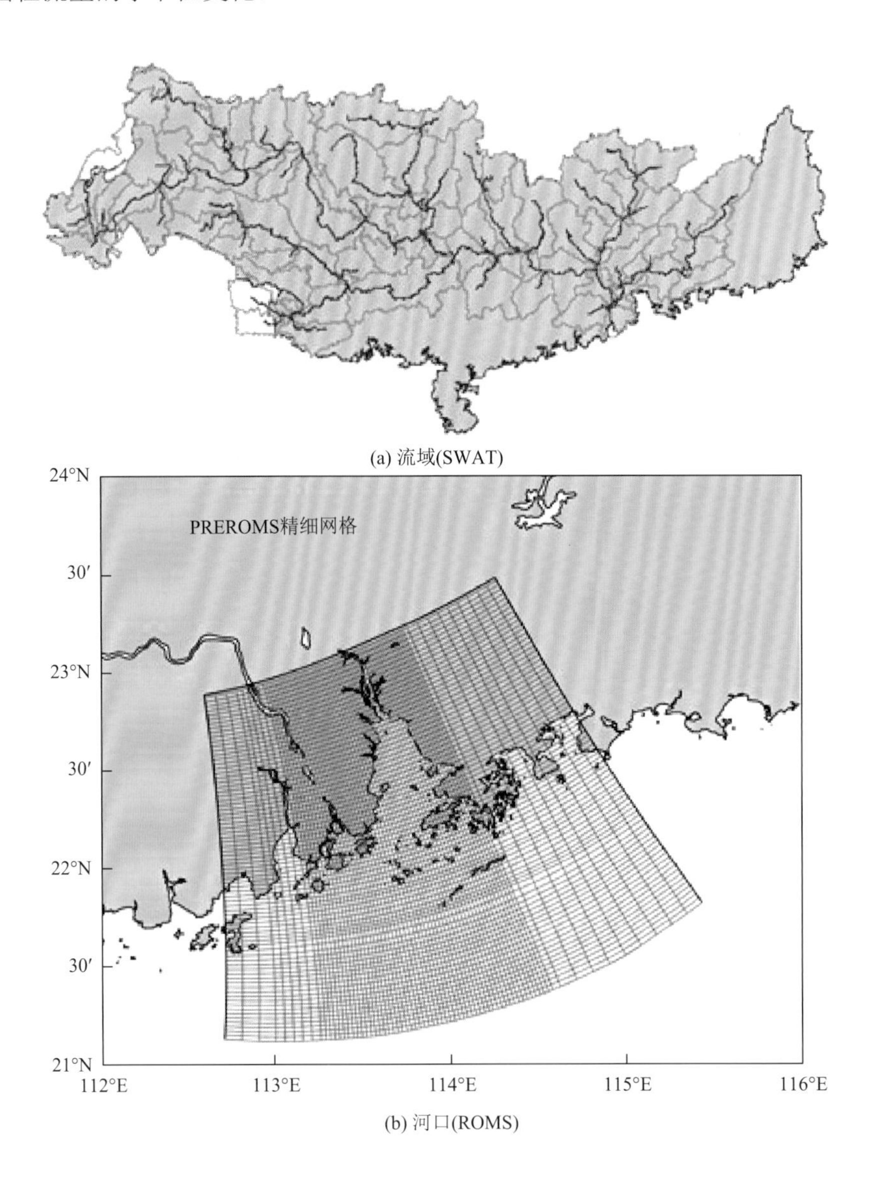

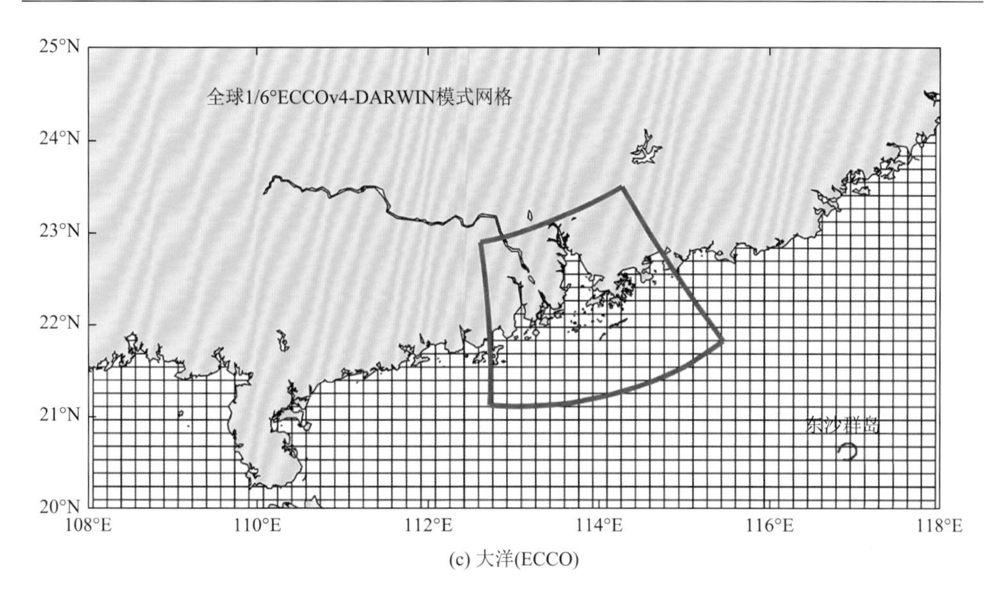

(c) 大洋(ECCO)

图 5.18　SWAT-ROMS-ECCO 覆盖区域

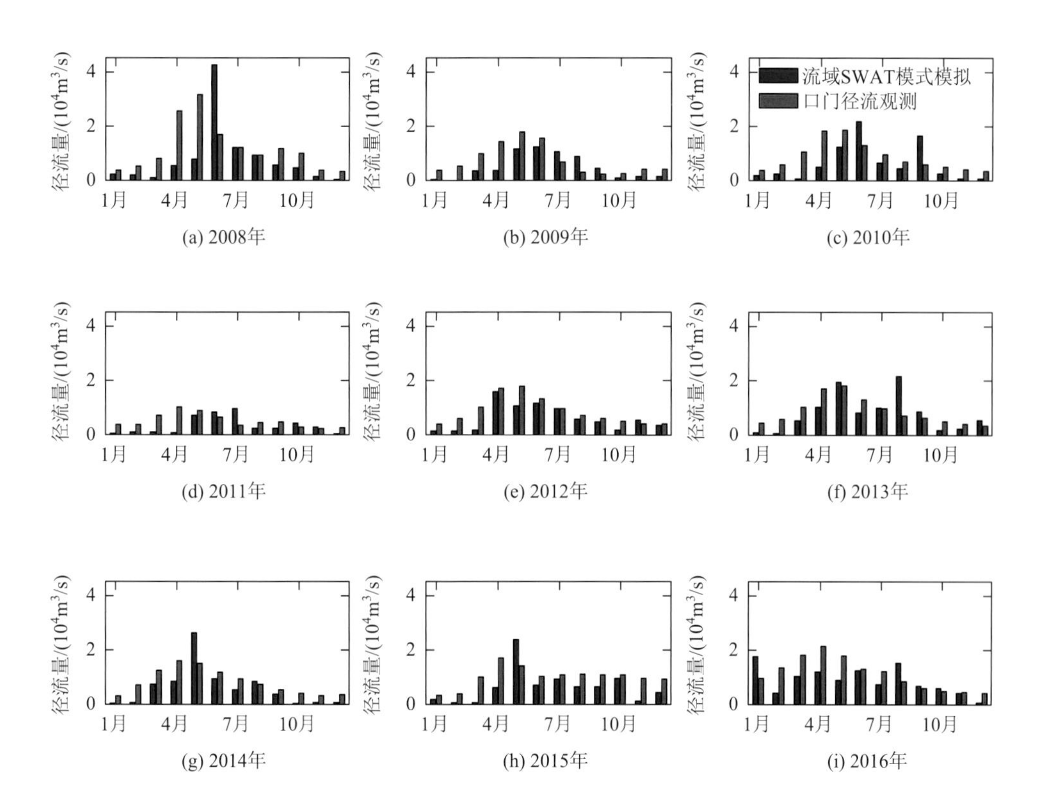

(a) 2008年　(b) 2009年　(c) 2010年
(d) 2011年　(e) 2012年　(f) 2013年
(g) 2014年　(h) 2015年　(i) 2016年

图 5.19　AWAT 珠江流域径流和 8 大口门处的径流模拟、观测对比

5.4.2 潮汐预报检验

大湾区潮汐预报检验所采用的观测数据是赤湾、内伶仃岛、舢板洲三点验潮站的观测水位数据，对比时段为 2012 年 5 月 1 日～2012 年 7 月 31 日（图 5.20）。目前模式能够较好地预报出水位的日变化。

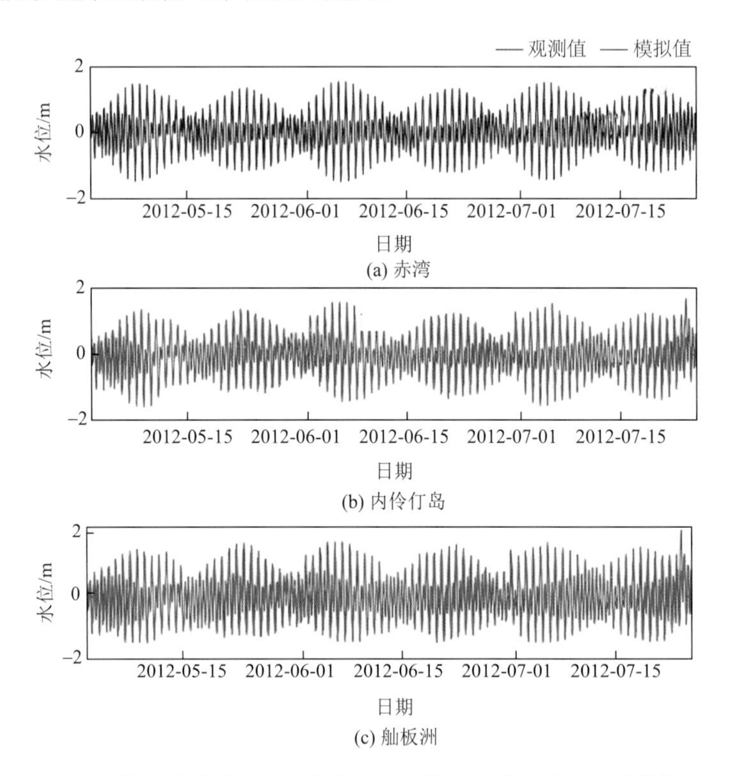

图 5.20 大湾区潮汐在赤湾、内伶仃岛、舢板洲三点验潮站的观测模拟水位对比

5.4.3 海表温度、盐度预报检验

大湾区海表温度和盐度的预报检验所采用的观测数据是珠江口观测资料，包括四季调查航次资料。对比 2014 年 8 月、2015 年 1 月、2015 年 4 月和 2015 年 10 月的航次数据，对模式温度和盐度的预报性能进行了评估（图 5.21 和图 5.22）。图 5.21 中，背景颜色代表模拟数据，圆点颜色代表观测站点数据，图 5.22 中，蓝色代表模拟结果，红色代表观测结果。从对比结果可以看出，模拟的海表温度和观测温度基本一致，模拟的海表盐度略高于观测盐度，但是模式能够很好地预报出海表温度、盐度季节变化。

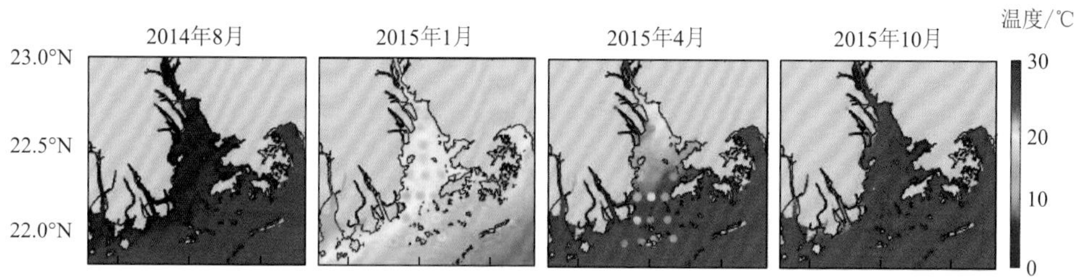

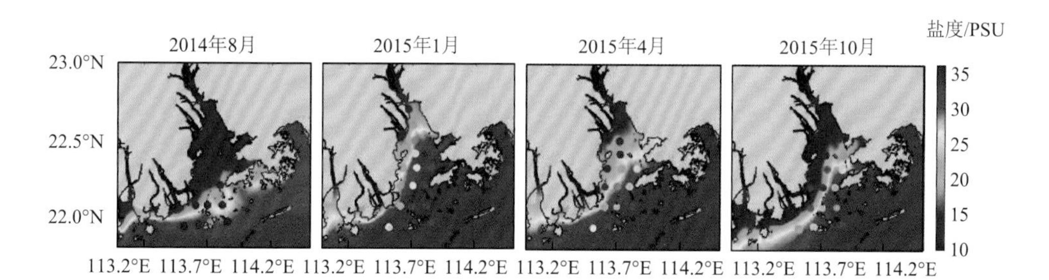

图 5.21　海表温度、盐度模拟结果及观测对比

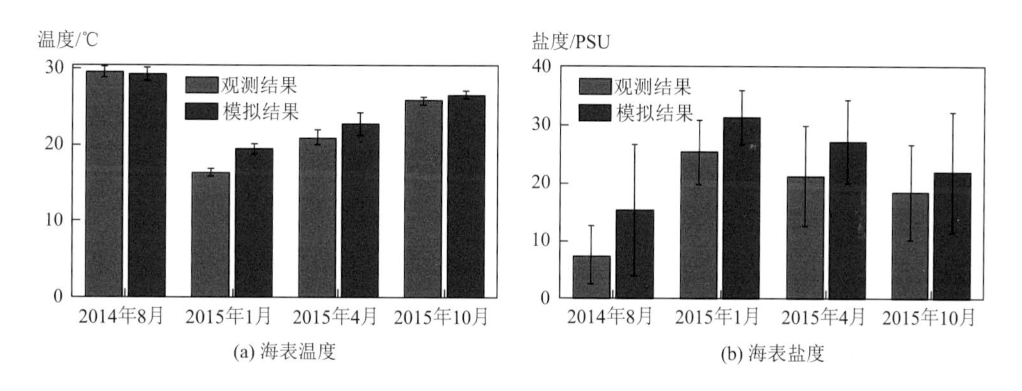

图 5.22　海表温度、盐度模拟结果在观测点的对比

5.4.4　海表叶绿素、营养盐预报检验

大湾区海表叶绿素和营养盐的预报检验所采用的观测数据是珠江口观测资料，包括四季调查航次资料。我们对 ROMS 模式海表叶绿素和无机营养盐的预报性能进行了评估。ROMS 模式对比的时段是 2014 年 8 月、2015 年 1 月、2015 年 4 月和 2015 年 10 月（图 5.23 和图 5.24）。图 5.23 中，背景颜色代表模拟数据，圆点颜色代表观测站点数据；图 5.24 中，蓝色代表模拟结果，红色代表观测结果。从对比结果可以看出，海表叶绿素浓度在夏季最高，溶解无机营养盐浓度在春季最高，模式

输出的海表叶绿素浓度和溶解无机营养盐浓度与观测虽然存在一定的差异，但与观测捕捉到的季节性变化是一致的。

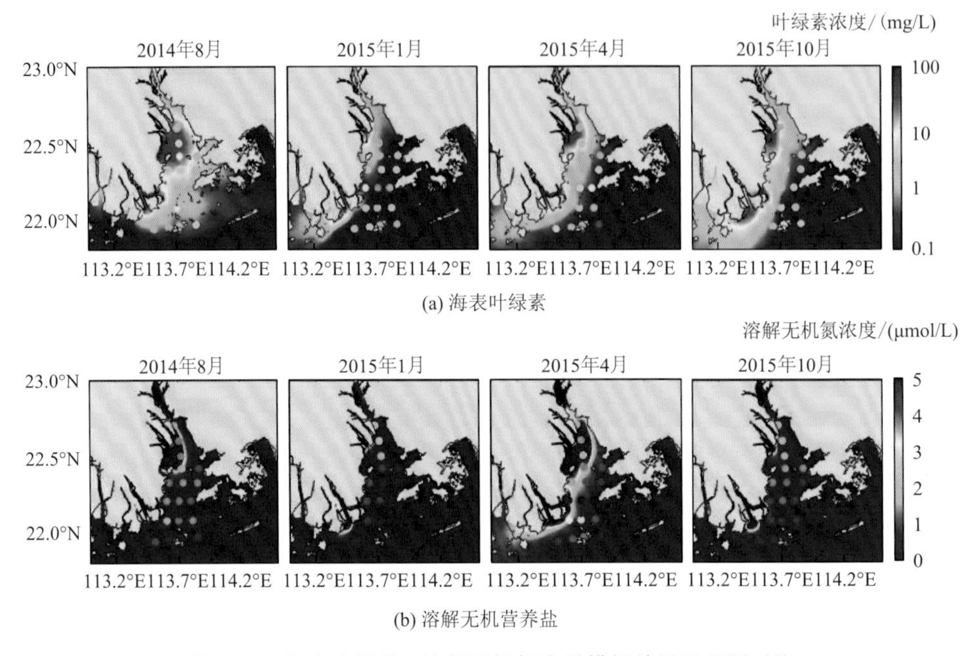

图 5.23　海表叶绿素、溶解无机氮含量模拟结果及观测对比

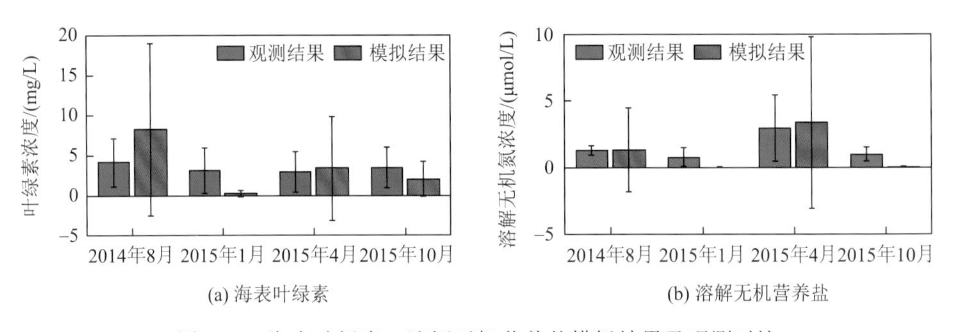

图 5.24　海表叶绿素、溶解无机营养盐模拟结果及观测对比

5.4.5　预报系统功能

大湾区生态预报所使用的模式是 COAWST、SWAT 和 ECB。该模式模拟的区域覆盖 112.6°～115.4°E，21.1°～23.1°N 的珠江口区域，水平向为 384×356 的正交曲线网格，空间分辨率在河道内最高，约 0.1 km，随离岸距离增加而减小，在河口外约 3 km。

表 5.6　大湾区生态数值预报产品介绍

使用模式	COAWST、SWAT 和 ECB
模式区域	该模式覆盖 112.6°～115.4°E，21.1°～23.1°N 的珠江口区域
水平分辨率	水平向为 384×356 的正交曲线网格，空间分辨率在河道内最高，约 0.1 km，随离岸距离增加而减小，在河口外约 3 km
预报时长	744 h
时间分辨率	3 h
起报时刻	一天四次（世界时 00 时、06 时、12 时、18 时）
预报输出变量	经度（XDEF），纬度（YDEF），深度（DEPTH），溶解氧浓度（oxygen），碱度（alkalinity），总无机碳浓度（Tic），小碳屑浓度（SDETRITUSC），大碳屑浓度（LDETRITUSC），小氮屑浓度（SDETRITUSN），大氮屑浓度（LDETRITUSN），浮游动物（zooplankton），浮游植物（phytoplankton），叶绿素浓度（chlorophyll），铵盐浓度（NH_4^+），硝酸盐浓度（NO_3^-），盐度（salt），温度（temp），流速（*u/v/w*）

5.4.6　台风过境生态环境变化模拟

目前，国内一些已经发展起来的近海生态环境数值预报平台，多采用再分析产品作为气象驱动，观测径流数据作为河流驱动。而本书利用区域搭建的 WRF 及流域模式 SWAT 作为外部模式驱动力。我们围绕 2017 年 8 月 20 日生成的台风“天鸽”过境前后叶绿素变化，设计四组数值实验，对驱动造成的模拟效果进行测试（表 5.7）。结果表明，模拟的四组实验都明显显示海表盐度迅速增加，这是由于台风“天鸽”过境时向陆的风促进高盐海水进入口门，同时抑制了低盐河流冲淡水向外扩展。伴随着低盐水收缩，海表高叶绿素浓度的水也同时收缩，导致海表叶绿素浓度小幅下降（图 5.25 和图 5.26）。而台风过境后一周，海表盐度迅速回落，叶绿素浓度迅速上升，这是因为台风过境导致的强降雨，增强了河流径流，径流携带大量的营养盐，促使叶绿素浓度在台风过境两周后大幅度增长。

表 5.7　系统极端天气下生态环境模拟性能测试

实验（experiment）	模式设置（model settings）
实验 1（Exp1）	ROMS+monthly SWAT
实验 2（Exp2）	ROMS+daily SWAT
实验 3（Exp3）	WRF+ROMS+monthly SWAT
实验 4（Exp4）	WRF+ROMS+daily SWAT

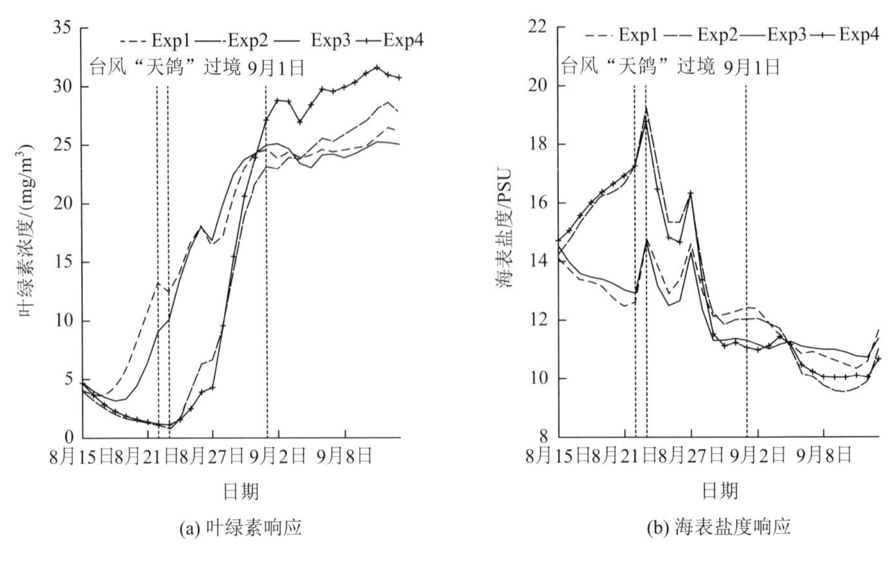

图 5.25　叶绿素和海表盐度对台风“天鸽”过境前后的响应

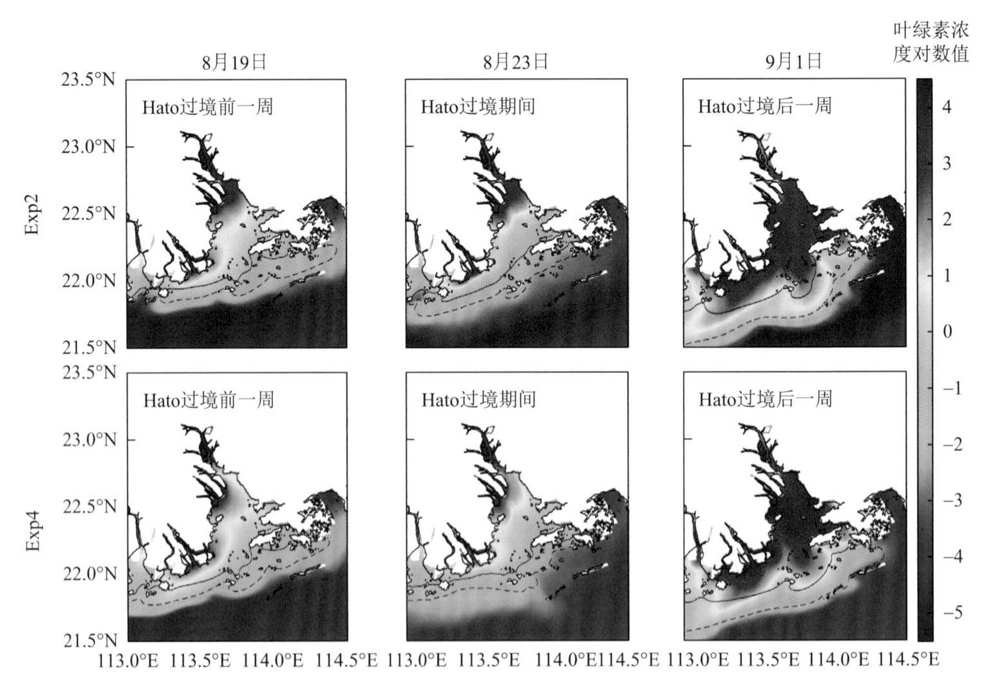

图 5.26　台风“天鸽”（Hato）过境前后海表叶绿素浓度分布

5.5　粤港澳大湾区海域缺氧过程的模拟

DO 代表溶解于海水内氧气的含量，绝大部分的海洋生物均需依赖溶解在水中的氧气来维持生命，适量的氧是鱼类和好氧菌生存和繁殖的基本条件。在DO低于4 mg/L时，鱼类就难以生存。在全世界范围内，底层水缺氧的现象普遍存在于夏季的沿岸浅水和河口地区，并随着人类活动的增加而加剧（Feng et al.，2019；Feng et al.，2012；Feng et al.，2014；Fennel et al.，2011；Zhang et al.，2021）。目前，海洋缺氧、微塑料、酸化等均被联合国列为重点海洋环境污染问题（孟钊等，2020；Qiu et al.，2021）。导致缺氧现象存在和发展的两个基本因素是水体的层化作用和有机物的分解。珠江口位于中国南部，是粤港澳大湾区的中心区域，被包括广州、深圳和香港在内的发展较快的城市包围。人口的增长和经济社会的快速发展，导致河口区域出现富营养化、渔业资源下降以及缺氧等问题。研究河口水体缺氧现象的形成原因，对珠江口的可持续发展具有重要意义。

本书构建了一个三维水动力-生态模型，模拟珠江口的物理、生态过程，分析缺氧现象的形成原因。

5.5.1 模型原理和基本方程

根据珠江口的地形和水动力环境特征，本书分别选择水动力模型和生态模型进行连接和改进，对DO的分布进行模拟。

水动力模型在三维斜压水动力模式ECOM基础上建立。模型计算的变量包括流速三维分量，温度、盐度、湍流动能和湍流混合长度。其主要特征包括：适用于真实的岸线和真实的底地形的平面正交曲线坐标和垂向σ坐标系；提供较为真实垂向混合过程的湍流封闭模式；采用分裂算子技术，分别计算体积输运和垂向速度剪切等。模型方程和数值解法等详细描述可参考 *A Primer for ECOMSED Version 1.3 Users Manual*（Arafat，2002），在此不再赘述。ECOM在研究河口和浅海动力学上有着悠久的历史，在程序的编写上也具有良好的模块化特点，便于生态动力模块的插入。

生态模型主要模拟各生态因子的生物化学转化过程，以子模块的形式链接入水动力模型，与三维斜压水动力模式联立运行。水动力模式为生态模式提供物理参数，但生态模式并不反馈于水动力模式。本书使用的生态模型源于Tett1990年基于氮限制的C-N浮游生物-碎屑物模型（Tett et al.，2000），其源代码由欧盟于1990～1998年研发的大型沿岸与陆架海区多目标三维数值模型COHERENS中开发。根据珠江河口为营养元素磷限制的特点，本书将模型发展为浮动最小因子限制的C-N-P模型。模型主要特点有：使用一个“微型浮游生物箱”概括所有小于200 μm的微型浮游有机体，从而简化了微生物链发生的复杂生物过程，由于该量级的微型生物周转率（0.1 d^{-1}）远小于模拟时间，不会对模拟精度造成影响；基于浮游植物细胞的营养盐比例变化决定了营养盐的吸收和生长速率的观点，以微型浮游植物和碎屑物质的营养元素与碳的比例为参数来控制生物过程的进行速率。模型概念结构如图 5.27 所示。

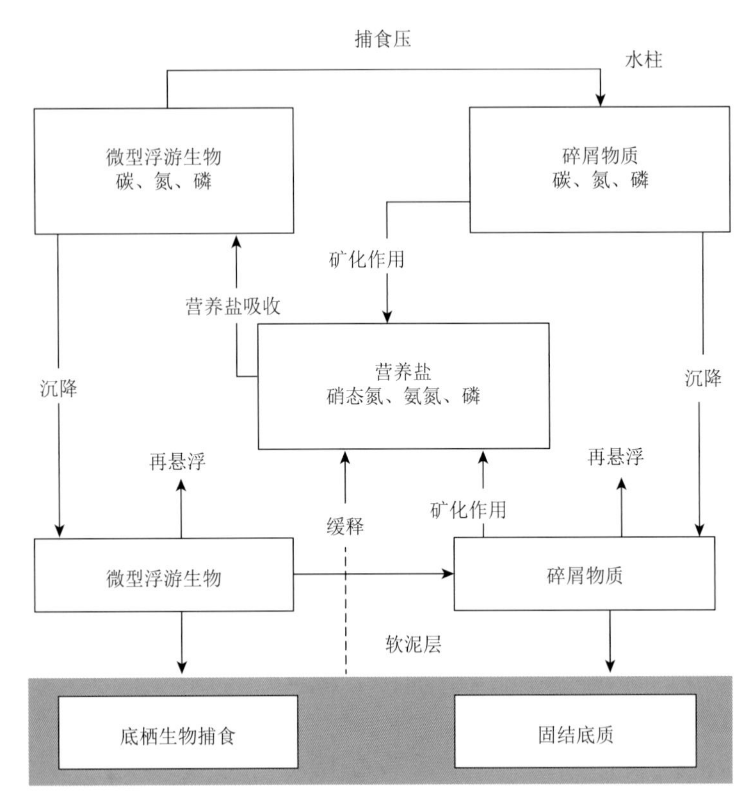

图 5.27　生态模型概念结构图

生态模型模拟的物理输送、化学和生物过程可用以下数学表达通式来表示：

$$\frac{\partial \psi}{\partial t}+\boldsymbol{V}\cdot\nabla\psi+W\frac{\partial \psi}{\partial z}+\omega_s^{\psi}\frac{\partial \psi}{\partial z}-\frac{\partial}{\partial z}\left(K_H\frac{\partial \psi}{\partial z}\right)-\frac{\partial}{\partial x}\left[A_H\frac{\partial \psi}{\partial x}\right]+\frac{\partial}{\partial y}\left[A_H\frac{\partial \psi}{\partial y}\right]=p(\psi)-S(\psi) \tag{5.21}$$

式中，ψ 代表各项生态模型变量，左边第一项为时变项，第二、三项为水平和垂直方向的对流项，第四项为垂向“非物理沉降项”即有机生物体自身的沉降调整，ω_s^{ψ} 由与有机生物体营养元素含量比例有关的经验公式决定，第五、六、七项为垂直和水平方向上的扩散项。右边第一项为所有正的增加“源”项，第二项为所有负的消耗“汇”项。

DO 的生化过程可表示为式（5.22）。

$$\beta(O) = ({}^{O}q^{B}\mu + {}^{O}q^{NO} \cdot {}^{NO}\mu - {}^{O}q^{C}e\gamma G)B - {}^{O}q^{NH} \cdot {}^{NH}r \cdot {}^{NH}S - {}^{O}q^{C} \cdot {}^{C}rC \quad (5.22)$$

式中，O、B、${}^{NH}S$、C 分别代表变量 DO、浮游生物碳、铵态氮和碎屑碳浓度；${}^{O}q^{B}$、${}^{O}q^{NO}$、${}^{O}q^{C}$、${}^{O}q^{NH}$ 分别是浮游生物生长、营养盐吸收、碎屑物质呼吸以及硝化过程中光合作用减去呼吸作用的氧净生成率；μ 为浮游生物生长率，${}^{NO}\mu$ 为硝态氮的吸收率，γ 为浮游生物碳、氮、磷遭中型浮游动物捕食后被同化的比例，e 为被同化后的氮立刻经代谢以氨氮形式排泄出来的比例，G 为中型浮游动物的捕食压，${}^{NH}r$ 为硝化作用率，${}^{C}r$ 为碎屑态碳的再矿化率。其余生态变量的生化转化过程见表 5.8。各状态参数参与的生长、吸收、再矿化、硝化等过程均为次网格化过程，在本模拟中参照前人的经验进行取值（管卫兵等，2003）。

表 5.8　各生态变量的定义及源汇过程

变量	代表符号	单位	源（+）/汇（–）
溶解硝态氮	NOS	mmol N/m³	$\beta({}^{NO}S) = -{}^{NO}\mu B + {}^{NH}r \cdot {}^{NH}S$
溶解铵态氮	NHS	mmol N/m³	$\beta({}^{NH}S) = -{}^{NH}\mu B - {}^{NH}r \cdot {}^{NH}S + e\gamma GN + {}^{M}rM$
活性磷酸盐	POS	mmol P/m³	$\beta({}^{PO}S) = -{}^{PO}\mu \cdot B + e\gamma G \cdot P + {}^{PD}r \cdot PD$
浮游生物碳	B	mmol C/m³	$\beta(B) = (\mu - G)B$
浮游生物氮	N	mmol N/m³	$\beta(N) = (\mu - GQ)B$
浮游生物磷	P	mmol P/m³	$\beta(P) = {}^{PO}\mu \cdot B - G \cdot P$
碎屑态碳	C	mmol C/m³	$\beta(C) = (1-\gamma)GB - {}^{C}rC$
碎屑态氮	M	mmol N/m³	$\beta(M) = (1-\gamma)GN - {}^{M}rM$
碎屑态磷	PD	mmol P/m³	$\beta(PD) = (1-\gamma)G \cdot P - {}^{PD}r \cdot PD$
无机颗粒物	A	g/m³	$\beta(A) = 0$

注：${}^{M}r$、${}^{PD}r$ 为碎屑态氮、磷的再矿化率，$Q = N/B$ 为浮游生物的氮/碳比。

无机颗粒物仅作为保守态的惰性物质，在水体中随潮汐作用周期性地沉降和再悬浮，起影响真光层的光衰减度的作用。

模型的应用范围为 113°～115.11°E，21.41°～23.01°E，模拟范围包括伶仃洋水域、磨刀门水域、鸡啼门水域、黄茅海、大鹏湾、大亚湾和南海 50 m 以浅水域（图 5.28）。模型采用正交曲线坐标，最小网格在东四口门处，网距约 500 m，从口门向外海网距逐渐增大，最大网格在陆架海域，网距约 2000 m。伶仃洋水域网距小于 1 km，可满足河口区域的冲淡水、潮汐混合以及锋面等中小尺度现象的模拟精度；垂直方向上分为九个 σ 层，临近表层和底层的网格较密。模拟时段为 1999 年 7 月，包含了小、中、大潮三种潮型，具有典型性。

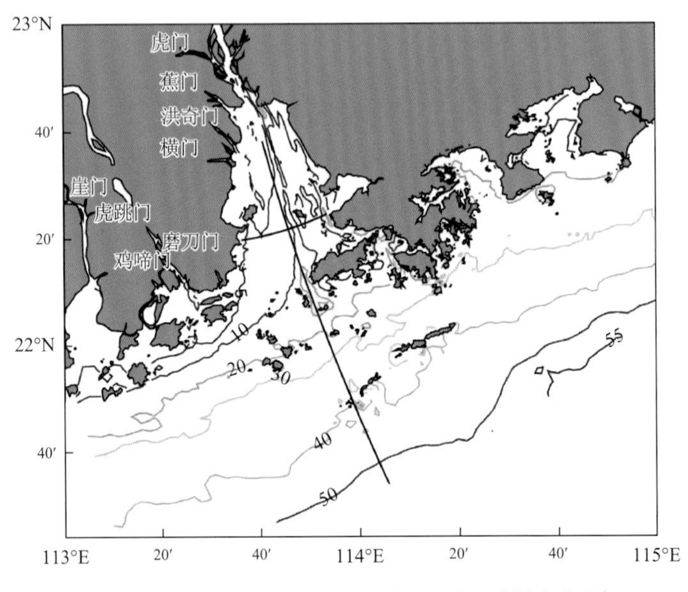

图 5.28　研究区域地形（等值线）及纵、横剖面示意

模式达稳定状态后，采用 1999 年 7 月在珠江口的实测水文水质的大面站和连续站资料进行验证，结果显示模型对水动力和生化因子的模拟精度较高，能够准确地反映珠江口的水环境和研究的 DO 状况。

5.5.2　模拟的 DO 分布及缺氧概率统计

1. DO 的分布

模拟结果表明，珠江口表层 DO 的浓度集中在 5～8 mg/L，分布趋势为由北向南含量逐渐增加，东侧高于西侧，浓度的高值区出现在香港岛以东和以南。底层浓度在 1～5 mg/L，分布格局为近口门处和外海较高，河口中下段水域较低，河流淡水和陆架入侵底层的高盐水 DO 含量稳定于较低的水平，位于其交汇带的伶仃洋底层水体浓度明显低于河流淡水和陆架高盐水，出现浓度小于 3 mg/L 的低氧区域。垂向分布层化现象明显，表层的浓度高于底层。河口内 DO 垂向浓度差由北至南逐渐增加，外伶仃洋水域底层等值线密集，显示区域性耗氧带的出现（图 5.29）。

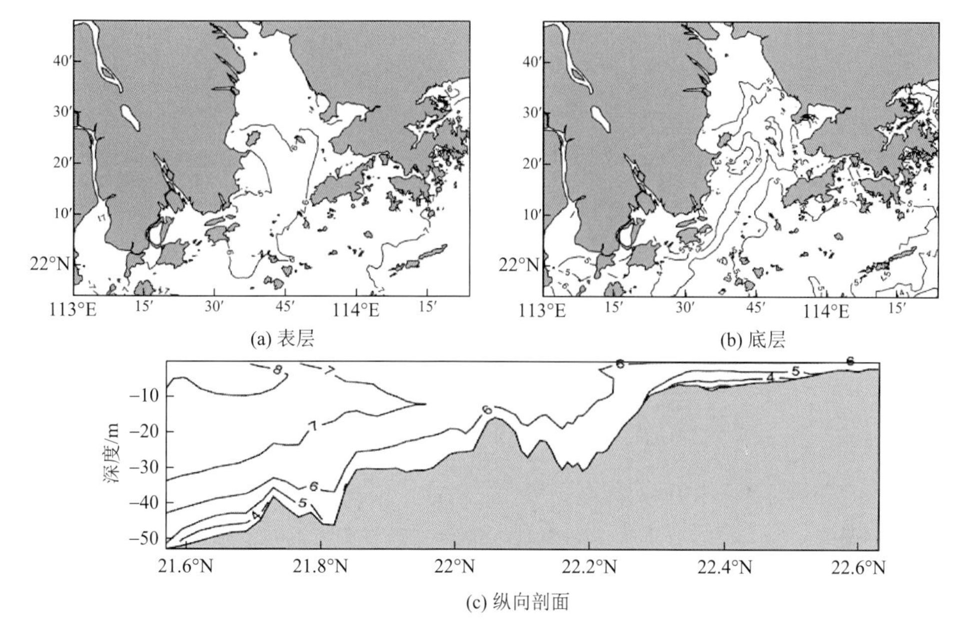

图 5.29　模拟的 DO 在表层(a)、底层(b)和纵向剖面(c)上的浓度分布

图中等值线为溶解氧浓度等值线，单位为 mg/L

2. 缺氧的概率统计区域

为了找出珠江口及邻近海域容易产生底层水体缺氧现象的区域即缺氧敏感性区域，本书利用一个简单的统计模型对模拟结果进行概率统计。

底层水在一个潮周期内出现的缺氧概率可表示为：$P_{\text{oh}}=100\dfrac{N_h}{N_T}$（Kristiansen et al.，2002）。P_{oh} 为计算网格内缺氧现象（浓度小于 3 mg/L）出现的概率，N_h 为计算时段内发生缺氧时间的次数，以 1 h 为计次步长，N_T 为总时间步长，$N_T=1\,d(24\text{h})/1.0\text{h}=24$。

如果以缺氧概率绘制等值线，伶仃洋缺氧敏感性区域有两个，一个在淇澳岛以南延伸至大横琴岛以南的西浅滩水域，一个在内伶仃岛周围水域。缺氧的规模和控制面积与潮汐涨落有关，高潮时面积减小，低潮时面积增大（图 5.30）。

5.5.3　珠江口底层水体缺氧的形成机制

DO 的含量受诸多因素影响。一方面大气复氧和浮游植物的光合作用为其“源”，水体和底泥有机物质的耗氧生化作用为其“汇”；另一方面，水体的水平和垂向输送影响 DO 的分布，特别是氧的垂向补给是影响底层 DO 含量的关键。

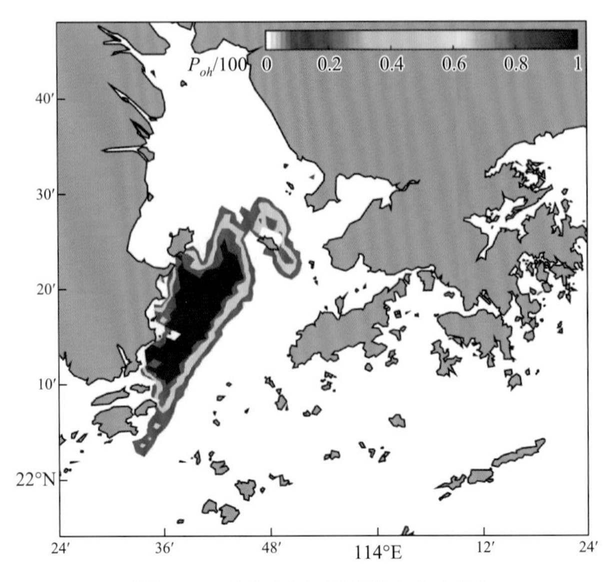

图 5.30　缺氧区出现的概率分布图

图 5.31 给出日平均的表层盐度、底层盐度、纵剖面水平余流场和横剖面垂向余流场。对 1999 年夏季珠江口的盐度、温度、DO、营养盐等水质调查结果进行统计分析显示，底层水体 DO 含量的一个主要影响因素是咸淡水交汇形成的盐度层化作用，潮汐混合通过影响层化作用从而影响 DO 的浓度。

为了探讨缺氧产生和消减的原因，以及容易发生缺氧现象的水域，有必要了解珠江口的水动力特征对 DO 及各生化因子的影响。

夏季，由于珠江河水通量远远大于局地潮汐作用，径流冲淡水占据了几乎整个河口表面，并向陆架区域漂浮很远的距离；密度大的南海高盐水沿海底向陆架作补偿运动，形成河口区域的重力环流。在潮汐的作用下，陆架上的盐水在涨潮时入侵河口，与河口的淡水混合后，在退潮时流入陆架而形成低盐冲淡水。冲淡水的盐度在垂直和水平方向上呈较均匀的分布，层化现象明显，而在与陆架水相接的边缘处产生了盐度的急剧变化，即低盐锋面。同时锋面区的伸退与强度受控于潮汐的涨退。当潮汐强流进入浅水区域时，海底摩擦造成水平流速的垂直切变，从而导致湍流能量以及潮汐能量耗散增大，海水发生混合，在混合水与层化水之间产生潮汐混合锋面。因此，受冲淡水强度、潮汐和地形的共同作用，珠江口的锋面既具有潮汐混合锋面的特性，又具有低盐锋面的特性。这种混合在河口中部西槽最为显著，盐度的分布显示，锋面在表层和底层的位置和强度呈不对称分布，底层的盐度成舌状向口门方向突出；在冲淡水舌覆盖下，锋面在水平方向上沿 10 m 等深线的河口中部深槽延展，在垂直方向上呈倾斜状与地形相交。同时，流速在跨锋面断面上达到极值，在两侧随与锋面的距离增加而迅速递减（图 5.32）。根据锋面存在的位置，观察盐度在西滩层化区和西槽锋面区的垂向廓线在一个潮周期内的变化（图 5.32）；涨潮时潮汐作用强烈，湍流紊动作用也较强，混合层上方呈现盐度的急剧过渡带；退潮时，潮汐混合作用较弱，盐跃层的强度也较小。西槽锋面区（β）的垂向混合作用远比西滩层化区（α）的强烈。

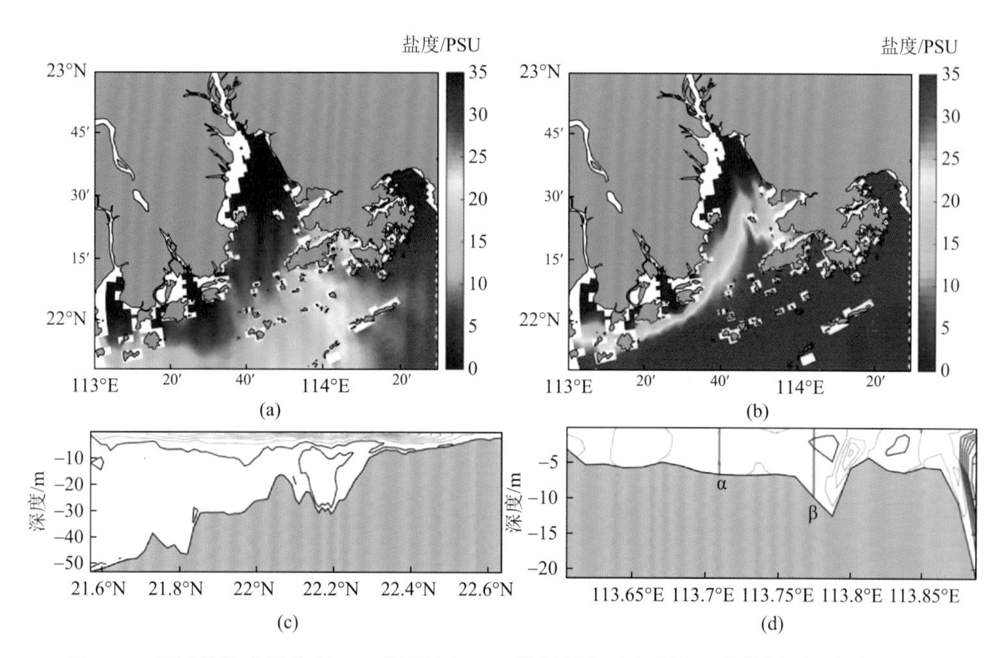

图 5.31　日平均的表层盐度(a)、底层盐度(b)、纵剖面水平余流场(c)和横剖面垂向余流场(d)

(c)和(d)等值线间隔分别为 0.1 和 5e-5，黑线为正值，灰线为负值；在横剖面上选择 α 和 β 代表选取的层化区和锋面区的一维垂向结构

研究区域内的 DO，表层浓度与大气氧含量相仿甚至更高，显示了浮游植物的光合作用是其重要来源。但由于泥沙含量高，水体的透明度基本不足 1 m，光合作用的氧无法达到底层，因此底层 DO 只能依靠上层 DO 向下扩散补充；同时，底层碎屑物质的再矿化作用、氨氮的硝化作用和底泥的耗氧作用都需要消耗大量的氧。上层输送 DO 的速率与底层消耗的速率，决定了底层 DO 的含量。当上层输送的 DO 不足以弥补底层所消耗的氧时，底层的 DO 就会逐渐降低，最终导致缺氧现象的发生。如图 5.32 所示，一个潮周期的时间内，西滩层化区（α）受潮汐影响较小，冲淡水覆盖在高盐水之上，形成稳定的层化结构，盐度垂向廓线随时间变化很小；除了贴近底部的垂向混合稍强外，整体混合程度微弱。这种物理环境为该水域内的营养盐、浮游植物以及碎屑物质等生态因子提供了良好的滞留时间，为底层水体缺氧现象的出现创造了条件。与物理因子的结构相似，DO 及各生态因子浓度分布成层

现象明显（图 5.33）。表层浮游植物产生的氧向下输送的渠道受到限制，底层浮游植物无法通过光合作用产生内源性的氧，积聚的高浓度碎屑物质及氨氮成为耗氧的主要因子，导致了缺氧现象的产生；而西槽锋面区（β）受潮汐混合的周期性影响较大，盐度廓线随时间产生很大的波动，水体的中-下层垂向混合强烈，湍流紊动扩散系数比层化区域大约 2 个量级。生态因子垂向浓度差异远不如层化区显著，在表、底层水体交换条件良好的情况下，底层 DO 得到补充，浓度较层化区的高。因此，潮汐的周期性混合运动成为打破层化壁垒，阻止缺氧大面积发展的主要因素。

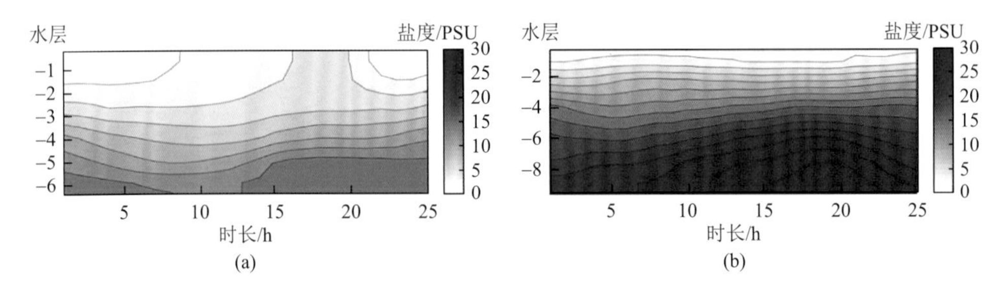

图 5.32　一个潮周期内 α 盐度（a）和 β 盐度（b）的时间序列

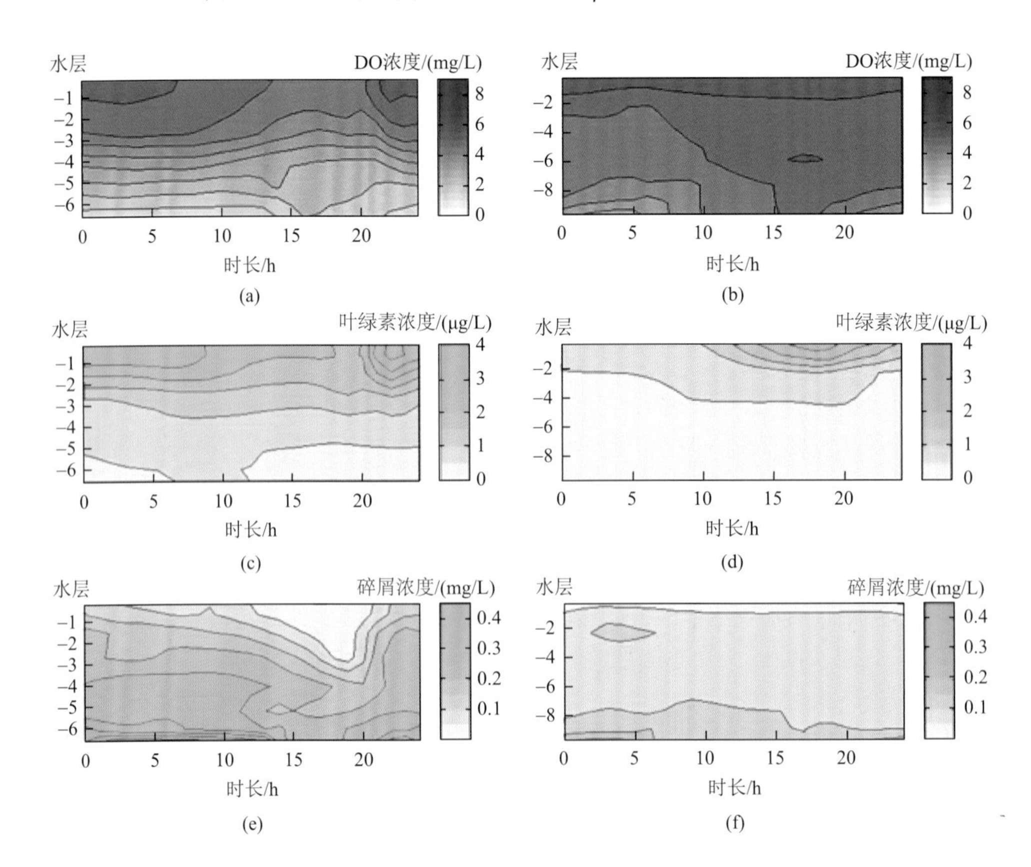

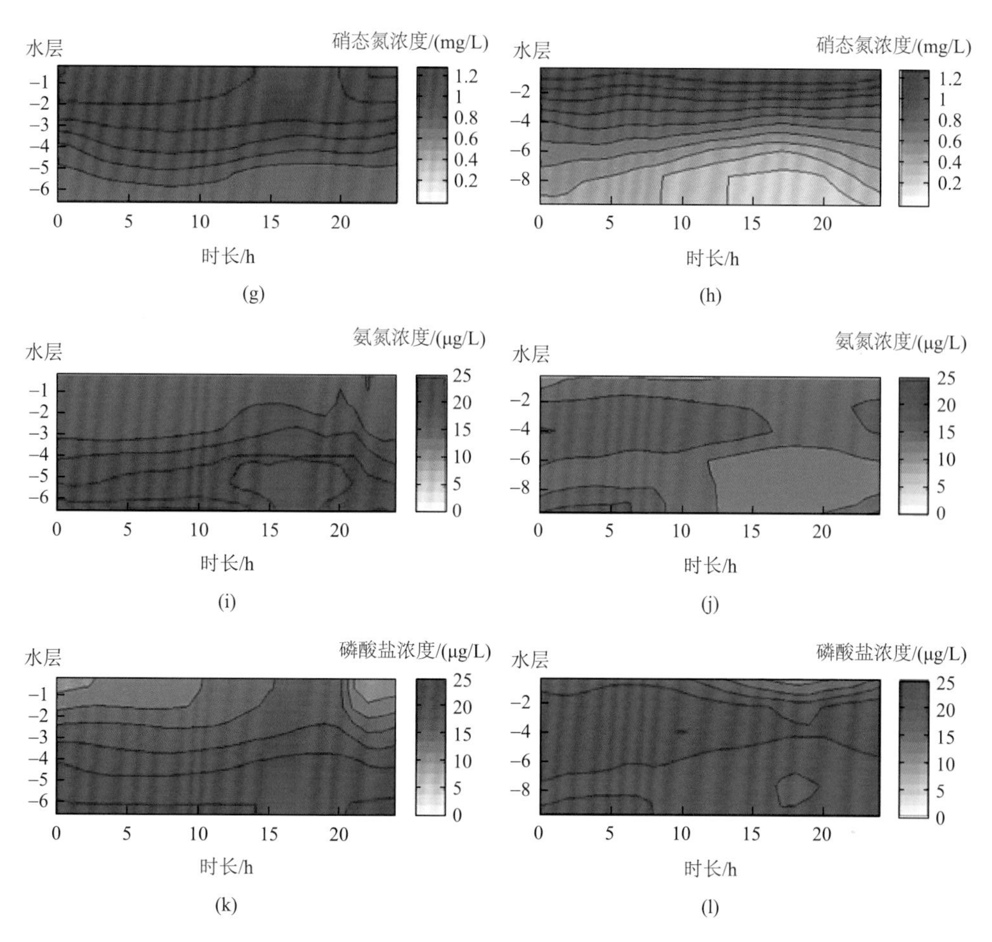

图 5.33　α(a)(c)(e)(g)(i)(k)和 β(b)(d)(f)(h)(j)(l)一个潮周期内生态参量的时间序列

5.5.4　缺氧形成机制的数值实验

观测和模拟结果显示，夏季的珠江河口呈高度层化格局。在珠江强径流和西南季风作用下，层化水域可延伸到河口外的沿岸水域。虽然珠江口属于弱感潮河口，潮汐的混合作用在影响入侵盐水的分布和削减层化强度方面有着重要贡献，小潮期间增强的层化作用在大潮期间将受到破坏而减弱。这种周期性的层化建立—破坏过程对河口区的生态环境造成深远影响，是珠江口底层水体季节性缺氧现象产生—生长—消减的重要原因。因此本书将集中探讨这两个控制因子的变化对 DO，特别是底层 DO 的分布输送的数值影响。据此，本书设计了两个控制实验。控制实验一，通过将开边界的水位振幅减半达到减弱潮汐强度的目的，其余条件不变。控制实验二，设置入海径流水、初始场以及开边界条件为均一的温度和盐度场，消除层化作用，潮汐、径流和风力条件不变。

控制实验的结果通过水动力场的变化，锋面区和层化区的流场、垂向交换混合程度，生态因子分布趋势的变化以及底层水体缺氧现象出现的概率来表述，并就它们对形成珠江口底层水体缺氧现象的贡献进行探讨和评价。

1. 控制实验一结果

潮汐强度减弱后，表、底层的流场，余流场与实际模拟相比流向分布不变，均呈现落急指向外海，涨急指向口门，余流以下泄余流为主的趋势，涨急流速明显减弱。因此表层余流的流速也较大。

表层的盐度分布格局没有太大的改变，等盐线呈西北—东南向逐渐增高。由于潮汐的强度减弱，盐水与上覆淡水的混合减弱，底层盐水沿深槽向口门上溯的距离有增加的趋势，近口门处盐度增加。沿河口方向的重力环流，表层指向外海、底层指向湾顶的结构不变，但横断面上跨锋面区域的多圈环流强度弱，大-小潮间余流的流速区别也不明显。

潮汐强度减弱之后，锋面区的时间序列与真实模拟相比分布相似，但无论是盐度变化、流速和湍流混合扩散系数都大为减弱。潮汐摩擦带来的湍流紊动减弱，控制实验模拟的湍流扩散系数值低于真实模拟实验值的 1/6，且仅存在高高潮时的高值区，低低潮时没有出现较强烈的湍流混合现象，盐度变化也只形成一个明显的扰动区；层化区的混合程度更弱，垂向流速比锋面区低约一个量级，层化现象严重，这种水动力条件加剧了生态因子的层化现象和底层水体缺氧的程度（图 5.34）。

潮汐作用减弱后，各生态因子的分布格局也产生相应的调整。表层溶解态营养盐分布受影响较小，底层的浓度高值区的分布格局有明显的改变。由于潮汐混合作用减弱，底层低硝态氮的外海水占据了河口更多的区域；沿岸城市的氨氮和无机磷面源污染排放没有很好地扩散出去，在排污口附近形成明显的高值区，与实际模拟情况相比，浓度高值区位置上移。

叶绿素具有自身抵抗沉降的性质，层化作用的加强有两重作用，一方面有利于浮游植物保持在真光层内进行光合作用，一方面不利于营养物质的向上输送，提供浮游植物光合作用所需的营养元素。从模拟情况来看表层叶绿素浓度有所增加，但增幅不大。碎屑物质具有倾向于沉降的性质，底层碎屑物质的含量受层化作用的阻碍，浓度增加。垂向分布上，无论是溶解态的营养盐，还是颗粒态有机物（浮游生物、碎屑物质）的表、底层浓度差都有所增加。

DO 浓度层化程度加强（图 5.34），在一个潮周期的时间范围内层化区 DO 的垂向浓度分布均匀，没有明显的混合扰动现象。锋面区的 DO 混合程度较好，但与真实模拟情况相比，垂向混合稍弱，水体上层已有成层现象出现。由大潮和小潮时底层湍流混合扩散系数的分布可知，潮汐强度减弱后，强湍流混合的范围在河口区已大为减小，程度也减弱，相应的底层水体缺氧范围扩大，程度增强。由缺氧出现概率的水域范围可知，缺氧区出现的概率增加，范围增大。内伶仃岛附近的小片缺氧水域延展到深圳沿岸一带，西滩的缺氧水域面积增大，潮汐混合的扰动影响退缩至西、东两条深槽的范围（图 5.35）。

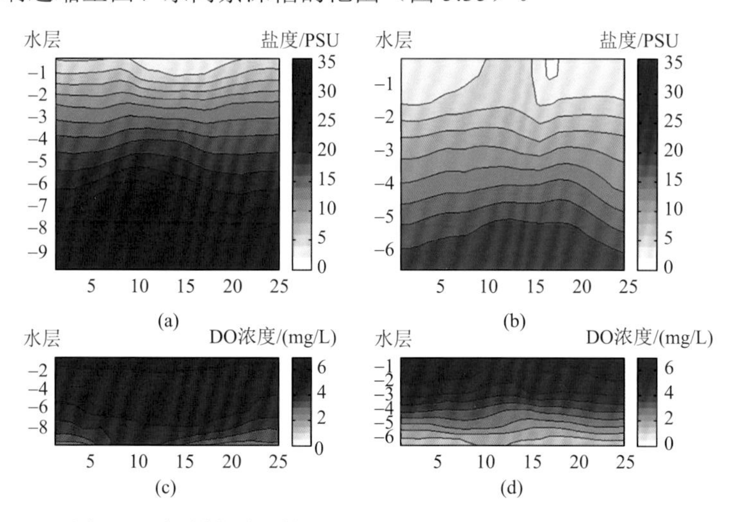

图 5.34　控制实验一锋面区(a)(c)和层化区(b)(d)的时间序列

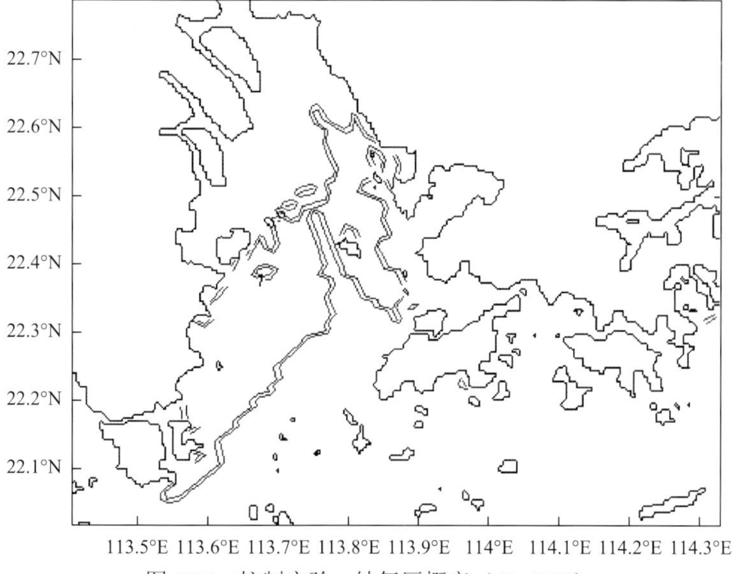

图 5.35　控制实验一缺氧区概率（P_{oh} /100）

红线为 100%，蓝线为 80%

2. 控制实验二结果

当温度、盐度不存在梯度差异后，水平流场的流向结构没有改变，控制实验模拟的表、底层涨急流速比真实模拟试验减小了约 1/3，显示了斜压梯度力对河口环流的重要驱动作用。

河口重力环流几乎消失，垂向纵剖面上的余流以指向外海为主，横剖面上垂向余流的流速远小于真实模拟流速，垂向流速分布均匀，仅在东槽范围内有较强的余流出现。

一个潮周期内层化区和锋面区的时间序列与真实模拟情况有很大差别。与实际模拟相比较，原层化区的湍流混合系数增加了一个量级，锋面区的湍流扩散系数减弱了约三分之一。层化区和锋面区随高潮低潮互相转化时流速、流向和湍流混合系数都有响应性的变化。垂向分布上，上层水体湍流混合系数较全因子模拟时大，而下层水体混合系数较小，垂向混合均匀；不同于咸淡水交汇潮汐摩擦带来的底部强烈混合，消除了密度梯度的差异后，水体保持良好的整体混合型。

缺少温、盐梯度差造成的斜压梯度力，水动力性质有了根本性的改变。虽然潮汐的周期性涨落对河口区的流场仍存在影响，但影响力大为减小。除了地形急剧变化的水域（东槽）由于底摩擦强度大而产生强烈的垂向环流外，河口区全水域范围内水体的混合状况良好。进一步证明了珠江口锋面的形成不仅是潮汐摩擦的作用，也是盐度梯度的作用。

层化作用消失，水体垂向混合良好，垂向的浓度差极小，尤其是溶解态物质，包括营养盐和 DO，表、底层浓度差在 10%的范围内。湍流混合具有两方面的作用，一方面导致了沉积物的悬浮，真光层深度变浅，直接限制了浮游植物的光合作用，另一方面混合导致的悬浮沉积物通过释放营养盐为低光条件下浮游植物的生长提供了源源不断的营养（茅志昌，1995）。叶绿素和碎屑物质等颗粒态物质由于自身的保持在真光层的特性及倾向于重力沉降的特征，仍然呈现表高底低和表低底高的垂向分布，但垂向浓度差异也大大减小。

在此物理-生态条件下，模拟的底层水体没有出现缺氧现象，缺氧区出现的概率为零。层化区和锋面区的 DO 都保持浓度垂向均匀的性质，一个潮周期的时间内 DO 的变化范围不超过 0.5 mg/L（图 5.36）。

综上所述，密度梯度差异导致的斜压梯度力和潮汐摩擦混合是珠江口盐度-潮汐混合锋面的共同驱动力，而锋面的产生以及锋面带内稳定层化区的出现是底层水体缺氧现象形成和发育的重要原因。当斜压梯度增强，潮汐摩擦减弱时，锋面力量减弱，水体底层缺氧区规模扩大，程度加强；反之，当斜压梯度减弱，潮汐摩擦增强时，锋面力量增强，水体底层缺氧区规模缩小，程度减轻。

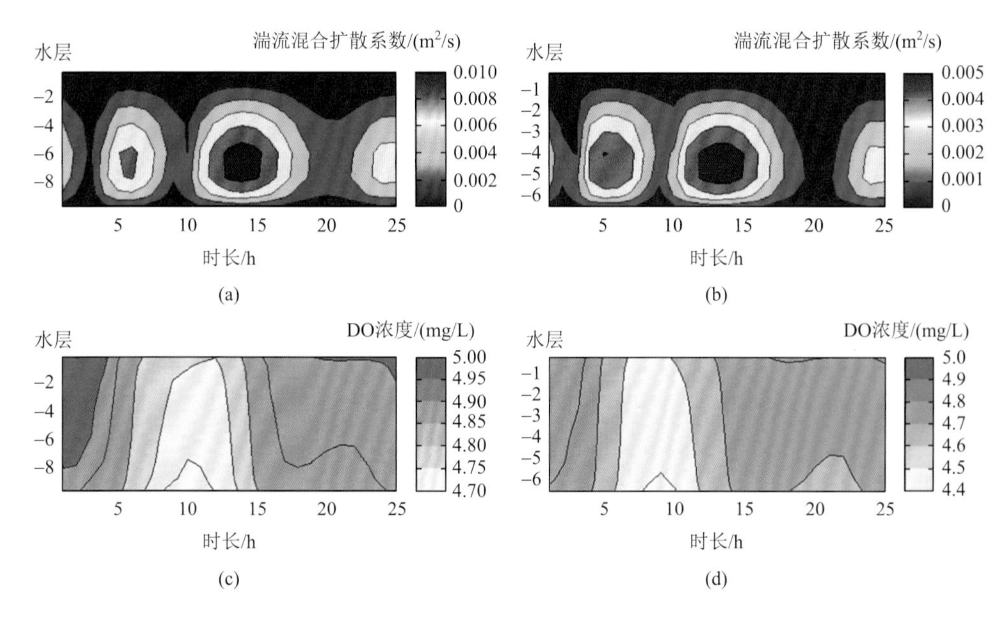

图 5.36　控制实验二锋面区(a)(c)和层化区(b)(d)湍流混合扩散系数和 DO 时间序列

5.6　海洋数值模拟发展与展望

随着海洋环流预报技术的不断完善，以及海洋观测技术和高性能计算机的快速发展，大湾区海洋环境预报呈现 6 个方面的发展趋势：

①开展关键区域的强化观测。力求观测体系的建设将更加紧密地与数值模式发展相结合，围绕改进数值模式的次网格物理参数化和提升模式同化效果，通过海洋可预报性研究和目标观测研究，寻找影响海洋环流预报技巧的关键海区，并在关键海区开展长期连续的现场观测实验。

②引进多圈层相互作用来改进模式动力框架（海陆气一体，物理-生态耦合）。

③发展自适应非结构网格、大规模并行计算技术、实现多源观测体系的高效同化和国产卫星遥感观测数据的同化应用。

④加强高性能计算和大数据技术的应用。突破海洋数值预报服务云和海洋数值预报平台云构建技术，发展人工智能海洋预报技术，提高海洋环流预报时效。

⑤发展更精细化预报技术。重点是在目前精细化预报的基础上，进一步实现模式与精细化岸线和近岸地形探测数据相结合，同时充分利用大湾区河流观测数据，实现河网-地下水-河口-近海一体化的精细化预报，形成支撑近岸工程建设、减灾防灾和生态保护等的精细化预报与服务保障能力。

⑥加强区域优势力量的合作和融合，例如对水文条件预报有较高水平的水文类研究机构、中山大学和香港科技大学等大湾区高水平科研机构。其中，中山大

学在超级计算机“天河二号”上成功研发了多尺度海洋数值模式系统，该模式系统在南海和大湾区分别达到百米级和米级分辨率，可实现大湾区风暴潮、巨浪等极端灾害的较精准预报。加强大湾区区域高水平预报团队的合作，可以早日实现大湾区海洋环境预报达到国际先进水平。

参 考 文 献

管卫兵，王丽娅，许东峰，2003. 珠江河口氮和磷循环及溶解氧的数值模拟I.模式建立[J]. 海洋学报（中文版）2003（1）：52-60.

黄靖雯，孟钊，冯青郁，等，2022. 极端天气陆地河流面源污染对珠江河口叶绿素分布的影响：评价方法构建与应用[J].生态学报，42（5）：1911-1923.

李毅能，彭世球，舒业强，等，2011. 四维变分资料同化在风暴潮模拟中的平流作用分析[J]. 热带海洋学报，30（5）：19-26.

茅志昌，1995. 长江河口盐水入侵锋研究[J]. 海洋与湖沼（6）：643-649.

孟钊，李宁，管玉平，等，2020. 南海与周边海域表层塑料颗粒交换的拉格朗日示踪研究[J]. 热带海洋学报，39（5）：109-116.

王品强，李毅能，彭世球，2016. “选尺度资料同化”方法在海洋数值模拟中的应用：对一次西沙强暖涡过程的模拟试验[J]. 热带海洋学报，35（2）：30-39.

ARAFAT M A. 2002. A Primer for ECOMSED Version 1.3 Users Manual[M]. Mahwah：HydroQual，Inc.

BAPTISTA A M，ZHANG Y L，CHAWLA A，et al.，2005. A cross-scale model for 3D baroclinic circulation in estuary-plume-shelf systems：II. Application to the Columbia River [J]. Continental Shelf Research，25：935-972.

BLACK P G，D'ASARO E A，DRENNAN W M，et al.，2007. Air-sea exchange in hurricanes-Synthesis of observations from the coupled boundary layer air-sea transfer experiment [J]. Bulletin of the American Meteorological Society，88：357-374.

BLUMBERG A F，MELLOR G L，1987. A Description of a Three-Dimensional Coastal Ocean Circulation Model[M/OL]. AGU Publications.http//doi. org/10.1029/CO004p0001.

CHEN S M，QIAN Y K，PENG S Q，2015. Effects of various combinations of boundary layer schemes and microphysics schemes on the track forecasts of tropical cyclones over the South China Sea[J]. Natural Hazards，78：61-74.

EGBERT G D，EROFEEVA S Y，2002. Efficient inverse modeling of barotropic ocean tides[J]. Journal of Atmospheric and Oceanic Technology，19：183-204.

FENG Y，DIMARCO S F，BALAGURU K，et al.，2019. Seasonal and interannual variability of areal extent of the Gulf of Mexico hypoxia from a coupled physical-biogeochemical model：A new implication for management practice[J]. Journal of Geophysical Research：Biogeosciences，124：1939-1960.

FENG Y，DIMARCO S F，JACKSON G A，2012. Relative role of wind forcing and riverine nutrient input on the extent of hypoxia in the northern Gulf of Mexico[J]. Geophysical Research Letters，39：5.

FENG Y，FENNEL K，JACKSON G A，et al.，2014. A model study of the response of hypoxia to upwelling-favorable wind on the northern Gulf of Mexico shelf[J]. Journal of Marine Systems，131：63-73.

FENG Y，FRIEDRICHS M A M，WILKIN J，et al.，2015. Chesapeake Bay nitrogen fluxes derived from a land-estuarine ocean biogeochemical modeling system：model description，evaluation，and nitrogen budgets[J]. Journal of Geophysical Research：Biogeosciences，120：1666-1695.

FENG Y，MENEMENLIS D，XUE H J，et al.，2021. Improved representation of river runoff in Estimating the Circulation and Climate of the Ocean Version 4（ECCOv4）simulations：Implementation，evaluation and impacts to coastal plume regions[J]. Geoscientific Model Development，14：1801-1819.

FENNEL K，HETLAND R，FENG Y，et al.，2011. A coupled physical-biological model of the Northern Gulf of Mexico shelf：Model description，validation and analysis of phytoplankton variability[J]. Biogeosciences，8：1881-1899.

JAROSZ E，MITCHELL D A，WANG D W，et al.，2007. Bottom-up determination of air-sea momentum exchange under a major tropical cyclone[J]. Science，315：1707-1709.

KRISTIANSEN K D，KRISTENSEN E，JENSEN M H，2002. The influence of water column hypoxia on the behaviour of manganese and iron in sandy coastal marine sediment[J]. Estuarine Coastal and Shelf Science，55：645-654.

LAI Z J，HAO S，PENG S Q，et al.，2014. On improving tropical cyclone track forecasts using a scale-selective data assimilation approach：a case study[J]. Natural Hazards，73：1353-1368.

LARGE W G，POND S，1981. Open ocean momentum flux measurements in moderate to strong winds[J]. Journal of Physical Oceanography，11：324-336.

LI Y N，PENG S Q，LIU D L，2014a. Adaptive observation in the South China Sea using CNOP approach based on a 3-D ocean circulation model and its adjoint model[J]. Journal of Geophysical Research：Oceans，119：8973-8986.

LI Y N，PENG S Q，WANG J，et al.，2014b. Impacts of nonbreaking wave-stirring-induced mixing on the upper ocean thermal structure and typhoon intensity in the South China Sea[J]. Journal of Geophysical Research：Oceans，119：5052-5070.

LI Y N，PENG S Q，YAN J，et al.，2013. On improving storm surge forecasting using an adjoint optimal technique [J]. Ocean Modelling，72：185-197.

MELLOR G L，2003. Users Guide for A Three-dimensional，Primitive Equation，Numerical Ocean Model[J]. Princeton：Princeton University.

PENG S Q，LI Y N，2015a. A parabolic model of drag coefficient for storm surge simulation in the South China Sea[J]. Scientific Reports，5：6.

PENG S Q，LI Y N，GU X Q，et al.，2015b. A real-time regional forecasting system established for the South China Sea and its performance in the track forecasts of tropical cyclones during 2011—13[①][J]. Weather and Forecasting，30：471-485.

PENG S Q，LI Y N，XIE L，2013. Adjusting the wind stress drag coefficient in storm surge forecasting using an adjoint technique [J]. Journal of Atmospheric and Oceanic Technology，30：590-608.

PENG S Q，QIAN Y K，LAI Z J，et al.，2014. On the mechanisms of the recurvature of super typhoon Megi[J]. Scientific Reports，4：8.

PENG S Q，ZENG X Z，LI Z J，2016. A three-dimensional variational data assimilation system for the South China Sea：Preliminary results from observing system simulation experiments[J]. Ocean Dynamics，66：737-750.

PENG S Q，ZHU Y H，LI Z J，et al.，2019. Improving the real-time marine forecasting of the Northern South China Sea by assimilation of gliderobserved T/S profiles[J]. Scientific Report，9：9.

PENG S Q，XIE L，LIU B，et al.，2010. Application of scale-selective data assimilation to regional climate modeling and prediction[J]. Monthly Weather Review，138：1307-1318.

POWELL M D，2003. New findings on drag coefficient behavior in tropical cyclones[C]//28th Conference on Hurricanes and Tropical Meteorology.

QIU S，FENG Y，ZHANG Y H，et al.，2021. A surface pCO_2 increasing hiatus in the equatorial Pacific Ocean since

① 应为 2013。

2010[J]. Geophysical Research Letters，48：11.

ROLAND A，ZHANG Y J，WANG H V，et al.，2012. A fully coupled 3D wave-current interaction model on unstructured grids[J]. Journal of Geophysical Research：Oceans，117：18.

SKAMORACK W C，KLEMP J B，DUDHIA J，et al.，2008. A description of the advanced research WRF version 2[J]. Ncar Technical，113：7-25.

SKAMORACK W C，KLEMP J B.，2008. A time-split non hydrostatic atmospheric model for weather research and forecasting applications[J]. Journal of Computational physics，227：3465-3485.

TETT P，WILSON H，2000. From biogeochemical to ecological models of marine microplankton [J]. Journal of Marine Systems，25：431-446.

TOLMAN H L，ABDOLALI A，MICKAEL A，et al.，2019. User manual and system documentation of WAVEWATCH III（R）version 6.07[Z].

WANG X S，PENG Z，LIU R，et al. 2016. Tidal mixing in the South China Sea：An estimate based on internal tide energetics[J]. Journal of Physical Pceanography，46：107-124.

XIE L，LIU B，PENG S Q，2010. Application of scale-selective data assimilation to tropical cyclone track simulation[J]. Journal of Geophysical Research：Atmosphere，115：1984-2012.

ZHANG W X，MORIARTY J M，WU H，et al.，2021. Response of bottom hypoxia off the Changjiang River Estuary to multiple factors：A numerical study[J]. Ocean Modelling，159：13.

ZHANG Y L，BAPTISTA A M，2008. SELFE：A semi-implicit Eulerian-Lagrangian finite-element model for cross-scale ocean circulation[J]. Ocean Modelling，21：71-96.

ZHOU H，ZHU W J，PENG S Q，2013. The impacts of different micro-physics schemes and boundary layer schemes on simulated track and intensity of super typhoon Megi(1013)[J]. Journal of Tropical Meteorology，29：803-812.

ZHU Y H，LI Y N，PENG S Q，2020. The track and accompanying sea wave forecasts of the Supertyphoon Mangkhut（2018）by a real-time regional forecast system[J]. Journal of Atmospheric and Oceanic Technology，37：2075-2084.

ZHU Y H，ZENG X Z，PENG S Q，2016. Assimilation experiments of high frequency ground wave radar current in the northern coast of the South China Sea[J]. Journal of Tropical Oceanography，35：10-18.

第6章　粤港澳大湾区海洋信息平台*

伴随着互联网、大数据、云计算、人工智能等信息技术的发展及其在科研中的广泛应用，特别是海洋数据获取、传输、存储和处理技术等的全面发展，海洋数据的作用日益提升，已经成为支撑国家海洋科技创新发展的基础性战略资源。

粤港澳大湾区海洋环境科学观测与应用研究，融合多学科优势，汇聚多领域资源，目前已经较全面地整合集成了大湾区海洋-生态观测和遥感观测数据资源。目前，已经初步建立了大湾区三维海洋动力-大气-生地化耦合的数值模型和预报系统。相关的观测数据和模拟预报，一方面可直接用于研究人类活动和海洋气象灾害等加剧对大湾区水动力场的影响及其环境效应，揭示大湾区陆地与海洋之间的水交换及径流、锋面、潮汐、波浪、泥沙冲淤等水文环境要素的变化特征和规律，量化陆源入海物质输运和生态要素的长期变化趋势；另一方面，可通过转移转化，为大湾区的陆-海-气相互作用研究、海洋环境保护、生态安全保障提供基础科技支撑和数据共享服务。

研制粤港澳大湾区海洋信息平台，创建“数字大湾区”网站门户，能够实现海洋观测数据和海洋预报数据的实时可视化共享服务。通过该平台，可以强化海洋观测数据自动汇集与分发功能，实现粤港澳大湾区海洋-生态观测数据、遥感观测数据的实时动态可视化，以及海洋动力-大气预报数据、海洋-生态预报数据在线交互分析。这能够使数据可得易用，提升海量数据的管理与共享、应用与服务的能力和水平。

本章主要介绍粤港澳大湾区海洋数据资源体系构建、粤港澳大湾区海洋信息平台建设应用，以及相关数据共享服务案例，最后给出已有观测与预报、卫星遥感等数据及其产品的整合共享数据目录。

6.1　数据资源体系构建

数据资源体系的规划与制定是一项非常复杂的工作。数据资源体系构建的核心任务是数据分类，是数据组织、管理与数据共享工作中不可缺少的基础性工作。不同于学科分类，数据分类必须结合数据资源的实际情况，在学科分类的基础上

* 作者：徐超[1,2]，冯洋[1,2]，唐世林[1,2]，李毅能[1,2]，韦惺[1,2]
[1.中国科学院南海海洋研究所，2.南方海洋科学与工程广东省实验室（广州）]

进行调整、补充，并结合信息平台的研制才能完成。只有实现科学的数据分类，对于数据资源的管理与共享才有价值和意义。

平台进行数据分类的目的是提高数据的管理与使用效率。为方便数据管理、查询、检索以及共享，一方面分类不宜过细，另一方面也需要保留分类的可扩展性。从理论上讲，数据分类可以一层一层细化分级，一直分下去；但是，分得越细，问题越多。而且，从使用的角度来说，过细的分类其意义也不大。过细的分类会使数据类型数目接近数据的数量。显然，这种分类会造成用户的困惑，也没有实用价值。

6.1.1　分类原则

粤港澳大湾区海洋环境科学数据的分类主要遵循以下原则。

（1）科学性原则

数据分类能够科学地描述或反映支持粤港澳大湾区海洋科学研究的数据资源的体系结构。

（2）系统性原则

数据分类体系在总体上应具有一定的概括性和包容性，依据学科或主题之间的内在联系，遵循概念逻辑和知识分类原理，尽可能能够容纳全部已有的粤港澳大湾区海洋环境科学数据和将来可能产生的数据。

（3）完整性原则

数据分类在反映数据的属性和数据间的相互关系上保持相对的完整性，形成一个合理的科学分类体系，使得每一个数据（数据集）都有其确定的分类位置。

（4）层次性原则

数据分类体系同其他任何分类体系一样，应当按照层次性原则进行。首先，将粤港澳大湾区海洋环境科学数据在数据获取与生产的来源上划分；其次，再按学科或主题进行划分；最后，对学科或主题内的数据进行进一步的划分。

（5）均衡性原则

数据分类的各层次类目应均衡展开，使各个分类的类目长度不致相差悬殊，使资源体系可以均衡扩展，发挥分类最大效用，实现数据最小够用，确保每个类目下要有科学数据，不设没有数据的类目，方便使用。

（6）揭示性原则

数据分类应尽可能反映科学数据集的内容、对象和属性特点，便于检索，为深入分析数据之间的关联和映射关系提供便利。

（7）实用性原则

数据分类既要有利于数据的组织管理，又要注重用户在查询、检索数据时的一般习惯，分类名称应尽量沿用学科专业习惯名称。

（8）可扩展性原则

数据分类应在分类体系中设立收容类目，以便保证将来增加新的数据时，具有分类空间，不至于打乱已建立的分类体系。若不可能全面列举或无须全面列举所有类目时，一般可在最后编制“其他”类，用以容纳尚未列举的内容。

（9）可兼容性原则

数据分类时应当考虑与整个科学数据分类的兼容性。粤港澳大湾区海洋环境科学数据只是整个海洋科学数据中的一部分，数据分类应用于信息平台建设时，不能仅局限于大湾区范围，而是应该尽可能参照有关的国际标准、国家标准或行业标准，或与它们协调一致。

6.1.2　数据质量要求

海洋数据具有数据来源不同、获取方式各异、数据类型多样、数据结构不同、数据尺度不一、存储格式多样等特点。粤港澳大湾区海洋环境科学数据的质量要求也必须满足一定的原则，才能满足整合与共享条件。

（1）数据的真实性

数据的真实性是指粤港澳大湾区海洋环境信息平台在资料整理和处理过程中保证数据项、数据值与原始汇交或收集数据一致，未经调查单位和资料负责人的许可，不应在录入或处理过程中对原始数据做任何内容上的修改、增加或删减，从而避免精度改变或数据项的缺失。

（2）数据的完整性

数据的完整性是指根据粤港澳大湾区海洋信息平台技术规程或数据资源体系要求保证调查或收集资料内容、要素、类型的完整。

（3）数据的规范性

数据的规范性是指粤港澳大湾区海洋信息平台在数据整合过程中，对调查或收集的数据进行规范化、统一化的整理。

（4）数据的不可重复性

数据的不可重复性是指粤港澳大湾区海洋信息平台在数据整合过程中，数据集中不可有重复记录，数据文件更新或修改后要替换，只保留最新可共享发布的数据版本，避免造成数据管理的混乱。

（5）数据的可靠性

数据的可靠性是指调查或收集数据质量可靠，粤港澳大湾区海洋信息平台的整合资料应经过调查或收集实验室/课题组/项目的内审验收，才可进行整合与共享发布。

6.1.3　资源体系

遵循分类原则并保证数据质量，平台结合现有粤港澳大湾区海洋环境科学数据资源的实际情况，形成粤港澳大湾区海洋环境科学数据资源体系；其包含的主要参数变量或要素产品也详细列出，如表 6.1 所示。

表 6.1　粤港澳大湾区海洋环境科学数据资源体系信息表

Ⅰ级分类	Ⅱ级分类	Ⅲ级分类	主要参数变量或要素产品
现场监测	锚系浮标平台	海洋水文数据	表层水温、盐度、波高、波周期、波向、海流剖面
		海洋气象数据	风速、风向、气温、相对湿度、气压
		海洋环境数据	叶绿素浓度、浊度、溶解氧浓度
	坐底潜标平台	水文动力数据	有效波高、最大波高、平均波周期、平均波向、流速、流向
	桩基平台	海洋水文数据	波高、波周期、波向、海流剖面、水位
		海洋气象数据	风速、风向、气温、相对湿度、气压
航次观测	海洋水文调查	CTD 温盐观测数据	压强、温度、电导率
		CTD 数据产品	温盐密度廓线图、温度断面图、盐度断面图、温度平面分布图、盐度平面分布图
		ADCP 海流观测数据	序号、断面号、时区、观测日期、观测时间、纬度、经度、观测层深度、水平流速、水平流向
		ADCP 数据产品	流矢量断面分布图、流矢量水平分布图
	海洋气象调查	AWS 气象观测数据	序号、断面号、时区、观测日期、观测时间、纬度、经度、观测高度、气压、气温、平均风速、阵风速、风向、相对湿度
		AWS 数据产品	气压时间变化序列图、气温时间变化序列图、相对湿度的时间变化序列图、气温走航散点分布图、相对湿度走航散点分布图、气压变化走航散点分布图、走航平均风速矢量水平分布图
	海洋化学调查	营养盐数据	亚硝酸盐浓度、硝酸盐浓度、铵盐浓度、磷酸盐浓度、硅酸盐浓度
		营养盐数据产品	硝酸盐站位垂直廓线图、亚硝酸盐站位垂直廓线图、铵盐站位垂直廓线图、磷酸盐站位垂直廓线图、硅酸盐站位垂直廓线图、硝酸盐断面垂直分布图、亚硝酸盐断面垂直分布图、铵盐断面垂直分布图、磷酸盐断面垂直分布图、硅酸盐断面垂直分布图、硝酸盐平面分布图、亚硝酸盐平面分布图、铵盐平面分布图、磷酸盐平面分布图、硅酸盐平面分布图
	海洋生物调查	叶绿素数据	叶绿素 a 浓度
		叶绿素产品	叶绿素站位垂直廓线图、叶绿素断面垂直分布图、叶绿素平面分布图
		浮游植物数据	浮游植物丰度
		浮游植物数据产品	浮游植物密度平面分布图

续表

Ⅰ级分类	Ⅱ级分类	Ⅲ级分类	主要参数变量或要素产品
航次观测	海洋生物调查	浮游动物数据	浮游动物丰度
		浮游动物数据产品	浮游动物丰度平面分布图
	海洋地质调查	沉积物粒度数据	沉积物粒度分析数据
		沉积物粒度数据产品	表层沉积物类型、中值粒径、分选系数和偏度，以及净输运趋势等平面分布图
遥感观测	水体光学调查	水体光学特性测量数据	水面以上水体遥感反射率、离水辐亮度、水体上行辐亮度、天空光辐亮度、标准反射板的反射辐亮度、水面以上的下行辐照度
		水环境参数测量数据	叶绿素 a 浓度、悬浮泥沙浓度
	水色观测卫星观测	多源卫星数据	MODIS/Aqua、VIIRS
		水色观测卫星数据产品	叶绿素 a 浓度反演产品、悬浮泥沙浓度反演产品
	高分卫星观测	多源卫星数据	GF-1、GF-2
		高分卫星数据产品	红树林遥感分布图、红树林遥感时间序列产品、红树林遥感景观指数分析产品
环境预报	气象预报	常规天气预报产品	10 m 风场纬向分量（U_{10}）、10 m 风场经向分量（V_{10}）、风场纬向分量（U）、风场经向分量（V）、风场垂向分量（W）、海表气压（PRESSURE）、海表潜热通量（LH）、向上热通量（HFX）、地表向下短波辐射通量（SWDOWN）、地表向下长波辐射通量（GLW）、水汽混合比（QFX）、2m 温度（T_2）、2m 高度比湿（Q_2）、累计格点降水量（RAINNC）、累计积云降水（RAINC）、位温（T）
	台风预报	台风路径预报产品	台风路径（track）、台风强度（minslp）、台风最大风速（maxwind）、经度（XLONG）、纬度（XLAT）
	风暴潮预报	风暴潮预报产品	经度（lon）、纬度（lat）、深度（z）、总水位（E）、天文潮位（ET）、总海流纬向分量（U）、总海流经向分量（V）、潮流纬向分量（U_T）和潮流经向分量（V_T）
	海浪预报	海浪预报产品	经度（XDEF）、纬度（YDEF）、深度（DEPTH）、有效波高（HS）、平均波长（LMN）、平均周期（TMN）、平均波向（DIRMN）、波峰周期（PEAKP）、波峰向（PEAKD）
	生态灾害预报	生态灾害预报	溶解氧浓度（oxygen）、碱度（alkalinity）、总无机碳浓度（TIC）、小碳屑浓度（SDETRITUSC）、大碳屑浓度（LDETRITUSC）、小氮屑浓度（SDETRITUSN）、大氮屑浓度（LDETRITUSN）、浮游动物（zooplankton）、浮游植物（phytoplankton）、叶绿素浓度（chlorophyll）、铵盐浓度（NH_4^+）、硝酸盐浓度（NO_3^-）、盐度（salt）、温度（temp）、流速（$u/v/w$）
模式计算	海洋模式	南海历史 40 年海洋数据产品	经度、纬度、垂向分层、温度、盐度、流速、海表高度
	气象模式	南海历史 40 年气象数据产品	经度、纬度、风速、风向、气温

信息平台将粤港澳大湾区海洋环境科学数据按照“生产方式—学科主题—变量要素”进行 3 级分类（图 6.1）。I 级分为 5 类，表明数据资源主要通过“现场监测-航次观测-遥感观测-环境预报-模式计算”5 种数据获取与生产方式获得；II 级分为 18 类，III级分为 35 类。

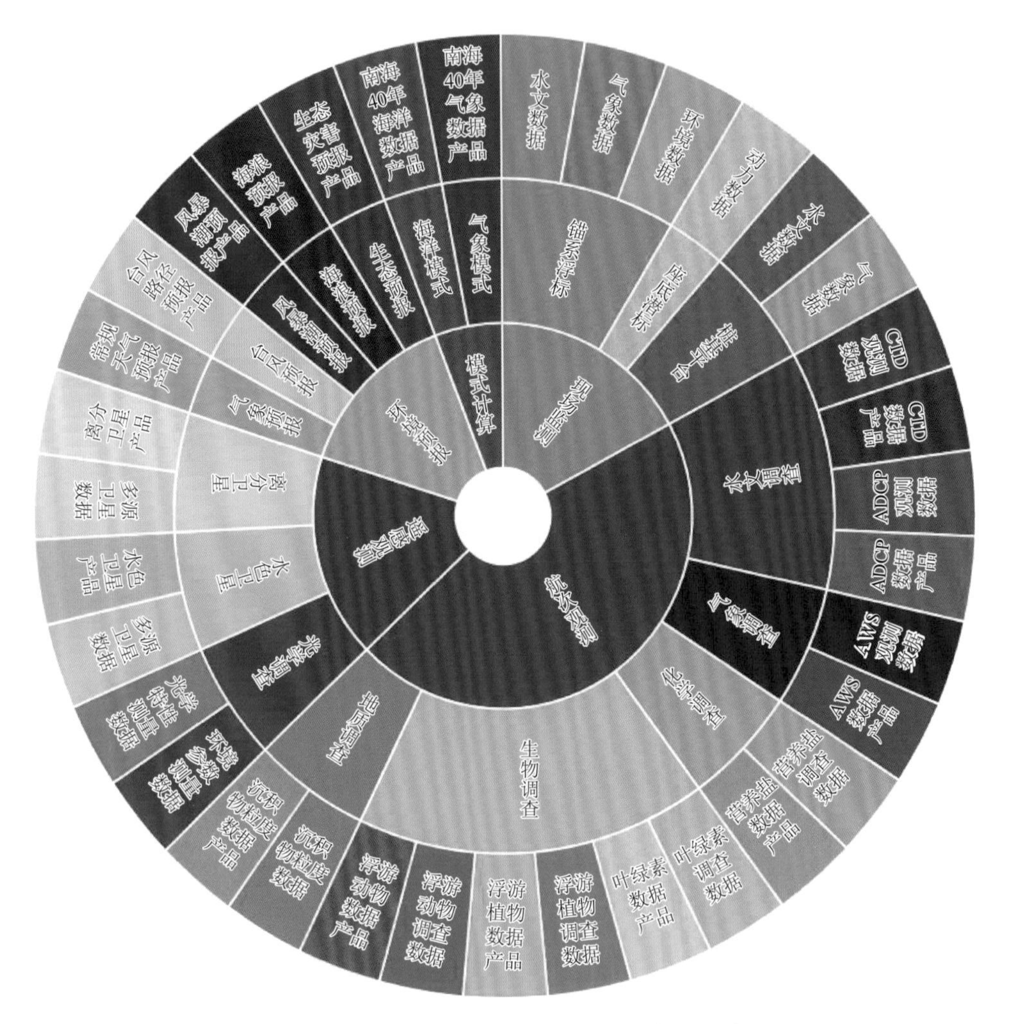

图 6.1　粤港澳大湾区海洋环境科学数据资源体系图

目前，大湾区海洋环境科学数据资源体系及其组织分类在粤港澳大湾区海洋信息平台建设当中得到了实际应用，随着数据资源与信息产品的不断增加，以及平台功能的进一步优化，数据资源体系和分类体系也会不断地被修改与完善。

6.2　粤港澳大湾区海洋信息平台建设应用

6.2.1　平台体系架构

粤港澳大湾区海洋信息平台是粤港澳大湾区海洋环境科学数据资源信息发布平台和网络管理平台，按照开放为常态、不开放为例外的原则，由中国科学院南海海洋研究所数据中心（以下简称南海海洋数据中心）开发研制，负责数据目录编制，科学数据的分级分类、加工整理、分析挖掘与整合发布，面向社会和相关部门开放共享，畅通科学数据共享渠道。目标是建设成为一个拥有粤港澳大湾区丰富的数据资源信息和具有强大的管理支撑服务功能的专业化门户网站。平台系统架构图如图 6.2。

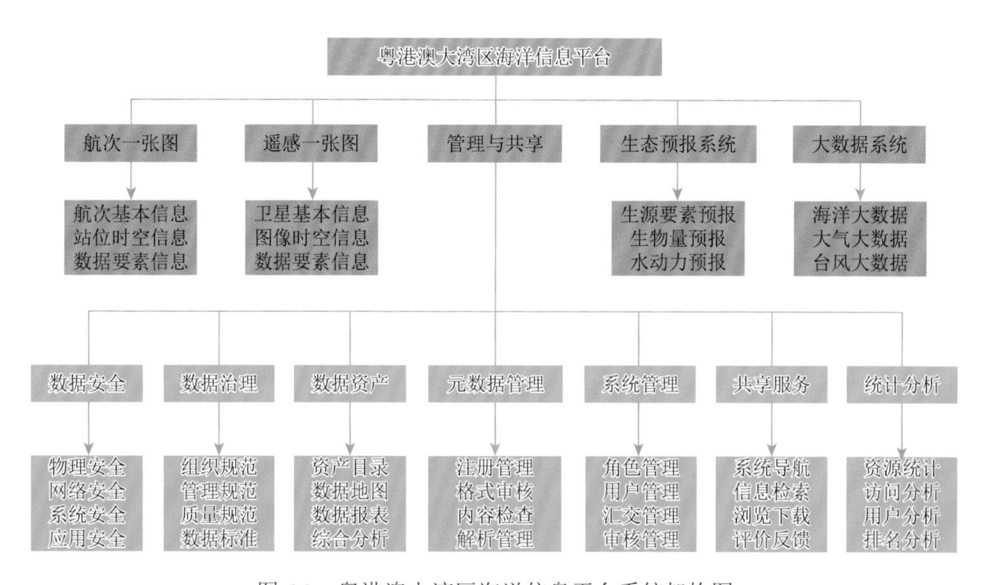

图 6.2　粤港澳大湾区海洋信息平台系统架构图

粤港澳大湾区海洋信息平台采用微服务设计模式、B/S 开发结构、J2EE 体系结构等符合国际发展潮流的软件开发技术，在系统构架、技术方案等方面具备系统的安全性、可靠性及可扩展性，按照统一标准公布粤港澳大湾区海洋环境科学数据资源目录及相关服务信息，平台设计具备数据安全、数据治理、数据资产、元数据管理、系统管理、共享服务及统计分析等 7 个数据管理与共享功能模块；平台主要开发航次一张图、遥感一张图、生态预报系统、大数据系统等数据在线管理及应用服务功能。

6.2.2　平台功能模块设计

1. 数据安全

数据作为重要的生产要素，确保数据安全是底线。粤港澳大湾区海洋信息平台主张构建数据安全防护机制，明确相关主体的数据安全保护责任和具体要求，形成数据全生命周期的安全防护体系。数据的管理与共享必须依法合规，保障安全，建立健全数据安全管理长效机制和防护措施，严防数据泄露、篡改、损毁与不当使用。

数据安全理念是以数据为核心，结合实际数据整合与共享服务流程，在传统的物理安全、网络安全、系统安全、应用安全等信息化安全保障措施之上，围绕数据实现“可见、可知、可管、可控”，设计成涵盖“数据治理、共享服务、统计分析”各阶段的数据安全总体框架和数据流程，满足数据全生命周期的安全保障需求，同时针对可能涉及的敏感信息、敏感数据等进行区别性防护。

物理安全主要是机房环境安全和系统硬件设备安全的保障。机房建立应急处置制度和出入登记制度，强化硬件设备安全管理，系统硬件设备符合相关产品安全标准，并建立信息设备台账，同时系统设备、通信线路有必要的冗余和备份。

网络安全主要通过设备运行监控来保障，持续监测数据服务器、网络服务器、存储服务器等主要网络设备性能，以确保设备始终可用。网络联通状态、错误和丢弃、磁盘利用率、CPU 和内存利用率、数据库计数等重要的网络性能指标也要持续监控，以确保粤港澳大湾区海洋信息平台的网络运行状况得到检查和预警。同时采用防火墙、入侵检测等安全防护措施对平台进行安全防护，定期对网络设备的运行情况、网络流量、用户行为等进行安全审计。

系统安全通过数据备份、访问受控、授权管理等途径实现。平台已制定数据备份机制，按需要进行全量、增量、定期、动态等不同方式实现关键数据的备份，确保数据安全。数据交换中的访问控制，主要包括对各接入 IP 的访问限制。授权管理模块，对各类用户实现数据资源分级、分类的访问控制。并且严格限制平台操作系统默认账户和匿名账户的使用，定期更换账户口令，口令应符合复杂性要求；严格设置操作系统访问控制策略，禁止所有不必要的访问权限。

应用安全是实现应用与数据之间的访问隔离，应用通过数据服务实现对数据的访问控制。同时，平台应用的访问前端应前置部署，实现与后端应用服务之间的分离。平台特别加强访问控制，针对用户通过应用访问数据的过程，进行统一身份认证、授权、鉴权，对用户访问应用系统、应用服务、应用功能、数据服务的权限进行细粒度控制和动态调整，实现纵深访问控制，主要包括应用访问控制、服务访问控制、业务功能访问控制和数据服务访问控制。平台更重视对用户的安全管理，具备访问控制功能，制定安全访问策略，严格管理远程访问权限。

2. 数据治理

粤港澳大湾区海洋环境科学数据在完整性、准确性方面，由于缺乏统一的数据治理体系，在数据采集、存储、处理等环节可能存在不科学、不规范等问题，导致数据错误、数据异常、数据缺失等情况产生，无法确保数据的完整性和准确性。

粤港澳大湾区海洋环境科学数据在一致性方面，由于科研项目条线繁杂、数据采集方式及科研手段种类多样，往往多个学科组或项目组数据采集标准不一、统计口径各异，同一数据源在不同学科组或项目组的表述可能完全不同，看似相同的数据实际含义也可能大相径庭，数据一致性难以保障。这给全局数据建模、分析、应用造成障碍，数据挖掘效果大打折扣。

数据治理是一项长期、复杂的系统工程，数据治理以“数据”为研究对象，需要在组织、机制和标准等方面加强统筹谋划。平台主张在确保数据安全前提下，建立健全规范体系，形成良好的组织规范、管理规范、质量规范，理顺各种角色参与者在数据流通各个环节的权责关系，采取统一的数据标准，研究嵌入式科研数据服务的全生命周期模式。如图 6.3 所示，平台提供数据的“采-存-管-算-用”全生命周期管理支撑服务。

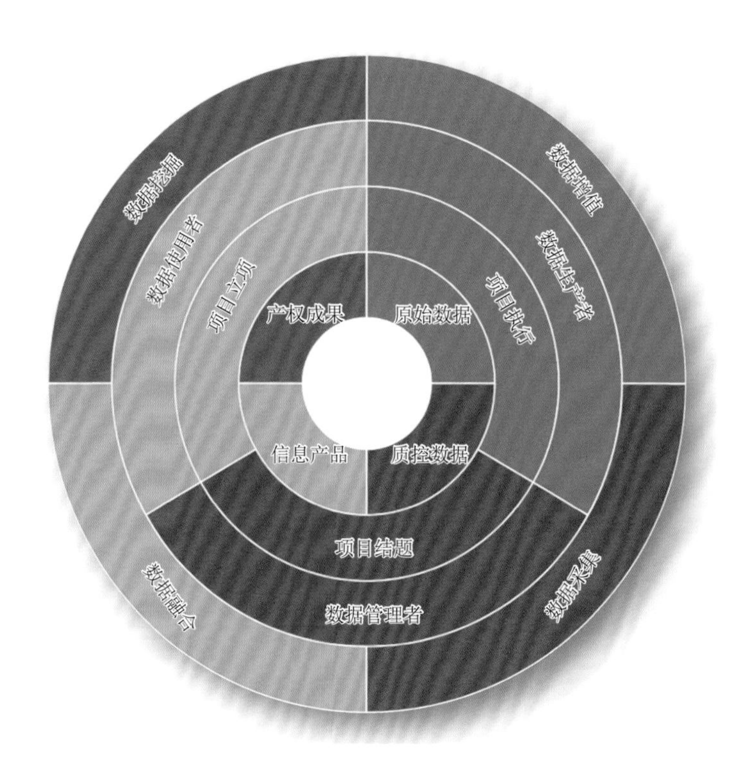

图 6.3　嵌入式科研数据服务的全生命周期模式简单模型

粤港澳大湾区海洋信息平台建设的根本发展目标是实现数据库存储融合、存算融合、异构算力融合，平台的重要发展方向包括安全、协同、开放、融合、智能。平台的重要服务与应用场景包括异地数据即时访问的数据采集、跨数据源协同的数据融合、跨学科协同分析的数据挖掘、跨学科计算的数据增值。平台将最终形成多方参与者良性互动、共建共享共治的数据流通模式，释放数据价值。

数据治理的主要目标与内容是深挖数据价值、释放数据潜能。首先是以深挖数据价值为目标，通过系统化、规范化、标准化的流程和措施，建立健全规范体系，构建良好的数据治理生态体系，促进数据的深度挖掘和有效利用。其次，以数据资产地位确立为基础，以数据管理体制机制为核心，处理好虚拟与现实、安全与发展、保护与开放的关系；其重点在于形成多方参与者良性互动、共建共享共治的数据流通模式。最后，以数据共享开放利用为重点，探索引入新型数据治理理念，保障数据的有序流通，将数据中隐藏的巨大价值释放出来。

组织规范主要解决目前存在的信息孤岛与数据烟囱等有数不能用的问题。当前，数据管理与共享过程中普遍存在“不愿、不敢、不能”共享的问题，导致海量数据散落在众多信息系统甚至科学家的计算机硬盘中。部分数据可能存在数据权属分割，宁愿将数据“束之高阁”，也不轻易拿出来共享。个别数据具有一定敏感性，不敢共享。另外，数据接口不统一，数据难以互联互通，导致数据资产相互割裂、自成体系，不能共享。粤港澳大湾区海洋环境科学数据的管理与共享亟须建立健全数据治理生态体系的组织规范，做好顶层设计，优化组织架构，做好数据工作规划。充分认识数据的重要战略意义，将数据治理纳入中长期发展规划，及时调整组织架构，明确内部数据管理职责，理清数据权属关系，自上而下推动数据治理工作。

管理规范主要解决治理体系缺失，有数不善用的问题。技术本身是中性的，技术的运用需要有良性的管理规范指导。科技要向善，数据也同样要向善，要健全数据治理体系的管理规范，制定实施统一的数据管理规范，构建“1 个数据交换管理平台+N 个数据中心（数据资源点）”的数据架构格局。同时构建管理规范标准体系，建立涵盖数据采集、处理、使用等全流程的标准体系，打造数据的科学管理模式，提升数据质量，为数据互通、共享和协同奠定坚实基础。

质量规范主要解决数据质量不高，有数不好用的问题。高质量数据是海洋科技创新的重要基础。当前数据整体质量不高的现象依然突出，给数据深入挖掘与高效应用带来困难，必须采取统一的质量规范，使调查数据可信可用。

统一数据标准主要解决融合应用困难，有数不会用的问题。优先制定元数据、数据采集、数据接口、数据交换、数据标识解析体系、数据质量控制等基础共性标准。海洋数据来源多、体量大、结构各异、关系复杂，从如此繁杂的海量数据中挖掘高价值、关联性强的高质量数据，需要高效的信息技术支撑和可靠的基础设施保障。并且，需要统一数据标准，以促进数据服务与应用场景融合，加快数据聚沙成塔，盘活海量数据资源，充分释放数据潜力。

把数据应用好是数据治理的核心。数据应用要从算力、算法、存储、网络等维度加强技术支撑，切实增强数据应用能力。在算力方面，粤港澳大湾区海洋信息平台加快分布式架构转型，充分发挥云计算等技术高性能、低成本、可扩展的优势，满足海量数据分析处理对计算资源的巨大需求。在算法方面，粤港澳大湾区海洋信息平台基于深度学习、神经网络等技术设计数据模型和分析算法，提升数据洞察能力和基于场景的数据挖掘能力。在存储方面，粤港澳大湾区海洋信息平台探索与网络数据交换特征相适应、与数据安全要求相匹配的数据存储方案，稳步推动分布式数据库应用，实现数据高效存储和弹性扩展。在网络方面，粤港澳大湾区海洋信息平台运用物联网技术丰富数据采集维度，利用 5G 技术带宽大、速度快、延时低等优势提升数据流转效率。

3. 数据资产

如何把数据管理好？粤港澳大湾区海洋信息平台充分认识到数据的重要战略意义，首先做好数据资产管理。根据统一的数据标准体系，建立全局数据模型和科学合理的数据资源体系架构。在此基础上，管理维护全局数据资产目录，实现对数据资产的全面梳理和有效管控，才可更有效解决数据质量不高、数据利用不足等问题，进而才能做好数据分级管理，制定数据分级标准，基于全局数据资产目录将数据进行分级，针对不同等级数据采取差异化的控制措施，实现数据精细化管理。

粤港澳大湾区海洋信息平台按照“最小够用，用而不存”原则，在保障数据所有权基础上实现数据的融合应用。规范数据使用行为，保障数据所有方知识产权，严控数据获取和应用范围，确保数据专事专用、最小够用、未经许可不得留存，杜绝数据被误用、滥用。在满足各方合理需求前提下，最大程度地保障数据所有方权益，确保数据使用合规、范围可控。绘制全局数据地图，明晰数据分布密度，明确数据所有方。

粤港澳大湾区海洋信息平台按照“一数一源，一源多用”原则，明确源数据管理的唯一主体，保障数据完整性、准确性和一致性，减少重复收集造成的资源浪费和数据冗余。当前，数据分散现象或多或少存在，数据多头收集时有发生，探索通过数据报表制度，降低数据采集、汇交、存储成本，逐步实施数据责任主体的定期（季度/年度）更新机制，也可保障数据安全、提升数据质量。

综合分析则希望从数据的采集、存储、使用各环节进行多维度分析，加强安全管控，把数据保护好。继续遵循“最小够用、用户授权、全程防护”原则，充分评估潜在风险，把好安全关口，加强数据全生命周期安全管理，严防用户数据的泄露、篡改和滥用。

4. 元数据管理

元数据是关于数据的结构化的数据。

元数据是全局数据资产目录的基本组成。数据资产目录就是按照统一的元数据描述规范，描述各个数据的特征，对物理上集中或分散的可共享的数据进行编目形成的一组信息。元数据不仅可为数据所有方提高管理效率，更可为数据使用人获取数据提供极大便利，是数据管理与共享工作的重要基础。

粤港澳大湾区海洋信息平台的元数据和数据管理采用 FAIR 原则，力求做到数据的“可查找（findable）”“可获取（accessible）”“可交互操作（interoperable）”“可重复利用（reusable）”。

可查找：元数据具有唯一且持久的标识符；数据由信息丰富的元数据来描述；元数据是清晰的，且明确包含其描述的标识符。数据使用人可轻松获取并理解元数据及其所描述的数据。

可获取：元数据可由标识符通过标准化的通信协议检索；协议是免费开放和通用的；该协议允许在必要时进行身份验证和授权；即使数据不可再访问，元数据也可以访问。元数据作为数据资产目录的基本组成，平台会确保元数据可以被数据使用人访问获取。

可交互操作：元数据使用正式的、可访问的、共享的和广泛适用的语言来表达知识；元数据使用遵循 FAIR 原则的词汇；元数据包括对其他元数据的合格引用。

可重复利用：元数据由多个准确且相关的属性进行丰富的描述；元数据使用清晰、可获取的数据使用许可；元数据标明数据来源和关联信息；元数据符合海洋科学领域相关共同体的标准。

粤港澳大湾区海洋信息平台提供元数据单条更新和元数据批量模板导入两种填报方式。两种填报方式均提供汇交的元数据信息内容的格式审核功能，对不符合格式要求的元数据信息进行提示。

登录平台，填写元数据信息汇交表，适用于论文关联数据汇交和科学家个人优秀数据资源汇交及数据更新较少的情况。下载元数据汇交模板文件，按照格式要求生成文件，通过文件导入实现元数据信息的批量汇交，适用于数据总条目量大、资源信息结构规范的情况，比如该情况更适用于项目数据汇交。

元数据审核分为格式审核和内容检查。格式审核由粤港澳大湾区海洋信息平台汇交系统自动完成。内容检查则是由数据汇交审核用户和平台专家用户分别开展进行。另外，粤港澳大湾区海洋信息平台施行“谁汇交、谁负责”的原则，数据生产者是数据的责任人，负责元数据信息及其数据实体的质量，汇交时应确保信息的有效性、科学性、完整性。已汇交元数据的内容由数据汇交审核用户检查复核，数据实体的内容由平台专家用户检查复核。

粤港澳大湾区海洋信息平台的元数据解析管理采用科技资源标识体系。旨在规范平台科学数据的管理与使用，通过赋予数据唯一标识符，并匹配一套元数据，实现数据长期、安全、规范管理，促进数据开放共享与使用。

科技资源标识（CSTR）体系主要用于支持和完善科技资源管理与使用，是一套互联互通、开放规范的体系。标识体系建设旨在促进科技资源信息互联互通，推动科技资源开放共享，构建以科技资源标识为核心的科技资源管理与开放共享生态，为科技资源可定位、可追溯、可引用、可统计与可评价提供基础，并推动与其他机构建设运行的相关标识体系实现互认。

5. 系统管理

粤港澳大湾区海洋信息平台的角色根据数据生命周期中数据活动的参与来定义，划分为数据生产者、数据管理员、数据使用人三类角色。角色组的操作包括添加、删除和修改，支持在该角色组下添加子组，删除该组以及修改该组的功能。选择“角色类型”或已有角色组后点击“新增分类”按钮，可以添加角色组；选择新添加的或者已有的角色组，点击“新增角色”按钮，可以添加具体的角色。

粤港澳大湾区海洋信息平台的用户根据功能需求分为普通用户、注册用户、实名认证用户、特殊前台用户（包括数据汇交用户和数据汇交审核用户）、后台用户（包括系统测试用户、平台专家用户、管理员用户、超级管理员用户）等。

用户管理模块用于管理用户及其相关信息。具备注册登录、分类管理、权限管理、账号管理、信息管理、信息统计等功能，并可与中国科技云进行用户的互联互通。平台允许普通用户可以浏览粤港澳大湾区海洋信息平台网站公开的信息。在用户管理中，可以对单个用户的基本信息进行管理，可进行用户新增、删除、修改和查询；用户信息包括用户名、登录名、用户状态、用户权限等信息。

权限管理模块提供用户对平台的不同系统界面的访问权限管理功能，管理员可管理各系统界面的访问权限开关，并设置不同的系统访问权限集合；管理员向用户授予不同的权限集合，控制用户对不同系统界面的访问权限。平台实现用户分级分类和数据分级分类，不同权限的用户可访问获取相应类级的共享数据。

汇交管理模块包括论文关联数据汇交、论文关联数据汇交审核、项目数据汇交、项目数据汇交审核等功能。汇交过程中，粤港澳大湾区海洋信息平台将自动对汇交的元数据信息进行格式审核。通过格式审核的数据资源信息才可提交。

审核管理模块包括用户审核、元数据审核、数据审核、订单审核等功能。审核分为格式审核和内容审核。格式审核由粤港澳大湾区海洋信息平台汇交系统自动完成。内容审核则是由数据汇交审核用户和平台专家用户分别开展进行。在此不一一赘述。

6. 共享服务

粤港澳大湾区海洋信息平台在做好数据共享管理、建立数据规范共享机制、规范数据共享流程、确保数据使用方依法合规、保障安全前提下，根据科研业务需要为数据使用人提供申请使用数据的共享服务。数据所有方按规则审核确定数据使用范围、共享方式等，通过数据交换机制实现数据有序流转和安全应用，提升数据利用效率和应用水平，实现数据多向赋能。

数据共享服务面向用户提供数据共享与应用服务功能，提供资源导航、信息检索、浏览下载以及评价反馈等功能入口。

系统资源导航简洁大方、简单易用，主要通过元数据目录实现，元数据目录满足用户按照要素主题词、学科、海域、数据生产方式、资助项目、生产单位、仪器设备等进行组织分类，并显示各分类资源数量。

信息检索提供专业化检索功能，首先满足数据使用人根据关键词进行全文搜索来检索元数据的需求，支持通过选择资源类型和各类数据标签对资源进行筛选搜索以及对检索结果的多样化排序。其次，支持通过地理坐标和地图来进行自定义查询，并提供高级检索和二次检索功能。

浏览下载支持数据缩略图、影像数据缩略图、数据图形在线绘制等预览服务，支持元数据详细信息和数据文档的在线阅读，允许注册用户登录后下载平台发布的元数据和在线共享数据，减少用户下载资源的中间环节，配合采用适当的安全设置和分级访问，支持需求明确的注册用户或认证用户通过元数据将数据加入购物车，生成数据订单，经在线审核后即可免费下载共享数据。

平台还提供评价与反馈模块，允许所有用户对平台整合的数据、模块服务功能及在线服务系统等进行评价，并具备评价信息的统计分析功能。通过用户的反馈意见不仅可以提升平台的服务功能，更可能提升数据资源的质量。

7. 统计分析

粤港澳大湾区海洋信息平台设计、开发数据资源动态统计的工具，实现按照要素主题词、学科、海域、数据生产方式、仪器设备、数据资助项目、数据生产单位、数据贡献者等多维度的元数据条目数、数据实体个数、数据量（单位 MB）的统计及排序。为数据资产的统计分析提供数据依据。

粤港澳大湾区海洋信息平台设计、开发访问分析统计及可视化工具，对网络访问平台的独立 IP 数、访问人数、页面访问数、文件数、下载量（单位 MB）等关键指标进行统计分析。并在线绘制数据访问量、数据下载量、数据下载次数的曲线图，实现对数据服务的动态监控与趋势分析。

粤港澳大湾区海洋信息平台设计、开发用户分析统计及可视化工具。其中：用户注册数直方图，可按时间序列分析用户注册行为；用户来源饼状图，可分析国际用户分布情况；全国访问用户省份分布图，可统计分析区域用户访问热力，为数据推送服务提供数据依据；数据用途饼状图，可实现支撑服务项目信息与数量的统计，同样也可为数据精准推送服务提供数据依据。

粤港澳大湾区海洋信息平台设计、开发排名分析工具，运用多源数据源融合、协同过滤推荐算法对用户浏览信息和行为轨迹进行分析，判断兴趣点，挖掘潜在需求，实现数据资源的多样排序展示，以及热门资源和优秀数据的智能推荐展示。

6.2.3　平台技术要点

粤港澳大湾区海洋信息平台在微服务化架构方面基于 Java Spring Boot 开源框架，提供具有控制反转特性的容器，对原始数据进行清洗整合，按照陆海统筹思想，整合资源环境数据库和海洋环境数据库，开发建设“数字大湾区”平台：重点包含粤港澳大湾区“9+2”城市与地区的资源环境数据的“地图-数据”关联展示和粤港澳大湾区海洋环境数据“生产方式-学科主题-变量要素”三层级数据的“分类图表-数据”关联展示。

在数据持久层上选用业界优秀的 MyBatis 框架，支持对海洋数据进行定制化结构化查询语言（SQL）查询、支持存储过程，极大提升优化大型海洋数据库系统的存取效率，支持高级映射，消除业务逻辑和数据访问逻辑上的耦合。

在保障数据快速响应方面采用分布式 Redis 缓存，通过数据全部 In-Momery 的方式来保证高速的 IO 访问，提供数据落地的功能。在海量数据存储中，实现了半自动化的数据分片。

在数据存储容器上部署了 MySQl 集群，基于分布式体系结构，来避免以往传统的数据库容易出现的单点故障。在某个节点失效出现故障后可快速自动切换，保证了数据访问的及时性和稳定性。并且随着服务器数量的可持续扩展，使得整套数据服务支撑体系都具备超高的吞吐量和超低的访问延迟，为前端的用户使用体验提供了关键的保障。

在前端页面技术上基于稳定的 Vue.js 框架，结合 Node.js，完成了开发、运行、打包、发布等一系列标准的前端工程化模式。实现前后端分离、独立运行的渐进式网页应用。能快速从后端 Restful Api 接口中获取数据并同时完成展示，Vue.js 具备 MVVN 框架的声明式的渲染，摆脱了传统网页中频繁的 Dom 操作，专注于数据的渲染和展示，提高了浏览器性能的利用率。

在粤港澳大湾区资源环境数据模块中引入了基于网页可缩放矢量（SVG）绘写的矢量地图，较为精确地描绘出城市的相对地理位置和轮廓细节，能让用户直观明了地快速找到自己需要的城市或地区的相关数据信息，获取相关数据资源，大幅地提高了使用效率，并支持用户浏览院地对接的数据支撑应用服务案例等相关信息。

在粤港澳大湾区海洋环境数据的动态资源体系图中创新采用了旭日图来展示多层级的分类之间的对应关系，这是一种圆环镶接图，旭日图中每个级别的数据通过 1 个圆环表示，离原点越近代表圆环级别越高，最内层的圆表示层次结构的顶级，然后一层一层可以直观地看到数据的占比和分布情况。越往外，级别越低，且分类越细。如此一来用户就能从直观明了的旭日图中轻松快速找到自己需要的分类数据，并获取数据下载及相关信息。

“数字大湾区”系统基于最新的 DevOps 理念，实现了自动化部署流程，并通过 Jenkins 持续集成工具及自定义对应的自动化脚本，把开发环境、测试环境、生产环境无缝切换部署，提高了各个环节的工作效率的同时，还更好地体现了基于敏捷开发理念的模式快速持续迭代更新的能力，为后续需求的变化提供了坚实的支撑。

6.2.4　平台开发实现

粤港澳大湾区海洋信息平台初版本——“数字大湾区”目前已经开发完成，其 UI 设计采用扁平化风格，扁平化风格界面的特点给用户提供良好的应用体验，更少的按钮和选项使得界面干净整齐，使用起来也更加简单，布局和排版直观、简洁，界面颜色搭配丰富。此外，考虑到多分辨率显示器的兼容性，界面设计采用响应式的设计方式，使其能够很好地支持工作电脑、投影仪、展示大屏等多种分辨率的显示器。

在浏览器地址栏输入：http://gbad.scsio.ac.cn，进入“数字大湾区”首页。系统首页显示两大功能页面，按照陆海统筹思想，主要将数据资源整合形成粤港澳大湾区资源环境数据库和粤港澳大湾区海洋环境数据库，可以拖动页面或点击滚动条切换功能模块。

1. 大湾区资源环境数据库

资源区域范围包括：香港特别行政区、澳门特别行政区、广州市、深圳市、珠海市、佛山市、惠州市、东莞市、中山市、江门市、肇庆市（图 6.4）。

资源主题包括：地形地貌、气候气象、水文条件、土地资源、海洋环境、社会经济。

资源获取方式包括：现场监测、航次观测、遥感观测、环境预报、模式计算。

页面以地图形式展示，按照粤港澳大湾区“9+2”城市与地区的区域多源异构数据进行整合共享与功能实现。点击城市与地区地图，可以跳转至城市数据集成页面。

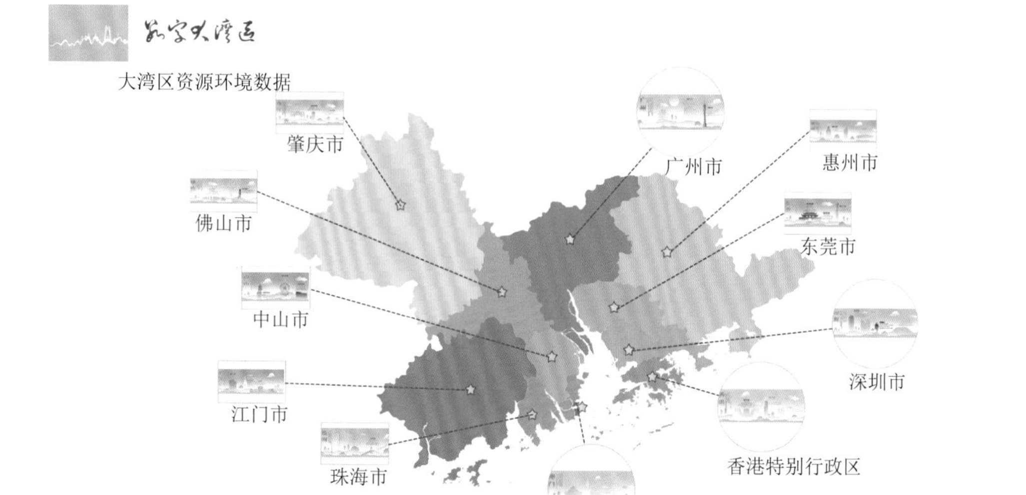

图 6.4　大湾区资源环境数据库首页面截图

2. 大湾区海洋环境数据库

数据资源管理是粤港澳大湾区海洋信息平台的核心。

数据资源管理为用户提供数据管理的一本台账，通过图表化的方式对海洋数据体系进行可视化展示，包括数据注册、数据编目和数据转换等功能，能对数据进行分类组织、编目与检索，以及对元数据信息进行修改与注销，实现各类型数据资源的层次化组织、标签化管理以及按主题分级共享。同时，与服务管理的集成满足从数据管理到服务发布的无缝对接。

大湾区海洋环境数据库页面按照资源体系图，实现按照数据资源分类体系的数据整合共享（图 6.5），点击资源分类图表框区域实现跳转。

根据已发布上线的粤港澳大湾区海洋环境数据的元数据信息中学科领域、区域范围、数据要素等关键字信息制作了词云图，如图 6.6。

粤港澳大湾区海洋信息平台充分利用新技术、新手段，通过完善粤港澳大湾区海洋环境科学数据一体化管理体系，构建起大湾区海洋数据汇聚治理平台，实现大湾区海洋数据的云式存储、云式管理和云式服务，实现大湾区海洋环境科学数据与信息的集成、共享和高效利用。

6.2.5　平台应用系统

1. 航次一张图

航次一张图系统基于百度地图开放平台（JavaScript API）开发，目标是实现科学考察航次/航段的航行轨迹、站位站点、观测数据的动态可视化展示及数据共享应用。

图 6.5　大湾区海洋环境数据库首页面截图

航次一张图以航次/航段为单位，按照观测平台、考察季节、调查范围、资助单位、科学目标、支撑专题等标签实现航次/航段的信息管理与集成，同时集成“航次、航段历史时间表”，全面展示航次/航段全景图，可以让数据使用人方便直观地通过年份、考察船来查找关联数据。

图 6.6　粤港澳大湾区海洋环境数据集的关键字词云图

航次/航段基本信息集成包括船名、航次名称、开始时间、结束时间、航行天数、航程（单位：n mile）、出海总人数、参与单位、首席等信息。选择相应的航次/航段，可以在线绘制航次/航段站位图。

后期开发重点有两方面：一是船岸互动，全面实时展示航次/航段的断面和定点站位上开展专业调查的现场场景；二是数图互动，以定点站位为最小可用的数据管理对象，全面集成该站位点上的各学科数据，并实现数据图形的直接在线绘制分析。

2. 遥感一张图

遥感一张图系统基于高德地图 JS API 开发。目标是实现自然资源陆地卫星、海洋卫星、气象卫星等的多源异构数据资源的一体化集成、数据产品的动态可视化展示及数据共享应用。

目前，已实现高分系列卫星的数据资源的查询、检索及卫星影像数据缩略图的在线浏览。按照卫星、传感器、采集时间、分辨率等标签实现遥感观测数据的管理和信息集成（图 6.7）。

后期开发将继续实现海洋卫星、气象卫星的观测数据的展示与共享，以及数据订购与在线分发功能。

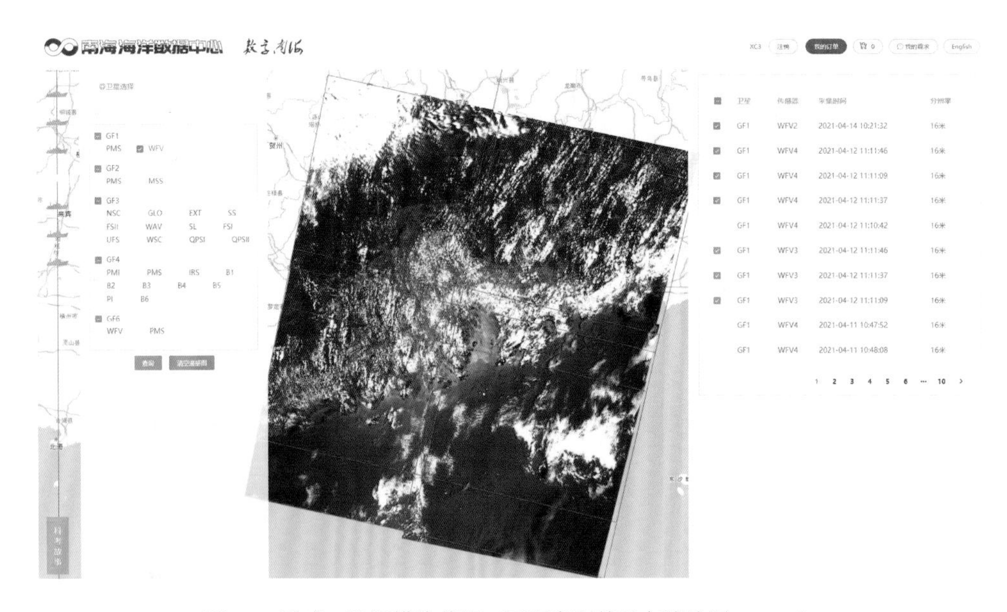

图 6.7　遥感一张图模块截图（网页底图基于高德地图 JS API）

3. 生态环境预报系统

珠江口及邻近海域承载粤港澳大湾区最频繁、最活跃的经济社会活动，对广东省乃至全国经济可持续发展具有重大影响，近年来随着粤港澳大湾区的建设，发达的工商业、密集的人口和高度城市化给珠江口及邻近海域海洋环境带来很大压力，大湾区居民陆地活动产生大量的无机、有机污染物通过珠江口进入南海北部，引发珠江口及邻近海域海水严重富营养化，导致赤潮等海洋灾害发生，严重破坏了珠江口水域的环境。

海洋观测是人们掌握珠江口水域环境要素时空分布的重要手段，但是观测数据往往具有一定的空间局限性，难以获得比较完整的、连续的海洋环境变量分布，未必能客观反映粤港澳大湾区人类活动影响下珠江口生源要素长期时空变化规律。

粤港澳大湾区高分辨率生态环境业务化数值可视化预报平台由陆-海-洋-气-生预警系统构成，其中后台模式包括气象模式 WRF，流域水文及生态模式 SWAT，河口水动力及生物地球化学耦合模式 ROMS-ECB（estuarine carbon biogeochemistry），大洋环流水动力及生物地球化学耦合模式 ECCO（estimating the circulation and climate of the ocean）-DARWIN，以及终端网络显示。

粤港澳大湾区高分辨率生态环境业务化数值可视化预报平台结合系统模式水文及生态预报产品，进行了系统需求分析、功能设计、界面设计、数值计算模块调用，运用 HTML5 和 CSS3 语言开发 UI 界面，通过 Cesium、JavaScript 和 Jquery 等完成人机交互功能。

预报系统整合了基于 COAWST 构建的区域地球系统模式、数据分析处理、图形图像和数据库功能，设计和建立了可视化生态环境预报系统。目前预报系统可以实现提前 3 天的珠江口生源要素（表层无机营养盐、叶绿素、底部 DO）、生态系统生物量（浮游植物、浮游动物）、水动力（表层流场、温度场、盐度场）预报，及模式观测验证等功能。如图 6.8、图 6.9，分别为 2016 年 1 月和 7 月的珠江口表层叶绿素浓度模拟数据可视化显示截图。

4. *海洋环境大数据可视化系统*

海洋环境大数据可视化系统主要针对异构海洋大数据集成与动态展示问题，

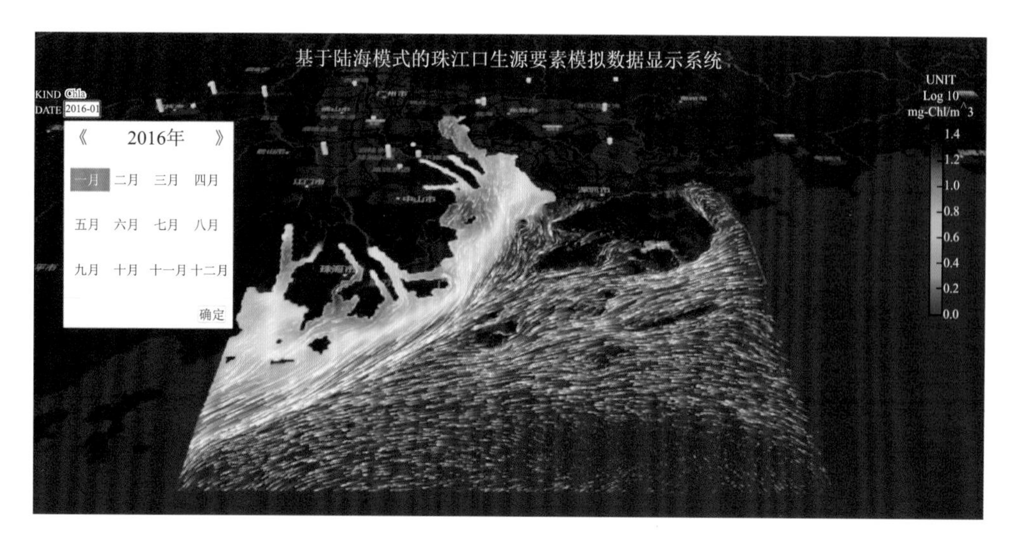

图 6.8　2016 年 1 月珠江口表层叶绿素浓度模拟数据可视化显示截图

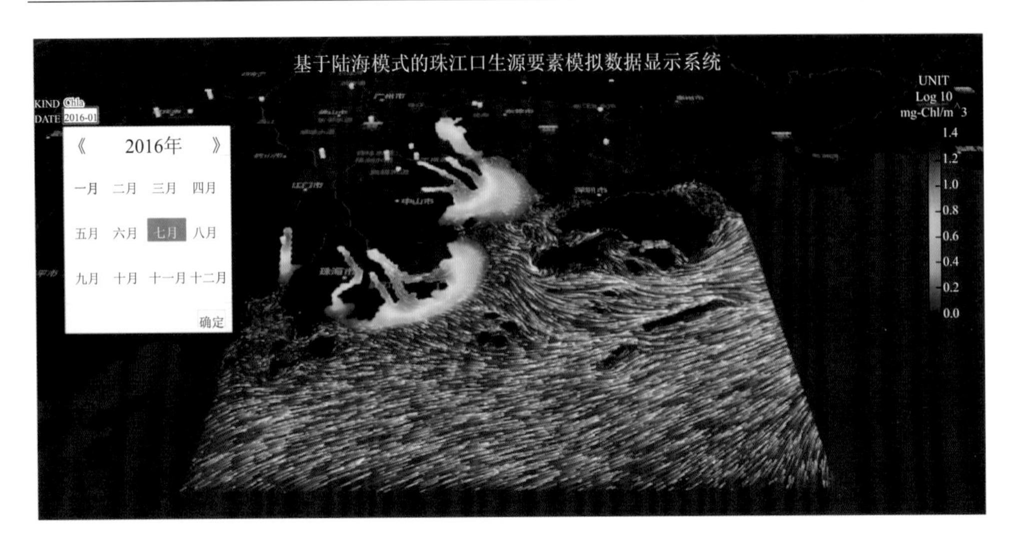

图 6.9　2016 年 7 月珠江口表层叶绿素浓度模拟数据可视化显示截图

基于 3D 地球和 WebGIS 技术开发，为气象模式数据产品、海洋模式数据产品和海浪预报产品、台风路径预报产品等多源异构数据的集成设计统一的数据格式和接口，实现对多源异构数据的存储、检索、查询和可视化图形显示。

海洋环境大数据可视化系统按现有数据产品种类开发海洋数据、大气数据、海浪数据、台风数据四大模块，提供在线/本地地图切换、图例显示、静态/动态数据可视化、点位数据趋势分析、分层断面分析、区域数据下载等三维动态交互式可视化应用功能。图 6.10 为 2010 年 10 月 21 日 6 时台风“鲇鱼”的风场数据可视化显示截图。

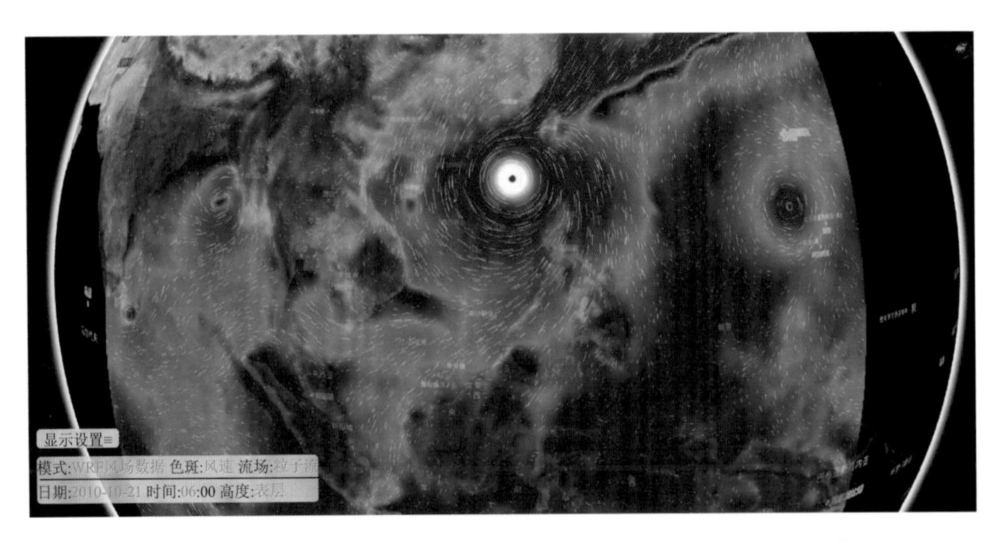

图 6.10　2010 年 10 月 21 日 6 时台风“鲇鱼”的风场数据可视化显示截图

6.3 粤港澳大湾区数据共享服务案例

6.3.1 案例一：现场观测数据支撑服务

案例名称：中国科学院南海海洋研究所海洋监测技术项目组为港珠澳大桥建设提供环境预报保障

服务对象：中国交通建设股份有限公司联合体港珠澳大桥岛隧工程项目

服务背景和意义：2018 年 10 月 23 日上午，港珠澳大桥开通仪式在广东珠海举行。中共中央总书记、国家主席、中央军委主席习近平出席仪式并宣布大桥正式开通。港珠澳大桥全长约 55 km，其中主体部分由长达 22.9 km 的桥梁工程和 6.7 km 的世界上最长的海底沉管隧道两部分组成，横跨珠江口外的伶仃洋海域，将香港、澳门和珠海三地连为一体，是继三峡工程、青藏铁路之后，我国又一重大基础设施项目，是被世界誉为“超级工程”的跨海大桥，被英国《卫报》评为“新世界七大奇迹”之一。由于工程所处海域环境条件复杂，施工难度大且要求非常精准，因此对作业区的海洋环境实时监测和预报保障提出了很高的要求。

服务时间：2011～2017 年

服务内容和方式：为了满足大桥岛隧工程施工作业海洋环境预报保障的需要，提供海洋数值预报模式研制和预报结果验证所必需的高密度实时数据，海洋监测技术项目组受委托建设了港珠澳大桥岛隧工程现场流浪潮实时监测系统，系统包括 4 套海流剖面和波浪监测浮标、2 套平台波浪和潮位监测单元。海流剖面和波浪监测浮标 5 min 自动测量 1 组海流剖面数据、每 30 min 自动测量 1 组波浪数据。平台波浪和潮位监测单元以 2 Hz 的频率连续采集水压，每分钟向用户发送 1 组瞬时水压记录（120 个样本，用于监测异常波浪）、每分钟输出 1 个潮位数据、每 30 min 输出 1 组波浪统计数据。图 6.11 为港珠澳大桥工程海区测点示意图；图 6.12 为海洋监测技术项目组浮标及其数据展示系统。

组织管理与研究情况：保障港珠澳大桥岛隧工程现场流浪潮实时监测系统网络通畅，并增强海流剖面和浮标波浪监测、平台波浪和潮位等数据的整合服务，平台集成课题组针对榕树头航道、隧道基槽及坞口浮运等待区的海流剖面观测和计算分析数据产品，为管节浮运安装施工方案的制定、浮运安装作业窗口的选取、浮运等待区的确定等提供了重要的依据。

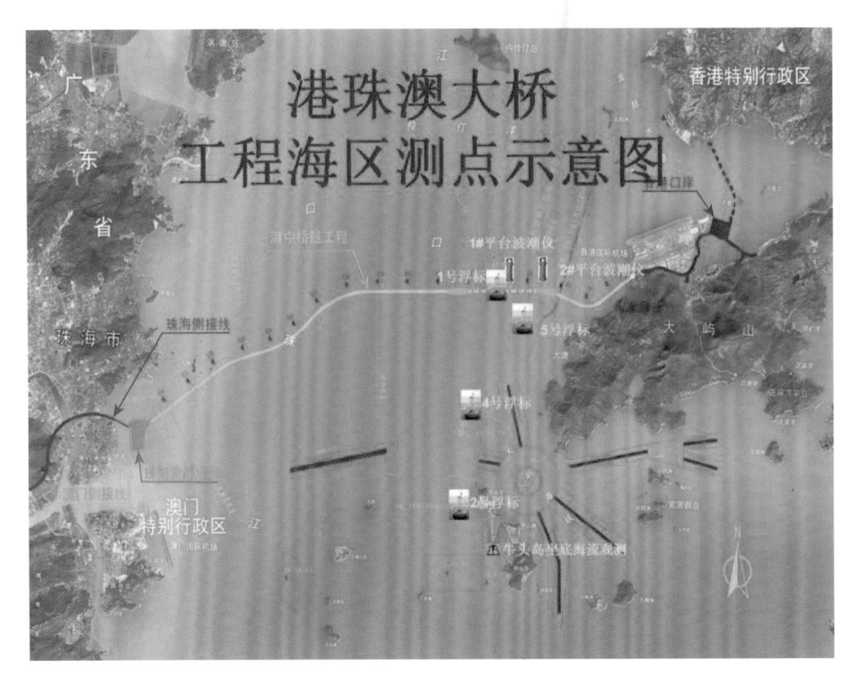

图 6.11　港珠澳大桥工程海区测点示意图

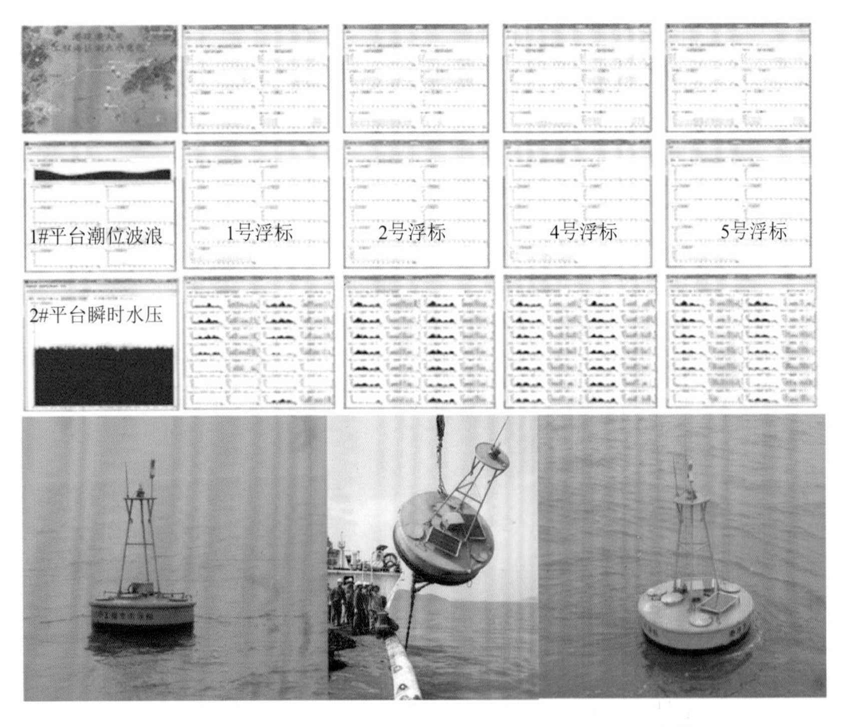

图 6.12　海洋监测技术项目组浮标及其数据展示系统

服务成效："港珠澳大桥岛隧工程项目作业海区流浪潮远程实时观测系统"自 2011 年在工程作业海区投入使用，至工程结束共连续运行 6 年多。系统运行期间，项目组科研人员为流浪潮远程实时观测系统的可靠运行付出了极大的艰辛和努力，为港珠澳大桥建设提供环境实时监测和预报保障，为隧道沉管的姿态调整提供了科学依据，为其顺利安装做出了重要贡献，因此获得了用户中国交通建设股份有限公司联合体港珠澳大桥岛隧工程项目总经理部的书面感谢。

海洋监测技术项目组产出数据在南海海洋数据中心进行了系统整合与共享发布，研究成果也将在工程的后续施工中提供重要的参考价值。

6.3.2　案例二：卫星遥感观测数据支撑服务

案例名称：珠江口海砂开采对港珠澳大桥施工海域悬浮泥沙影响应用分析

服务对象：广东省海洋与渔业环境监测中心、中国交通建设股份有限公司联合体港珠澳大桥岛隧工程项目

服务背景和意义：港珠澳大桥横跨珠江口，是世界上最大的桥隧结合工程（夏韬循等，2019）。港珠澳大桥建设在海底隧道施工过程中，受到施工海域水体悬浮泥沙淤积的干扰，导致大桥隧道施工不能正常进行（图 6.13）。由于海砂开采会导致水体悬浮泥沙的增加，大桥隧道施工海域的悬浮泥沙是不是由于海砂开采引起的，受到大桥施工方的质疑。项目组开展珠江口海砂开采对港珠澳大桥隧道施工海域悬浮泥沙影响的遥感分析，以期主要通过卫星遥感技术手段，从宏观角度了解珠江口海域海砂开采对大桥隧道施工海域悬浮泥沙浓度变化的影响。

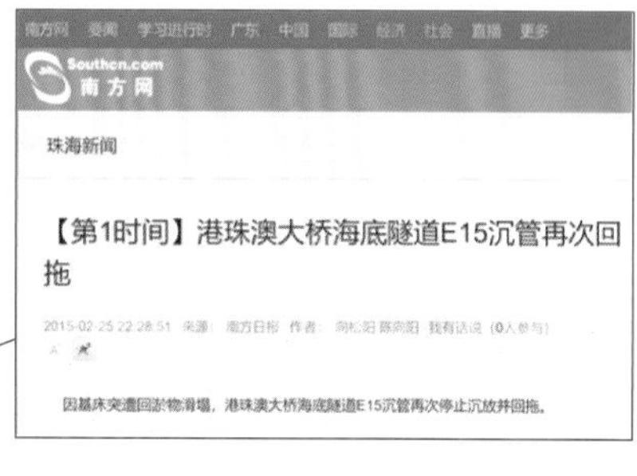
南方网 要闻 学习进行时 广东 中国 国际 经济 社会 直播 更多

Southcn.com 南方网

珠海新闻

【第1时间】港珠澳大桥海底隧道E15沉管再次回拖

2015-02-25 22:28:51

因基床突遭回淤物滑塌，港珠澳大桥海底隧道E15沉管再次停止沉放并回拖。

图 6.13　施工海域水体悬浮泥沙淤积致使隧道施工进度停滞

对海洋水色遥感数据进行大气校正是海洋水色遥感的关键技术，如何从卫星获取的总信号中，剔除 90%以上的大气信号，精确地获取不足 10%的水体信号是水色遥感研究中必须解决的关键问题。然而，NASA 提供的产品在近海区域缺失且分辨率低。近岸浑浊水体区水色遥感数据的大气校正成为了困扰水色遥感界的世界性难题。

为此，团队在近岸水体低分辨率遥感数据处理方面做了大量的工作，通过开展航次水质参数和光谱数据的调查，对不同水质参数的光谱特征进行了研究。

服务时间：2015 年

服务内容和方式：通过遥感观测方式分析海砂开采对大桥隧道施工的悬浮泥沙影响程度。由于现有的悬浮泥沙遥感产品在近岸区域处于缺失状态，需先建立研究区域的悬浮泥沙浓度反演算法。首先对遥感影像进行预处理，去除大气对遥感信号的影响，为后续悬浮泥沙浓度反演提供了较为准确的遥感反射率，然后结合 23 个航次的实测数据，利用符号回归的方式建立了悬浮泥沙浓度反演算法。团队基于该算法，对选取的遥感影像进行悬浮泥沙浓度反演，分析了悬浮泥沙增量和采砂前后不同区域的悬浮泥沙浓度相关性，由此判断海砂开采对隧道施工的影响程度。其总体技术路线如图 6.14 所示。

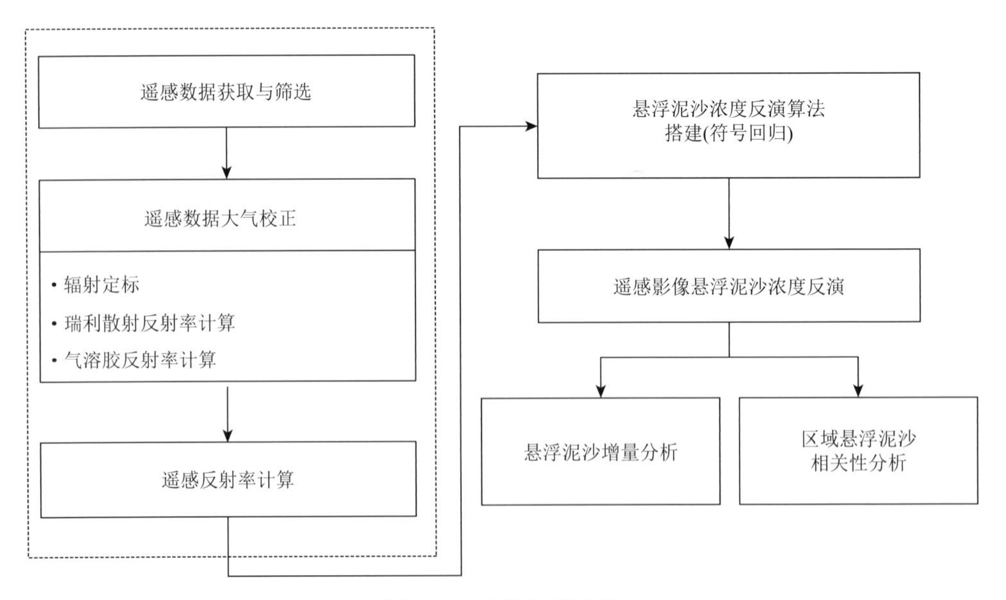

图 6.14　总体技术路线

组织管理与研究情况：基于卫星遥感反演的方法进行分析，存在两处难点。一方面，研究区域跨度较小，河口宽度为 10～20 km，一般而言，海洋卫星的空间分辨率普遍较低，如 MODIS、Sentinel-3 等，无法应用于小区域研究，而陆地卫星则具有较高的空间分辨率。本案例利用陆地卫星 Landsat 系列遥感资料对近海进行反演应用，这种做法较为少见，但取得了良好的应用效果。另一方面，虽然现有的水色遥感反演产品对开阔大洋具有较高的反演精度，但于近岸区域而言，需重新构建区域适应的算法，这是本案例的另一难点所在。经验算法的构建，是基于多个实测数据和遥感数据匹配而实现的，受遥感影像成像条件和质量的影响，匹配的数据往往较为局限。本书通过数据的筛选、匹配，最终获得 395 组数据，建立了较为可靠的经验算法，实现了良好的泥沙反演精度。

服务成效：通过悬浮泥沙增量分析和区域相关性分析，项目组发现泥沙增量并未连续增加到隧道施工区域，且采砂前、采砂后采砂区域与隧道施工区域的相关性变化不大，因此认为隧道施工处的悬浮泥沙主要不是由采砂活动引起。此结果为相关地方政府的决策提供可靠的支撑，最终顺利完成了港珠澳大桥 E15 沉管的安装工作。

1. 数据获取

本案例使用的卫星数据为 Landsat OLI、ETM + 和 TM 数据，在 https://earthexplorer.usgs.gov/下载获取，共处理 235 景遥感影像。实测数据由珠江口及广州河网航次获取，总计悬浮泥沙浓度数据与光谱数据 395 组。

2. 大气校正

鉴于 Landsat 系列数据有 2～3 个短波红外波段，本案例采用短波红外加红外波段进行大气校正，其具体过程和步骤如下。

①数据的辐射定标。

利用图像头文件和相关参数文件对数据进行辐射定标，得到大气顶部总反射率。

②瑞利散射反射率计算。

研究采用 6 s 辐射传输模型计算图像瑞利散射，利用该程序可以模拟无云条件下卫星传感器在太阳反射波段（0.4～2.5 μm）的信号。

③逐像元气溶胶反射率计算。

逐个像元利用短波红外波段构建瑞利校正反射率和中心波长之间的指数关系（这里假定了短波红外波段反射率不受水体悬浮物质的影响）。

④遥感反射率计算。

按大气顶部反射率分解公式计算所有波段的水表面遥感反射率。

3. 悬浮泥沙浓度反演算法

采用符号回归建立悬浮泥沙浓度反演算法。在 Eureqa 软件（v1.1.0）中输入实测的光谱反射率，设置输出变量为 lg 变换后的悬浮泥沙浓度。当校验精度与前一次的结果相同时，算法优化停止。由此建立悬浮泥沙浓度反演算法。

4. 悬浮泥沙增量分析

本案例根据内伶仃岛北侧采砂船只的数量将该区域采砂的强度分为无采砂时间段（2012 年以前）和有采砂时段（2012 年以后），假设无采砂时期卫星影像获得的悬浮泥沙浓度算术平均值为珠江口海域悬浮物浓度的“本底”值。

从图 6.15 上看，采砂对内伶仃岛以北部分区域的悬浮泥沙浓度均存在一定的影响，其影响范围随时间变化。部分时间段可见严重影响区域延伸到内伶仃岛以南区域，从目前已有的多幅影像看，超过 10 g/m^3 的严重影响区域的范围均在内伶仃岛以南 8 km 以内，未到达施工区域。

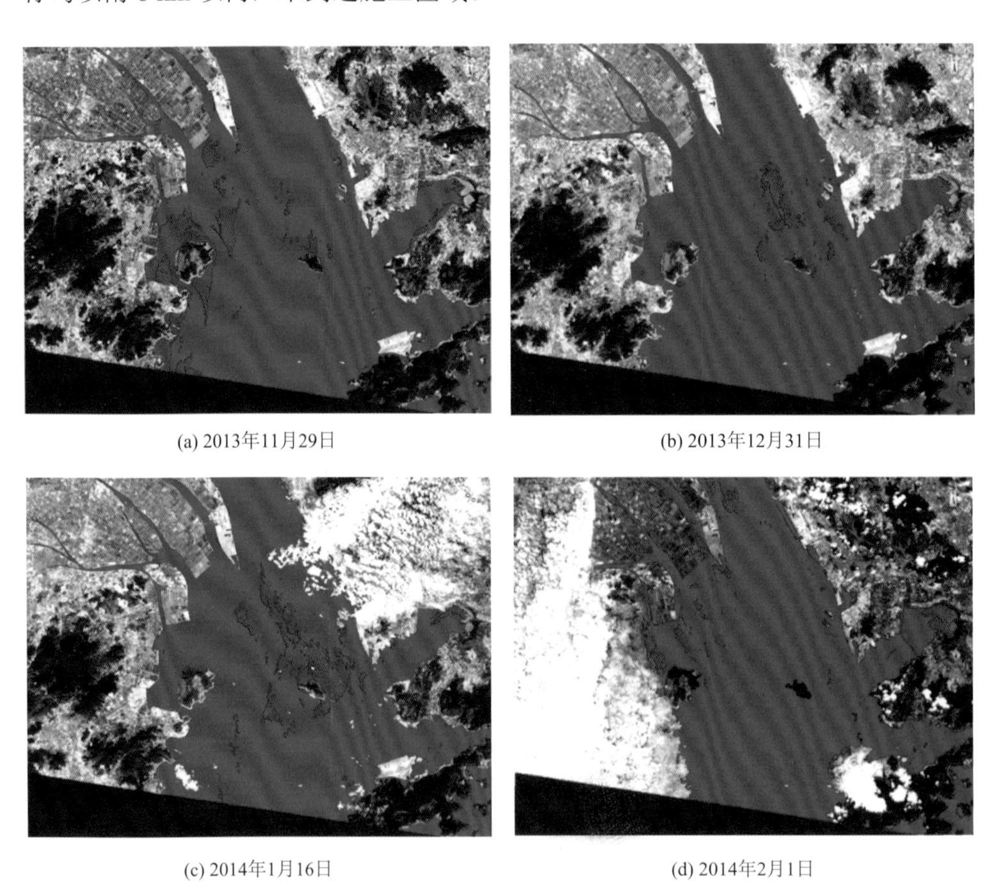

(a) 2013年11月29日　　(b) 2013年12月31日

(c) 2014年1月16日　　(d) 2014年2月1日

图 6.15　悬浮泥沙浓度大于“本底”值（10 g/m^3）的影响区分布图

项目组对有采砂和无采砂期间平均悬浮泥沙浓度的差异进行分析（图 6.16）。

可以看出，有采砂期间悬浮泥沙的增量主要在内伶仃岛附近，以北侧为主，整体增量没有连续到大桥的施工区域。但大桥施工区域的泥沙有增加，但增加的区域与施工区域泥沙增量区域有一定的距离，说明施工区域的泥沙增加是由局地产生的，而不是由上游施工区域产生的。

5. 悬浮泥沙统计分析

本案例设定了五个子区域（图6.17），子区域5是大桥隧道施工现场海域，该子区域的悬浮泥沙是否受海砂开采扬沙的影响是我们关注的问题。

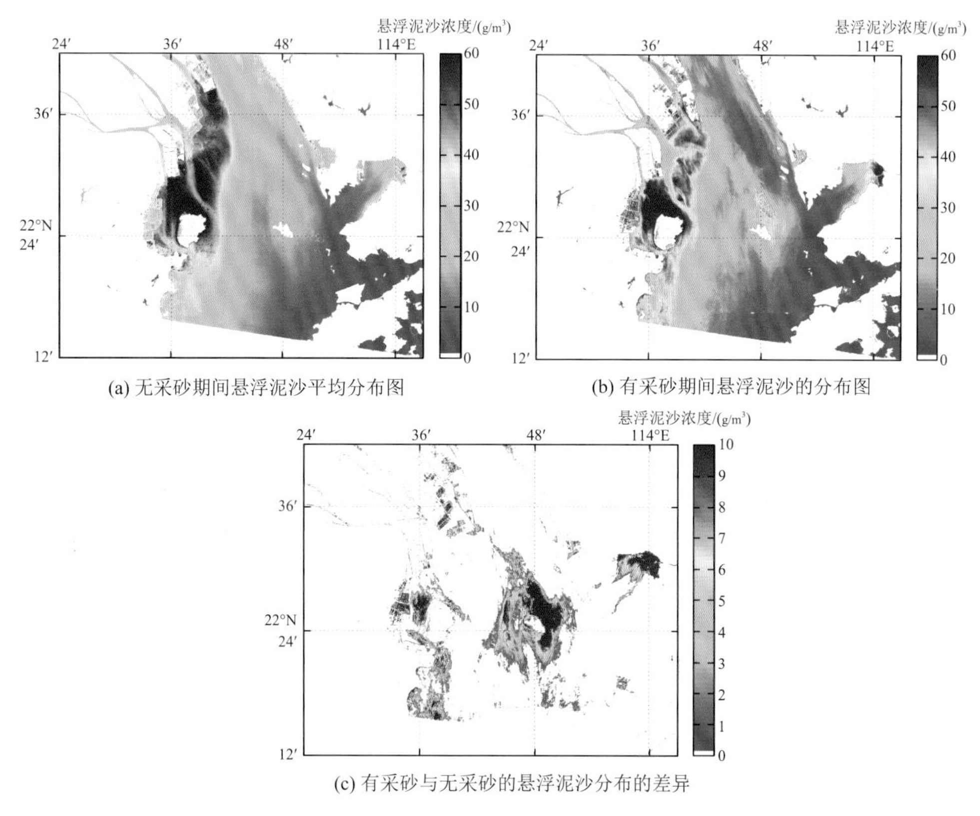

(a) 无采砂期间悬浮泥沙平均分布图

(b) 有采砂期间悬浮泥沙的分布图

(c) 有采砂与无采砂的悬浮泥沙分布的差异

图6.16　珠江口泥沙的分布情况

红框为采砂区域，黑色虚框为隧道施工区，黄色为港珠澳大桥

根据1989年以来的长时相较高空间分辨率的Landsat卫星遥感资料，大桥隧道施工海域的悬浮泥沙浓度与珠江口伶仃洋海域其他子区域的悬浮泥沙浓度具有正相关性，从部分卫星遥感图像上可以发现高浓度悬浮泥沙从内伶仃岛以北海域一直延伸到南部，但并未连续增加到施工区域。

各子区域悬浮泥沙相关性分析表明，大桥施工海域的悬浮泥沙浓度与子区域 2、子区域 3、子区域 4 都具有正相关关系，但是在采砂时段的相关性与在无采砂时段的相关性差别不大，没有发现在采砂时间段具有相关性增加的趋势。

实测资料表明大桥施工海域的悬浮泥沙浓度在海砂开采停工后不一定减少。此外，海砂开采产生的悬浮泥沙随着水深的加深，水流速度的减慢，悬浮泥沙会根据其粒径大小与水动力强度之间的关系，从粗到细逐步沉降（分选性沉降），能够搬运到大桥隧道施工海域的悬浮泥沙，一般粒径相对较细。而粒径越细小的颗粒沉降速度也越慢。因此，即使内伶仃洋的海砂开采引起大桥施工海域的悬浮泥沙浓度增加，这部分悬浮泥沙也难以快速沉降，很难对大桥施工产生实质性影响。

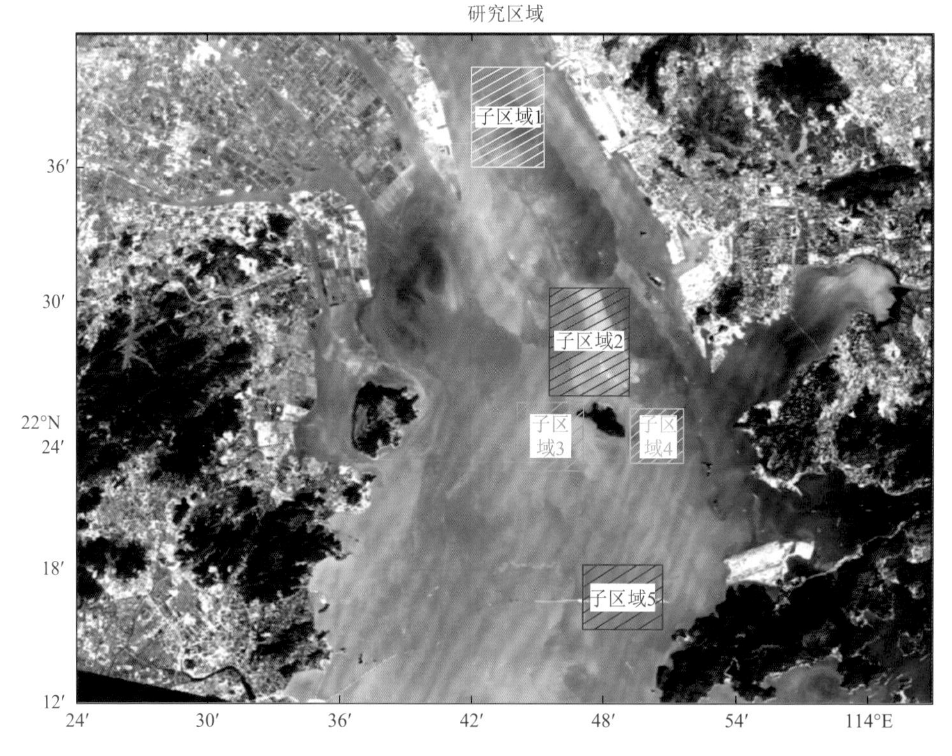

图 6.17　悬浮泥沙统计分析设定的子区域

本案例成功为港珠澳大桥海底隧道施工过程提供了技术支持，获得广东省海洋与渔业环境监测中心成果应用证明。

相关数据及产品已经集成到“数字大湾区”，并在国家地球系统科学数据中心南海及邻近海区分中心发布，为更多粤港澳大湾区海洋环境研究提供共享服务。访问链接如下：

①珠江河口悬浮泥沙 Landsat-8 卫星数据集（20130809-20150220）

http://ocean.geodata.cn/data/datadetails.html?dataguid=27888213708767

②珠江河口悬浮泥沙 Landsat-7 卫星数据集（20031009-20150212）

http://ocean.geodata.cn/data/datadetails.html?dataguid=45480376042393

③珠江河口广州河段悬浮泥沙 Landsat-8 卫星数据集（20130809-20150220）

http://ocean.geodata.cn/data/datadetails.html?dataguid=23490164932549

④珠江河口广州河段悬浮泥沙 Landsat-7 卫星数据集（20031009-20150212）

http://ocean.geodata.cn/data/datadetails.html?dataguid=47679417280318

6.3.3　案例三：海洋环境预报预测支撑服务

案例名称：新一代南海海洋环境实时预报平台及其应用

服务对象：广东省气象局、广东省海洋与渔业厅、广州市气象局、珠海市金湾区应急管理办公室、海南省气象局、钦州市气象局等

服务的背景和意义：我国南方沿海地区是热带气旋活动频繁的地区，每年夏秋季热带气旋带来的强风、暴雨、风暴潮和海浪给海上航行、海上施工、海上风力发电、渔业捕捞等带来严重危害，造成巨大的经济损失和人员伤亡。

为了减少热带气旋灾害链带来的破坏和损失，需要对热带气旋及其引发的暴雨、风暴潮、海浪等要素进行高精度的预报，从而为减灾防灾工作提供指导。

基于此目的，项目组分析了南海海洋环境实时分析和预报存在较大误差的主要原因，其可以归结为以下三个方面：①海洋观测资料匮乏；②观测数据融合（同化）效率低下；③海洋与大气关键物理过程刻画不准。针对这三方面原因，在提升南海海洋环境观测能力的同时，项目组充分利用中国科学院南海海洋研究所对南海 40 多年积累的调查与观测资料，考虑南海海洋和大气内在的物理和动力特征，对多源观测数据融合（同化）技术和关键物理过程参数化进行系统性的科技创新和技术攻关，以显著提高模式对多源观测数据的融合（同化）效率和对关键物理过程的刻画精度，从而有效减少南海海洋环境实时分析与预报误差，最终研发了新一代南海海洋环境实时预报系统（NG-RFSSME）。系统每天进行 4 次预报，能够提供未来 5 天的南海区域大气、海洋温盐流、风暴潮和海浪的预报结果，并通过网页进行展示（图 6.18）。此外，系统通过先进的资料融合技术融合了多源实时观测数据，包括卫星观测的海表高度数据、海表温度数据、亮温数据，Argo 浮标和水下滑翔机观测的温盐剖面数据，

以及高频地波雷达观测的海表流场数据等（图 6.19），从而进一步提高了预报系统的预报准确度。

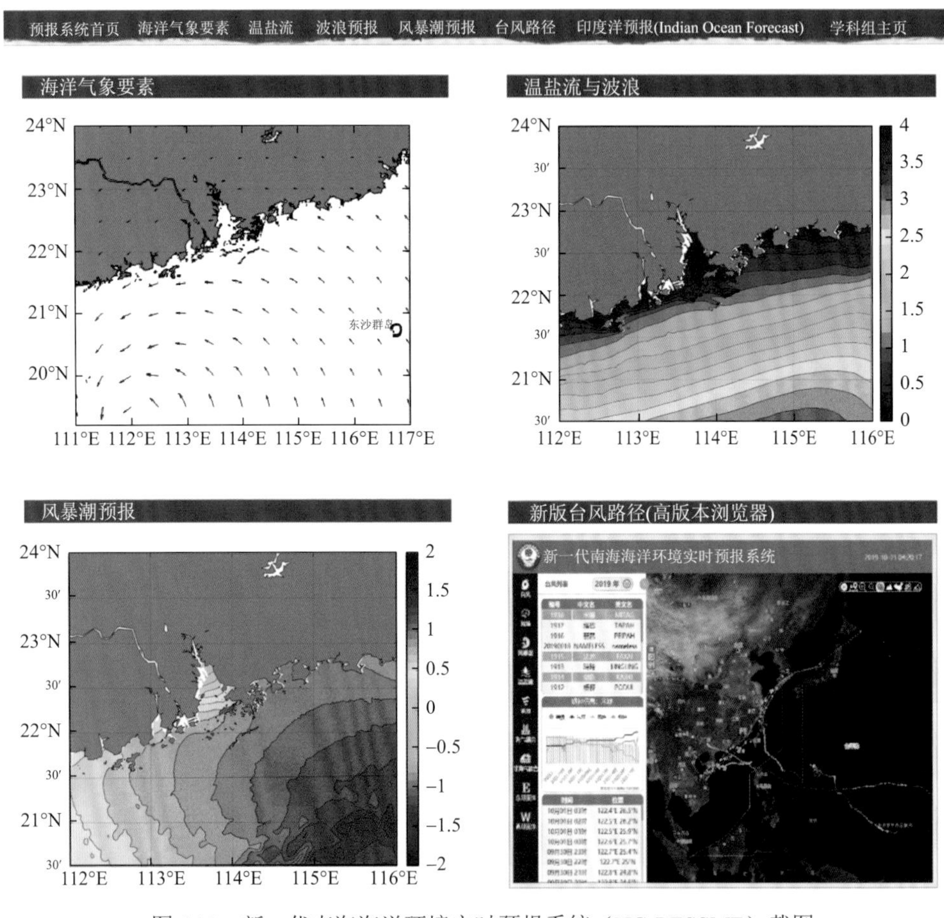

图 6.18　新一代南海海洋环境实时预报系统（NG-RFSSME）截图

服务时间：2010 年 1 月～2023 年。

服务内容与方式：2010 年，该系统的预报结果为第十六届亚洲运动会（广州亚运会）开幕式及运动会期间的天气诊断会商提供了有力的天气诊断参考和依据，在此次亚运会的气象保障服务工作中发挥了重要作用。

2017 年，该平台提前 1～4 d 较准确地预报了连续袭击广东省沿岸的超强台风“天鸽”和“帕卡”的路径和登陆点；2018 年，该平台同样较准确预报了“玛利亚”“山神”“贝碧嘉”“百里嘉”等台风的路径和登陆点，尤其是提前 3 天以上较准确预报了超强台风“山竹”的登陆点；2019年提前1 d预报了第5号台风“丹娜丝”在吕宋海峡东面的转向。

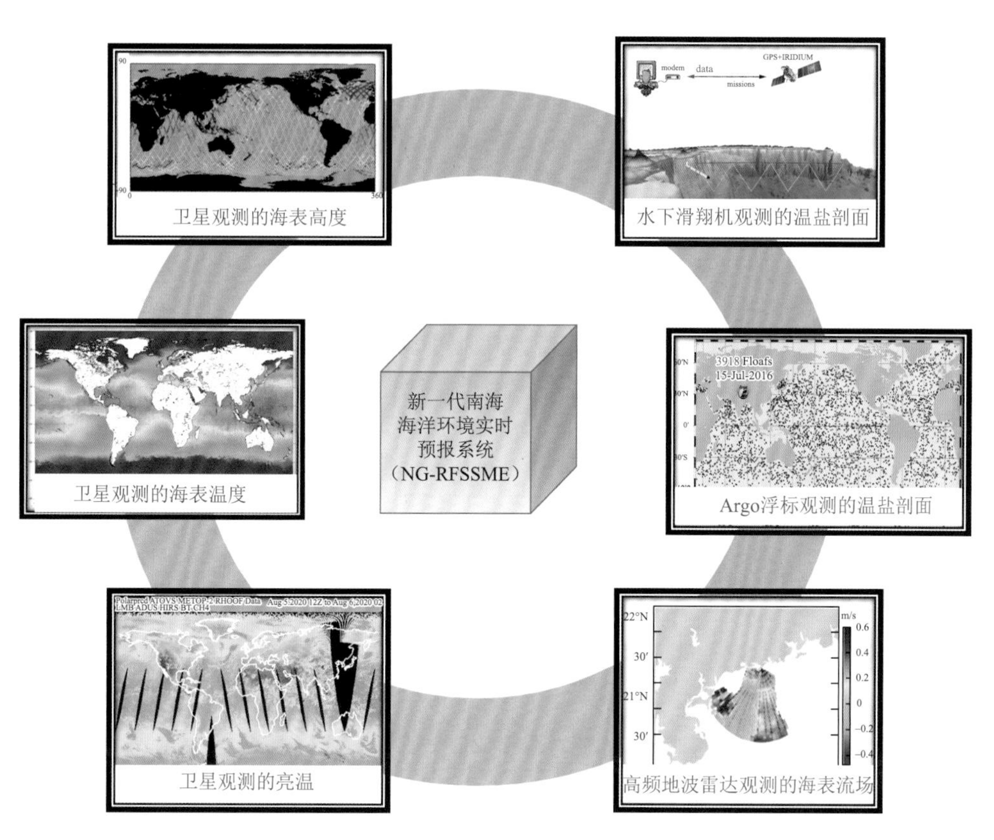

图6.19　多源实时观测数据融合示意图

2018年，超强台风“山竹”登陆广东台山，给广东、广西、海南、湖南和贵州五省（区）造成了重大的灾害，直接经济损失高达52亿元。该系统在台风“山竹”的预报中提前27 h准确预报了台风的登陆点，并通过微信实时指导了珠海市金湾区综合指挥中心负责人对台风“山竹”的防台抗台工作，为珠海市金湾区零死亡人数的抗台目标做出了重要贡献。

组织管理与研究情况：本系统的主要创新特点包括三个方面。①发展了能显著提升多源观测资料与预报模型融合效率的资料融合（同化）技术（王品强等，2016；Lai et al.，2014；Peng et al.，2016；Li et al.，2014a）；②建立了适合南海区域的、更准确的海气界面通量交换和海洋内部混合参数化方案，提高数值模式对这些关键物理过程的刻画能力（李毅能等，2011；Li et al.，2013；Peng et al.，2013；Wang et al.，2016；Li et al.，2014b；Peng et al.，2015a）；③有机集成以上对多源观测资料融合效率更高的资料同化技术和对关键物理过程刻画更准确的参数化方案，建成实时分析和预报精度更高的“新一代南海海洋环境实时预报平台”（Peng et al.，2015b）。

研发团队通过构建开源的、多重嵌套的海-气耦合模式平台，并与南海的自主现场观测相结合，将团队所研发的创新技术（包括海表观测信息向深层延拓技术、海洋多尺度三维变分同化技术、“选尺度资料同化”技术、海气界面动量通量参数化新方案、风浪混合与潮致混合参数化新方案等）逐项加入该平台进行调试和优化，最终建成新一代南海海洋环境实时预报系统（NG-RFSSME）。NG-RFSSME实现了对南海海洋环境要素（包括风场、海浪、温度、盐度、海流、风暴潮等）的 120 h 的预报。经过大量的基于观测数据的客观检验和评估，结果表明NG-RFSSME 能显著提高对南海海洋环境要素的实时分析与预报水平，尤其是对台风路径和水下温盐的预报精度提高约 15%～50%，见表 6.2 和表 6.3。

表 6.2　集成新技术前后预报系统的温盐预报误差比较

预报时效	温度偏差/℃		温度偏差提高程度/%	盐度偏差/PSU		盐度偏差提高程度/%
	集成前	集成后		集成前	集成后	
24 h	0.91	0.51	43.96	–0.16	–0.07	56.25
48 h	0.78	0.41	47.44	–0.14	–0.06	57.14
72 h	0.88	0.43	51.14	–0.16	–0.07	56.25

表 6.3　集成新技术前后预报系统的台风路径预报误差比较

预报时效	2012 年台风路径误差方差/km		提高程度/%
	集成前	集成后	
24 h	36.56	30.89	15.50
48 h	71.97	52.68	26.80
72 h	141.29	106.82	24.40

2011 年以来，该平台还为国家自然科学基金委员会每年的南海科学考察航次提供水文气象保障，使每个航次能根据预报结果及时调整航线，合理安排潜标、MMP等仪器的投放和回收工作，避免了恶劣天气的影响，保证科学考察任务顺利完成。此外，自 2010 年以来，还有超过 20 家其他国内外相关业务单位的业务人员访问了NG-RFSSME 的预报结果显示网页，为他们的业务工作提供了有价值的参考。

取得的成效：自 2010 年 NG-RFSSME 实现准业务化运行后，其现报与预报能力和精度逐步得到业内各单位的认可和肯定。目前，NG-RFSSME 及其相关技术已在 17 家海洋气象业务部门和保障单位得到了推广应用，其中 NG-RFSSME 直接应用到广东省气象局、广东省海洋与渔业厅、广州市气象局、珠海市金湾区应急管理办公室、海南省气象局、钦州市气象局等，并多次为国家和广东省的重要社会或科研活动提供水文气象保障服务，如 2010 年广州亚运会和南海所自 2011 以来每年承担的国家自然科学基金委员会南海综合科学考察航次等。通过近几年在实际应用中的检验（图 6.20），用户对 NG-RFSSME 的预报水平给予了充分肯定和高度评价：

"……对多个登录广东省的热带气旋（如'帕卡''玛娃''贝碧嘉''百里嘉'等）的路径和登陆点的预报效果好……"（广州市气象局）；

"多次准确预报了南海地区的台风、暴雨和风暴潮等极端天气和水文事件，尤其准确预报了近年来登陆海南岛的台风的路径、强度和登陆点，如'威马逊''海鸥''莎莉嘉''银河''卡努'等"（海南省气象局）；

"多次准确地预报了南海地区的台风、灾害性海浪和风暴潮等海洋气象灾害，特别是准确预报了 2017 年连续登陆广东沿岸的台风'天鸽''帕卡''玛娃'等的路径、强度和登陆点"（广东省海洋与渔业厅）；

"……对北部湾区域的海洋气象要素预报具有很高的技巧，多次准确预报了进入北部湾海区的台风的路径、强度和登陆点以及北部湾沿岸风暴潮和灾害性海浪等极端海洋气象事件，且与国内外同类产品相比具有较明显的优势和先进性。因此，该平台的海洋气象预报产品目前已成为我局业务预报员的主要参考之一，为我局提高北部湾海洋气象预报水平作出了较大贡献"（钦州市气象局）。

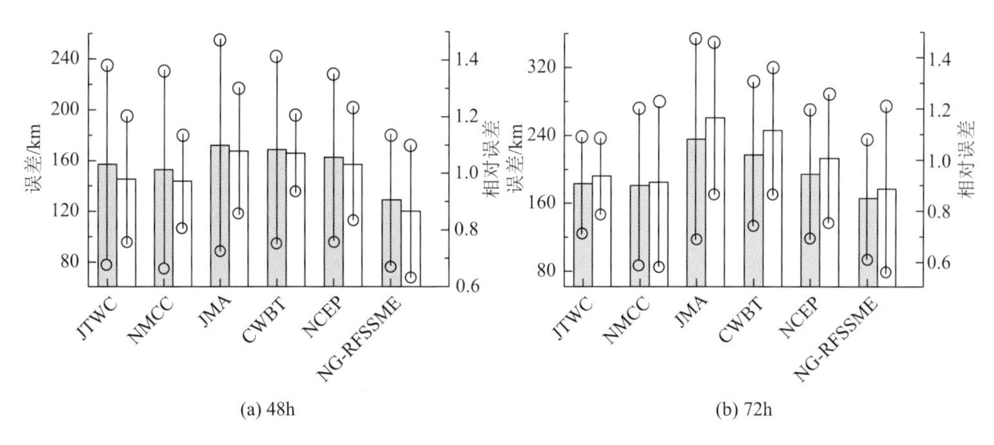

图 6.20　NG-RFSSME 及其他机构对 2013 年经过南海区域且生命期长于 48 h 的热带气旋（15 个）的 48 h（a）和 72 h（b）路径预报误差比较

图中实心（空心）直方柱为台风路径预报绝对（相对）误差，连接空心圆点的垂直实线为标准差。其中 JTWC、NMCC、JMA、CWBT 和 NG-RFSSME 分别代表美国联合台风预警中心、（中国）国家气象中心、日本气象厅、（中国）台湾"中央气象局"和南海海洋环境实时现报与预报系统。NG-RFSSME 的 48 h 和 72 h 的台风路径预报优于其他机构

NG-RFSSME 对南海区域海洋环境要素的预报精度达到国内外先进水平。NG-RFSSME 对台风和风暴潮的准确预报为我国沿海地区尤其是广东省的减灾防

灾做出了重要贡献。尤其是NG-RFSSME对台风路径的预报表现十分优异，曾经多次准确预报出登陆我国台风的路径和登陆点，在我国南方沿岸地区的减灾防灾中发挥了重要的作用，取到了卓越的社会效益。

相关数据及产品已经集成到“数字大湾区”，并在国家地球系统科学数据中心南海及邻近海区分中心发布，为更多粤港澳大湾区海洋环境研究提供共享服务。访问链接如下：

①EPANF台风预报数据集系列（2010—2015）

http://dx.doi.org/10.12041/geodata.73969831936225.ver1.db

②EPANF台风预报图集系列（2011—2015）

http://dx.doi.org/10.12041/geodata.69571954990926.ver1.db

③EPMEF台风路径预报数据集（2019）

http://dx.doi.org/10.12041/geodata.129137693800348.ver1.db

④EPMEF台风路径预报图集（2019）

http://dx.doi.org/10.12041/geodata.217098624535905.ver1.db

6.3.4 案例四：海洋地质环境安全支撑服务

案例名称：珠江口岸线地形数据长时间序列分析应用

服务对象：港口建设、航道维护、岸滩开发、减灾防灾、生态环境保护等相关部门

服务的背景和意义：地理上河口是陆海相互作用的重要界面，是地球主要圈层（岩石圈、水圈、大气圈和生物圈）相互作用最敏感、最活跃的地带，是一个复杂的自然综合体。这些界面既受径流、潮汐、潮流、地形、盐淡水混合、风应力、口外流系等自然因子作用，又愈来愈受到人类活动影响。此外，河口因其丰富的自然资源、优越的自然条件和重要的地理位置，成为人类活动最为集中和活跃的区域。因此，河口地貌形态的变化不仅反映了陆海综合作用的过程，同时也反映了经济社会、生态环境与政策导向之间的作用关系。

服务时间：2017年1月～2020年12月

服务内容与方式：建立珠江河口长时间序列多源岸线地形数据库。

收集并整理有珠江河口地区1936～2016年时间跨度达80多年的海图资料，用于分析河口的岸滩演变和水下地形的变化。海图资料的详细信息见表6.4。这些海图的比例尺在1∶5万至1∶20万范围，数据密度为8～20点/km^2。首先通过扫描将海图的纸质图生成电子图像，然后利用地理信息系统ArcGIS对扫描获得的电子海图的水深、滩涂和岸线信息进行数字化，并统一转换为UTM-WGS84坐标系统。此外，我们还收集了1973～2017年的卫星影像（表6.5）作为岸线变化分

析的补充材料。其中 TM、ETM+和 OLI/TIRS 影像的分辨率为 30 m，MSS 影像的分辨率为 80 m。卫星遥感影像的处理包括利用二阶多项式将图像中的行、列像素匹配于 UTM-WGS84 坐标系统、基于图像去雾（haze remaval）进行的大气校正、利用图像拉伸增强技术对伪彩色合成图中平均高潮线的提取等。

表 6.4　珠江河口岸线水深分析涉及的海图

图名（图号）	比例尺	调查时段	出版时间/年	来源
澳门港至珠海港（84204）	1∶75000	2008～2015	2016	MSAC
桂山岛至沙角（84206）	1∶75000	2010～2016	2017	MSAC
珠江口及邻近海域（15440）	1∶150000	1998～2004	2005	NGDCNH
内伶仃岛至虎门（15445）	1∶50000	1977～1993	1996	NGDCNH
小浦岛至小金岛（15449）	1∶75000	1977～1991	1996	NGDCNH
珠江三角洲及邻近海域（15-1041）	1∶150000	1963～1965	1972	NGDCNH
珠江三角洲（2562）	1∶200000	？～1936	1936	UKHD

注：MSAC：中华人民共和国海事局；NGDCNH：中国海军总部航海保障部；UKHD：英国海道测量部。

表 6.5　用于岸线分析的卫星影像

卫星名称	传感器	成像时间	分辨率/m
Landsat-1	MSS	1973-12-25	80
Landsat-5	TM	1987-02-07	30
Landsat-5	TM	1989-07-06	30
Landsat-5	TM	1991-11-17	30
Landsat-5	TM	1993-12-24	30
Landsat-5	TM	1995-12-30	30
Landsat-5	TM	1997-01-11	30
Landsat-7	ETM+	1999-11-15	30
Landsat-7	ETM+	2001-11-20	30
Landsat-5	TM	2003-10-17	30
Landsat-5	TM	2005-11-23	30
Landsat-7	ETM+	2007-09-18	30
Landsat-5	TM	2009-01-02	30
Landsat-5	TM	2011-06-01	30
Landsat-8	OLI/TIRS	2013-11-29	30
Landsat-8	OLI/TIRS	2015-01-03	30
Landsat-8	OLI/TIRS	2017-01-08	30

组织管理与研究情况：基于珠江河口长时间序列多源岸线地形数据库，对珠江河口岸线水深进行变化分析。

图 6.21 为基于岸线水深数据绘制的 1936～2017 年珠江河口岸线变化及各子区域的对比。此外，基于不同期次珠江河口岸线水深地形数据的比较，也可获得了不同时段珠江河口岸线长度、潮滩面积、水域面积等的变化特征（表 6.6～表 6.8）。

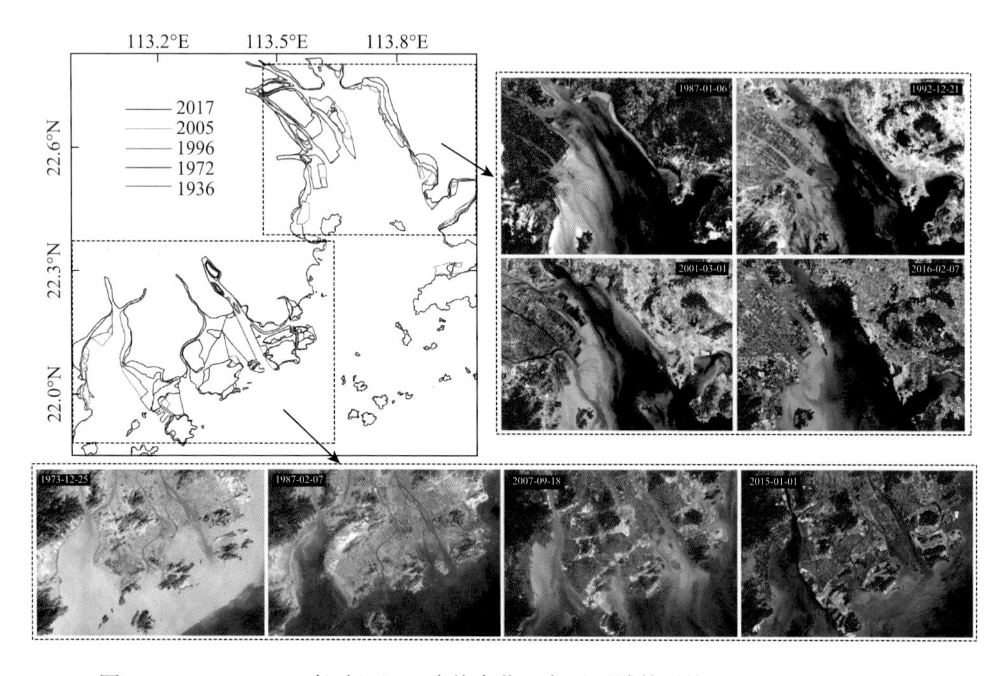

图 6.21　1936～2017 年珠江河口岸线变化及各子区域的对比（Wei et al.，2021）

表 6.6　1936～2017 年珠江河口岸线长度、潮滩面积、水域面积、平均水深和水体体积的变化

年份		1936 年	1972 年	1996 年	2005 年	2017 年
岸线长度/km		328.56	378.60	475.00	518.24	556.63
潮滩面积/km^2		489.5	576.9	378.6	266.9	253.2
不同深度水域面积/km^2	＞0～2 m	76.14	71.79	109.01	157.06	178.28
	＞2～5 m	988.59	1019.28	943.55	971.56	1004.89
	＞5～10 m	1674.32	1432.58	1204.01	1082.44	944.48
	＞10 m	263.15	201.55	207.73	222.24	268.05
	合计	3002.20	2725.20	2464.30	2433.30	2395.70
平均水深/m		6.27	6.06	5.92	5.91	5.97
水体体积/km^3		19.77	18.16	17.16	17.03	16.96

表 6.7　不同时段珠江河口岸线长度、潮滩面积、水域面积、土地面积和水体体积的变化

时段	岸线增长		潮滩损失		水域面积损失		土地面积增长		水体体积损失	
	总量/ 10^4 m	速率/ (10^3 m/a)	总量/ 10^7 m^2	速率/ (10^6 m^2/a)	总量/ 10^7 m^2	速率/ (10^6 m^2/a)	总量/ 10^7 m^2	速率/ (10^6 m^2/a)	总量/ 10^9 m^3	速率/ (10^7 m^3/a)
1936～1972 年	5.0	1.4	–8.7	–2.4	27.7	7.7	19.0	5.3	1.61	4.35
1972～1996 年	9.6	4.0	19.8	8.3	26.1	10.9	45.9	19.1	1.00	4.00
1996～2005 年	4.3	4.8	11.2	12.4	3.1	3.4	14.3	15.9	0.14	1.27
2005～2017 年	3.8	3.1	13.7	1.1	3.8	3.1	18.8	15.7	0.07	0.53
1936～2017 年	22.8	2.8	23.6	2.9	60.7	7.5	98.0	12.1	2.81	3.42

表 6.8　不同时段珠江河口冲淤情况（侵蚀情况和淤积情况）的变化

时段	1936～1972 年	1972～1996 年	1996～2005 年	2005～2017 年	1936～2017 年
侵蚀面积/km^2	681.2	633.7	745.0	713.2	469.1
侵蚀面积占比/%	25.00	25.72	30.62	29.77	19.58
侵蚀速率/(cm/a)	–2.21	–2.84	–6.51	–6.67	–5.01
淤积面积/km^2	2028	1810.6	1674.3	1669.5	1913.6
淤积面积占比/%	74.42	73.47	68.81	69.69	79.88
淤积速率/（cm/a）	4.32	4.58	3.84	3.73	4.13
总水深变化/（cm/a）	2.18	2.09	1.12	1.07	1.44

在 1936～2017 年，珠江口的海岸线发生了明显的变化。2017 年的海岸线长度为 556.63 km，较 1936 年增加了约 228 km（表 6.6）。海岸线延伸最显著的区域主要分布在蕉门、磨刀门、横门和鸡啼门河口的西岸。此外，随着海岸线的延伸，高栏岛、三灶岛、横琴岛等 20 多个近岸岛屿逐渐与大陆合并（图 6.21）。这种海岸线的延伸导致了河口滩地和水域的整体面积不断减少。1936～2017 年，潮滩面积和水域面积分别减少了 $23.6\times10^7m^2$ 和 $60.7\times10^7m^2$。相比之下，土地面积增加了 $98.0\times10^7m^2$。不过，不同时期海岸线变化的范围和强度也存在显著差异。1936～1972 年，海岸线以 1.4 km/a 的速度缓慢增加。而在 1972～1996 年和 1996～2005 年，海岸线分别以 4.0 km/a 和 4.8 km/a 的速度快速增长。2005～2017 年，与其他两个时间段相比，海岸线增长速度再次显著放缓。这些变化主要受珠江河口围垦活动的影响。20 世纪 80 年代以来，随着珠江三角洲地区经济的快速发展和人口的爆炸性增长，为缓解日益增长的土地需求，人们开始大量地进行滩涂围垦。据统计，

1972 年以来共围垦的土地面积约有 638 km^2。其中，1972～1996 年围垦面积为 458 km^2，围垦率高达 19.1 km^2/a。在 1996～2005 年和 2005～2017 年，土地围垦速度逐渐放缓，分别为 13.6 km^2/a 和 4.8 km^2/a。

1936～2017 年，河口水下地形也发生剧烈变化，等深线持续向海方向移动。河口的平均水深从 1936 年的 6.27 m 持续下降到 2017 年的 5.97 m。河口大部分区域处于淤积状态，占珠江口总面积的 79.88%（表 6.8）。河口的水体体积也从 1936 年的 19.77 km^3 减少为了 2017 年的 16.96 km^3。然而河口局部区域也发生了侵蚀，这主要受河口挖沙和航道疏浚等人类活动的影响。珠江口航运高度发达，港口吞吐量占全国航运总量的四分之一。特别是分列河口两侧的深圳、香港、广州三个“超级”港口的集装箱年吞吐量在世界港口中排名分别为第三、第五、第七。然而，这些港口的航道不断发生淤积，因此为确保航运活动的持续每年需要进行数次的疏浚。目前，珠江口需进行疏浚的航道总长度约为 200 km，面积约 70 km^2。据推断，1972～2017 年河口因航道疏浚致使约 91 Mt（2.02 Mt/a）的泥沙流失。此外，珠江三角洲地区的城市建设用砂主要来自河口。目前河口地区经政府批准的采砂区有 19 个，总面积约 17 km^2。然而，盗采的总面积可能高达 72 km^2，是允许采砂面积的 4 倍多。根据数字高程模型（DEM）数据，1972～2017 年采砂区平均水深增加了约 0.75 m，相当于人工带走了 87 Mt 泥沙。

取得的成效：珠江河口作为粤港澳大湾区空间载体，由于受到海平面变化、入海泥沙通量和各类型人类工程活动等影响，展现了其脆弱性的一面。如排洪不畅、岸滩侵蚀、航道淤积等。因此为更好地保护珠江河口的生态环境和维持大湾区经济社会的可持续发展，应加强河口地区地貌形态的监测和数据库的构建，全面深入地掌握珠江河口岸线的演变规律，评估自然作用和人类活动对河口岸线地形的影响和长期效应。为港口建设、航道维护、岸滩开发、减灾防灾、生态环境等部门政策的制定提供科学依据。

6.3.5 案例五：珠江口潮流预报支撑服务

案例名称：集成珠江口潮流预报专题资源，提供应急保障服务

服务对象：深圳港引航站及其他业务应用部门

服务的背景和意义：多年来，深圳港西部港区一直保持着很高的通航密度，水上交通流量日均超过 800 艘次，通航情况错综复杂，水上交通安全形势严峻。2014 年西部港区引航 15 850 艘次，占全站引航总艘次 60.96%。因此确保西部港区的引航安全，是深圳港引航站安全生产工作的重中之重。而潮流作为一项重要的水文条件，如不能正确掌握潮汐潮位特征和潮流速度实测值，将会对船舶通航和靠离的安全产生极大的影响。

西部港区属典型的潮流港，根据过往引航作业实操估算，西部港区在洪水期潮流

流速最大可达 5～6 kn，对船舶航行、避让操纵产生很大影响。通常情况下，为提高航行效率和确保安全，船舶多乘潮进出港或利用潮汐流向航行。所以正确掌握潮汐潮位特征和潮流速度实测值，对船舶进出港安全操纵有着重要的指导意义。随着港口、航道规划建设的不断推进，整个港区的地形、地貌发生了较大的变化，进而导致潮流流场流态随之变化，例如从妈湾至蛇口三突堤的码头起了导流堤的作用，使流速进一步加快，与单纯根据潮汐表数据推算的结果误差更大。但是一直以来，深圳港引航站在制订引航作业方案及引航过程中，考虑潮流对船舶操纵的影响，主要是凭借经验，依据潮汐表数据进行推断，推算的流速、流向数据与实际潮流存在较大误差。

项目组对西部港区水域潮汐潮流特征研究，选取合适海流数值模式建立数值预报系统，利用潮汐和潮流观测资料和模拟结果进行对比验证，通过调试确定合适的模式参数，建立准确的潮流预报系统。为西部港区引航提供潮流流速、流向的准确预报，为船舶航行和靠离泊操纵提供翔实准确的数据依据，确保引航安全。

服务时间：2017 年 7 月～2019 年 12 月

服务内容与方式：珠江口潮流预报系统共设置 4 个浮标位，利用 FVCOM 数值模式进行计算，开边界考虑 18 个调和分潮，考虑珠江淡水流量，岸边界根据谷歌卫星图片进行数字化。如图 6.22 所示为珠江口潮流预报浮标测点示意图。南海海洋数据中心与项目组互动，贯彻执行“共建共享”的数据工作机制，提供数据整合与共享技术服务，成为珠江口潮流预报专题产品的唯一共享服务发布平台，目前已为多家单位提供数据共享服务。图 6.23 为珠江口潮流预报专题产品图示例。

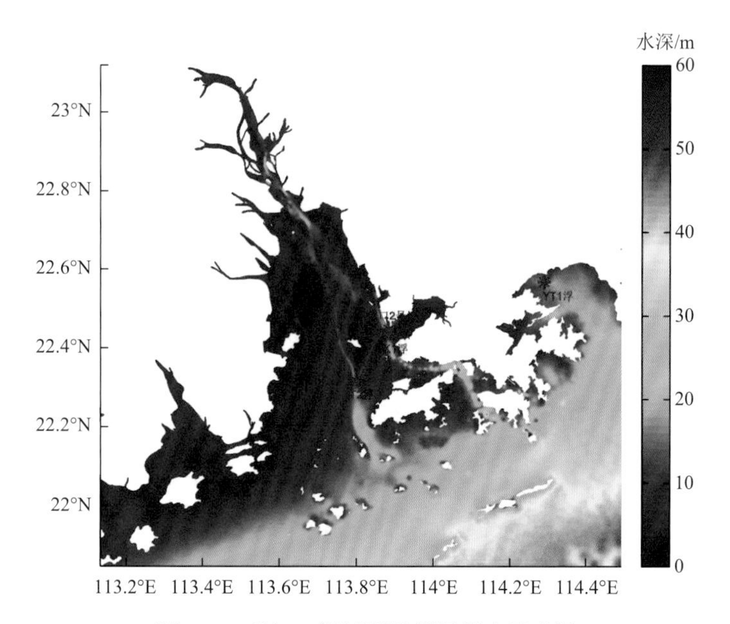

图 6.22　珠江口潮流预报浮标测点示意图

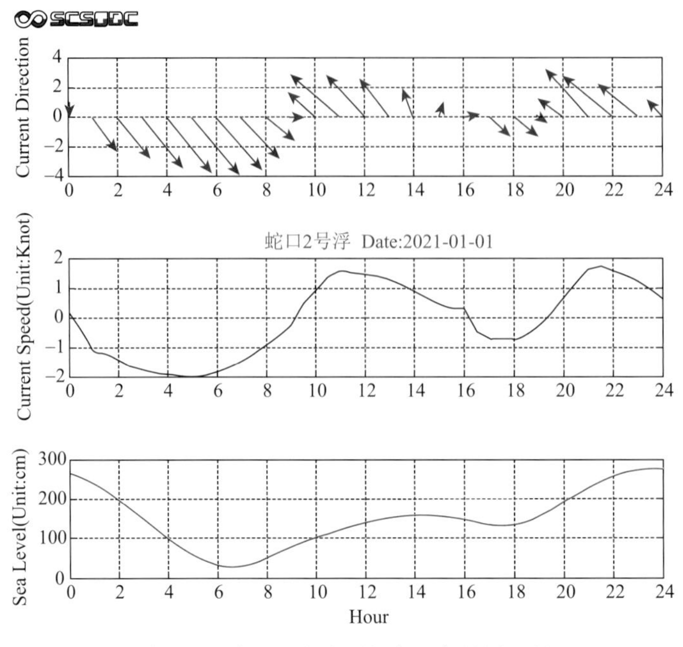

图 6.23　珠江口潮流预报专题产品图示例

组织管理与研究情况：南海海洋数据中心通过互动服务，针对项目组贯彻执行“共建共享”的数据工作机制，通过互动服务，项目组作为数据的生产者，得到南海海洋数据中心的数据整合技术支撑。提高了项目组的数据质量整治，增强了项目组高质量的优势数据产品整合。2019 年 7 月在接到应用部门对潮流信息的紧急需求后，项目组立即针对作训区域生产需求数据，定制产品图样例（图 6.24），第一时间将未来两月每小时的潮流图提供给应用部门。

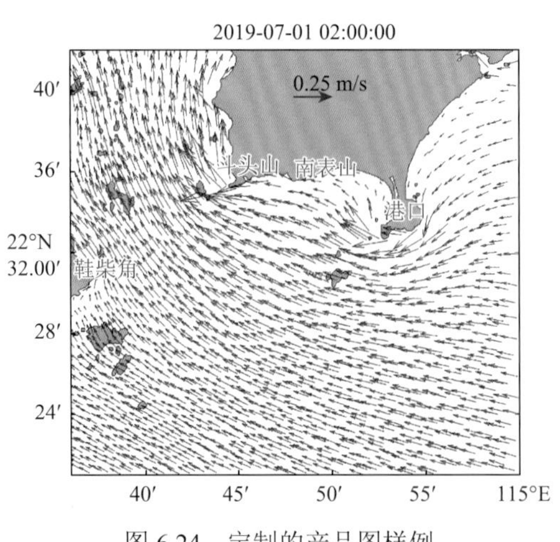

图 6.24　定制的产品图样例

南海海洋数据中心第一时间将相应数据进行三维地球与 GIS 地图的数据可视化，实现数据的动态可视（图 6.25），保障了该部门对潮流信息直观获取与应用的需求。

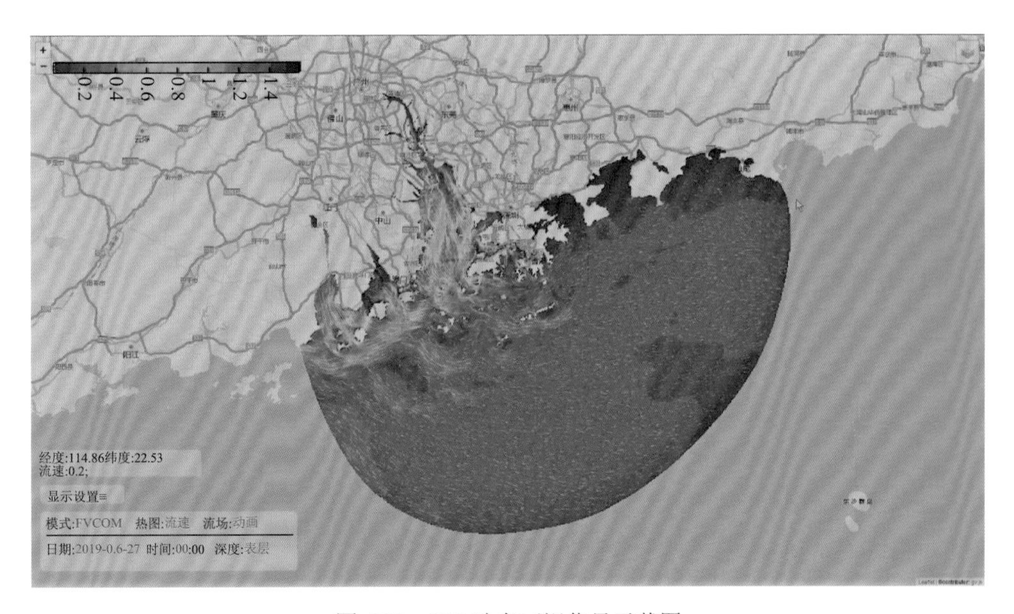

图 6.25　GIS 动态可视化显示截图

取得的成效：南海海洋数据中心自 2017 年 7 月起开始为广大用户提供提前一个月的珠江口潮流信息的预报结果，包含每小时水位和流速预报结果，整合服务信息包括文本数据和图片信息产品。在应用部门紧急需求时，各项目组与南海海洋数据中心通力合作，提供给应用部门所需信息产品及动态可视应用，保障了应用部门对潮流信息的需求。

相关数据及产品已经集成到“数字大湾区”，并在国家地球系统科学数据中心南海及邻近海区分中心发布，为更多粤港澳大湾区海洋环境研究提供共享服务。访问链接如下：

①珠江口潮流预报数据集（2019—2020）

http://dx.doi.org/10.12041/geodata.91753353999253.ver1.db

②珠江口潮流预报数据集（2020—2021）

http://dx.doi.org/10.12041/geodata.78588415826912.ver1.db

③珠江口潮流预报图集（2019—2020）

http://dx.doi.org/10.12041/geodata.199506186523276.ver1.db

④珠江口潮流预报图集（2020）

http://dx.doi.org/10.12041/geodata.133563998471152.ver1.db

6.4　数据共享目录

6.4.1　现场观测与预报数据共享目录

2021 年，南海海洋数据中心根据粤港澳大湾区海洋信息平台资源建设需求，整合粤港澳大湾区通过“现场监测-航次观测-遥感观测-环境预报-模式计算”5 种数据获取与生产方式获得海洋环境科学数据，编写元数据并发布上线超过 150 个数据集，数据总量约 20 TB。表 6.9 为 2021 年整理整合现场观测与预报数据信息表。

表 6.9　2021 年整理整合现场观测与预报数据信息表

Ⅰ级分类	Ⅱ级分类	Ⅲ级分类	数据集实体数/个	共享数据量/MB
现场监测	锚系浮标平台	海洋水文数据	1	1
		海洋气象数据	1	1
		海洋环境数据	2	2
	坐底潜标平台	水文动力数据	3	2
	桩基平台	海洋水文数据	1	1
		海洋气象数据	1	1
航次观测	海洋水文调查	CTD 温盐观测数据	11	5 000
		CTD 数据产品	11	200
		ADCP 海流观测数据	11	20 000
		ADCP 数据产品	11	500
	海洋气象调查	AWS 气象观测数据	10	55
		AWS 数据产品	10	20
	海洋化学调查	营养盐数据	10	20
		营养盐数据产品	10	20
	海洋生物调查	叶绿素数据	10	20
		叶绿素产品	10	20
		浮游植物数据	10	20
		浮游植物数据产品	10	20
		浮游动物数据	10	20
		浮游动物数据产品	10	20
	海洋地质调查	沉积物粒度数据	1	1
		沉积物粒度数据产品	1	1000

续表

I级分类	II级分类	III级分类	数据集实体数/个	共享数据量/MB
遥感观测	水体光学调查	水体光学特性测量数据	2	200
		水环境参数测量数据	2	200
	水色观测卫星观测	多源卫星数据	10	300 000
		水色观测卫星数据产品	10	300 000
	高分卫星观测	多源卫星数据	10	300 000
		高分卫星数据产品	10	300 000
环境预报	气象预报	常规天气预报产品	9	1000 000
	台风预报	台风路径预报产品	9	1000 000
	风暴潮预报	风暴潮预报产品	9	1000 000
	海浪预报	海洋预报产品	9	1000 000
	生态灾害预报	生态灾害预报	363	1 110 000
模式计算	海洋模式	南海历史40年海洋数据产品	14 610	12 000 000
	气象模式	南海历史40年气象数据产品	480	191 000

6.4.2　卫星遥感观测共享数据目录

2021年，南海海洋数据中心根据粤港澳大湾区海洋信息平台资源建设需求完成卫星天基观测网数据资源整理整合，共包括海洋卫星4颗：HY-1C、HY-2A、HY-2B、CFOSAT；陆地卫星5颗：GF1、GF2、GF3、GF4、GF6；气象卫星1颗：FY-4A。信息见表6.10。

表6.10　2021年整理整合卫星天基观测网数据信息表

卫星类型	卫星	观测要素或主要用途	景数/景	共享数据量/GB
海洋卫星4颗	HY-1C	主要要素：海水光学特性、叶绿素浓度、悬浮泥沙含量、可溶有机物、海表温度。 兼顾要素：海冰冰情、绿潮情况、赤潮情况、海洋初级生产力、海岸带要素、植被指数、海上大气气溶胶、大洋船舶信息。	22 708	9 116
	HY-2A	海面风场、浪高、海流、海面温度等多种海洋动力环境参数。	22 820	98
	HY-2B	主要要素：海面风场、海面高度、有效波高、重力场、大洋环流、海面温度。 兼顾要素：大地水准面、冰面高度、水汽含量。	98 925	1 476
	CFOSAT	全球海面波浪谱、海面风场、南北极海冰信息等要素。	12 550	41

续表

卫星类型	卫星	观测要素或主要用途	景数	共享数据量/GB
陆地卫星 5 颗	GF1	为减灾、林业、地震预报、气象、环保、海洋、农业、水利等应用提供快速、可靠、稳定的光学遥感数据。	3 265	1 591
	GF2		4 287	4 133
	GF4		4 156	1 335
	GF6		1 352	5 757
	GF3	合成孔径雷达卫星可全天候、全天时监视监测全球海洋和陆地各资源要素	2 555	3 680
气象卫星 1 颗	FY-4A	云和大气类：云检测、云类型和云相态、云顶高度/气压/温度、云微物理和光学性质、海洋/陆地气溶胶、沙尘检测产品等。 天气类：降水估计、对流初生、对流层顶折叠检测和闪电成像。 地表类：海表/地表温度、火点/热点检测、地表比辐射率、积雪覆盖、雾/低云检测和反照率。 辐射类：射出长波辐射、地表下行/上行长波辐射、地表太阳入射辐射和反射短波辐射。 大气温湿度廓线类：大气温湿廓线、大气臭氧廓线及臭氧总含量、大气稳定度指数、分层水汽和水汽总量与分层水汽。	6 232	416

6.5　信息平台建设展望

粤港澳大湾区海洋信息平台全面集成并开放共享粤港澳大湾区的长时序、多学科、多维度海洋数据资源。平台以新一代信息技术激发智慧海洋创新活力，通过“数据+算力+算法”的整合应用搭建国际一流的海洋科技创新服务体系，使精准型、个性化、多元化的信息服务贯穿于海洋科研活动全生命周期。平台实现了“数字化、网络化、可视化、智慧化”的数据科学管理与共享应用，流程高度集约，资源高效利用，初步形成以海洋大数据驱动科技创新发展的数据管理共享新形态，全面支撑粤港澳大湾区智慧海洋发展（图 6.26）。

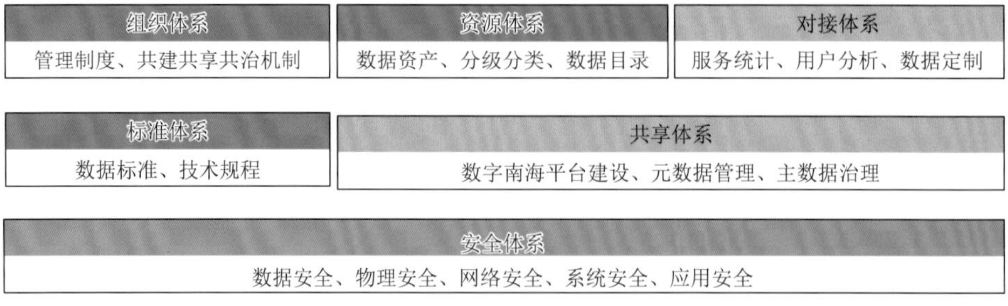

图 6.26　粤港澳大湾区海洋信息平台架构图

粤港澳大湾区海洋信息平台将继续完善“数字大湾区”，充分融合多学科优势、汇聚多领域资源、协调多部门政策，建立数据标准、资源整合、利用高效的信息服务模式。在构建起新型数据治理体系架构的基础上，发挥平台汇聚资源的优势，为粤港澳大湾区三地科研人员打造基础研究与技术成果的信息交流高地，推进粤港澳大湾区数字资源共享利用。未来，将通过多元协同提升信息技术创新效率，实现更高质量、更有效率、更可持续、更为安全的发展。

粤港澳大湾区海洋信息平台依托海洋环境要素综合观测与预报工程，可以获取反映环境间耦合作用过程、变化趋势等关键数据，面向粤港澳大湾区对海洋环境可能发生的变化进行预测和预警，为管理者的决策提供科学支撑。这是一项战略性、紧迫性、基础性的系统工程。在 2023 年，平台已初步构建完成整体架构部署，形成指标体系完整、站网布局合理、运行稳定的海洋环境要素综合观测体系的数据的实时整合。在 2026 年，集成两张网，全面汇聚与集成空天海地海洋观测网和实时高效预报感知网的数据及信息产品。在 2030 年，形成覆盖粤港澳大湾区的全要素、全天候、天空地立体观测体系的实时整合与共享服务能力，建设成集综合观测、预测预报、模式计算、数据平台、决策支撑系统于一体的综合性工程，构建海洋数据的统筹协调体系、共享服务体系、标准规范体系、数据资源体系、供需对接体系、安全保障体系等六个“一体化”体系，更加精准高效地为粤港澳大湾区相关决策提供科学支撑。

参考文献

李毅能，彭世球，舒业强，等，2011. 四维变分资料同化在风暴潮模拟中的平流作用分析[J]. 热带海洋学报，30（5）：19-26.

王品强，李毅能，彭世球，2016.“选尺度资料同化”方法在海洋数值模拟中的应用：对一次西沙强暖涡过程的模拟试验[J]. 热带海洋学报，35（2）：30-39.

夏韬循，夏辰朗，2019. 港珠澳大桥建筑的设计内涵及历史意义[J]. 美与时代（城市版）：30-31.

LAI Z J，HAO S，PENG S Q，et al.，2014. On improving tropical cyclone track forecasts using a scale-selective data assimilation approach：a case study[J]. Natural Hazards，73：1353-1368.

LI Y N，PENG S Q，LIU D L，2014a. Adaptive observation in the South China Sea using CNOP approach based on a 3-D ocean circulation model and its adjoint model[J]. Journal of Geophysical Research：Oceans，119：8973-8986.

LI Y N，PENG S Q，WANG J，et al.，2014b. Impacts of nonbreaking wave-stirring-induced mixing on the upper ocean thermal structure and typhoon intensity in the South China Sea [J]. Journal of Geophysical Research：Oceans，119：5052-5070.

LI Y N，PENG S Q，YAN J，et al.，2013. On improving storm surge forecasting using an adjoint optimal technique [J]. Ocean Modelling，72：185-197.

LIU F F，ZHANG T H，YE H B，et al.，2021. Using satellite remote sensing to study the effect of sand excavation on the suspended sediment in the Hong Kong-Zhuhai-Macau Bridge region [J]. Water，13：435.

PENG S Q，LI Y N，2015a. A parabolic model of drag coefficient for storm surge simulation in the South China Sea [J].

Scientific Reports，5：6.

PENG S Q，LI Y N，GU X Q，et al.，2015. A real-time regional forecasting system established for the South China Sea and its performance in the track forecasts of tropical cyclones during 2011—13 [1][J]. Weather and Forecasting，30：471-485.

PENG S Q，LI Y N，XIE L，2013. Adjusting the wind stress drag coefficient in storm surge forecasting using an adjoint technique [J]. Journal of Atmospheric and Oceanic Technology，30：590-608.

PENG S Q，ZENG X Z，LI Z J，2016. A three-dimensional variational data assimilation system for the South China Sea：preliminary results from observing system simulation experiments [J]. Ocean Dynamics，66：737-750.

WANG X W，PENG S Q，LIU Z Y，et al.，2016. Tidal mixing in the South China Sea：an estimate based on the internal tide energetics[J]. Journal of Physical Oceanography，46：107-124.

WEI X，CAI S Q，ZHAN W K，2021. Impact of anthropogenic activities on morphological and deposition flux changes in the Pearl River Estuary，China [J]. Scientific Reports，11：11.

① 应为 2013。

第7章 结语与展望*

广东是海洋大省，海岸线长度居全国首位，海域面积居全国第二。2022年广东海洋生产总值18 033.4亿元，占地区生产总值的14.0%，占全国海洋生产总值的19.1%，海洋经济总量连续28年居全国首位。实现广东省海洋经济的可持续发展，我们迫切需要推进"生态优先，绿色发展""宜居宜业宜游优质生活圈"的粤港澳大湾区建设理念，系统地、全局性地认识大湾区海洋环境。

海洋环境科学观测和数值模拟体系的建立是新时代发展海洋科学和保护海洋环境的必要途径。当前，在多方支持下，经过众多涉海高校、科研院所以及企事业单位的共同努力，粤港澳大湾区已初步建立起"监测系统-航次考察-卫星遥感-模拟预报-数据平台"的海洋环境科学观测与应用体系。但对于减少科学领域、政策制定者、服务业、制造业和更广泛的社会之间的障碍，最终建立能够服务于大湾区经济社会决策、支持海洋需求的科学支撑体系，仍存在诸多瓶颈。

7.1 制约粤港澳大湾区海洋环境科学观测与应用体系建立的瓶颈

（1）粤港澳大湾区海洋科学关键科学问题认识不足

当代海洋科学逐渐发展为一门多学科交叉的复杂系统科学（冷疏影等，2018），尤其在大湾区更为突出。该区海域横跨上游河网-珠江流系-南海北部陆架海-南海海盆及周边大洋（中国科学院，2016a）。海洋环境变化受岩石圈、大气圈、水圈和生物圈等四大圈层交互影响。涉及学科包括物理海洋学、生物海洋学、化学海洋学、地质海洋学、河口海洋学、海洋环境和生态科学等，并且与环境工程、地理科学等众多学科相互交叉（冷疏影等，2021）。粤港澳大湾区海洋科学关键科学问题大多涉及众多学科，尚认识不足。如何统筹各学科，立足国家战略需求，以粤港澳大湾区陆海统筹可持续发展为导向，提出大湾区海洋科学关键科学问题并由此制定可持续发展计划，是完善粤港澳大湾区海洋环境科学观测体系，促进相关政策制定的一大关键。

---

* 作者：杜岩[1,2,3]，甘剑平[4]，徐杰[1,2,5]，冯洋[1,2]，唐世林[1,2]，池建伟[1,2]

（1.中国科学院南海海洋研究所，2.南方海洋科学与工程广东省实验室（广州），3.中国科学院大学，4.香港科技大学，5.澳门大学）

（2）海洋技术自主研发能力不足，海洋科学观测缺乏持续性与系统性

目前粤港澳大湾区具备海洋环境监测能力的平台和传感器已有不少，并呈百花齐放的发展趋势，但是对于不同平台和传感器的使用区域（场景）和性能设置仍缺少统一的规范和标准。当前我国的科研仪器，尤其是先进精密的海洋仪器，主要还依赖于进口。在自主研发方面，科学仪器研制人才体系建设滞后，鼓励设备研制的基础性机制不完善，科学仪器产业化与商业化还未成熟，研发投入有限，研发能力与水平与欧美国家还有差距，无法支撑建设“海洋强国”的国家战略（中国科学院，2016b）。

海洋环境问题涉及多学科交叉，缺乏长期、系统和有针对性的多学科综合海洋科学观测，是制约粤港澳大湾区海洋环境认识的一个瓶颈（吴立新等，2020）。近十几年来，我国在海洋科学综合观测平台上的投入显著增加，2021 年正式入列的南海所综合科学考察船“实验 6”号与中山大学海洋综合科考实习船“中山大学”号为我国海洋科考增添了新的力量。然而由于海洋科考需要大量经费支撑，粤港澳大湾区具备海洋综合科考能力与条件的单位仍然偏少。虽然国家自然科学基金共享航次计划历年来在南海北部有航次观测（冷疏影等，2020），但对于粤港澳大湾区海域来说，缺乏针对性，无法满足许多从事湾区河口海岸环境研究的需求。此外，涉海科研院所及业务部门在大湾区海域的调查虽然具有一定规模，但非常分散、综合性弱，难以解答大湾区海洋环境多时空变异及控制机理等重大科学问题。

（3）区域地球系统模式发展、重视程度与国际水平存在较大差距

数值模式作为集成多源数据、检验科学假说、反演和预测发展趋势的有效工具，是研究河口海岸多界面跨圈层相互作用不可或缺的手段（蔡树群等，2007）。数值模式发展可以实现海洋科学从纯基础研究到应用研究的转变，将科学研究与社会保障服务紧密结合，为打造宜居大湾区提供强有力的科学支撑和环境服务保障。近年来在国际上，地球科学各分支学科逐渐发展到“地球系统”综合科学；传统领域的海洋、大气、生态、生物地球化学、海冰等领域专家与数值模式开发者深度合作，共同打造用于研究海洋环境变化的机制和原因，并最终预测未来环境变化的利器——地球系统模式（王辉等，2015）。

针对河口海洋环境，多家国际组织开展了区域地球系统模式发展计划，经过数十年的努力，诞生了诸如区域海洋模式系统、自适应非结构网格模拟系统等优秀的区域地球系统模式工具。然而，我国区域海洋学的系统模式与国际同类模式相比，仍然存在相当大的差距，尤其在物理过程和生物地球化学过程的模拟能力、模式模块化构架发展能力等方面存在明显差距。大湾区区域地球系统模式的研发需要不同学科的协作和结合，包括与区域陆-海-气系统紧密相关的天气学、水文学、生物地球化学、环境和社会科学、经济学等。此外，区域地球系统模式的构

建，亦离不开高性能计算。在大湾区的区域地球系统模式技术发展方面，目前尚无有效机构和机制来协调区域内涉海高校、科研院所的优势。此外，对公共技术平台建设及科学家与工程师的交叉协作尚无有效的支持制度，河口及近海观测资料也缺乏分发共享机制，这导致区域地球系统模式发展水平落后于国际。

7.2　建设粤港澳大湾区海洋环境科学观测与应用体系的建议

粤港澳大湾区建设已经到了深入推进阶段。面对众多瓶颈，须完善粤港澳大湾区海洋环境科学观测体系，从而支撑大湾区的可持续发展，有效地找到解决途径并制定发展策略势在必行。构建粤港澳大湾区海洋科学联合研究与应用的大科学联盟，在人才培养、合作交流、科技融合和运行管理等各方面形成科学合理的新范式，我们初步提出以下几点具体建议。

（1）促进多学科交叉，凝练关键科学问题

海洋环境科学观测能有效促进海洋科学的认识与发展，同时也需要以关键科学问题为导向。大力支持海洋科学基础研究，聚焦粤港澳大湾区海洋环境，凝练重大科学问题，集中优势力量，才能攻克学科发展瓶颈并争取实现理论创新与突破（吴园涛等，2021）。粤港澳大湾区海洋环境是一个整体，从内陆河网、流系、河口到海岸、陆架、深海，涉及自然变率与人类活动影响，对关键科学问题进行凝练，是建立海洋环境观测体系的基础（周天军等，2019）。

（2）推进运行管理机制改革，为粤港澳大湾区海洋科技及海洋环境科学观测提供强有力的制度保障

海洋科学观测涉及国家海洋信息安全，对于特别海区还涉及国际合作与外交，国内目前有众多涉海管理部门。粤港澳大湾区三地都有着各自的涉海管理部门，部门间需要协调以聚成合力，协力促进海洋科学的发展。粤港澳大湾区的海洋范围覆盖广，包括了上游珠江水网、珠江口以及南海北部等。海洋环境问题的出现往往不是局地的原因，如香港海域必定受珠江口影响，南海北部海洋环境问题也与大湾区近岸径流输入关系密切。制定更加高效合理的管理机制，形成粤港澳三地涉海管理部门协同运行管理的新范式，能够缩短海洋环境问题的溯源周期，并为海洋科学观测需求提供有力的制度保障。

（3）形成粤港澳大湾区海洋科学联合研究与应用的大科学联盟

目前，粤港澳大湾区内分布着众多涉海的科研院所与高校，且具有各自的特色与优势。例如，南海所是一所国立海洋综合性研究机构，在珠江口及南海北部有着长期综合性科学考察；香港科技大学在香港海域海洋生态环境以及近岸海洋环境模拟方面有着多年积累；广东海洋大学长期致力于粤港澳大湾区水产养殖与

海洋渔业研究领域；汕头大学与深圳大学在海洋生物科学与海洋生物技术方向有着多年的深耕；澳门大学在海岸带生态环境及风暴潮研究领域具有良好基础；中山大学在热带气候与南海北部区域海洋学研究领域特色突出；中国水产科学研究院南海水产研究所长期聚焦于南海水产资源研究与应用；南方科技大学的重点优势研究方向为南海海洋地质与海洋地球物理；清华大学深圳国际研究生院在海洋技术研发与大湾区陆海生态环境的研究领域有着多年基础；等等。在国家及地方政府支持下，筹建中的深圳海洋大学拟重点对接海洋产业发展，结合全球海洋治理和打造国际航运中心需求，服务海洋国际战略与海洋安全需求，建成国际化、高水平的新型研究型海洋大学。针对各自的特色，各海洋研究机构、高校，以及企事业单位侧重点也有所不同。随着我国“陆海统筹”“粤港澳大湾区”“碳达峰、碳中和”等重大战略的相继出台，未来结合粤港澳大湾区众多的海洋科研院所及高校，形成粤港澳大湾区海洋科学联合研究与应用的大科学联盟将是十分值得努力的方向。

在粤港澳大湾区海洋环境观测方面，大科学联盟具体可以在观测标准和观测计划制定上起到指导作用。包括：制定粤港澳大湾区海域统一观测规范，对标国际海洋观测标准、指导科学观测，提高海洋环境观测数据的可信度及有效性；在已有的国家海洋观测计划、国家自然科学基金共享航次计划的基础上，争取并实施粤港澳大湾区海洋科学观测计划，使得海洋科学观测在一个统一的框架内有序进行，形成海洋观测在粤港澳大湾区的新合作范式（李家彪等，2015）。

在模式发展方面，大科学联盟可建立统一的模式实验设计规范、展开模型的测试、应用与优化。参照国际模型比较计划设计模拟协议，指导区域地球系统模式发展。建立可持续发展的区域地球系统模式总体体系的结构与技术平台，促进多家研究单位、多研究团队人员的合作，共同为地球系统模式框架做出贡献；建立专门的学术架构来协调和组织模式计划的实施，争取经费对平台给予持久、稳定的支持。促使不同领域的科学家在公共平台上发挥特长、交叉合作共同对研究计划做出贡献；开展多单位的联合的区域模式研究，并加入国际区域模式研发计划。

此外，大科学联盟应促进观测研究和模式研发更有机地结合。包括：推动粤港澳大湾区科学数据共享平台建设，形成共建共享机制，让大湾区海洋环境观测数据得到充分利用，全面服务于大湾区的建设；参考国际区域地球系统模式的发展标准，把观测系统及其数据处理（资料同化）作为区域地球系统模式构建的有机整体，并在公共技术平台的底层软件支持系统中统一考虑。

目前，南方海洋科学与工程广东省实验室的组建为粤港澳大湾区高水平的科学家提供了新的平台。未来，预期更好地促进科学家大群体和大技术团队的形成，还需要大科学联盟和新型实验室的有机结合。同时，在大科学联盟下完善与推进海洋公用平台及制度建设，包括科考船共享制度、科研基地开放共享制度、大型仪器设备共享制度、模式公共技术平台建设及开展模式比较计划等，并进一步推进“数字化、网络化、可视化、智慧化”的数据科学管理与共享应用平台的建设。大科学联盟和新型实验室的共同支持，在未来海洋观测和数值模拟平台的建设中，将更好地满足国家经济发展与国家安全的决策需要，为大湾区的可持续发展提供具有实际意义的预测数据和参考依据。

参考文献

蔡树群，张文静，王盛安，2007. 海洋环境观测技术研究进展[J]. 热带海洋学报，26（3）：6.

冷疏影，许学伟，2021. 优化科学基金资助布局，迎接海洋科学发展新机遇[J]. 科学通报，66（2）：193-200.

冷疏影，张亮，2020. 深化“共享航次计划”推动我国海洋科技原始创新[J]. 政策与管理研究，15（12）：1490-1498.

冷疏影，朱晟君，李薇，等，2018. 从“空间”视角看海洋科学综合发展新趋势[J]. 科学通报，63（31）：3167-3183.

李家彪，雷波，2015. 中国近海自然资源环境与资源基本状况[M]. 北京：海洋出版社.

王辉，刘娜，逄仁波，等，2015. 全球海洋预报与科学大数据[J]. 科学通报，60（5-6）：479-484.

吴立新，陈朝晖，林霄沛，等，2020. “透明海洋”立体观测网构建[J]. 科学通报，65（25）：2654-2661.

吴园涛，段晓男，沈刚，等，2021. 强化我国海洋领域国家战略科技力量的思考与建议[J]. 地球科学进展，36（4）：413-420.

中国科学院，2016a. 中国学科发展战略：海岸海洋科学[M]. 北京：科学出版社.

中国科学院，2016b. 中国学科发展战略：海洋科学[M]. 北京：科学出版社.

周天军，陈晓龙，吴波，2019. 支撑“未来地球”计划的气候变化科学前沿问题[J]. 科学通报，64（19）：1967-1974.